भारतीय पर्यटन नीति एवं विकास

भारतीय पर्यटन नीति एवं विकास

प्रो. डॉ. कनैयालाल र. नायक

HARSH BOOK AGENCY

Ahmedabad 380061

HARSH BOOK AGENCY
Publishers & Distributors
A 302 Tridev Complex
Nr Pava Puri Bus Stand, Ghatlodia
Ahmedabad 380061

प्रथम संस्करण : 2017
ISBN : 978-81-933755-1-8

Prited in India

Printed and Published by Haresh Book Agency, Ahmedabad

भूमिका

प्राकृतिक एवं ऐतिहासिक दृष्टि से भारत विश्व के देशों में पर्यटन हेतु एक महत्वपूर्ण स्थान रखता है। यह देश पर्यटकों को भिन्न-भिन्न पर्वत श्रेणियों, पहाड़ियों, उच्चश्रृंखलाओं, समुद्री किनारों, प्राकृतिक दृश्य-दर्शनीय सौन्दर्य, स्मारकों एवं संग्रहालयों, प्राचीन कला एवं नृत्य, मेले एवं त्योहार व दूसरी बहुत-सी मूल्यवान् वस्तुओं से आकर्षित करता है, जिनकी वजह से यह राष्ट्र चित्रकारी का एक सजीव उदाहरण बन चुका है।

पर्यटन एक उद्योग है जिसका किसी भी राष्ट्र की अर्थव्यवस्था में महत्वपूर्ण योगदान होता है। कहने का मतलब यह है कि आर्थिक विकास में इस उद्योग का योगदान सराहनीय है। परंतु भारत के संविधाान में पर्यटन उद्योग के विषय में सम्मिलित नहीं किया गया है। सन् 1950 में इस उद्योग को परिवहन मंत्रालय के एक प्रमुख अंग के रूप में मान्यता दी गयी। सन् 1965 में पर्यटन विभाग की स्थापना की गयी और उसी समय भारत के राज्य सरकारों में पर्यटन विभागों एवं पर्यटन विकास निगमों को स्थापित किया। भारत सरकार द्वारा प्रथम बार अपनी पर्यटन नीति की घोषणा नवंबर 1982 में की गई एवं इसका प्रमुख लक्ष्य विदेशी पर्यटकों के सम्मुख भारत को एक आकर्षक पर्यटन स्थल के तौर पर प्रस्तुत करना था।

पर्यटन एक उद्योग बन गया है और इसकी आर्थिक महत्व बहुत अधिाक है। बीसवीं शताब्दी के समाप्ति के समय से पर्यटन की पहचान आर्थिक विकास के रूप में होने लगी है। पर्यटन से रोजगार सृजन होता है, विदेशी मुद्रा अर्जित होती है एवं विश्व की सभी देशों के मधय सामंजस्य स्थापित होता है। भारत में पर्यटन को उद्योग का दर्जा सातवीं पंचवर्षीय योजना दिया गया था। पर्यटन का आर्थिक क्षेत्र के तहत रोजगार, आय, विदेशी मुद्रा की प्राप्ति तथा विकास आदि शामिल हैं।

पर्यटन उद्योग का मुख्य आधार विभिन्नता है। भारत में यह विभिन्नता हर पर्यटक के लिए विद्यमान है। एक सपेरे से लेकर हिमाच्छादित हिमालय पर्वत की

शृंखलाएं साधारण नृत्य से लेकर बड़े-बड़े पर्वतीय शिकारगाह, पर्यटक के मुख्य आकर्षण इस देश में स्थित हैं।

आधुनिक पर्यटन एवं आरामदायक यात्रा की सफलता के लिए बहुत ही जरूरी है कि पर्यटन से सम्बन्धित प्राथमिक एवं सहायक व्यापारों में सामंजस्य स्थापित किया जाए। आवास, परिवहन एवं यात्रा, अभिकर्त्ता का इन दिनों पर्यटन में अधिक महत्त्वपूर्ण स्थान है। पुराने समय में पर्यटन मुख्यत: धार्मिक स्थानों तक ही सीमित था तथा धर्म के नाम पर यात्रा करने में कठिनाइयों का सामना करना आवश्यक समझा जाता था। इसलिये आवास की सुविधाओं व परिवहन व्यवस्था का कोई महत्त्व ही नहीं था। लोग मन्दिरों एवं धार्मिक स्थानों के दर्शन के हजारों मील की पदयात्रा किया करते थे।

केन्द्र सरकार के साथ-साथ यहाँ की विभिन्न राज्य सरकारों द्वारा पर्यटन की प्रसारणशील दुनिया में उचित योजना पर अत्यधिक बल दिया जाता है। यह पर्यटन प्रोत्साहन और गन्तव्य क्षेत्र के भौतिक, सामाजिक तथा सांस्कृतिक पर्यावरण को सुरक्षित रखने में सरकारों के बीच संतुलन सुनिश्चित करने हेतु किया जाता है। पर्यटन विकास से जुड़ी हुई सभी पर्यटन संबंधी क्रियाओं में एवं स्थानीय पर्यावरण के बीच संतुलन बनाए रखना है। ऐसा प्रमुखत: विकासशील देशों में है। यहाँ यह प्रभाव सबसे सबल है क्योंकि उन्हें ऐसी संरचनात्मक सुविधाएँ विकसित करनी चाहिए जो किसी भी पर्यटन क्षेत्र की सांस्कृतिक विशेषताओं को सुरक्षित रख सके एवं हर तरह के सामाजिक, आर्थिक विकास को प्रोत्साहित भी करे। इसके साथ ही पर्यटन के क्षेत्र में ज्यादा पर्यटकों को आकर्षित करने के लिए देश के भौतिक पर्यावरण की सुरक्षा और उसमें वृ) करनी चाहिए।

पर्यटन संबंधी गतिविधियों तथा पर्यटन प्रोत्साहन और अधिसंरचनात्मक सुविधा का विकास किसी भी पर्यटन क्षेत्र पर सामाजिक, सांस्कृतिक, आर्थिक, भौतिक पर्यावरणीय प्रभाव डालेगा। जब कोई विकासशील निर्णय लेना हो तो उससे पहले पूर्व वैज्ञानिक तकनीकियों का प्रयोग करते हुए योजनाब) मूल्यांकन एवं विश्लेषण कर लेना चाहिए। ये पर्वतीय पर्यावरण के संवेदनशील प्रतिवेशों, वन्य जीवों एवं तटीय रिर्साट एवं दूसरे परम्परागत सांस्कृतिक दृष्टि से संवेदी गंतव्यों पर ज्यादा लागू होते हैं। इस तरह पर्यटन विकास के प्रत्येक कार्यक्रम का मौलिक उद्देश्य सकारात्मक प्रभावों को बढ़ावा देना और गंतव्य क्षेत्रों के सामाजिक, आर्थिक एवं भौतिक पर्यावरण पर पड़ने वाले नकारात्मक प्रभावों को घटाने वाला होना चाहिए।

विषय-सूची

1

पर्यटन : एक परिचय

पर्यटन के परिचय

अंग्रेजी शब्द 'टूरिज्म' का सम्बन्ध 'टूर' से है जो कि लैटिन भाषा से लिया गया है। 'टोरनोस' का अर्थ एक औजार से है, जो एक पहिये की भांति गोल होता है। यह गोलीय पिन है, इसी 'टोरनोस' शब्द से यात्रा चक्र या पैकेज टूर/एकमुश्त यात्रा का विचार उत्पन्न हुआ है जो कि आधुनिक पर्यटन की मुख्य धुरी है। लगभग 1643 में इस शब्द का उपयोग विभिन्न जगहों की यात्रा, मनोरंजन, भ्रमण, पर्यटन तथा अनेक राष्ट्रों व क्षेत्रों के स्थानों के भ्रमण या यात्रा करने के लिये किया गया था। 'टूर' एक हिब्रू शब्द है जो कि हिब्रू शब्द 'टोराह' से उत्पन्न है। इसका अर्थ है अध्ययन या खोज।

'टोराह' यहूदियों के विधान से जुड़ा है जो कि यहूदी विधान तथा उनके जीवन-यापन की परिभाषा वर्णित करता है। 'टूर' का अर्थ है कि यात्री किसी खास स्थान पर जाकर खोज करता है। ठीक इसी प्रकार एक पर्यटक की जिज्ञासा होती है कि वह उस स्थान के बाबत पूर्ण ज्ञान प्राप्त करे—जिसके बाबत उसने सुना तथा साथ ही उसको व्यापार व रोजगार की संभावनाओं के सम्बन्ध में जानकारी, स्वास्थ्य एवं शिक्षा लाभ, पर्यावरण व मनोरंजन से सम्बन्धित सम्पत्ति के बारे में पूर्ण जानकारी प्राप्त करने की लालसा रहती है।

'टूरिज्म' या 'पर्यटन' शब्द के अधीन वे समस्त व्यापारिक कार्य सम्मिलित हैं जो कि यात्रियों की आवश्यकताओं की पूर्ति करते हैं। किसी भी यात्रा का पर्यटन से संबंध स्थापित हो जाता है, अगर वह निम्न शर्तें पूर्ण करती हो—

यात्रा अस्थाई हो एवं यात्रा ऐच्छिक हो।

यात्रा का अर्थ किसी प्रकार की आर्थिक प्राप्ति नहीं होनी चाहिए।

संस्कृत साहित्य में पर्यटन के लिए तीन शब्दों का प्रयोग किया गया है; जिनकी उत्पत्ति 'पर्यटन' से हुई है। 'पर्यटन' का अर्थ है अपने निवास स्थान को छोड़कर कहीं बाहर जाना। ये तीन शब्द हैं :–

पर्यटन—इसका अर्थ है मानसिक सुख-शान्ति एवं ज्ञान प्राप्ति के लिए यात्रा करना।

देशाटन—विदेशों में मुख्यतः आर्थिक लाभ के लिए यात्रा करना।

तीर्थाटन—धार्मिक लाभों के कारण यात्रा करना।

शब्दकोश के अनुसार पर्यटक शब्द की परिभाषा इस प्रकार है—"एक दृश्य देखने वाला व्यक्ति जो कि यात्रा करता है।" यूनिवर्सल शब्दकोश के अनुसार पर्यटक पर्यटक वह व्यक्ति है, जो कि जानकारी हासिल करने तथा मनोरंजन करने के लिए यात्रा करता है; ताकि दूसरे व्यक्तियों को अपनी यात्रा की जानकारी दे सके।

श्री लिकोरिश के मतानुसार—वे समस्त व्यक्ति जो एक माह से अधिक व चौबीस घण्टे से कम के लिए रुकते हैं; यात्रियों की श्रेणी में नहीं आते हैं। उनके अनुसार चौबीस घण्टे से कम ठहरने वाले व्यक्तियों को मनोरंजन भ्रमणकारी या यात्री अतिथि के अन्तर्गत शामिल किया जा सकता है। वे लिखते हैं कि सैद्धांतिक रूप में सैलानी का अर्थ है वे समस्त व्यक्ति जो स्वदेश से किसी अन्य देश में कम-से-कम चौबीस घण्टे के आराम व मनोरंजन के लिए यात्रा करते हैं तथा किसी प्रकार की प्राप्ति के लिए व्यवसाय नहीं करते हैं। अल्पकालीन आगन्तुकों के अन्तर्गत उन व्यक्तियों को शामिल किया जाता है जो स्वदेश में ही कम-से-कम चौबीस घण्टे की यात्रा करते हैं तथा लघुकाल के लिए यात्रा के उद्देश्य से ठहरते हैं।

श्री नोरमल जो अर्थशास्त्री के साथ-साथ पर्यटक लेखक भी हैं उन्हें पर्यटक के बारे में कहा है—"हरेक व्यक्ति जो विदेशों में स्थायी रूप से निवास करने या रोजगार के लिए या अन्य कारणों से प्रवेश करता है तथा जो अपने अस्थाई ठहरने के दौरान इस देश में अर्जित धन को व्यय करना चाहता है।"

भारत में 1970 में पर्यटक सम्बन्धी आंकड़े निम्न परिभाषा के अनुसार जमा किये जाते थे : "एक व्यक्ति जो विदेशी पार-पत्र पर भारत की यात्रा कम-से-कम 24 घण्टे तक करे तथा उसका समय छः महीने से अधिक न हो ताकि यह यात्रा बिना देशान्तरवास व रोजगार दोनों से विहीन हो।"

सन् 1971 के बाद 'पर्यटक' शब्द की एक नई परिभाषा मान्य की गई, जो निम्न प्रकार है : "एक व्यक्ति जो कम-से-कम 24 घण्टे की अवधि के लिए विदेशी पार-पत्र पर बिना देशान्तरवास व बिना रोजगार के उद्देश्य से यात्रा करे।"

ऊपर दी गयी परिभाषा राष्ट्रसंघ के अन्तर्राष्ट्रीय यात्रा एवं पर्यटन सम्मेलन 1963 के अनुसार है; तथा इसकी विशेषता यह है कि इसमें समय की उच्च सीमा पर कोई प्रतिबन्ध नहीं है।

आई. ओ. टी. ओ. ने आँकड़ों के महत्त्व को समझते हुए तथा इस सूचना को सरल और तुलनात्मक बनाने के लिए अपने सदस्यों के लिए एक नवीन परिभाषा बनाने का परामर्श दिया था जो निम्न हैं–

"सांख्यिकीय उद्देश्य से 'आगन्तुक' शब्द उस व्यक्ति विशेष का वर्णन करता है जो कि अपने देश के अलावा किसी विदेश की यात्रा करता है तथा उसकी यात्रा का लक्ष्य पुरस्कृत रोजगार प्राप्त करने से भिन्न है।"

उपर्युक्त परिभाषा से निम्न बातें ज्ञात होती हैं–

पर्यटक–पर्यटक अथवा अस्थाई यात्री जो कि दर्शनीय स्थान पर कम-से-कम चौबीस घण्टे रहता है, और जिसकी यात्रा का उद्देश्य निम्न शीर्षकों के अधीन आता है–

(1) विलासिता–मनोरंजन, अवकाश, स्वास्थ्य, अध्ययन, धर्म व क्रीड़ा।

(2) व्यापार–पारिवारिक, धर्मार्थ, कार्य, मीटिंग।

सैलानी–आमतौर पर वैसे यात्री जो अपनी यात्रा के दौरान किसी पर्यटन देश में एक दिन से भी कम अवधि तक ठहरते हैं, उन्हें सैलानी की संज्ञा दी जाती है। समुद्री मार्ग से परिभ्रमण करने वाले भी इसी के तहत आते हैं।

पर्यटक की एक सर्वमान्य परिभाषा के मुताबिक, ''अस्थायी रूप से यात्रा करने वाले उन आगन्तुकों को पर्यटक के नाम से पुकारा जाता है जो 24 घंटे से अधिक यात्रा करने वाले देश में रहते हैं। इनकी यात्रा का प्रयोजन व्यापार, पारिवारिक मेलमिलाप, अध्ययन या विलासिता (स्वास्थ्य, अवकाश, मनोरंजन, क्रीड़ा) से जुड़ा हो सकता है।

प्राकृतिक एवं ऐतिहासिक दृष्टि से भारत विश्व के देशों में पर्यटन हेतु एक महत्वपूर्ण स्थान रखता है। यह देश पर्यटकों को भिन्न-भिन्न पर्वत श्रेणियों, पहाड़ियों, उच्च्व शृंखलाओं, समुद्री किनारों, प्राकृतिक दृश्य-दर्शनीय सौन्दर्य, स्मारकों एवं संग्रहालयों, प्राचीन कला एवं नृत्य, मेले एवं त्योहार व दूसरी बहुत-सी मूल्यवान् वस्तुओं से आकर्षित करता है, जिनकी वजह से यह राष्ट्र चित्रकारी का एक सजीव उदाहरण बन चुका है।

पर्यटन उद्योग का मुख्य आधार विभिन्नता है। भारत में यह विभिन्नता हर पर्यटक के लिए विद्यमान है। एक सपेरे से लेकर हिमाच्छादित हिमालय पर्वत की शृंखलाएं साधारण नृत्य से लेकर बड़े-बड़े पर्वतीय शिकारगाह, पर्यटक के मुख्य आकर्षण इस देश में स्थित हैं।

आधुनिक पर्यटन एवं आरामदायक यात्रा की सफलता के लिए बहुत ही जरूरी है कि पर्यटन से सम्बन्धित प्राथमिक एवं सहायक व्यापारों में सामंजस्य स्थापित किया जाए। आवास, परिवहन एवं यात्रा, अभिकर्त्ता का इन दिनों पर्यटन में अधिक महत्त्वपूर्ण स्थान है। पुराने समय में पर्यटन मुख्यतः धार्मिक स्थानों तक ही सीमित था तथा धर्म के नाम पर यात्रा करने में कठिनाइयों का सामना करना आवश्यक समझा जाता था। इसलिये आवास की सुविधाओं व

परिवहन व्यवस्था का कोई महत्त्व ही नहीं था। लोग मन्दिरों एवं धार्मिक स्थानों के दर्शन के हजारों मील की पदयात्रा किया करते थे।

वर्तमान समय में पर्यटन उद्योग का रूप ले चुका है। यह मुख्य रूप से अर्थशास्त्र से संबंधित है जो उपभोक्ताओं के लिए मांग तथा बाजार मुहेया कराती है। आज सभी देशी विदेशी मुद्रा अर्जित करने के लिए पर्यटन को बढ़ावा दे रही है। पर्यटन को निम्नांकित भागों में विभाजित किया गया है–

स्थिर क्षेत्र–इसके तहत परिवहन संस्थाओं, यात्रा-अभिकर्ताओं, परिवहन संचालकों और अन्य सहायक सेवा जैसी क्रियाएं शामिल की जाती हैं।

अस्थिर क्षेत्र–इसके तहत वे सारी आर्थिक क्रियाएं शामिल की जा सकती हैं जो अल्पकालीन प्रवास, आवास सुविधा, खान-पान की मांग को प्रभावित करती है। पर्यटन किसी विशिष्ट क्षेत्र में उद्योग नहीं हो सकता है परन्तु आर्थिक नजरिए से मांग की उत्पत्ति पर्यटन से की जा सकती है।

अतः पर्यटन से संबंधित सभी क्रियाएं पर्यटन उद्योग के अन्तर्गत आती हैं। अगर राष्ट्रीय दृष्टिकोण से देखा जाय तो पर्यटकों द्वारा किया गया सभी व्यय 'राष्ट्रीय पर्यटन' कहलाता है। दूसरे शब्दों में पर्यटन उद्योग का तात्पर्य है उन सभी माध्यमों से जो पर्यटकों को सुविधाएं एवं सेवाएँ उपलब्ध करवाते हैं। पर्यटन राष्ट्रीय व्यवस्था का ही एक भाग है, जो पर्यटकों की जिज्ञासा की पूर्ति करता है।

इस समूह के अधीन वे सभी व्यापार और उद्योग शामिल हैं जो यात्रियों की आवश्यकता की पूर्ति करना, अपना प्रमुख लक्ष्य मानते हैं। विभिन्न प्रकार के यात्रियों जैसे व्यापारी, सैलानी, वाणिज्य यात्री, विद्यार्थी, सम्बन्धी एवं मित्रगण आदि की आवश्यकताओं की पूर्ति पर्यटन उद्योग द्वारा की जाती है। अतः पर्यटन उद्योग खुद में विस्तृत आर्थिक संगठन है।

प्राथमिक व्यापारों में होटल व खान-पान उद्योग व यात्रा अभिकरण इकाइयां आती हैं। सहायक व्यापार के अन्तर्गत वे व्यापार शामिल किए जा सकते है, जो कि यात्रियों को सेवा प्रदान करते हैं, उदाहरण के लिए फुटकर दुकानें, स्मारिकाएं, पुरातत्वकालीन सामान, उपहार विक्रेता इत्यादि, मनोरंजन (नाट्यशाला, सिनेमाघर, विशेष पर्व व त्योहार संगठित क्रीड़ाएं), बैंक, केस शृंगारगृह, लाउन्ड्रीज, होटलों को सामान एवं सेवाएं उपलब्ध कराने वाले व्यापारी, खान-पान इकाइयाँ, परिवहन से जुड़े उद्योग, सार्वजनिक सेवाएं, भवन-निर्माण संस्थाएं (विशेषकर पर्यटन क्षेत्रों में), बीमा कंपनियां आदि।

अतः बहुत से उद्योग पर्यटकों के लिए वस्तुओं की उपलब्धता सुनिश्चित करते हैं, जबकि पर्यटकों की अनेक प्रकार की मांगों के सम्बन्ध में ये क्रियाएं आर्थिक अध्ययन की दृष्टि से कृषि उत्पादन एवं अवतरण उद्योगों की तुलना में बहुत ही जटिल हैं।

पर्यटन के प्रमुख तत्व

यात्रा विभिन्न अंगों का संयुक्त रूप है। कोई भी यात्रा हजारों किलोमीटर की हो सकती है, तथा इसके तहत एक या अनेक प्रकार के परिवहन के साधन शामिल हो सकते हैं। इसमें बहुत दिनों, हफ्तों व महीनों का ठहरना भी शामिल है जिसके लिए आवास, मनोरंजन, हृदयावलोकन व मनोरंजन हेतु अनेक सुविधाओं एवं सेवाओं की जरूरत होती है। पर्यटन की सफलता इन्हीं तत्वों पर निर्भर करती है। जब तक पर्यटन व्यापार के विविध अंगों में सांमजस्य नहीं लाया जाता तब तक पर्यटन व्यापार में वृद्धि नहीं हो सकती है।

अध्ययन करने की दृष्टि से इन सुविधाओं को प्राकृतिक संसाधन, पर्यटन के आकर्षण एवं मनोरंजन सम्बन्धी जरूरतें, सरकार सम्बन्धी संसाधन एवं सुविधायें, आधारभूत संरचना सम्बन्धी सुविधायें, परिवहन सम्बन्धी यंत्र तथा उच्च संरचना सम्बन्धी सुविधाओं में बांटा जा सकता है।

प्राकृतिक स्रोत, उच्च संरचना, खरीददारी के केन्द्र, क्रीड़ा एवं खेलकूद, प्रकाशन माध्यम, वित्त संस्थायें, यात्रा मार्गदर्शक, हवाई अड्डों की इमारतें, यात्री यातायात टर्मिनल, परिवहन एवं परिवहन यंत्र, पुलिस सीमा शुल्क, शिष्टाचार स्रोत, सैलानी संबंधी आधारभूत ढांचा तथा आधारित संरचना आदि पर्यटन में प्रमुख अंग/तत्व हैं।

जल, शक्ति, सड़क, वायु, परिवहन, पर्यटन के आकर्षण आदि सारी सुविधाओं का संयुक्त पैकेज उद्देश्य प्राप्ति के लिए बहुत ही आवश्यक है। किसी देश क्षेत्र में पर्यटक यातायात की वृद्धि इस बात पर निर्भर करती है कि पर्यटकों को कितनी न्यूनतम सुविधायें उपलब्ध की जा रही थीं।

विकासशील अर्थव्यवस्था में पर्यटन उद्योग के विकास के लिए सामान्य राष्ट्रीय योजनाओं व संयुक्त कार्यक्रमों की बहुत ही जरूरत है। राष्ट्रीय योजना में पर्यटन की मूलभूत संरचना व साधारण सेवाओं की लागत के अन्तर को ध्यान में रखा जाता है, तथा साथ ही अन्वेषणों, सर्वेक्षणों एवं उत्पादन के मूल्यांकनों के द्वारा विनियोजन की दर व आय प्राप्ति को स्पष्ट किया जाता है। पर्यटन एक व्यापार ही नहीं है बल्कि इसके तहत बहुत से उद्योग व कठिन क्रियायें भी आती हैं, एक उचित प्रयोगात्मक कार्यक्रम बनाने तथा विनियोजकों, स्थानीय लोगों, राज्य एवं पर्यटकों को इसके लागू करने के लाभ प्रदान करने हेतु इससे संलग्न विभिन्न अंगों व तत्वों का मूल्यांकन करना बहुत जरूरी है।

राष्ट्रीय योजना में पर्यटन का स्थान इसको प्रदान की गयी प्राथमिकता पर निर्भर है। कई देश इसको विलासितापूर्ण उद्योग समझकर अपनी राष्ट्रीय योजनाओं में कम प्राथमिकता देते हैं। राष्ट्रीय योजनाओं की प्राथमिकता वहाँ की मूलभूत संरचना, प्राप्त होने वाले कच्चे माल एवं सामाजिक एवं आर्थिक विकास के संतुलन पर आश्रित है। पर्यटन उद्योग की सफल स्थापना मूल रूप से देश की अर्थव्यवस्था की आधारित संरचना के उत्पत्ति व विकास पर निर्भर करती है।

आधारित संरचना की आवश्यकताएं निम्नांकित वर्गों में विभक्त की जा सकती हैं–

(i) वे संरचनायें जो कि बाह्य संसार से पहुंच व संचार सम्पर्क प्रदान करने में सहायक हैं।

(ii) वे संरचनायें जो कि किसी भी उद्देशित स्थान पर लोगों के विचलन में मददगार होती हैं।

(iii) वे संरचनायें जो कि विकास हेतु बिजली, शक्ति, जल परनाला व मल विकास की आवश्यक सेवाएं प्रदान करती हैं।

पर्यटक स्थल तक पहुँचने के लिए पर्यटकों को परिवहन व्यवस्था की आवश्यकता होती है। एक जरूरतमन्द मूलभूत संरचना हेतु सड़क, पुल, सेतु, बन्दरगाह, हवाई अड्डों की पटरी आदि के निर्माण की आवश्यकता होती है। ये सारे साधन पर्यटन के भार को पर्यटन क्षेत्रों में या उनसे बाहर ले जाने के लिए जरूरी हैं। साथ ही संचार सम्बन्धी साधनों की भी जरूरतें होती हैं। पहुंच से सम्बन्धित क्रियायें भी जरूरी हैं जिससे कि संचार के साधनों की सुविधायें प्राप्त हों तथा इस क्षेत्र में बदलाव भी हो सके।

एक सफल पर्यटन हेतु भूमि के आन्तरिक और संस्थापन सेवाएं बहुत ही महत्त्वपूर्ण हैं। इनके निर्माण में अत्यधिक समय लगता है।

सड़क निर्माण में अत्यधिक सावधानी बरतनी पड़ती है। सड़कें ठोस एवं मजबूत होनी चाहिएँ, हर मौसम के अनुसार होने चाहिएँ एवं इनका उचित तौर पर निर्माण हो ताकि पानी व बरसात का असर न होने पाये, और सुरक्षित होनी चाहिये एवं अन्तर्राष्ट्रीय मान्यताओं के अनुरूप उनका निर्माण होना चाहिए। सार्वजनिक संस्थानों जैसे सुविधाजनक सड़क सम्बन्धी सुविधाएँ, सड़कों के साथ-साथ पार्क और वनभोज की सुविधायें, आराम के पार्क जिनमें जनसुविधायें, दर्शनीय कक्ष, आटो मरम्मत व अन्य तरह की सुविधायें, आराम के पार्क जिनमें जन सुविधाओं से सुसज्जित होनी चाहिये।

अन्तर्राष्ट्रीय स्तर का हवाई अड्डों का निर्माण करना चाहिए क्योंकि नवीन विमानों हेतु इनका उपयोग होता है, अतः भविष्य में इन पर आधुनिकीरण का काम न करना पड़े। सड़कों के किनारे के पार्क, पिकनिक स्थल, आराम-स्थल, दर्शनीय-स्थान आदि इसी तरह के पार्क व सुविधाओं का अनवरत ध्यान रखा जाना चाहिए जिससे पर्यटक आकर्षित हो।

आवास तथा खान-पान—पर्यटकों के लिए यह सेवाएँ बहुत जरूरी हैं। पर्यटकों द्वारा प्रयोग की जाने वाली विभिन्न आवास सुविधाएं, मित्र और सम्बन्धियों के साथ रहना, निजी आवास तथा काफिला व टैन्ट आदि बहुत ही महत्त्वपूर्ण भूमिका अदा करते हैं।

परिवहन—पर्यटकों को पर्यटन स्थान तक पहुँचने के लिए विभिन्न तरह की परिवहन की जरूरत होती है। पर्यटक के लिए कार व उच्च कोटि की गाड़ियों की आवश्यकता होती है, साथ ही नई सड़कों का निर्माण तथा चुंगी कर व सीमाकर जो कि इस क्षेत्र में विकास की आवश्यकता हैं, क्योंकि यह प्राथमिक सेवा है, जिसके बिना पर्यटक को अपने निश्चित स्थान

पर पहुंचने में कठिनाई होती है। यात्रा परिवहन को निम्न भागों में बांट सकते हैं—सार्वजनिक एवं निजी, अन्तर्देशीय व अन्तर्राष्ट्रीय तथा हवाई, जल एवं भूमिगत।

वायु परिवहन—इससे समय की बचत होती है। यह चतुर्दिश परिवहन का प्राथमिक साधन है।

जल-परिवहन—सीमित सामुद्रिक मार्ग व जल के रास्तों द्वारा यात्रा करने में जल परिवहन एक महत्त्वपूर्ण स्थान रखता है।

रेल-परिवहन—यह भी यात्रा करने का अच्छा साधन है। यह निश्चित स्थान पर पहुंचने एवं वहाँ भ्रमण करने में सहायक होता है।

सड़क-परिवहन—सड़क मार्ग से बस, मोटर गाडियां, टैक्सी आदि द्वारा गंतव्य तक पहुँचा जा सकता है। बहुत से स्थानों में यह रेल परिवहन सेवाओं के विकल्प का कार्य करती हैं। निजी मोटर व्यवस्था के शुरू होने से सड़क परिवहन का महत्त्व दिन-प्रतिदिन बढ़ता जा रहा है।

पर्यटन के आकर्षण—भारत में पर्यटन कुछ क्षेत्र तक ही सीमित रहा है। पर्यटकों के स्वभाव में परिवर्तन के कारण आराम व मनो-विनोद सम्बन्धी क्रियाओं का पर्यटन के क्षेत्र में महत्त्व बढ़ता ही जा रहा है। अतः आधुनिक पर्यटन की मांग को पूरित करने के लिए आवासकालीन पर्यटक स्थल, दर्शनीय सौन्दर्य, पर्वत और समुद्रतट, विलासिता व मनोरंजन की बहुत ही आवश्यकता है।

मनोविनोद—पर्यटन उद्योग के अनेक रूपों जैसे—रेस्टोरेन्ट, नृत्य और संगीत, नाट्यशाला एवं खरीददारी इत्यादि का विकास बहुत ही आवश्यक है। स्मारकों एवं संग्रहालयों, कला एवं हस्तशिल्प, मेले एवं त्योहारों/पर्व, प्रदर्शनियों अत्यादि के अलावा पर्यटक बहुत-सी दूसरी मनोरंजन की क्रियाओं में इच्छा रखते हैं। विशेषकर सान्ध्यकालीन समय की खुशी तो बहुत ही आवश्यक है। अतः पर्यटकों के मनोविनोद एवं आकर्षण के मुख्य साधन—कैबरे नृत्य व गान, नाट्यशाला में लोगों का एक शानदार आराम, वातावरण में मुलाकात और वार्तालाप करना है।

सुविधाएं—प्रत्येक पर्यटक के आवागमन के अवांछित नियमों का पालन करना होता है। साथ ही देश के अन्तर्गत कितने ही नियम होते हैं जो कि पर्यटन में सहायक व बाधा डालने वाले होते हैं। जितने अधिक सरल एवं सहज आवागमन से सम्बन्धित नियम होंगे तथा पर्यटकों को मुक्त रूप से भ्रमण करने में सहायता होगी तथा आवागमन व्यवस्था सरल होगी; उतने ही पर्यटक आकर्षित होंगे। पर्यटक स्थानों का पुनः दर्शन करने के लिए समय-समय पर किए गए सर्वेक्षणों से पता चलता है कि भारत में पर्यटन के नियम व सुविधाओं में बहुत ही खामियाँ हैं। विशेषताः पर्यटकों की शिकायतें बहुत-से फार्म भरने, तर्कहीन व अवरोधक नियम, बेवजह लालफीताशाही,

विशेषकर सामान की छंटनी एवं ढूंढ़ने में अव्यवस्था तथा अकुशल प्रबन्ध के बाबत होती है। हमें इन समस्त खामियों पर ध्यान देना होगा ताकि पर्यटन के क्षेत्र में बहुमुखी विकास हो सके।

यात्रा अभिकर्त्ता, यात्रा संचालक—ट्रेवल एजेन्ट्स पर्यटक तथा परिवहन एवं आवास मालिकों के बीच की महत्वपूर्ण कड़ी होते हैं। यात्रा-अभिकर्त्ता पर्यटन के विभिन्न अंगों का इस प्रकार संगठन करते हैं कि यह एक वस्तु या सेवा के रूप में पर्यटकों को उपलब्ध हो सके। यह पर्यटन वस्तु व सेवा उन्हीं की जोखिम व नाम पर बाजार में बिक्री की जाती हैं

पर्यटन के प्रमुख आधार

इसके प्रमुख आधार निम्नांकित है—

यात्रा की स्वतन्त्रता—स्वतन्त्रता पर्यटन उद्योग के लिए बहुत ही जरूरी है, अतः हमें इनकी सुरक्षा तथा विकास करना चाहिए। बहुत से राष्ट्रों ने इस विचार को बहुत समझबूझ कर ही अपने देशवासियों को आराम से भ्रमण व यात्रा करने की सुविधायें प्रदान की हैं।

शिक्षा—पर्यटक अधिकांशतः शिक्षित होते हैं। द्वितीय विश्व युद्ध के पश्चात् तो नियमित शिक्षा सुविधाओं में बहुत ही क्रांतिकारी प्रगति हुई है। वास्तव में बहुत सी समर्थशील व्यक्ति पर्यटक की श्रेणी में आने लगे हैं।

जिज्ञासा—आधुनिक संचार माध्यम—दूरदर्शन, आकाशवाणी, पत्रिकाएं प्रकाशन तथा शिक्षा की नई-नई क्रियाओं के फलस्वरूप भावी पर्यटकों में जिज्ञासा विकसित हुई, अतः इनकी विदेश भ्रमण की तीव्र इच्छा हुई जिससे कि अपने बाहरी घटनाओं की जानकारी प्राप्त कर सकें।

आलीशान पर्यटन के विक्रय की व्यावसायिक क्षमता—अधिकांश व्यक्ति अपने व्यवसाय में सक्षम बन चुके हैं तथा आम आदमी को अपना धन व समय विदेशों में व्यय करके भ्रमण व यात्रा करने के लिए उत्साहित करते हैं।

प्रति व्यक्ति आय—अमेरिका, जर्मनी, इंग्लैण्ड़, आस्ट्रेलिया, फ्रांस, कनाड़ा, जापान, आदि देशों में प्रति व्यक्ति आय में बहुत अधिक वृद्धि हुई है, जिससे यहाँ के निवासियों में घूमने की प्रवृत्ति बढ़ी है।

सौन्दर्यता—यह पर्यटन का अभिन्न अंग है। सुन्दर पर्वतीय दृश्य व समुद्रतटीय सौन्दर्यता एक बहुत ही बड़ा आकर्षण है, जो पर्यटक इन स्थानों का भ्रमण करते हैं; वे इनकी प्राकृतिक बनावट से बहुत ही प्रभावित हो जाते हें

पर्यटन का सम्बन्ध—ये भ्रमण की परम्परा को बनाये रखने में मददगार होते हैं। निजी क्षेत्र व सरकारी पर्यटक संगठनों द्वारा की गयी उत्साहवर्धक क्रियायें राष्ट्र के पर्यटन के विकास में सहायक होती हैं। समाचार-पत्र, पत्रिकाएं, चलचित्र, रेडियो, टेलीविजन के माध्यम

से व अवकाश आदि से जुड़ी सूचनाओं का विस्तार करके आराम व विलासिता के महत्त्व को समझाना है।

उच्च जीवन स्तर—आय का अधिकतर भाग उच्च रहन-सहन के कारण पर्यटन कार्यों में खर्च हो रहा है। साथ ही कार्य करने की घण्टो में कमी हो रही है तथा सवैतनिक छुट्टियां भी उपलब्ध हो जाती हैं। इन सभी कारणों से पर्यटन की आवश्यकतायें पूर्ण हो रही हैं—धन दीर्घकालिक छुट्टियां बिताने के लिए तथा समय जिसमें अवकाश लिया जा सके, दोनों ही उपलब्ध हैं।

जलवायु—सुन्दर जलवायु जिसमें गर्मी एवं सूर्य का प्रकाश हो, पर्यटन क्षेत्र का खास आकर्षण है। कोई भी क्षेत्र जिसमें शिशिरकालीन आकर्षण होगा, पर्यटन का आकर्षण बन जाता है। बहुत से क्षेत्र आनन्ददायक जलवायु के कारण मुख्य पर्यटन क्षेत्र बन जाते हैं।

मूल्य वृद्धि एवं परिवहन की गति—इन दोनों कारणों से या तो पर्यटन का प्रयोजन सीमित होता है अथवा पर्यटन के विकास में ये कारक सहायक होते हैं।

सुविधायें—दो प्रकार की सुविधायें होती हैं :

मानवीकृत सुविधायें—इसके अधीन पर्यटकों की आवश्यकताओं को पूर्ण करनेवाले सभी मनोरंजन के साधन व सुविधायें शामिल हैं जैसे—विहारार्थ भ्रमण स्थल, स्नान के तालाब, हरियाली, नाट्यशालायें, चलचित्र व अनजान स्थल; झूलानुमा कुर्सी सुसज्जित और प्रकाशयुक्त सजावट।

प्राकृतिक सुविधायें—इसके अधीन समुद्रतट, सामुद्रिक स्थान, मछली पकड़ना, पर्वतारोहण और दृश्यावलोकन आदि आते हैं।

ऐतिहासिक एवु सांस्कृतिक कारण—समस्त पर्यटन-प्रिय राष्ट्र अपने इतिहास को पर्यटक आकर्षणों का एक माध्यम मानते हैं। इतिहास के विशिष्टांग व संस्कृति के आकर्षण पर्यटकों को अपनी ओर मोहित करते हैं।

पहुंच या निकटता—निकटता व पहुंच पर्यटन के मुख्य अंग हैं। विमानों के विकास से यात्रा के क्षेत्र में एक क्रान्ति आ गयी है। जो स्थान कुछ समय पहले पहुंच से बाहर थे, आज बहुत ही पास हो गये हैं।

आवास—बहुत से पर्यटक किसी विशेष स्थान पर इसलिए जाते हैं क्योंकि वहाँ पर अच्छा खान-पान, आवास व अन्य सुविधायें उपलब्ध होटल विद्यमान होते हैं।

अन्य कारण—किसी भी राष्ट्र के नागरिकों का आगुन्तकों के प्रति मैत्री व सौहार्दपूर्ण व्यवहार, पर्यटकों को आराम प्रदान करता है; तथा अपने अवकाश को व्यतीत करने में आनन्द देता हैं। सूचना-केन्द्रों के माध्यम से पर्यटकों को, जो कि देश के बाबत अपरिचित है व क्षेत्रीय भाषायें नहीं बोल सकते हैं और न ही समझ सकते हैं, उन्हें पर्यटक स्थलों, खेल

की सुविधाओं, रात्रि की खेल क्रियाओं, क्रय संबंधी क्रियाओं आदि के जरिये पूर्ण सूचना उपलब्ध होनी चाहिए, प्रशिक्षित और कौशलपूर्ण (विशेषज्ञ) हरकारा, स्थानीय भाषा बोलनेवाले मार्गदर्शकों की आवश्यकता है। जहाँ तक हो सके पर्यटकों के ऊपर पार-पत्र से सम्बन्धित प्रवेशपत्र आदि का जितना भी दबाव है; उसे पूर्ण रूप से समाप्त या कम करना चाहिए। सीमाशुल्क, मुद्रा नियन्त्रण और दूसरे नियमों को, जहाँ तक हो सके, कम करने की जरूरत है।

पर्यटक को जिस राष्ट्र में प्रेम, मित्रता एवं शांति का सुख मिलता है वे उस स्थान पर पुनः जाने को प्रेरित होते हैं। अतः हम सभी को अपने देश में आने वाले सभी आगन्तुकों का स्वागत करना चाहिए तथा उनकी भाषा इत्यादि के कारण होने वाली समस्या का समाधान करना चाहिए, उन्हें अनेक महत्वपूर्ण स्थानों के विषय में जानकारी उपलब्ध कराना, उनकी सुरक्षा की पूर्ण व्यवस्था, उनकी यात्रा को आसान और सुगम बनाने का प्रयत्न करना चाहिए जिससे पर्यटन का अत्यधिक विकास हो सके।

पर्यटन का वर्गीकरण

पर्यटन वह प्रक्रिया है जो मनुष्य के भागों को उपलब्ध कराती है। अतः इसका बाजार माँग व पूर्ति के परिवर्तन के अनुरूप निर्धारित होता है। पर्यटक की अधिकतर माँगों का उद्देश्य व्यक्तियों को पर्यटन क्षेत्रों हेतु लाभान्वित करना है। इस तरह पर्यटन के उद्देश्य भिन्न हैं तथा किसी भी यात्रा के निर्धारण में महत्त्वपूर्ण प्रभाव डालती हैं। इस तरह विभिन्न पर्यटक प्रलोभनों के फलस्वरूप अनेक प्रकार के पर्यटनों का उदय होता है। जिन्हें निम्नांकित श्रेणियों में विभाजित कर सकते हैं।

उद्गम एवं होनहारिता के अनुसार—पर्यटन राष्ट्र की सीमाओं के भीतर तक ही निर्धारित नहीं रह सकता। पर्यटक अपने ही देश की सीमाओं एवं विदेशों की यात्रा कर सकते हैं।

देश की सीमाओं के अन्तर्गत पर्यटन के प्रवाह के आकार में निम्न पर्यटन आते हैं :

1. आन्तरिक पर्यटन—किसी भी देश के नागरिक प्रायः स्वदेश की सीमाओं के तहत ही एक-दूसरे स्थानों की यात्रा करते हैं, इसे ही आन्तरिक पर्यटन कहा जा सकता है।
2. बाह्यगमन पर्यटन—हर देश से बहुत से लोग अन्य देशों का भ्रमण करते हैं। बाह्यगमन पर्यटन की श्रेणी में वही सैलानी हैं जो सामान्य रूप से स्वदेश में निवास करते हैं परन्तु विदेशी भ्रमण करते हैं।
3. प्रवेश पर्यटन—इस श्रेणी के अन्तर्गत वे पर्यटक आते हैं जो कि किसी भी देश के अन्दर दूसरे देश से प्रवेश करते हैं क्योंकि बाद वाले देश में पर्यटकों का उद्भव होता है।

विचलन की प्रकृति के आधार पर—सैलानी या तो किसी खास स्थान पर ठहरते हैं अथवा यात्रा करते हैं विभिन्न क्रीड़ा-स्थलों पर थोड़ा-थोड़ा समय व्यतीत करते हैं। पर्यटकों द्वारा बिताये गये समय का प्रकृति के आधार पर पर्यटन को निम्नांकित तरह से बाँटा जा सकता है :

1. घुमाकार पर्यटन—कुछ अपने पूरे छुट्टी के समय यात्रा अथवा घूमते रहते हैं, वे एक स्थान से दूसरे स्थान को यात्रा करते रहते हैं तथा पाँच रात्रि से अधिक का समय एक स्थान पर नहीं लगाते हैं, ये लगातार भ्रमण करते रहते हैं। इनकी यात्रा का उद्देश्य आवासी व मौसमी पर्यटकों से भिन्न होता है। ये बसन्त या शरद ऋतु में अधिक तौर पर बिखरित रहते हैं।
2. मौसमी पर्यटन—इस श्रेणी में वे सैलानी आते हैं जिनकी अवकाशकालीन समय की अवधि एक माह से कम होती है। ये पर्यटक एक महीने से ज्यादा किसी विशेष स्थान पर नहीं ठहरते हैं। इस तरह हम देखते हैं कि आवासीय पर्यटन और मौसमी पर्यटन में समय मुख्य तत्व है।
3. आवासीय पर्यटन—इसके तहत वे पर्यटक आते हैं जिनके पास एक माह से ज्यादा का समय है तथा किसी पर्यटन स्थल में अपना समय व्यतीत करते हैं। ये पर्यटक मध्यम जलवायु के शान्त एवं स्तब्ध स्थानों की खोज में रहते हैं। मुख्य रूप से आवासीय पर्यटन उच्च मौसम अथवा जब माँग उच्च स्तर पर होती है, तो ही यह घटित होती है।

पर्यटन की मौसमी विशेषता के अनुसार—किसी खास मौसम में असंख्य सैलानियों के विचलन में बहुत से कारण हो सकते हैं। कुछ क्रीड़ाएँ अथवा खेलकूद यात्रा से सम्बन्धित या प्रोत्साहित होते हैं एवं कतिपय प्राकृतिक स्थितियों और मौसम पर निर्भर करते हैं। जैसे आखेट, मछली पकड़ना, शिशिरकालीन खेल आदि। इसके अन्तर्गत धार्मिक पर्व भी हैं। यथा मेले, कला एवं संगीत के उत्सव, व्यापारिक मेले, प्रदशनियाँ जो कि पर्यटकों को किसी विशेष मौसम में आकर्षित करते हैं। इस श्रेणी में निम्नलिखित तरह के पर्यटक आते हैं—

1. *ग्रीष्मकालीन पर्यटन*—इस प्रकार के पर्यटन के मुख्य आकर्षण विशेष रूप समुद्र में सूर्य स्नान लेना है। यूरोपीय देशों में यह एक अनेक प्रकार का जनसाधरण पर्यटन है। दूसरे मौसमों की अपेक्षा औसतन प्रवृत्ति दर बहुत ही निम्न है।
2. *शरद्‌कालीन पर्यटन*—इस प्रकार के पर्यटन को क्रियाएँ यूरोपीय देशों में दिसम्बर से मार्च तक होती है। शरद्‌कालीन पर्यटन के दो महत्त्वपूर्ण आकर्षण बर्फ एवं सूर्य की रोशनी की खोज हैं।
3. *घटनाकृत पर्यटन*—यह एक स्थानीय पर्यटन है क्योंकि यह धार्मिक कला, खेल, लोकप्रवृत्ति के रीति-रिवाजों के उत्सवों पर निर्भर है।

प्रोत्साहनों के अनुसार—विभिन्न तरह के प्रोत्साहनों पर पर्यटकों के बहाव की प्रकृति का उदय होता है, अतः पर्यटन को निम्नांकित श्रेणियों में बांटा जा सकता है—

खेल व क्रीड़ा सम्बन्धी पर्यटन

खेल व क्रीड़ा की सामान्य पर्यटन वर्तमान शताब्दी का एक सामान्य स्वभाव है। खेल की तरह यह प्राकृतिक दृष्टि से ताकतवर है तथा न इसके कुछ गुण हैं और न ही दोष है। परन्तु एक अनवरत स्थायी योजना व मार्गदर्शन द्वारा इसके प्रभाव के अनुरूप हो सकते हैं। खेलों की लगातार तैयारी व प्रशिक्षण की इच्छा करना ही इस पर्यटन का मुख्य आकर्षण है।

जल क्रीड़ा व शिशिरकालीन क्रीड़ा आखेट एवं मछली पकड़ने की बहुत ही माँग है। इस क्षेत्र में खेलों की बड़ी-बड़ी मींटिग, जैसे—ओलम्पिक खेल, विश्व व महाद्वीप स्तरीय बर्फ पर चलने की क्रियाएँ, फुटबाल, हॉकी, मुक्केबाजी, चैम्पियनशिप इत्यादि होते हैं, जो कि न सिर्फ खिलाड़ियों को बल्कि समस्त खेल प्रेमियों व पालनकर्ताओं को आकर्षित करते हैं।

इसी प्रकार ईश्वरभक्त लोगों के भी क्रीड़ा सम्बन्धी पर्यटन होते है। प्राकृतिक खेल, शिशिरकालीन खेल, पर्वतारोहण, जहाज की तैराकी, ट्रैकिंग हाइकिंग, आखेट, गोल्फ, लघु गोल्फ, मछली पकड़ना, नाचना, समुद्रतटीय क्रीड़ाएँ, जल पर चलने की क्रीड़ा, हाइड्रोसाइकलिंग नौका विहार, स्केटिंग एवं दूसरी आन्तरिक मनोविनोद और मनोरंजन प्रदान करते हैं।

वे बहुत से जहाँ क्रीड़ा और खेल के विकास को महत्व दिया जा रहा है, वहाँ पर्यटन की प्रवृत्ति के बहाव में वृद्धि का बहुत अच्छा प्रभाव है, वे खेल व क्रीड़ा पर्यटन से लाभान्वित हो सकते हैं, उच्चस्तरीय खिलाड़ियों के लिए पर्यटन एक प्रमुख आकर्षण शक्ति है, जो बहुत ही अच्छा है परन्तु इसका आनन्द बरमिंघम व बेलग्रेड की अपेक्षा टोकियों में ज्यादा अच्छा लिया जा सकता है। यह विचार है कि एक सर्वोत्तम दर्शन ही किसी व्यक्ति विशेष को विश्व यात्रा हेतु योग्य बना सकता है। उच्चस्तरीय खिलाड़ी पर्यटन का एक प्रमुख आकर्षण हैं।

वर्तमान समय के खेलों हेतु भारत एक बहुत ही उचित स्थान है। भारत के विभिन्न शहरों के क्लबों में पोलो खेला जाता है। हिमालय में बर्फ पर चलने की क्रीड़ा, याच क्लब, ट्रैकिंग, सूर्य की किरणों में स्नान, जल संबंधी क्रीड़ा, गोल्फ क्रीड़ा के कक्ष इत्यादि बहुत से खेल हैं जो खेल जगत् में विशिष्ट स्थान रखते हैं। गोवा तथा कोवलम् के समुद्रतट तो आराम पसन्द सैलानियों के लिए एक विशेषता है।

आरामदायक पर्यटन या आलीशान पर्यटन

इसमें वे सभी पर्यटक शामिल हैं जो कि छुट्टी के दिनों में नवीन स्थानों के दर्शनार्थ, प्राकृतिक सौन्दर्यता, अनभिज्ञ, लोकगीत, शान्त व आधुनिक पर्यटन स्थल का आनन्द लेने

हेतु एक जिज्ञासा की भावना से आराम से यात्रा करते हैं। इस श्रेणी में कतिपय पर्यटक यात्रा के दौरान विभिन्न पर्यटन स्थलों का मजा उठाते हैं। औद्योगीकरण और यंत्रीकरण के विस्तार के कारण अज्ञात व व्यस्त जीवन तथा कठिन जीवन क्रिया की दिनचर्या में आराम के अभाव के कारण आराम की क्रियाओं की जरूरत होती है। तथा वे जिन्दगी के बढ़ते हुए दबाओं व तनावों के कारण यात्रा हेतु बाध्य होते हैं। इन सैलानियों को निवासित पर्यटन या अधिकतर मौसमी पर्यटन, जिसमें विचलन के कम गुण हैं, की श्रेणी में शामिल किया जा सकता है। इनको फिर से स्वास्थ्यालाभोन्मुख पर्यटन भी कहा जा सकता है। समुद्र के किनारे व झरनों के दर्शन करना इस तरह के पर्यटन के अच्छे उदाहरण हैं।

व्यापारिक अथवा तकनीकी पर्यटन

कुछ सिद्धांतवादियों, समाजवादियों तथा अर्थशास्त्रियों के अनुसार व्यापारिक यात्रा को पर्यटन सम्बन्धी यात्रा नहीं समझा जा सकता है क्योंकि इसमें ऐच्छिकता के तत्व का अभाव होता है। उनके अनुसार व्यापारिक यात्रायें व्यावसायिक यात्रायें हैं तथा सम्बन्धित व्यक्ति को यात्रा के स्थान और समय को छाँटने की स्वतंत्रता नहीं होती है।

इसलिए इस प्रकार की यात्रा में व्यक्तिगत स्वतंत्रता नहीं होती है। दूसरी ओर पर्यटन की समस्त परिभाषाओं के व्यापारिक यात्राओं को पर्यटन के अधीन करते हैं।

व्यापारिक पर्यटन के अंतर्गत न केवल उद्योगपतियों की व्यावसायिक यात्रायें अथवा तकनीकी उद्देश्य हासिल करने के लिए उन व्यक्तियों द्वारा की जाती हैं, जो कि उस व्यवसाय से सम्बन्धित नहीं हैं। किन्तु ये आम लोगों के लाभ के लिए होती हैं। इसमें व्यापारी न सिर्फ उपभोक्ता के तौर पर व्यवहार करते हैं बल्कि अक्सर अपने स्वतन्त्र समय में एक वास्तविक सैलानी की भाँति उद्देशित राष्ट्र के आकर्षणों का भी लाभ उठाते हैं।

माँग के सामाजिक अर्थात् आर्थिक पहलू के अनुसार

आर्थिक माँग के अनुसार पर्यटन को निम्नांकित भागों में विभक्त कर सकते हैं—

1. योवन पर्यटन—इस पर्यटन का विभक्तिकरण पर्यटकों की सूचना और शिक्षण के उद्देश्य पर निर्भर करता है।
2. सामाजिक पर्यटन—इस पर्यटन को सरकार एवं कुछ निजी उद्योगपतियों द्वारा प्रदान की गयी सुविधाओं के द्वारा सम्भव बनाया जा सकता है। यह देखने में आया है कि सामाजिक पर्यटन का लाभ देश की जनता को पहुंचता है, क्योंकि ज्यादातर पर्यटन का महत्व बाहरी पर्यटन से सम्बन्धित श्रेणी को जाता है तथा बाहर जाने वाले पर्यटक को बहुत कम श्रेय मिलता है।

3. स्ववित्तीय पर्यटन—इसके तहत पर्यटक अपनी माँग को पूरा करने हेतु स्वयं अपने साधनों को प्रयोग में लाते हैं। सारे प्रवेश करने व बाह्यगमन व अन्तर्देशीय पर्यटक इस श्रेणी में आते हैं। निजी सैलानी उद्योग व राष्ट्रीय अर्थव्यवस्था दोनों के लिए स्ववित्तीय पर्यटन लाभदायक है।

पर्यटन विस्तार के अनुसार

पर्यटन को उसके फैलाव की सीमानुसार निम्न भागों में बांट सकते हैं—

1. अन्तर्राष्ट्रीय पर्यटन या विदेशी पर्यटन— इसके तहत वह पर्यटक शामिल किया जाता है जिसमें नागरिक अपने देश के बजाय बाहरी देशों का भ्रमण करते हैं। यह विदेशी देश एक अलग इकाई होता है जिसका अपना आर्थिक व राजनीतिक ढांचा होता है। विभिन्न विदेशी मुद्राओं के कारण इस प्रकार के अन्तर्राष्ट्रीय पर्यटन का भुगतान के सन्तुलन पर विपरीत प्रभाव पड़ता है : क्योंकि किसी भी देश को विश्व के दूसरे राष्ट्रों से अपने लेन-देनों को संतुलित करना पड़ता है। देश की सीमाओं को पार करने हेतु प्रशासनिकों द्वारा कुछ प्रतिबन्ध लगाये जाते हैं फलस्वरूप कुछ विशिष्ट दस्तावेजों पासपोर्ट, वीजा व आवागमन और भ्रमण सम्बन्धी शर्तों की जरूरत पूर्ण करनी होती है। इन सब कदमों से पर्यटन का बहाव अपने आप प्रतिबन्धित हो जाता है।

   स्वदेशीय और अन्तर्राष्ट्रीय पर्यटन में किसी विशेष तत्व की बजाय एक स्थिति/स्तर/दशा का ही अन्तर रह जाता है। वर्तमान समय में, भाषा की कुशलता, मुद्रा एवं सीमा-शुल्क में सुधार तथा विकसित देशों के अन्तर्गत नागरिकों के स्वतन्त्र भ्रमण के फलस्वरूप स्वदेशीय व अन्तर्राष्ट्रीय पर्यटन के अन्तर दिन-प्रतिदिन कम होते जाते हैं।

2. आन्तरिक पर्यटन या अन्तर्देशीय पर्यटन—अधिकांश व्यक्ति स्वदेश में ही विभिन्न भागों की यात्रा करते हैं। देश के अन्दर यात्रा करना उनके लिए सहज होता है, क्योंकि भाषा, मुद्रा एवं दस्तावेज सम्बन्धी परेशानी का सामना नहीं करना पड़ता है। उनकी स्वयं की भाषा परस्पर विचार-विनिमय के माध्यम की सुविधा उपलब्ध करती है। जो मुद्रा दैनिक जीवन में उपयोग की जाती है वही विनिमय का माध्यम होती है। पर्यटन सम्बन्धी विशेष दस्तावेज सम्बन्धी आवश्यकताओं की पूर्ति करने की कोई जरूरत नहीं होती है। इसके बावजूद स्वदेशी पर्यटन में भुगतान संतुलन जैसी कोई समस्या नहीं रहती है। इस प्रकार स्वदेशी पर्यटन विदेशी पर्यटन का विकल्प है जिससे राष्ट्र के नागरिकों को विदेशी मुद्रा के बचत के लाभ प्राप्त होते हैं।

यात्रा के उद्देश्य के अनुसार

यात्रा के उद्देश्य के अनुसार पर्यटन के निम्नलिखित मुख्य रूप हैं :

अवकाशकालीन पर्यटन—आजकल घरेलू पर्यटन हो या विश्वस्तरीय पर्यटन, दोनों ही क्षेत्रों में अवकाशकालीन पर्यटन की विशेष मांग है। कतिपय मनोवर्धक क्रियाओं में जैसे पर्वतारोहण एवं बर्फ पर चलने की क्रीड़ा में तो खतरे का तत्व बहुत ही उच्च है। प्राचीन पर्यटन स्थलों का मुख्य आकर्षण मुख्यतः छुट्टी व द्यूतक्रीड़ा पर निर्भर था, जबकि नये पर्यटन स्थल अवकाश व खेलों पर आधारित हैं। अवकाशकालीन शिविरों पर बहुत से व्यक्ति शारीरिक मनोरंजन पर ध्यान देते हैं एवं एक अच्छे चरित्र व खेलों में भाग लेने के दो पहलुओं में एक अच्छा संबंध है। यह भी देखने में आया है कि ऐच्छिक छुट्टी की योजनाओं से अत्यधिक लाभ हुआ है। इससे स्वस्थ धारणा विकसित हुई है। लोगों के प्रिय व्यापार तथा उत्तेजित अवकाश की ओर प्रबल इच्छाएं निर्मित हुई हैं। पारिवारिक यात्रा और सामूहिक छुट्टियों के साथ-साथ कैम्पिंग एवं दूसरे बहुत से पारिवारिक पर्यटक के मनोरंजन की क्रियाएं बहुत ही महत्त्वपूर्ण हैं।

पर्यटन के प्रकार

पर्यटन किसी देश की अर्थव्यवस्था एवं किसी व्यक्ति विशेष की आर्थिक गतिविधियों से जुड़ी होती है। पर्यटन व्यक्ति विशेष की मांगों की पूर्ति में भी सहायक होती है। अतः इसका बाजार मांग व पूर्ति के उतार-चढ़ाव के अनुरूप निर्धारित होता है। पर्यटक की ज्यादातर मांगों का उद्देश्य व्यक्तियों को पर्यटन क्षेत्रों हेतु लालायित करना है। इस तरह पर्यटन के प्रलोभन भिन्न हैं तथा किसी भी यात्रा के निर्धारण में महत्वपूर्ण प्रभाव डालती हैं। इस प्रकार भिन्न-भिन्न प्रलोभनों के परिणामस्वरूप विभिन्न प्रकार के पर्यटनों का उद्‌भव होता है। इन्हें निम्नलिखित श्रेणियों में विभाजित किया जा सकता है—

उद्‌गम एवं होनहारिता के अनुसार

पर्यटन राष्ट्र की सीमाओं के भीतर तक ही सीमित नहीं रह सकता। पर्यटक अपने ही देश की सीमाओं एवं विदेशों की यात्रा कर सकते हैं।

देश की सीमाओं के तहत पर्यटन के प्रवाह के आकार में निम्न पर्यटन आते हैं।

प्रवेश पर्यटन—इस श्रेणी के तहत वे पर्यटक आते हैं जो कि किसी भी देश के अन्दर दूसरे देश से प्रवेश करते हैं क्योंकि बाद वाले देश में पर्यटकों का उद्‌भव होता है।

बाह्यागमन पर्यटन—इस श्रेणी में लोग स्वदेश में निवास करते हैं। लेकिन विदेशों का भ्रमण करते हैं।

आन्तरिक पर्यटन—किसी भी राष्ट्र के नागरिक जब अपने देश में एक-स्थान से दूसरे स्थान की यात्रा करते हैं, तो इसे आंतरिक पर्यटन कहा जाता है।

विचलन की प्रकृति के आधार पर—सैलानी या तो किसी विशेष स्थान पर ठहरते हैं अथवा यात्रा करते हैं। विभिन्न क्रीड़ा-स्थलों पर थोड़ा-थोड़ा समय व्यतीत करते हैं। पर्यटकों द्वारा व्यतीत किये गये इस सामाजिक पर्यटन का निम्न प्रकार से विभाजन किया जा सकता है—

आवासीय पर्यटन—इसके तहत वे पर्यटक आते हैं जिनके पास एक माह से ज्यादा का समय है तथा किसी पर्यटन स्थल में अपना समय व्यतीत करते हैं। ये पर्यटक मध्यम जलवायु के शान्त एवं स्तब्ध स्थानों की खोज में रहते हैं।

भ्रमणशील पर्यटन—कुछ अपने पूरे अवकाश के दौरान एक स्थान से दूसरे स्थान पर भ्रमण करते रहते हैं, पांच रात्रि से अधिक का समय एक स्थल पर नहीं लगाते हैं, ये बसन्त अथवा शरद ऋतु में अधिकांशतः घूमते हैं।

मौसमी पर्यटन—इस श्रेणी में वे सैलानी आते हैं जिनकी अवकाशकालीन समय की अवधि एक माह से कम होती है। ये पर्यटक एक माह से ज्यादा किसी विशेष स्थान पर नहीं ठहरते हैं।

पर्यटन की मौसमी विशेषता के अनुसार

किसी विशेष मौसम में असंख्य सैलानियों के विचलन के बहुत से कारण हो सकते हैं। कुछ क्रीड़ाएं अथवा खेलकूद यात्रा से सम्बन्धित या प्रोत्साहित होते हैं एवं कतिपथ प्राकृतिक दशाओं एवं मौसम पर निर्भर करते हैं। जैसे आखेट, मछली पकड़ना, शिशिरकालीन खेल आदि।

इसके अतिरिक्त धार्मिक पर्व भी हैं यथा मेले, कला एवं संगीत के उत्सव, व्यापारिक मेले, प्रदशनियां जो कि पर्यटकों को किसी विशेष मौसम में आकर्षित करते हैं। इस श्रेणी में निम्नांकित तरह के पर्यटक आते हैं—

ग्रीष्मकालीन पर्यटन—ग्रीष्मकालीन पर्यटन ग्रीष्म ऋतु में ही होता है। इस तरह के पर्यटन के मुख्य प्रोत्साहन सूर्य की रोशनी व सूर्य स्नान विशेष रूप से समुद्र में सूर्य की रोशनी व सूर्य स्नान विशेष रूप समुद्र में सूर्य स्नान लेना है। यूरोपीय देशों में यह एक विविध प्रकार का जनसाधारण पर्यटन है। अन्य मौसमों की अपेक्षा औसतन प्रवृत्ति दर बहुत ही निम्न है।

घटनाकृत पर्यटन—यह एक स्थानीय पर्यटन है क्योंकि यह धार्मिक कला, खेल, लोकप्रवृत्ति के रीतिरिवाजों के उत्सवों पर आधारित है।

शरदकालीन पर्यटन—अधिकतर यूरोपीय राष्ट्रों में इस प्रकार के पर्यटन की गतिविधियां दिसम्बर से मार्च तक मुख्य रूप से सम्पन्न होती हैं। शरदकालीन पर्यटन के दो महत्वपूर्ण प्रोत्साहन बर्फ एवं सूर्य की रोशनी की खोज हैं।

प्रोत्साहनों के अनुसार

विविध तरह के प्रोत्साहनों पर पर्यटकों के बहाव की प्रकृति का उद्‌गम होता है, अतएव पर्यटन को निम्नलिखित श्रेणियों में विभाजित किया जा सकता है–

खेल व क्रीड़ा सम्बन्धी पर्यटन–साहसिक खेल और क्रीड़ा से जुड़ी पार्यटनिक गतिविधि वर्तमान सदी में विकसित एक महत्वपूर्ण खेल विधा है। खेल की तरह यह प्राकृतिक दृष्टि से शक्तिशाली है तथा न इसके कुछ गुण हैं और न ही दोष हैं। परन्तु एक अनवरत स्थायी योजना व मार्गदर्शन द्वारा इसके प्रभाव सकारात्मक हो सकते हैं। खेलों की अनवरत तैयारी व प्रशिक्षण की इच्छा करना ही इस पर्यटन का मुख्य प्रलोभन है। जल क्रीड़ा व शिशिरकालीन क्रीड़ा, आखेट एवं मछली पकड़ने की बहुत ही मांग है। इस क्षेत्र में खेलों की बड़ी-बड़ी मीटिंग, जैसे–ओलंपिक खेल, विश्व व महाद्वीप स्तरीय बर्फ पर चलने की क्रियाएं, फुटबाल, हॉकी, मुक्केबाजी, चैम्पियनशिप आदि होते हैं, जो कि न सिर्फ खिलाड़ियों को अपितु समस्त खेल प्रेमियों व अनुयायियों को आकर्षित करते हैं। इसी तरह ईश्वर भक्त लोगों के भी क्रीड़ा सम्बन्धी पर्यटन होते हैं। शिशिरकालीन खेल, प्राकृतिक खेल, पर्वतारोहण, ट्रैकिंग हाइकिंग, जहाज की तैराकी, गोल्फ, आखेट, मछली पकड़ना, नृत्य, समुद्रतटीय क्रीड़ाएँ, लघु गोल्फ, हाइड्रोसाइकिलिंग नौका विहार, जल पर चलने की क्रीड़ा, स्केटिंग एवं दूसरी आन्तरिक मनोविनोद मनोरंजन प्रदान करते हैं एवं दिल बहलाते हैं।

वे बहुत से जहाँ क्रीड़ा व खेल के विकास से पर्यटन क्षेत्र भी प्रभावित हुआ है, वे खेल व क्रीड़ा पर्यटन से लाभान्वित हो सकते हैं, उच्चस्तरीय खिलाड़ियों हेतु पर्यटन एक प्रमुख प्रलोभन शक्ति है, जो बहुत ही उत्तम है परन्तु इसका आनन्द बरमिंघम व बेलग्रेड की अपेक्षा टोकियो में ज्यादा अच्छा लिया जा सकता है। जैसे–वर्तमान समय के खेलों हेतु भारत एक बहुत ही उचित स्थान है। भारत के विविध शहरों के क्लबों में पोलो खेला जाता है। हिमालय में बर्फ पर चलने की क्रीड़ा गोल्फ क्रीड़ा के कक्ष, याच क्लब ट्रैकिंग, सूर्य की किरणों में स्नान, जल संबंधी क्रीड़ा आदि बहुत से खेल हैं जो खेल जगत में विशिष्ट स्थान हैं। गोवा तथा कोवलम के समुद्रतट तो आराम पसन्द सैलानियों के लिए एक विशेषता है।

आरामदायक पर्यटन–अवकाश के दिनों में नये-नये स्थानों के दर्शनार्थ, प्राकृतिक सौन्दर्यता, अनभिज्ञ, लोकगीत, शान्त व आधुनिक व्यक्ति पर्यटन स्थल का आनन्द लेने वाले पर्यटक इस श्रेणी में आते हैं। इस श्रेणी के कुछ पर्यटक यात्रा और भ्रमण के दौरान लगातार बदलने वाले मौसम, स्थान और वातावरण का आनंद लेते हैं।

व्यस्त जीवन तथा कठिन जीवन क्रिया की दिनचर्या में आराम के अभाव के कारण आराम की क्रियाओं की जरूरत होती है तथा वे जिन्दगी के बढ़ते हुए दबाओं व तनावों के कारण यात्रा करना चाहते हैं जिससे वह अपनी दिनचर्या में थोड़ा सा परिवर्तन ला सकें। ये सैलानी अपने स्थलों में शान्त वातावरण देखना चाहते हैं। इनको स्वास्थ्यालाभोन्मुख पर्यटन भी कहा जा सकता है। समुद्र तट व झरनों के दर्शन करना इस तरह के पर्यटन के अच्छे उदाहरण हैं।

व्यापारिक या तकनीकी पर्यटन–कुछ सिद्धांतवादियों, समाजवादियों तथा अर्थशास्त्रियों के अनुसार व्यापारिक यात्रा को पर्यटन सम्बन्धी यात्रा नहीं समझा जा सकता है क्योंकि इसमें ऐच्छिकता के तत्त्व की कमी होती है। उनके अनुरूप व्यापारिक यात्रायें व्यावसायिक यात्रायें हैं तथा सम्बन्धित व्यक्ति को यात्रा के स्थान व समय को छांटने की स्वतन्त्रता नहीं होती है।

अत : निजी स्वतन्त्रता जो कि पर्यटन का एक मूल तत्त्व है, इस तरह की यात्रा में विद्यमान नहीं है। दूसरी ओर पर्यटन की समस्त परिभाषाओं के व्यापारिक यात्राओं को भी पर्यटन के तहत करते हैं।

व्यापारिक पर्यटन के तहत न सिर्फ उद्योगपतियों की व्यावसायिक यात्रायें अथवा तकनीकी उद्देश्य प्राप्त करने हेतु उन व्यक्तियों द्वारा की जाती है जो कि उस व्यवसाय से सम्बन्धित नहीं है। परन्तु ये आम लोगों के लाभ के लिए होती हैं। व्यापारिक पर्यटन को पर्यटन के तहत शामिल करने का एक मुख्य कारण यह भी है कि व्यापारी न सिर्फ उपभोक्ता के तौर पर व्यवहार करते हैं अपितु प्रायः अपने स्वतन्त्र समझ में एक वास्तविक सैलानी की भांति उद्देशित राष्ट्र के आकर्षणों का भी लाभ उठाते हैं।

मांग के सामाजिक एवं आर्थिक पहलू के अनुसार–आर्थिक मांग के अनुसार पर्यटन को निम्नांकित प्रकार विभक्त किया जा सकता है :

सामाजिक पर्यटन–इस प्रकार का पर्यटन जनसंख्या के उस तबके में दिखाई पड़ता है जिनकी आमदनी पर्यटन की मांग को पूरा करने में सक्षम नहीं है। सामाजिक पर्यटन को सरकार एवं कुछ निजी उद्यमियों द्वारा प्रदान की गयी सुविधाओं के द्वारा सम्भव बनाया जा सकता है। यह देखने में आया में आया है कि सामाजिक पर्यटन का लाभ देश की जनता तक पहुंचता है, क्योंकि ज्यादातर पर्यटन का महत्व बाह्य पर्यटन से सम्बन्धित श्रेणी को जाता है तथा बाहर जाने वाले पर्यटक को बहुत कम श्रेय जाता है।

स्ववित्तीय पर्यटन–इसके अन्तर्गत वे पर्यटक आते हैं जो अपनी पर्यटन संबंधी आवश्यकताओं को पूरा करने के लिए अपने निजी साधनों को प्रयुक्त करते हैं। समस्त प्रवेश करने व बाह्यगमन व अन्तर्देशीय पर्यटक इस श्रेणी में आते हैं। निजी सैलानी उद्योग व राष्ट्रीय अर्थव्यवस्था दोनों हेतु स्ववित्तीय पर्यटन लाभकारी है।

पर्यटन के फैलाव के अनुसार

पर्यटन को उसके फैलाव की सीमानुसार निम्नानुसार वर्गीकृत किया जा सकता है :-

अन्तर्राष्ट्रीय पर्यटन या विदेशी पर्यटन– इसके अन्तर्गत वह पर्यटक शामिल किया जाता है जिसमें नागरिक अपने देश के बजाय बाहरी देशों का भ्रमण करते हैं। भिन्न-भिन्न विदेशी मुद्राओं के कारण इस तरह के अन्तर्राष्ट्रीय पर्यटन का भुगतान के सन्तुलन पर प्रतिकूल प्रभाव पड़ता है : क्योंकि किसी भी देश को विश्व के दूसरे राष्ट्रों से अपने लेन-देनों को संतुलित करना होता है। देश की सीमाओं को पार करने हेतु प्रशासन के प्रतिबन्ध हैं

पासपोर्ट, वीजा व आवागमन एवं भ्रमण सम्बन्धी शर्तो व इन नियमों को पूरा करके ही विदेश जाने की अनुमति प्राप्त हो सकती है। इन सब कदमों से पर्यटन का बहाव स्वतः प्रतिबन्धित हो जाता है।

स्वदेशीय एवं अन्तर्राष्ट्रीय पर्यटन में किसी विशेष तत्त्व की बजाय एक स्थिति/स्तर/दशा का ही अन्तर रह जाता है। वर्तमान समय में, भाषा की कुशलता, मुद्रा एवं सीमा-शुल्क में सुधार तथा विकसित देशों के तहत नागरिकों के स्वतन्त्र भ्रमण के परिणामस्वरूप स्वदेशीय व अन्तर्राजिय पर्यटन के अन्तर के मध्य दिन-प्रतिदिन कमी आती जा रही है।

अन्तर्देशीय पर्यटन—अधिकांश मध्यमवर्गीय लोग अपने निवास स्थान के समीप या अपने ही देश के पर्यटन स्थलों की यात्रा करते हैं। देश के भीतर यात्रा करना उनके लिए आसान होता है, क्योंकि भाषा, मुद्रा एवं दस्तावेज सम्बन्धी प्रतिबंधों का सामना नहीं करना पड़ता है। उनकी स्वयं की भाषा विचार के आदान-प्रदान में सहायक होती है। विनिमय के लिये अपने देश की मुद्रा ही होती है। इसके अलावा स्वदेशी पर्यटन में भुगतान संतुलन जैसी कोई समस्या नहीं रहती है। इस तरह स्वदेशी पर्यटन विदेशी पर्यटन का विकल्प है।

यात्रा के उद्देश्य के अनुसार

यात्रा के उद्देश्य के अनुसार पर्यटन के विभिन्न रूप हैं जो अग्रलिखित हैं—

अवकाशकालीन पर्यटन—वर्तमान पर्यटन उद्योग के राष्ट्रीय व अन्तर्राष्ट्रीय दोनों ही क्षेत्रों में अवकाशकालीन पर्यटन की विशेष माँग है। कतिपय प्रोत्साहन क्रियाओं में जैसे पर्वतारोहण एवं बर्फ पर चलने की क्रीड़ा में तो जोखिम का तत्त्व बहुत ही उच्च है। प्राचीन पर्यटन स्थलों का मुख्य आकर्षण मुख्यतः अवकाश व द्यूतक्रीड़ा पर आधारित था, जबकि नये पर्यटन स्थल अवकाश व खेलों पर आधारित हैं। अवकाशकालीन शिविरों पर बहुत से व्यक्ति शारीरिक मनोरंजन पर ध्यान देते हैं एवं एक अच्छे आचरण व खेलों में भाग लेने के दो पहलुओं में एक अच्छा संबंध है। यह भी देखने में आया है कि ऐच्छिक अवकाश की योजनाओं से शारीरिक क्रियाओं की ओर अवकाश के समय एवं स्वदेश को लौटते समय, दोनों ही दशाओं में एक अच्छे व्यवहार में सुधार आया है, एक अच्छी धारणा बनी है, लोगों के प्रिय व्यापार तथा उत्तेजित अवकाश की ओर प्रबल इच्छाएं निर्मित हुई हैं। पारिवारिक यात्रा एवं सामूहिक छुट्टियों के साथ-साथ कैम्पिंग एवं दूसरे बहुत से पारिवारिक पर्यटक के मनोविनोद की क्रियाएं बहुत ही महत्वपूर्ण हैं।

सरकार एवं पर्यटन की आधारभूत संरचना

सभी सरकारों ने नागरिकों से जुड़े समस्त कल्याणकारी क्षेत्रों में भाग लेना शुरू कर दिया। पर्यटक इन क्रियाओं से प्रभावित हुए बिना नहीं रह सकता है। सरकारें सुविधाओं का निर्माण करती हैं जो कि अप्रत्यक्ष रूप में पर्यटन के विकास में सहयोगी होती हैं, इससे

निजी क्षेत्रों को प्रोत्साहन व बढ़ावा मिलता है तथा नवीन योजनाओं का उदय होता है। पर्यटन विकसित होने वाला एक उद्योग है। पर्यटन का विस्तार नई-नई रोजगार व्यवस्थाओं को निर्मित करने में सहायक होता है। नई इमारतों का निर्माण परिभ्रमण क्रियाओं का एक भाग है, जिसमें पूँजी की आवश्यकता होती है। देश में उत्पादित कुछ वस्तुओं हेतु राष्ट्र के अन्दर ही बाजार होता है तथा गुणक व संचित प्रभावों के फलस्वरूप समाज के समस्त वर्ग लाभान्वित होते हैं। इस तरह हम देखते हैं कि पर्यटन एक सार्वजनिक आधारित संरचना व सुविधा है। इसकी आधारभूत संरचना में वे समस्त इकाइयाँ आ जाती हैं जो कि पर्यटन की संरचना में आवश्यक हैं। पर्यटकों की मांग की वजह से परिवहन व संचार व्यवस्था की सुविधाओं, शहरीकरण सिंचाई आदि का निर्माण होता है जिसके फलस्वरूप आम अर्थव्यवस्था में समस्त निवासित व्यक्तियों को फायदा होता है।

विगत कुछ वर्षों में सार्वजनिक अधिकारियों ने पर्यटन विकास के लिए महत्वपूर्ण कदम उठाया है। सरकारों द्वारा उठाये गए कदमों में प्रमुख हैं—पर्यटन क्रियाओं को नियंत्रित करने के लिए संस्थानों का निर्माण, इन क्षेत्रों में संचालित निजी क्षेत्रों को आर्थिक सहायता प्रदान करना, विदेशों में प्रचार एजेन्सियों की स्थापना, पर्यटन अध्ययन एवं खोज के सर्वेक्षण केन्द्रों की स्थापना ताकि आन्तरिक एवं बाहरी बाजार की अच्छी जानकारी मिल सके।

पर्यटन की आर्थिक संरचना के तहत प्रायः निम्नांकित बातें आती हैं :

मुख्य सम्बद्ध सुविधाओं की पूर्ति प्रायः इसके अन्तर्गत जल, बिजली, गैस संचार व्यवस्था, मूल-मार्ग, कूड़ा-करकट आदि स्रोत हैं।

मूल-सार्वजनिक सुविधायें एवं सेवाएं, इसके तहत धार्मिक स्थानों का प्रशासन स्वास्थ्य, शिक्षा, संस्कृति, वाणिज्य, पुलिस आदि आते हैं।

वर्तमान आधारित संरचना का मुख्य लक्ष्य है जीवन की जरूरतों जैसे—स्वास्थ्य, संचार पूर्ति, सुरक्षा प्रबन्ध आदि का सुव्यवस्थित संचालन। सैलानियों की आवश्यकताओं की पूर्ति का तात्पर्य केवल यह नहीं कि पर्यटक अपने परिलक्षित स्थान पर आराम से पहुँचें, शीघ्र पहुंचें, ठीक स्थान पर ठहरें व अच्छा भोजन करें, अपितु वे किसी विशिष्ट लक्ष्य से यात्रा करते हैं। इसलिए पर्यटकों को उसी तरह की सुविधायें प्रदान करनी चाहिए। परिवहन व आवास के अतिरिक्त पर्यटक स्रोतों के लिए एक बहुत व्यापक अनुपूरक इकाइयों की भी जरूरत है। कुछ समारोह जैसे अन्तर्राष्ट्रीय खेल, प्रदर्शनियाँ, सम्मेलन आदि हेतु स्थायी ढाँचों की आवश्यकता होती है। इन समारोहों के समापन होने के पश्चात इमारतें शेष रह जाती हैं तथा इन्हें कुछ अन्य उद्देश्यों के लिए प्रयोग किया जा सकता है।

सैलानियों को आमंत्रित करने के इच्छुक राष्ट्र को उनका अति उत्तम स्वागत करने के लिए सेवाओं की उचित व्यवस्था करनी चाहिए। यात्रा हेतु सड़कों, कार पार्क, समुद्रतट, स्वास्थ्य आदि की भी आवश्यकता होती है। किसी भी स्थल पर पर्यटक इन समस्त सेवाओं

की आवश्यकता का अनुभव कर सकता है। ये सुविधायें इस तरह उपलब्ध होनी चाहिए जिससे पर्यटकों को असुविधा न हो तथा गुणवत्ता का स्तर कम से कम इतना हो जो कि पर्यटक अपने देश में जरूरत महसूस करते हैं।

कुछ आधारित संरचनाएं जो पर्यटन में मददगार हैं पर्यटन के लिए ही नहीं निर्माण की जाती हैं परन्तु उनका सही संचालन पर्यटन के क्षेत्र में राष्ट्र की ख्याति की बढ़ोतरी में सहायक होता है। जल, गैस व बिजली सेवाएं, डाक सम्बन्धी सुविधायें तथा स्वास्थ्य की सुविधायें, उपलब्ध होनी चाहिएँ। उदाहरणार्थ, शीलकालीन स्थलों में स्वास्थ्य सेवाएँ, बच्चों की नर्सरी एवं क्रीड़ा स्थलों का निर्माण होना चाहिए। एक उचित मूलभूत संरचना से राष्ट्र लाभान्वित होते हैं जो कि विकासशील हैं।

इसके अलावा सरकार द्वारा पर्यटन स्थलों पर विशेष पर्यटन के साज-सामान भी उपलब्ध कराए जायें जैसे—पर्यटक के बर्फ पर चलने के स्थल में छोटे आनन्ददायक साज-सामान, समुद्री बन्दरगाह एवं हवाई अड्डों में साज-सामान। यह साज-सामान निजी स्वामित्व के द्वारा प्रदान करना असम्भव है क्योंकि इन पर किया गया पूंजी निवेश इनसे प्रायः आय के अनुपात में बहुत ही अधिक है। एक संग्रहालय, रेस्टोरेन्ट व कलाकृति का निर्माण तथा साथ ही ग्रामीण क्षेत्र को सुरक्षित करना सिर्फ सार्वजनिक वित्त द्वारा ही सम्भव हो सकता है।

इस तरह हम देखते हैं, कि सरकारें बहुत-सी क्रियाएँ कार्यान्वित करती हैं जो कि राष्ट्र के पर्यटन हेतु हैं, जिनमें कुछ क्रियाएँ सामाजिक हैं, एवं कुछ निजी क्षेत्र की सीमा के बाहर हैं।

किसी भी सरकार के पर्यटन की सीमा उस देश की परिस्थितियों एवं दशाओं पर निर्भर करती है। राजनीतिक, आर्थिक, संवैधानिक, सामाजिक एवं आर्थिक विकास की दर हर देश में अलग-अलग होती है। आमतौर पर समस्त केन्द्रीयकृत सुनियोजित अर्थव्यवस्था में सरकार ही पर्यटन कार्यक्रमों में एक आरम्भकर्ता, कार्यकारक और प्रशासनिक संस्था होती है।

प्रमुख पर्यटक सेवाएँ

कतिपय महत्त्वपूर्ण सेवाएँ जो कि पर्यटकों द्वारा अपने स्थिर गतिशील यात्रा व अवकाश हेतु माँगी जाती हैं

यात्री परिवहन—इसके बिना पर्यटक अपनी परिलक्षित स्थान तक नहीं पहुँच सकती है। यह परिलक्षित स्थान में भ्रमण का एक माध्यम है। यात्री परिवहन का विभक्तिकरण अनेक प्रकार से किया जा सकता है जैसे— निजी व सार्वजनिक, स्वदेशी व अन्तर्राष्ट्रीय, वायु व भूमिगत आदि।

वायु परिवहन—सुदूर यात्रा करने का यह एक बहुत द्रुतगामी साधन है एवं बहुत मार्गों में परिवहन का एकमात्र साधन है।

सामुद्रिक परिवहन–यह छोटे सामुद्रिक मार्ग, जल रास्ते व सामुद्रिक यात्रा हेतु महत्त्वपूर्ण है।

रेल परिवहन–यह कम खर्चीला एवं मध्यम व निम्न दूरी के परिवहन का उत्तम साधान है। यह परिलक्षित स्थान पर पहुंचने एवं उसके तहत यात्रा करने में सहायक होती है।

सड़क परिवहन–मोटरगाड़ियों द्वारा इस मार्ग से परिलक्षित स्थलों तक पहुँचा जाता है। कितने ही मार्गों में यह रेल परिवहन की सुविधाओं के आगमन से तो सड़क परिवहन की महत्ता और भी बढ़ गया है।

आवासीय सुविधा एवं भोजन–पर्यटक द्वारा आवास सुविधाओं की माँग की जाती, है, जैसे–होटल, अनुपूरक, आवास, मित्रों के साथ ठहरना, स्वयं अथवा निजी आवास सुविधा, जैसे पड़ाव काफिला आदि।

मनोरंजन–पर्यटकों द्वारा पर्यटन स्थलों में मनोरंजन तथा मनोविनोद की आवश्यकता महसूस की जाती है।

ट्रेवल एजेन्ट एवं टूर आपरेटर्स–परिवहन एवं आवास सुविधा मालिकों, संचालकों एवं ट्रेवल एजेन्सियों के बीच एक मध्यस्थता की भूमिका अदा करते हैं; टूर आपरेटर एक संगठनकर्ता का कार्य करते हैं, आवास का सम्मिश्रण करके एक उत्पादित वस्तु के रूप में परिणत करते हैं। इस निर्मित पदार्थ को उनके नाम व जोखिम पर बाजार में भुनाया जाता है।

सूचनाएँ एवं दस्तावेज–पर्यटकों को निम्नांकित दस्तावेजों एवं सूचनाओं के बहुत ही आवश्यकता होती है :

मुद्रा, दस्तावेज, सूचनाएँ, स्थलदर्शन, खरीददारी आदि।

इस तरह के पर्यटक इन सुविधाओं की माँग का सृजन करते हैं एवं पर्यटक सेवाएँ ही बाजार की पूर्ति कही जा सकती हैं। पर्यटक सेवाओं के अन्तर्गत वे समस्त आर्थिक क्रियाएँ हैं जिनका मुख्य लक्ष्य पर्यटकों की आवश्यकताओं की पूर्ति करना है, क्योंकि इन समस्त पूर्तियों की विशेष प्रकृति इनके सैलानियों की दैनिक क्रिया की जटिलता की अनवरत पूर्ति के परिणामस्वरूप इन्हें पर्यटन की आधारित संरचना के नाम से जाना जाता है।

2

भारतीय पर्यटन नीति

पर्यटन एक उद्योग है जिसका किसी भी राष्ट्र की अर्थव्यवस्था में महत्वपूर्ण योगदान होता है। कहने का मतलब यह है कि आर्थिक विकास में इस उद्योग का योगदान सराहनीय है। परंतु भारत के संविधान में पर्यटन उद्योग के विषय में सम्मिलित नहीं किया गया है। सन् 1950 में इस उद्योग को परिवहन मंत्रालय के एक प्रमुख अंग के रूप में मान्यता दी गयी। सन् 1965 में पर्यटन विभाग की स्थापना की गयी और उसी समय भारत के राज्य सरकारों में पर्यटन विभागों एवं पर्यटन विकास निगमों को स्थापित किया। भारत सरकार द्वारा प्रथम बार अपनी पर्यटन नीति की घोषणा नवंबर 1982 में की गई एवं इसका प्रमुख लक्ष्य विदेशी पर्यटकों के सम्मुख भारत को एक आकर्षक पर्यटन स्थल के तौर पर प्रस्तुत करना था। इस नीति में कई प्रमुख तरीके बतलाये गये थे जिसका वर्णन निम्नलिखित पंक्तियों में किया गया है–

1. सैलानियों को आकृष्ट करने हेतु राष्ट्रीय विरासत का उपयोग किया जाय,
2. पर्यटन को निर्यात उद्योग का दर्जा दिया जाय,
3. यात्रा-कार्यक्रमों के विकास के लिए विशेष दृष्टिकोण अपनाया जाय,
4. निजी उद्योग की हिस्सेदारी के लिए आमंत्रण आदि।

पर्यटन नीति का उद्देश्य

पर्यटन के विकास को मद्देनजर रखकर इस नीति के तहत कुछ प्रमुख उद्देश्य शामिल किये गए जिन्हें निम्न पंक्तियों में स्पष्ट किया गया है–

1. पर्यटन समृ) लाता है पर इसके साथ-साथ हमें यह भी ख्याल रखना होगा कि

इससे हमारी सामाजिक एवं सांस्कृतिक पहचान और मूल्य नष्ट न हों और न ही हमारे प्राकृतिक संसाधनों को नुकसान पहुँचे।

2. इन्हें इस रूप में विकसित करना चाहिए कि हमारी सामाजिक एवं सांस्कृतिक शक्ति में संवृ) हो।
3. पर्यटन में भारत को अपनी शर्तों पर अपने को प्रस्तुत करना चाहिए तथा दूसरे देशों की संस्कृतियों तथा जीवन शैलियों की नकल कभी नहीं करनी चाहिए।
4. घरेलू तथा अन्तर्राष्ट्रीय पर्यटन के द्वारा देश के युवाओं को एक दूसरे को समझने में सहायता मिलती है। इससे उन्हें एक दिशा मिलती है, राष्ट्रीय एकता एवं सामंजस्य की राह पर चलने का एक सकारात्मक मौका मिलता है।
5. इससे दुनिया की दृष्टि में हमारी नई तस्वीर बनेगी और हमारी जीवन शैली, सांस्कृतिक अभिव्यक्ति और विरासत के नूतन आयाम सामने आ सकेंगे।
6. परम्परा को अक्षुण्ण रखने के साथ इसके नए आयामों से परिचित कराना पर्यटन का प्रयोजन होगा।
7. यह राष्ट्रीय अतंर्राष्ट्रीय स्तर पर एक जोड़ने वाली ताकत बनेगी और भ्रमण के द्वारा आपसी समझ विकसित होगी।
8. इसमें समाज, राज्य दोनों को सामाजिक आर्थिक लाभ होता है। लोगों को रोजगार मिलता है, आमदनी बढ़ती है और राज्य को राजस्व और विदेशी मुदा प्राप्त होती है। सामान्य रूप से सभी लोगों के स्तर में बढ़ोतरी होती है।
9. इससे देश के युवाओं को न र्सिफ रोजगार मिलता है अपितु खेलकूद, रोमांच और इसी तरह के राष्ट्रीय चरित्र निर्माण संबंधी गतिविधियों में सम्मिलित होने का मौका भी मिलता है। देश के युवाओं को सही दिशा दिखाने में पर्यटन एक कारगार हथियार बन सकता है।

इस पर्यटन नीति में अन्तर्राष्ट्रीय पर्यटन को विदेशी मुद्रा प्राप्त करने का एक मुख्य स्रोत माना गया है और इसके विकास को प्राथमिकता दी गई है। सन् 2002-2003 के दौरान पर्यटन के क्षेत्र में किये गये खर्च को सारणी के अन्तर्गत प्रस्तुत किया गया है–

वर्ष 2002-03 में पर्यटन के लिए राज्यवार अनुमोदित धनराशि

1. हरियाणा	8	33.22	31.10
2. हिमाचल प्रदेश	30	77.93	76.04
3. जम्मू कश्मीर	3	9.44	8.95
4. झारखण्ड	0	0	0

5.	कर्नाटक	6	90.25	62.55
6.	केरल	11	86.14	82.99
7.	उत्तर प्रदेश	2	50.75	19.50
8.	आसाम	9	76.81	61.88
9.	अरुणाचल प्रदेश	5	4.13	3.25
10.	बिहार	8	50.50	50.50
11.	छत्तीसगढ	9	30.80	9.85
12.	गोवा	1	0.05	0.05
13.	गुजरात	2	19.71	5.91
14.	मध्य प्रदेश	18	71.12	57.48
15.	उड़ीसा	2	4.75	1.57
16.	पंजाब	3	2.30	1.46
17.	राजस्थान	13	109.97	109.62
18.	सिक्किम	13	34.62	26.98
19.	तमिलनाडु	5	55.90	31.61
20.	महाराष्ट्र	8	2.38	54.62
21.	मणिपुर	2	0.52	0.26
22.	मेघालय	3	7.03	2.12
23.	मिजोरम	6	14.12	4.85
24.	नागालैण्ड	5	36.05	32.34
25.	त्रिपुरा	5	21.61	6.78
26.	उत्तराखंड	3	54.80	41.80
27.	उत्तर-प्रदेश	3	29.50	29.50
28.	पश्चिमी बंगाल	5	20.11	6.00
29.	अण्डमान निकोबार	0	0	0
30.	चण्डीगढ़	3	0.77	0.66
31.	दादर और नागर हवेली	2	0.81	065
32.	दिल्ली	14	50.40	44.90
33.	दमन दीव	3	4.95	1.69
34.	लक्षद्वीप	0	0	0
35.	पाण्डिचेरी	2	0.79	0.63
	कुल	212	112.11	868.09

ऐसा अनुमान लगाया जाता है कि घरेलू पर्यटकों की संख्या सर्वाधिक होती है। चूंकि अखिल भारतीय स्तर पर घरेलू सैलानियों की सांख्यिकी सुलभ नहीं है पर रेलवे और बसों में यात्रा कर रहे यात्रियों का अनुमान लगाया जा सकता है। भारत में लाखों लोग प्रतिदिन तीर्थयात्रा हेतु अपने आप प्रेरित होकर भ्रमण हेतु जाते हैं किंतु इन लोगों को कोई समुचित सुविधा प्राप्त नहीं होती है। इसलिये इस प्रकार की सुविधाओं को मुहैया कराने की प्रमुख जिम्मेदारी सरकार की ही है।

लोगों का ऐसा मानना है कि भारत में आने वाले अधिकांश विदेशी पर्यटकों की रुचि यहाँ की पुरातात्विक और स्मारकीय निधि को देखने में होती है। यह कई सर्वेक्षणों और अध्ययनों से भी सामने आया है। हालांकि इन स्मारकों की देखरेख एवं रखरखाव का जिम्मा भारतीय पुरातत्व सर्वेक्षण विभाग पर है परंतु यह परामर्श दिया गया है कि इन स्थलों पर योजनाबद्ध ढंग से पर्याप्त पर्यटन सुविधाओं की व्यवस्था होनी चाहिए। इसके लिए राज्य सरकार के साथ-साथ संबद्ध एजेंसियों की भी मदद ली जानी चाहिए। इसका उद्देश्य पुरातात्विक स्मारकों की समृद्ध विरासत का पूरा उपयोग में लाना है। धार्मिक स्थलों, हमारे लोक नृत्य-संगीत आदि को देखने के लिए लगभग विश्व के सभी देशों के लोग भारत की ओर खिंचते चले आते हैं।

भारतीय पर्यटन के क्षेत्र में केन्द्र और राज्य सरकार के अलावा कई निजी क्षेत्र एवं शैक्षिक तथा सांस्कृतिक संगठन भी शामिल हैं। पर्यटन एक व्यापक गतिविधि है, यह कोई मूर्त उपभोक्ता वस्तु नहीं है, अतएव राष्ट्रीय मापदण्ड पर इसके संपूर्ण प्रभाव को आँकना कठिन हो सकता है। परंतु जहाँ मापदण्ड स्पष्ट है और किसी खास परिस्थिति के संदर्भ में पर्यटन को आँकना है, वहाँ ऐसा संभव होता है, उदाहरण के लिए गुलमर्ग शीतकालीन खेलकूद परियोजना में लागत या मुनाफे के अध्ययन से पता चलता है कि 25 से 30 सालों की अवधि में शीतकालीन खेलकूद विकास से लगभग 600 करोड़ रुपये का सामाजिक लाभ प्राप्त हुआ है। अंतर्राष्ट्रीय पर्यटन क्षेत्र में 1979-80 में विदेशी मुद्रा अर्जन में 20.4 प्रतिशत की वृद्धि हुई जबकि भारत में यह वृद्धि दर 12.8 प्रतिशत रही। निर्यात रणनीति समिति ने 80 के दशक की अपनी रिपोर्ट में यह बात की है। 1979 में कुल विश्व निर्यात में भारत का भाग 10.42 फीसदी था जबकि विश्व पर्यटन आमदनी में इसका हिस्सा 0.52 प्रतिशत तक सीमित रहा। वास्तव में पर्यटन की दृष्टि से सन् 1979 का वर्ष भारत के लिए सबसे खराब वर्ष रहा था। इस समय यह भी साबित हो चुका है कि अगर भारतीय पर्यटन को पूरा अवसर दिया जाय तो यह अन्तर्राष्ट्रीय व्यापार में अपने घाटे को कम कर सकता है। इसके साथ-साथ पर्यटन की दृष्टि से समर्थ क्षेत्रों को इससे सामाजिक व आर्थिक लाभ भी होता है।

पर्यटन नीति की कार्य योजना के तहत पर्यटन के फायदा युवकों में राष्ट्रीय एकता की भावना विकसित करना है, युवा छात्रावास गतिविधियों का बढ़ावा एवं पूरे देश में समन्वय और सामंजस्य की

भावना का विकास करना शामिल है। ऐसा महसूस किया गया है कि इसमें देश के विविध भागों के युवाजन एक दूसरे को जान पहचान पाएँगे, समझ पाएँगे और देश के विभिन्न भागों के बारे में जानकारी प्राप्त कर पायेगें। इस तरह भारत के युवा एक सूत्र में पिरोए जा सकेंगे। इसके अतिरिक्त पर्यटन के माध्यम से इनमें एक अंतर्राष्ट्रीय समझ भी विकसित की जा सकती है।

इसके अलावा यह भी सुझाव प्रदान किया गया कि पर्यटन उद्योग के निवेश को पर्याप्त बनाने हेतु भारत सरकार के सभी संबद्ध मंत्रालयों से वित्तीय एवं अन्य प्रकार की मदद प्राप्त करने का हरसंभव प्रयास किया जाएगा। इस प्रक्रिया के तहत यह भी खुलासा होगा कि हमारे देश भारत को अपने विकास कार्यों हेतु विदेशी मुद्रा की सख्त जरूरत है। पर्यटन उद्योग विदेशी मुद्रा के अर्जन में मददगार हो सकता है। ऐसी आशा की जाती है कि इस विदेशी मुद्रा के अर्जन में पर्यटन कई तरह से सहायता कर सकता है। इंजीनियरिंग के सामान, हथकरघा और हस्तशिल्प उद्योग एवं अन्य निर्यातोन्मुखी उद्योगों द्वारा अर्जित विदेशी मुद्रा से भी इसमें वृद्धि होगी। इस संदर्भ में पर्यटन उद्योग को निर्यातोन्मुख उद्योग का दर्जा दिलाने का भी प्रयास किया जाएगा। इस नीति के अंतर्गत संरक्षण और विकास के बीच संतुलन स्थापित किया जाएगा। जिससे—पुरातात्विक स्मारकों आदि की लूट-खसोट न हो और पर्यावरण की दृष्टि से संवेदनशील प्रदेशों की पारिस्थितिक व्यवस्था में कोई असंतुलन कायम न हो।

भारत में पर्यटन नीति की घोषणा (1982)

भारत के संविधान में पर्यटन को विषय के रूप में शामिल नहीं किया गया है। 1950 में परिवहन मंत्रालय के एक अंग के रूप में इसे मान्यता प्राप्त हुई। पर्यटन विभाग की स्थापना 1965 में हुई एवं उसी समय राज्य सरकारों ने भी अपने पर्यटन विभागों तथा पर्यटन विकास निगमों की स्थापना की। नवंबर 1982 में भारत सरकार ने पहली बार अपनी पर्यटन नीति की घोषणा की एवं इसका मुख्य उद्देश्य विदेशी पर्यटकों के समक्ष भारत को एक आकर्षक पर्यटन स्थल के तौर पर प्रस्तुत करना था। पर्यटन नीति में विभिन्न उपाय बतलाये गये हैं जिनमें—पर्यटकों को आकृष्ट करने के लिए राष्ट्रीय विरासत का उपयोग, निजी उद्योग की भागीदारी के लिए आमंत्रण, पर्यटन को निर्यात उद्योग का दर्जा देना, यात्रा-कार्यक्रमों के विकास के लिए विशेष दृष्टिकोण अपनाना आदि प्रमुख हैं।

पर्यटन विकास को ध्यान में रखते हुए इस नीति में निम्न प्रयाजनों का समावेश किया गया है—

1. पर्यटन से समाज एवं राज्य दोनों को सामाजिक आर्थिक फायदा होता है। लोगों को रोजगार मिलता है, आय बढ़ती है और राज्य को राजस्व और विदेशी मुद्रा प्राप्त होती है। सामान्य रूप से सभी लोगों के जीवन-स्तर उच्च होता है।

2. यह राष्ट्रीय अंतर्राष्ट्रीय स्तर पर एक जोड़ने वाली शक्ति बनेगी और भ्रमण के द्वारा आपसी समझ विकसित होगी।
3. इससे राष्ट्र के नवयुवकों को न केवल रोजगार मिलता है वरन् खेलकूद, रोमांच और इसी प्रकार के राष्ट्रीय चरित्र निर्माण संबंधी गतिविधियों में सम्मिलित होने का अवसर भी मिलता है। राष्ट्र के युवाओं को सही दिशा दिखाने में पर्यटन एक कारगर हथियार बन सकता है।
4. इससे दुनिया की नजर में हमारी नई तस्वीर बनेगी और हमारी जीवन शैली, सांस्कृतिक अभिव्यक्ति और विरासत के नवीन आयाम सामने आ सकेंगे। परम्परा को अक्षुण्ण बनाये रखने के साथ इसके नए आयामों से परिचित कराना पर्यटन का प्रमुख उद्देश्य होगा। पर्यटन सम्पन्नता लाता है पर इसके साथ-साथ हमें यह भी ध्यान रखना होगा कि इससे हमारी सामाजिक एवं सांस्कृतिक पहचान और मूल्य नष्ट न हों और न ही हमारे प्राकृतिक संसाधनों को क्षति पहुंचे। इसके विरुद्ध इन्हें इस रूप में विकसित करना चाहिए कि हमारी सामाजिक एवं सांस्कृतिक शक्ति में बढ़ोतरी हो। पर्यटन में भारत को अपनी शर्तों पर अपने को प्रस्तुत करना चाहिए तथा दूसरे राष्ट्रों की संस्कृतियों तथा जीवन शैलियों का अनुकरण कभी नहीं करनी चाहिए।
5. घरेलू तथा अन्तर्राष्ट्रीय पर्यटन के द्वारा देश के नवयुवकों को एक दूसरे को समझने में मदद मिलती है। इससे उन्हें एक दिशा प्राप्त होती है, राष्ट्रीय एकता एवं सामंजस्य के पथ पर चलने का एक सकारात्मक अवसर मिलता है।

इस नीति में अन्तर्राष्ट्रीय पर्यटन को विदेशी मुद्रा अर्जन का प्रमुख स्रोत माना गया है और इसके विकास को प्रधानता दी गई है।

पर्यटन के विषय में कहा गया है कि पर्यटकों में सर्वाधिक संख्या घरेलू सैलानियों की होती है। हालांकि अखिल भारतीय स्तर पर घरेलू पर्यटकों की सांख्यिकी सुलभ नहीं है पर रेलवे और बसों में यात्रा कर रहे यात्रियों का अनुमान लगाया जा सकता है। हमारे यहाँ लाखों लोग रोजाना तीर्थयात्रा के लिए स्वतः प्रेरित होकर घूमने के लिए निकलते हैं। इन लोगों को समुचित सुविधा मुहैया कराना सरकार का दायित्व है।

भारत में अधिकतर विदेशी सैलानी पुरातात्विक और स्मारकीय स्थलों को देखने के उद्देश्य से आते हैं। यह अनेक सर्वेक्षणों एवं अध्ययनों से भी हमारे समक्ष आया है। हालांकि इन स्मारकों की देखभाल एवं रख-रखाव का उत्तरदायित्व भारतीय पुरातत्व सर्वेक्षण विभाग पर है परन्तु यह मशविरा दिया गया है कि इन स्थलों पर योजनाबद्ध तरीके से पर्याप्त पर्यटन सुविधाओं का प्रबंध किया जाना चाहिए। इसके लिए राज्य सरकार के साथ-साथ संबद्ध एजेंसियों की भी सहायता ली जानी चाहिए इसका उद्देश्य पुरातात्विक स्मारकों की समृद्ध विरासत का पूरा सदुपयोग करना है। धार्मिक स्थलों, हमारे लोक नृत्य-संगीत इत्यादि को

देखने के लिए समस्त विश्व से पर्यटक भारत में पहुँचते हैं। पर्यटन में केन्द्र एवं राज्य सरकार के साथ निजी क्षेत्रों एवं शैक्षिक तथा सांस्कृतिक संगठनों का भी दखल है। पर्यटन एक व्यापक गतिविधि है, यह कोई मूर्त उपभोक्ता वस्तु नहीं है, अतएव राष्ट्रीय मापदण्ड पर इसके पूर्व प्रभाव को आंकना मुश्किल हो सकता है।

परंतु जहाँ मापदण्ड स्पष्ट है और किसी विशेष परिस्थिति के संदर्भ में पर्यटन को आंकना है, वहाँ ऐसा संभव होता है, जैसे—गुलमर्ग शीतकालीन खेलकूद परियोजना में लागत या लाभ के अध्ययन से ज्ञात होता है कि 25 से 30 वर्षों की अवधि में शीतकालीन खेलकूद विकास से लगभग 600 करोड़ रुपए मूल्य का कुल सामाजिक फायदा हुआ है। अंतर्राष्ट्रीय पर्यटन क्षेत्र में 1979-80 में विदेशी मुद्रा अर्जन में 20.4 प्रतिशत की वृद्धि हुई जबकि भारत में यह वृद्धि दर 12.8 प्रतिशत रही। निर्यात रणनीति समिति ने 80 के दशक की अपनी रिपोर्ट में यह बात कही है। 1979 में कुल विश्व निर्यात में भारत का हिस्सा 10.42 प्रतिशत था जबकि विश्व पर्यटन आमदनी में इसका भाग 0.52 प्रतिशत तक सीमित रहा। यह याद रखना चाहिए कि भारत के लिए पर्यटन की दृष्टि से 1979 सबसे खराब वर्ष रहा था। यह सिद्ध तथ्य है कि यदि पर्यटन को पूरा अवसर मिले तो यह अन्तर्राष्ट्रीय व्यापार में अपने घाटे को कम कर सकता है। इसके साथ-साथ पर्यटन की दृष्टि से सक्षम क्षेत्रों को इससे सामाजिक-आर्थिक लाभ भी होता है।

पर्यटन नीति की कार्य योजना के अंतर्गत पर्यटन के लाभ युवकों में राष्ट्रीय एकता की भावना जागृत करना, युवा छात्रावास गतिविधियों का बढ़ावा एवं समस्त राष्ट्र में समन्वय और सामंजस्य की भावना को प्रसारित करना है। ऐसा अनुभव किया गया है कि इसमें देश के विभिन्न क्षेत्रों के युवाजन एक दूसरे को जान पहचान पाएंगे, समझ पाएंगे और देश के विभिन्न क्षेत्रों से परिचित हो सकेंगे। इस प्रकार भारत के युवक एक सूत्र में पिरोए जा सकेंगे। इसके अलावा पर्यटन के जरिए इनमें एक अंतर्राष्ट्रीय समझ भी उत्पन्न की जा सकेगी।

यह भी सलाह दी जाती है कि पर्यटन उद्योग के निवेश को प्रचुर बनाने के लिए भारत सरकार के सभी संबद्ध मंत्रालयों से आर्थिक एवं अन्य प्रकार की सहायता प्राप्त करने का हरसंभव प्रयत्न किया जाएगा। इस प्रक्रिया में इस तथ्य को समक्ष रखने की कोशिश की जाएगी। हमारे राष्ट्र को अपने विकास कार्यों के लिए विदेशी मुद्रा की सख्त आवश्यकता है। पर्यटन उद्योग विदेशी मुद्रा के अर्जन में मददगार हो सकता है। इंजीनियरिंग के सामान, हथकरघा और हस्तशिल्प उद्योग एवं अन्य निर्यातोन्मुख उद्योगों द्वारा अर्जित विदेशी मुद्रा में भी इसमें वृद्धि होगी। इस सम्बन्ध में पर्यटन उद्योग को निर्यातोन्मुख उद्योग का दर्जा दिलाने का भी प्रयत्न किया जाएगा। इस नीति के तहत संरक्षण और विकास के मध्य संतुलन स्थापित किया जाएगा। ताकि—

1. पर्यावरण की दृष्टि से संवेदनशील प्रदेशों की पारिस्थितिक व्यवस्था में कोई असंतुलन कायम न हो, और
2. पुरातात्विक स्मारकों आदि की लूट-खसोट न हो।

पर्यटन के लिए बनी योजनाओं का महत्व

केन्द्र एवं राज्य सरकार पर्यटन की प्रसारणशील दुनिया में उचित योजना पर अधिक से अधिक बल देती है। यह पर्यटन प्रोत्साहन और गन्तव्य क्षेत्र के भौतिक, सामाजिक तथा सांस्कृतिक पर्यावरण को सुरक्षित रखने में सरकारों के मध्य संतुलन निर्धारित करने के लिए किया जाता है। पर्यटन विकास से संबंधित क्रियाओं में योजना के महत्व का उद्देश्य पर्यटन संबंधी क्रियाओं एवं स्थानीय पर्यावरण के मध्य संतुलन बनाए रखना है। ऐसा मुख्य रूप से विकासशील राष्ट्रों में है। यहाँ यह असर सबसे सबल है क्योंकि उन्हें ऐसी संरचनात्मक सुविधाएँ विकसित करनी चाहिएँ जो किसी भी पर्यटन क्षेत्र की सांस्कृतिक विशेषताओं को सुरक्षित रख सकें एवं हर प्रकार के सामाजिक, आर्थिक विकास को प्रोत्साहित भी करें। पर्यटन विकास के लिए पर्यावरण की रक्षा करना आवश्यक है।

इस तरह के प्रयास पर्यटन से उद्योग को बढ़ावा मिलेगा। विकासशील निर्णय लेने से पहले वैज्ञानिक तकनीकियों का इस्तेमाल करते हुए योजनाबद्ध मूल्यांकन एवं विश्लेषण करना चाहिए। ये पर्वतीय पर्यावरण के संवेदनशील प्रतिवेशों, वन्य जीवों एवं तटीय रिसॉर्ट एवं दूसरे परम्परागत सांस्कृतिक नजरिये से संवेदी गन्तव्यों पर अधिक क्रियान्वित होते हैं। इस प्रकार पर्यटन विकास के हरेक कार्यक्रम का मौलिक उद्देश्य सकारात्मक प्रभावों को बढ़ावा देना और गंतव्य क्षेत्रों के सामाजिक, आर्थिक एवं भौतिक पर्यावरण पर पड़ने वाले निरोधात्मक प्रभावों को घटाने वाला होना चाहिए।

पर्यटन नियोजन का अभिप्राय

पर्यटन विकास के लिए पंचवर्षीय योजनाओं में भी इसे शामिल किया गया है जो स्थानीय और राष्ट्रीय स्तर पर पर्यटन नियोजन से जुड़े हुए हैं।

1. अधिक से अधिक सैलानियों को आकर्षित करने और उनके ठहरने की अवधि को बढ़ाने के लिए हिमालय, रेतीले तटों वाले सुनहरी धूप से विशाल समुद्र तटीय क्षेत्र एवं वन्य जीव जैसे पर्यटन संसाधनों का उपयोग करके ट्रैकिंग, शीतकालीन क्रीड़ा, वन्य जीव पर्यटन और तटीय रिसॉर्ट जैसे-परम्परागत क्षेत्रों को विकसित करना चाहिए।
2. सांस्कृतिक और ऐतिहासिक महत्व की राष्ट्रीय विरासत की परियोजनाओं का पुनरुद्धार और संतुलित विकास हो जिससे भारत एक सांस्कृतिक पर्यटन स्थल के रूप में स्थापित

हो सके। साथ ही पर्यटन का राष्ट्रीय विरासत के संरक्षण में मुख्य तौर पर उपयोग हो सके।

3. सीमित संसाधनों को बहुत अधिक क्षेत्रों केन्द्रों में विस्तृत करने के बजाय कुछ ऐसे चुने हुए पर्यटन क्षेत्रों एवं केंद्रों को विकसित किया जाए जो पर्यटकों में प्रसिद्ध हों।

वृहत् मध्य और लघु आयामी पर्यटन कॉम्पलेक्स की योजना विकास पर्यटन संसाधनों और पर्यटन गतिविधियों को संघटित कर सकेंगी। इससे एक ओर तो सामाजिक, आर्थिक एवं पर्यावरणात्मक उद्देश्यों की दृष्टि से और दूसरी ओर पर्यटकों की ढांचागत सुविधाओं की आवश्यकताओं की दृष्टि से अधिकतम फायदा प्राप्त हो सकेगा। पर्यावरणीय संरक्षण को ध्यान में रखते हुए विविध गंतव्य क्षेत्रों के लिए प्रायोजित कई पर्यटन गतिविधियों की ढांचागत सुविधाओं की मांग की आपूर्ति का प्रबंध पर्यटन विकास योजनाओं के द्वारा किया जाना चाहिए।

पर्यटन गतिविधि क्षेत्र अपने भीतर विभिन्न प्रकार के उद्देश्यों को समेटे हुए हैं—मनोरंजन और अवकाश व्यतीत करने के लिए क्षेत्र जैसे समुद्र तट के रिसॉर्ट, विशेष दिलचस्पी के क्षेत्र अर्थात् वन्य जीव क्षेत्र आकर्षक वनस्पति और प्राणी समूह के क्षेत्र, पक्षी विहार इत्यादि; धार्मिक पर्यटन क्षेत्र, जैसे तीर्थ स्थल और मंदिरों के शहर। सहनशील मनोरंजन के लिए प्राकृतिक सौंदर्य के विस्तृत क्षेत्र साहसिक पर्यटन क्षेत्र अर्थात् वन्य जीव क्षेत्र आकर्षक वनस्पति और प्राणी समूह के क्षेत्र पक्षी विहार इत्यादि। अनुकूल जलवायु वाले सुखदायी क्षेत्र यथा पर्वतीय रिसॉर्ट, ऐतिहासिक स्थल, स्मारकीय कॉम्पलेक्स, मेले एवं उत्सवों वाले केन्द्रों सहित सांस्कृतिक पर्यटन के क्षेत्र।

भौतिक सुविधाओं का विकास

यदि पर्यटन को किसी क्षेत्र के विकास कार्यों के अभिन्न घटक के रूप में प्रभावी तरीके से कार्य करना है तो पर्यटन से संबंधित भौतिक अधिसरंचनात्मक सुविधाओं का विकास जरूरी है। अधिसंरचनात्मक सुविधाओं की कल्पना भी क्षेत्र एवं मेजबान जनसंख्या की सम्पूर्ण आवश्यकताओं को ध्यान में रखते हुए करनी चाहिए। किसी रिसॉर्ट को पर्याप्त पैमाने पर आकर्षण प्रदान करना पर्यटक केंद्र के विकास के लिए एक अत्यंत जरूरी पहलू है। सामान्यतः यह कहा जा सकता है कि पर्यटन केंद्र को सामूहिक तौर पर गुण प्रदान करने वाले तीन प्रमुख घटक निम्नांकित हैं—

1. परिवहन व्यवस्था :- पर्यटन की दृष्टि से प्रमुख नगर के विशिष्ट स्थानों के लिए निकटवर्ती हवाई अड्डे, रेलवे स्टेशन, सड़क मार्ग, टर्मिनल अथवा फिर अन्य प्रवेश बिन्दुओं से शहर की ओर जाने की सुविधा परिवहन के तीन परम्परागत साधनों अर्थात् सड़क, रेल, और वायु द्वारा देश के निकटवर्ती स्थल से पर्यटन केंद्र और पर्यटन गंतव्य

क्षेत्र तक पहुंचने की सुविधा और क्षेत्र के भीतर पर्यटन की रुचि के अन्य महत्वपूर्ण केंद्रों के साथ संयोजन।

2. आवास की सुविधा—पर्यटकों को ठहरने के लिए आवास की जरूरत होती है। यदा-कदा अच्छा आवास पर्यटकों को अधिक समय तक विश्राम करने की प्रेरणा देता है। भारत के मौजूदा संदर्भ में इस मौलिक सुख-सुविधा का अभाव पर्यटकों के आगमन के लिए सबसे बड़ा बाधक है। विभिन्न केंद्रों पर दिए जाने वाले आवास की मात्रा एवं स्वरूप पर्यटकों की आवश्यकताओं पर निर्भर करेगा। किंतु कुल मिलाकर पर्यटन के लिए आवास, आरामदेह समग्र सुविधाओं तथा सेवाओं सहित और आर्थिक तथा भौतिक दृष्टिकोण से स्थिति के अनुसार होना चाहिए, साथ ही सैलानियों की यहाँ पर पूरी तरह सुरक्षा होनी चाहिए।

   पर्यटक कॉम्पलेक्स आकर्षित बनाने के लिए निरंतर विद्युत एवं सुरक्षित जल आपूर्ति, मल निकास, अपवहन और स्वच्छता प्रबंध इत्यादि मौलिक सुविधाएँ एवं सेवाएँ ऐसे आवश्यक तत्व हैं जिन्हें सुनिश्चित कर लेना चाहिए इसके अतिरिक्त नागरिक सेवाएँ जैसे चिकित्सा सुविधा, डाक तार और बैंकिंग को सुविधाओं का अनिवार्य अंग समझा जाता है। फिर भी इन सभी पक्षों में पर्यटन के प्रकार एवं गंतव्य की स्थिति के बदलाव होता रहता है।

3. मनोरंजन के साधन—पर्यटक को अगर मनोरंजन की सुविधा अन्छी लगेगी तो वह पर्यटन स्थल पर अधिक समय व्यतीत कर सकता है। विकास का यह पक्ष विश्राम एवं मन बहलाव के लिए अनिवार्य रूप से महत्वपूर्ण है। पर्यटन के संदर्भ में मनोरंजन की बहुत सी अभिव्यक्तियाँ हैं जिसमें बाहरी सक्रिय अतिरिक्त निष्क्रिय मनोरंजन के आयोजन के अतिरिक्त हर प्रकार के व्यावसायिक मनोरंजन भी शामिल हैं। महानगरों और प्रमुख शहरों के संबंध में यह समस्या किसी सीमा तक हल हो चुकी है। जो स्थानीय शहरों की भी जरूरतों में सम्मिलित है। फिर भी छोटे स्थानों में, जो संभवतः ज्यादा पर्यटन रुचि और आकर्षण के हो सकते हैं, ऐसे मनोरंजनात्मक सुख साधन पर्यटकों के लिए दिए जाने चाहिएँ। किंतु ऐसा सामाजिक, सांस्कृतिक परिवेश और गंतव्य को ध्यान में रखते हुए ही करना चाहिए।

पर्यटन अधिसंरचनात्मक सुविधा के प्राथमिक कारकों के अतिरिक्त सहायक अधिसंरचनात्मक सुविधाओं और सेवाओं को पर्यटक केंद्र के व्यापक विकास के लिए समझा जाता है। ये ज्यादातर पारम्परिक और देशों, कला एवं कौशल, पर्यटक रुचि के कुटीर उद्योगों के विकास के साथ-साथ सहायक सुविधाओं जैसे इसी के लिए कार्यों में लगे शिल्पियों एवं कारीगरों हेतु आश्रम और इसी प्रकार के उपयोग के लिए भूमि निर्धारण पर आधारित है। पर्यटन सेवाओं के परिणामस्वरूप सुख-साधनों के प्रबंधन के लिए सेवा करने वाले लोगों की

जरूरत होती है। उनके लिए भी घर और सहायक आवश्यकताएँ जरूरी हैं। इस पक्ष की उपेक्षा के परिणामस्वरूप जीवन की अमानुषिक परिस्थितियाँ सहित मलिन बस्तियों की उत्पत्ति भी होगी।

मास्टर-प्लान

संसार के सभी देशों में जहां पर्यटन विकास के प्रति सुव्यस्थित राष्ट्रीय नीति का एक अंश है। वहाँ पर्यटन अधिसरंचनात्मक सुविधा के विकास के लिए पर्यटन मास्टर प्लान के प्रतिपादन को महत्व दिया गया है। यह कई कारकों से प्रभावित होता है जिनमें से कुछ निम्नवत् हैं–

1. सकारात्मक कारक जिन्होंने विशेष संसाधन के उचित उपयोग को प्रभावित किया है अथवा प्रभावित कर सकते हैं।
2. पहुंच एवं अधिसंरचनात्मक सुविधा की तैयारी से संबंधित वित्त प्रबंधन की कठिनाइयाँ।
3. पर्यटन विकास के लिए किसी विशेष संसाधन की वहन क्षमता से सम्बद्ध पर्यावरणीय और पारिस्थितिक प्रभाव एवं पर्यटन विकास कार्यक्रम के वृहद् एवं सूक्ष्म स्तर पर सामाजिक-सांस्कृतिक प्रभाव पड़ता है।

वृहत् स्तर पर पर्यटन विकास के लिए व्यापक मास्टर प्लान में निम्नलिखित बातें सम्मिलित होंगी–कार्रवाई की योजना एवं परिवर्तनों तथा उनके प्रभावों के प्रबोधन की क्रियाविधि। कार्यान्वयन, समन्वयन एवं वित्त प्रबंधन के लिए नीति, पर्यटन और मनोरंजन के लिए नीतियाँ और प्राथमिकताएँ, पारिस्थितिक और सामाजिक, आर्थिक कारकों और उनसे संबंधित कठिनाइयों का समाधान, विकसित, संरक्षित आदि किए जाने वाले क्षेत्रों का विस्तृत ब्यौरा देने वाली भौतिक योजना, अधिसंरचनात्मक सुविधा एवं विकास की योजना।

प्रसिद्ध पर्यटन केंद्र, पर्वतीय रिसॉर्ट अथवा तटीय कॉम्पलेक्स पर से दबाव कम करने, सीमित करने या नियंत्रित करने के लिए मौलिक विकास नीति में निम्नलिखित बातों का समावेश करना चाहिए–विभिन्न गतिविधियों का स्थानिक दृष्टि से विभक्तिकरण प्रवेश पर प्रतिबंध लगाना, सुविधाओं को सीमित करना एवं वैकल्पिक गंतव्यों का विकास करना।

पर्यटन मास्टर प्लान के प्रतिपादन की ओर पहले कदम के रूप में पर्यटन संसाधनों की विशेषताओं एवं संभावनाओं का सर्वेक्षण करना आवश्यक होगा। इन्हें गंतव्य क्षेत्र के भौतिक, सामाजिक, आर्थिक एवं पर्यावरणीय गुणों के सम्बन्ध में विश्लेषित करना चाहिए। पर्यटन गंतव्य क्षेत्रों की योजना, विकास और प्रबंधन के पर्यटन मास्टर प्लान के विकास की मूलभूत रूपरेखा निम्नलिखित द्वारा स्थापित होगी।

1 प्रक्षेपित सैलानी आगमन का विश्लेषण।

2. संसाधनों का संश्लेषण और पर्यटन उद्देश्यों से उनका अनुकूलतम उपयोग।

पर्यावरणीय सुरक्षा, प्राकृतिक स्थलों का विकास, स्थल विकसित करना इत्यादि से संबंधित उपाय और कार्यक्रम ऐसे मास्टर प्लान के महत्वपूर्ण कारक हैं। इसके अतिरिक्त प्रतिवेश की पृष्ठभूमि से कॉम्पलेक्स का संयोजन और परिसर के विकास को नियंत्रण में रखने के उपाय को भी सुनिश्चित करना चाहिए। परिभ्रमण परिसर के विकास को प्रतिवेश की ऐसी छोटी बस्तियों से जोड़ने की उचित कार्रवाई की योजना पर भी विचार करना जरूरी है जिनकी सामाजिक एवं आर्थिक गतिविधि कॉम्पलेक्स में हो रही पर्यटन गतिविधियों से सम्बन्ध है। इन नीतियों एवं कार्यक्रमों का सविस्तार विवरण दिया जाना चाहिए तथा कॉम्पलेक्स तथा पर्यटन अधिसरंचनात्मक सुविधा को समयबद्ध विकास की संगठित भौतिक विकास योजना द्वारा मजबूती प्रदान करनी चाहिए।

पर्यटन केंद्र एवं गंतव्य क्षेत्र बहुत ज्यादा लोगों के एकत्रित होने के केन्द्र हैं और उनके लिए सुरक्षित और सुविधाजनक प्रवेश, पार्किंग की सुविधा, पैदल यात्रियों के चलने, एकत्र होने के लिए स्थान, भोजन व्यवस्था और आवास के लिए पर्यटक अधिसंरचनात्मक सुविधा, नागरिक सेवाएँ, पर्यटक क्रय-विक्रय, पर्यटक मनोरंजनात्मक गतिविधियाँ, स्थिति के अनुसार आकर्षण और ऐसी सुविधा कि पर्यटकों द्वारा प्रक्षेपित मांग को सुलभ कराना चाहिए। स्पष्ट रूप से व्यक्तिगत सुख-साधनों की उपलब्धता और पर्यटक अधिसंरचनात्मक सुविधा का माप स्थान-स्थान पर परिवर्तित होगा। फिर भी इस दशा में इन सभी अधिसरंचनात्मक सुविधाओं को पर्यटक स्थल के संबंध में स्थानिक दृष्टि से आयोजित करना चाहिए और इनके मध्य उचित क्रियात्मक संबंध की उचित भौतिक योजना और रूपरेखा की आवश्यकता है।

पर्यटन से संबंधित क्रियाएँ व्यावहारिक रूप से भू-विस्तीर्ण के अनुरूप हैं। चाहे पर्यटक केंद्र नगर विकास क्षेत्र का एक भाग हो या पृथक् कॉम्पलेक्स के रूप में स्थित हो। फिर पर्यटक रिसॉर्ट के रूप में स्वयं शहर क्षेत्र हो। पर्यटन क्षेत्र के सम्पूर्ण संघटित विकास पर बल दिया जाना चाहिए और विभिन्न पर्यटन केंद्रों के लिए प्रत्येक विकास योजना को वृहत् नगर योजना अथवा क्षेत्र नगर योजना के रूप में कल्पना करनी चाहिए।

इस सम्बन्ध में इस बात पर भी बल दिया जाना चाहिए कि महानगर और प्रमुख नगरों के मामलों में पर्यटकों की आवश्यकताओं विशेषकर अधिसंरचनात्मक सुविधा के क्षेत्र में इन शहरों की जरूरतें उन नगरों में चल रही योजनाओं से ही पूरी हो सकती हैं। किंतु छोटे नगरों अथवा पृथक्-पृथक् स्थानों पर पर्यटकों के लिए दी जाने वाली अधिसंरचनात्मक सुविधाओं और सेवाओं को इस प्रकार से व्यवस्थित करना चाहिए कि स्थानीय जनता भी उसका प्रयोग उचित विस्तार और आवर्धन के साथ कर सके। छोटे नगरों में स्थित पर्यटन स्थलों का विकास करना चाहिए। इसके अतिरिक्त विकास योजना को उपयुक्त चरणों में कार्यान्वित किया जाना चाहिए। इसकी रूपरेखा इस प्रकार तैयार की जानी चाहिए कि भविष्य में संवर्धन और विस्तार किया जा सके।

पर्यटक के लिए निर्मित की गयी योजनाओं की उपयोगिता

केन्द्र सरकार के साथ-साथ यहाँ की विभिन्न राज्य सरकारों द्वारा पर्यटन की प्रसारणशील दुनिया में उचित योजना पर अत्यधिक बल दिया जाता है। यह पर्यटन प्रोत्साहन और गन्तव्य क्षेत्र के भौतिक, सामाजिक तथा सांस्कृतिक पर्यावरण को सुरक्षित रखने में सरकारों के बीच संतुलन सुनिश्चित करने हेतु किया जाता है। पर्यटन विकास से जुड़ी हुई सभी पर्यटन संबंधी क्रियाओं में एवं स्थानीय पर्यावरण के बीच संतुलन बनाए रखना है। ऐसा प्रमुखतः विकासशील देशों में है। यहाँ यह प्रभाव सबसे सबल है क्योंकि उन्हें ऐसी संरचनात्मक सुविधाएँ विकसित करनी चाहिए जो किसी भी पर्यटन क्षेत्र की सांस्कृतिक विशेषताओं को सुरक्षित रख सके एवं हर तरह के सामाजिक, आर्थिक विकास को प्रोत्साहित भी करे। इसके साथ ही पर्यटन के क्षेत्र में ज्यादा पर्यटकों को आकर्षित करने के लिए देश के भौतिक पर्यावरण की सुरक्षा और उसमें वृद्धि करनी चाहिए।

पर्यटन संबंधी गतिविधियों तथा पर्यटन प्रोत्साहन और अधिसंरचनात्मक सुविधा का विकास किसी भी पर्यटन क्षेत्र पर सामाजिक, सांस्कृतिक, आर्थिक, भौतिक पर्यावरणीय प्रभाव डालेगा। जब कोई विकासशील निर्णय लेना हो तो उससे पहले पूर्व वैज्ञानिक तकनीकियों का प्रयोग करते हुए योजनाबद्ध मूल्यांकन एवं विश्लेषण कर लेना चाहिए। ये पर्वतीय पर्यावरण के संवेदनशील प्रतिवेशों, वन्य जीवों एवं तटीय रिर्साट एवं दूसरे परम्परागत सांस्कृतिक दृष्टि से संवेदी गंतव्यों पर ज्यादा लागू होते हैं। इस तरह पर्यटन विकास के प्रत्येक कार्यक्रम का मौलिक उद्देश्य सकारात्मक प्रभावों को बढ़ावा देना और गंतव्य क्षेत्रों के सामाजिक, आर्थिक एवं भौतिक पर्यावरण पर पड़ने वाले नकारात्मक प्रभावों को घटाने वाला होना चाहिए।

पर्यटन नियोजन

राष्ट्रीय पंचवर्षीय योजनाओं में राष्ट्रीय व स्थानीय स्तर के पर्यटन नियोजन से जुड़े हुए क्षेत्रों को महत्त्व दिया जाना चाहिए।

सांस्कृतिक और ऐतिहासिक महत्त्व की राष्ट्रीय विरासत की परियोजनाओं का पुनरुद्धार और संतुलित विकास हो जिससे भारत एक सांस्कृतिक पर्यटन स्थल के रूप में स्थापित हो सके। साथ ही पर्यटन का राष्ट्रीय विरासत के संरक्षण के मुख्य तौर पर उपयोग हो सके। सीमित संसाधनों को अत्यधिक क्षेत्रों में विस्तृत करने के बजाए कुछ ऐसे चुने हुए पर्यटक क्षेत्रों एवं केंद्रों को विकसित किया जाए जो सैलानियों में लोकप्रिय हो। पर्यटकों को अत्यधिक संख्या में आकृष्ट करने और उनके ठहरने की अवधि को बढ़ाने हेतु हिमालय, रेतीले तटों

वाले सुनहरी धूप से विशाल समुद्र तटीय क्षेत्र एवं वन्य जीव जैसे पर्यटन संसाधनों का इस्तेमाल करके ट्रेकिंग शीतकालीन क्रीड़ा वन्य जीव पर्यटन और तटीय रिसॉर्ट जैसे परम्परागत क्षेत्रों का विकास करना चाहिए। वृहत् मध्य और लघु आयामी पर्यटन कॉम्पलेक्स की योजना, विकास, पर्यटन संसाधनों और पर्यटन गतिविधियों को संघटित कर सकेंगे। इससे एक तरफ तो सामाजिक, आर्थिक एवं पर्यावरणात्मक उद्देश्यों की दृष्टि से और दूसरी तरफ पर्यटकों की ढाँचागत सुविधाओं की जरूरतों की दृष्टि से अधिकतम लाभ प्राप्त हो सकेगा। पर्यावरणीय संरक्षण को ध्यान में रखते हुए विविध गंतव्य क्षेत्रों के लिए प्रायोजित अनेक पर्यटन गतिविधियों की ढाँचागत सुविधाओं की माँग की आपूर्ति का प्रबंध पर्यटन विकास योजनाओं के द्वारा किया जाना चाहिए। पर्यटन गतिविधि क्षेत्र अपने अंदर विविध प्रकार के उद्देश्यों को समेटे हुए है–

1. ऐतिहासिक स्थल, स्मारकीय कॉम्पलेक्स, मेले एवं उत्सवों वाले केन्द्रों सहित सांस्कृतिक पर्यटन के क्षेत्र।
2. मनोरंजन और अवकाश व्यतीत करने हेतु क्षेत्र जैसे समुद्र तट के रिसॉर्ट।
3. विशेष दिलचस्पी के क्षेत्र अर्थात् वन्य जीव क्षेत्र आकर्षक वनस्पति और प्राणी समूह के क्षेत्र, पक्षी विहार आदि।
4. धार्मिक पर्यटन क्षेत्र जैसे तीर्थ स्थल और मंदिरों के शहर।
5. साहसिक पर्यटन क्षेत्र अर्थात् वन्य जीव क्षेत्र, आकर्षक वनस्पति और प्राणी समूह के क्षेत्र, पक्षी विहार आदि।
6. अनुकूल जलवायु वाले सुखदायी क्षेत्र यथा पर्वतीय रिसॉर्ट।
7. सहनशील मनोरंजन हेतु प्राकृतिक सौंदर्य के विस्तृत क्षेत्र।

योजना आयोग द्वारा पर्यटन को बढ़ावा

भारत सरकार के योजना आयोग ने जून 1982 में पर्यटन को एक उद्योग का दर्जा प्रदान किया। सातवीं एवं आठवीं योजना में पर्यटन को काफी महत्त्व दिया गया। आने वाले वर्षों हेतु योजना बनाने के लिए 1986 में योजना आयोग ने राष्ट्रीय पर्यटन समिति की स्थापना की। समिति ने 1988 में अपनी रिपोर्ट पेश की जिसके मुख्य सुझाव निम्नांकित हैं।

पर्यटन क्षेत्र की विकास रणनीति निम्न लागत अर्थव्यवस्था, उत्पादकता का उच्च स्तर, अधिसंरचना की कार्यकुशलता में सुधार एवं प्रतियोगिता को प्रोत्साहन देना आदि के सिद्धांतों पर आधारित होनी चाहिए। विविध पर्यटन विकास परियोजना को राशि आवंटित करते समय पूँजी श्रम, अनुपात एवं प्रति डॉलर अर्जित पूँजी संसाधन लागत और प्रति पर्यटक सेवा की जानकारी प्राप्त करना उपयोगी होगा। इस हेतु पूँजी की कमी को देखते हुए पहले देश के

कतिपय पर्यटन स्थलों को विकास हेतु चुनना चाहिए। पर्यटन व्यवसाय को ऋण सहायता प्रदान करने एवं विशिष्ट आवश्यकताओं की पूर्ति हेतु 100 करोड़ रुपए की आंरभिक लागत से पर्यटन वित निगम की स्थापना का परामर्श दिया गया। फलस्वरूप भारतीय पर्यटन वित निगम की स्थापना की गई।

आवास संबंधित सुझाव

आवास के संदर्भ में विभिन्न सुझाव दिये जो निम्नलिखित हैं–

1. महलों, पुरानी हवेलियों जैसी राष्ट्रीय संपदाओं की सुरक्षा, रखरखाव तथा आवास गृहों में रूपांतरण।
2. आवासीय क्षेत्रों को प्रोत्साहित करने हेतु ;ण लेने और चुकाने की सुविधा और वित्तीय प्रोत्साहन देना और संचालन तथा प्रबंध में कार्यक्षमता बढ़ाने हेतु कार्यात्मक लागत को प्रोत्साहन देना।
3. अधिक से अधिक युवा छात्रावासों का निर्माण।
4. व्यक्तिगत अतिथि गृहों, पर्यटन आवास, वन-आवास आदि जैसी अनुपूरक आवास व्यवस्था की स्थापना को बढ़ावा एवं प्रोत्साहन देना।

परिवहन संबंधी सुझाव

परिवहन के क्षेत्र में निम्नलिखित सुझाव दिये गये–

1. सड़क परिवहन के सुधार का विशेष प्रबंध किया जाना चाहिए। चार राजमार्गों एवं मोटर मार्गों का विकास किया जाना चाहिए, जिनके किनारे समुचित दूरी पर ठहरने एवं रुकने का इंतजाम हो।
2. ट्रेवल एजेंसियों की वायुसेवाओं और रेलवे आरक्षण से जुड़े टर्मिनल सुलभ कराए जाने चाहिएँ।
3. पैलेस ऑन व्हील्स की तर्ज पर दूसरे यात्रा मार्गों पर भी विशेष पर्यटन रेलगाड़ियाँ चलाई जानी चाहिएँ।
4. एयर चार्टर का उदारता से अनुमोदन करना चाहिए।
5. भारत आने और यहाँ से जाने वाले सैलानियों की सुविधा विदेशी वायुसेवाओं के प्रति उदार नीति अपनानी चाहिए।
6. नदी मार्गों की संभावनाओं का पूर्ण रूप से विकास किया जाए।
7. रेल मंत्रालय में पृथक् से एक पर्यटन निदेशालय होना चाहिए।

8. इंडियन एयर लाइन्स का आंशिक निजीकरण होना चाहिए।

एयर इंडिया को संयुक्त स्टॉफ कंपनी में बदल दिया जाना चाहिए। इससे इस वायुसेवा में अपेक्षित पेशेवर रुझान आ सकेगा एवं यात्रियों और सुविधाओं का बेहतर इंतजाम हो सकेगा।

पर्यावरण संबंधी सुझाव

पर्यावरण के संदर्भ में विभिन्न सुझाव दिये गये जिनमें से कुछ प्रमुख सुझावों को निम्नलिखित पंक्तियों में स्पष्ट किया गया है—

1. जिन क्षेत्रों में पर्यावरण को खतरा हो उन इलाकों को सैलानियों से पूरी तरह सुरक्षित करना उदाहरणस्वरूप अंडमान निकोबार के अधिकतर द्वीप समूह।
2. विविध क्षेत्रों में विशेष पर्यटन इलाकों का निर्माण जहाँ पर्यटन गतिविधि को केंद्रित किया जा सके।
3. क्षेत्रों को बारी-बारी से सैलानियों के लिए खोलना और बंद करना ताकि पर्यावरण को सुरक्षित रखा जा सके।
4. एक समय पर सीमित संख्या में सैलानियों के प्रवेश की अनुमति।
5. किसी खास तरह के पर्यटन की अनुमति जैसे-ट्रैकिंग।
6. पारिस्थितिकी और रोमांच समूह से जुड़े गैर-सरकारी संगठनों की मदद लेना।
7. स्थानीय परिस्थिति के अनुसार पर्यटक सुविधाओं का विकास करना। जैसे-पहाड़ी इलाकों में विस्तृत पैमाने पर सड़क बनाने के स्थान पर पगडंडियों, साइकिल मार्ग, रज्जु मार्ग आदि की संभावनाओं का विकास।
8. जिस क्षेत्र में परिभ्रमण का विकास करना हो उसकी वहन क्षमता का मूल्यांकन करना।

आय संबंधी सुझाव

अंतर्राष्ट्रीय पर्यटन में भारत की आमदनी बढ़ाने हेतु विभिन्न सुझाव दिये गये जो निम्नलिखित हैं—

1. गैर परपंरागत सैलानियों ढंग से पर्यटन करने वाले पर्यटकों को भारत अपनी ओर खींच सकता है और इस दिशा में प्रयत्न करना चाहिये।
2. यूरोप एवं उत्तरी अमेरिका में पर्यटन अपनी चरम सीमा पर पहुँच गया है। वहाँ से सैलानियों को आकर्षित किया जा सकता है।

3. पर्यटन के विकासात्मक और विपणन प्रयत्नों को प्रतियोगितापूर्ण धार देने के लिए एक बाजार विकास प)ति की स्थापना की जानी चाहिए।
4. पर्यटन सूचना नेटवर्क की स्थापना हेतु संचार और कम्प्यूटर के क्षेत्र में हुए तकनीकी विकासों का प्रयोग किया जाना चाहिए।
5. विदेशों में पर्यटन कार्यालयों के चुनाव और स्थापना पर्याप्त संसाधन जुटाये जाने चाहिएँ एवं योग्य, पेशेवर और विपणन में माहिर अधिकारी की नियुक्ति की जानी चाहिए।
6. सार्वजनिक और निजी अभिकरणों संसाधन ग्रहण कर मुख्य बाजारों में एक राष्ट्रीय छवि निर्माण एवं विपणन (डंतामजपदह) योजना बनाई जानी चाहिए।

अधिसंरचना सुविधा का विकास

पर्यटन जगत से संबंधित विकास कार्यों के विभिन्न तत्वों के रूप में प्रभावी तरीके से संबंधित भौतिक अधिसरंचनात्मक सुविधाओं का विकास आवश्यक है। अधिसंरचनात्मक सुविधाओं की कल्पना भी क्षेत्र एवं मेजबान जनसंख्या की सम्पूर्ण जरूरतों को ध्यान में रखते हुए करनी चाहिए। किसी रिसॉर्ट को पर्याप्त पैमाने पर आकर्षण प्रदान करना पर्यटक केंद्र के विकास हेतु एक अत्यावश्यक पहलू है। मोटे तौर पर कहा जा सकता है कि पर्यटन केंद्र को सामूहिक तौर पर गुण प्रदान करने वाले तीन प्रमुख घटक निम्नांकित हैं–

आवास की व्यवस्था–पर्यटन के क्षेत्र में समुचित आवास की व्यवस्था करना एवं उनके विकास पर ध्यान देना चाहिए। यदाकदा अच्छा आवास पर्यटकों को ज्यादा समय तक विश्राम करने की प्रेरणा देता है। भारत के मौजूदा संदर्भ में इस मौलिक सुख-सुविधा का अभाव सैलानियों के आगमन के लिए सबसे बड़ा बाधक है। विभिन्न केंद्रों पर दिए जाने वाले आवास की मात्रा एवं स्वरूप पर्यटकों की जरूरतों पर निर्भर करेगा। किंतु कुल मिलाकर पर्यटन हेतु आवास आरामदेह, समग्र सुविधाओं तथा सेवाओं सहित और आर्थिक तथा भौतिक दृष्टिकोण से स्थिति के अनुसार होना चाहिए। साथ ही आवासीय विकास हेतु जरूरी अन्तर्निर्मित सुविधा होनी चाहिए।

पर्यटक कॉम्पलेक्स आकर्षक बनाने हेतु निरंतर विद्युत एवं सुरक्षित जल आपूर्ति, मल-निकास, अपवहन और स्वच्छता, प्रबंध आदि मौलिक सुविधाएँ एवं सेवाएँ ऐसे आवश्यक तत्व हैं जिन्हें सुनिश्चित कर लेना चाहिए। इसके अलावा नागरिक सेवाएँ जैसे चिकित्सा सुविधा, डाक तार और बैंकिंग को सुविधाओं का आवश्यक भाग समझा जाता है। फिर भी इन सभी पक्षों में पर्यटन के प्रकार एवं गंतव्य की स्थिति के अनुसार बदलाव होता रहता है।

आवागमन की सुविधा :- पर्यटन क्षेत्रों तक आने-जाने हेतु परिवहन व्यवस्था और सड़कों की सही सुविधा होनी चाहिए। पर्यटन की दृष्टि से प्रमुख नगर के विशिष्ट स्थानों हेतु

निकटवर्ती हवाई अड्डे, रेलवे स्टेशन, सड़क मार्ग, टर्मिनल अथवा फिर अन्य प्रवेश बिन्दुओं से शहर की ओर जाने की सुविधा परिवहन के तीन परम्परागत साधनों अर्थात् सड़क, रेल, और वायु द्वारा देश के समीपस्थ स्थल से पर्यटन केंद्र और पर्यटन गंतव्य क्षेत्र तक पहुँचने की सुविधा और क्षेत्र के भीतर सैलानी की रुचि के अन्य महत्त्वपूर्ण केंद्रों के साथ संयोजन।

मनोविनोद का प्रबंधन—पर्यटन के क्षेत्र में मनोरंजन की सुविधा का भी विकास किया जाना चाहिए। यदि आवास उपलब्धता प्रमुख रूप से पर्यटन के ठहरने की अवधि को बढ़ाने में प्रभावी है तो किसी सैलानी केंद्र पर पर्याप्त मनोरंजन के तत्वों की व्यवस्था कुल मिलाकर पर्यटन स्थल के समय बढ़ा सकती है। विकास का यह पक्ष विश्राम एवं मन बहलाव हेतु अनिवार्य रूप से महत्त्वपूर्ण है। पर्यटन के संदर्भ में मनोरंजन की बहुत सी अभिव्यक्तियाँ हैं जिसमें बाहरी सक्रिय अथवा निष्क्रिय मनोरंजन के आयोजन के अलावा हर प्रकार के व्यावसायिक मनोरंजन भी सम्मिलित हैं। देश के महानगरों और प्रमुख शहरों में इस समस्या का निदान काफी, हद तक हो चुका है। जो स्थानीय शहरों की भी आवश्यकताओं में शामिल है। फिर भी छोटे स्थानों में, जो संभवतः ज्यादा पर्यटन रुचि और आकर्षण के हो सकते हैं, इस प्रकार के मनोरंजनात्मक सुख साधन को भाने वाले सैलानियों के लिये सुलभ कराना चाहिये। किंतु ऐसा सामाजिक, सांस्कृतिक परिवेश और गंतव्य को ध्यान में रखते हुए ही करना चाहिए।

पर्यटक अधिसंरचनात्मक सुविधा के प्राथमिक तत्वों के अलावा सहायक अधिसंरचनात्मक सुविधाओं और सेवाओं को पर्यटक केंद्र के व्यापक विकास हेतु समझा जाता है। पर्यटन सेवाओं के फलस्वरूप सुख साधनों के प्रबंधन के लिए सेवा करने वाले लोगों की आवश्यकता होती है। उनके लिए भी घर और सहायक सुविधाएँ जरूरी हैं। इस पक्ष की उपेक्षा के कारण जीवन की अमानुषिक परिस्थितियाँ सहित मलिन बस्तियों की उत्पत्ति भी होगी।

आठवीं पंचवर्षीय योजना (1992-97)

मई 1992 में भारत सरकार ने संसद में पर्यटन कार्य योजना रखी जो आठवीं योजना के दस्तावेज का आधार बनी। आठवीं योजना के कतिपय प्रमुख सुझाव इस प्रकार हैं—

1. पर्यटन के विकास में राज्य की विकास की संपूर्ण रणनीति का नियोजन,
2. निजी क्षेत्र में निवेश को बढ़ावा देने हेतु वितीय मदद, उद्योग, उपभोक्ता और पर्यावरण के हितों की सुरक्षा हेतु प्रभावी नियमन को विकसित करना आदि की भूमिका होगी।
3. आठवीं योजना के दौरान मुख्य ध्यान यूरोप, अमेरिका एवं जापान जैसे राष्ट्रों में आने वाले सैलानियों पर केंद्रित किया गया जो ज्यादा पैसा खर्च कर सकते हैं।

4. पर्यटन परिवहन आदि के विकास में निजी क्षेत्र के हस्तक्षेप को प्रोत्साहित किया गया।

वस्तुतः आठवीं योजना के दस्तावेज का मुख्य जोर निजी उद्यम की भागीदारी एवं पैसा खर्च करने वाले सैलानियों को आकृष्ट करने पर केंद्रित है।

राष्ट्रीय कार्य योजना 1992

उद्देश्य—भारत सरकार की राष्ट्रीय पर्यटन कार्य योजना के उद्देश्य इस तरह हैं—

1. पर्यटन उत्पाद में भिन्नता—भारत में परंपरागत सांस्कृतिक पर्यटन को सुरक्षित रखते हुए परिवर्तित उत्पादों में विभिन्नता लाई जानी चाहिए। उपभोक्ता की बदलती माँग को देखते हुए आराम, रोमांच, सम्मेलन एवं प्रोत्साहन पर्यटन के क्षेत्र का भी समुचित विकास किया जाना चाहिए।
2. अंतर्राष्ट्रीय पर्यटन का विकास और विदेशी मुद्रा अर्जन :- वैश्विक पर्यटन से विदेशी मुद्रा अर्जन में काफी सहायता मिलती है और देश की आवश्यकताओं को देखते हुए पर्यटन का विकास ऐसा होना चाहिए कि सदी के अंत तक विदेशी मुद्रा अर्जन 2. 440 करोड़ रुपये से बढ़कर 10,000 करोड़ हो जाए।
3. रोजगार में वृद्धि—पर्यटन एक ऐसा उद्योग एवं व्यवसाय है जो सकारात्मक एवं नकारात्मक दोनों रूपों से लगभग 1.3 से 1.4 करोड़ व्यक्तियों को रोजगार उपलब्ध करवाता है। इस दशक के अंत तक आज की तुलना में ये रोजगार के अवसर कम से कम दोगुने हो जाने चाहिएँ।
4. क्षेत्रों का सामाजिक-आर्थिक प्रगति—पर्यटन के क्षेत्र विशेष के व्यक्तियों को सामाजिक-आर्थिक लाभ होता है और उनका जीवन स्तर ऊँचा उठता है। यह उन क्षेत्रों में भी विकास का मार्ग प्रशस्त करता है जहाँ अन्य आर्थिक गतिविधियों की संभावना नहीं होती है।
5. घरेलू पर्यटन का विकास—हालांकि क्षेत्रीय पर्यटकों की संख्या सर्वाधिक होती है। भारत में भी घरेलू सुविधाओं का सुधार और प्रचार किया जाएगा। इसमें खासकर कम आमदनी वाले पर्यटकों का ध्यान रखा जाएगा ताकि वे भी पर्यटन और छुट्टी का आनंद उठा सकें।
6. राष्ट्रीय विरासत और पर्यावरण की सुरक्षा—पर्यटन का विकास की प्रक्रिया में सांस्कृतिक अभिव्यक्ति एवं विरासत की सुरक्षा की जाएगी तथा कला और शिल्प को संरक्षण प्रदान किया जाएगा। पर्यावरण का संरक्षण और संवर्धन पर्यटन विकास का अभिन्न होना चाहिए।

7. विश्व पर्यटन में भारत की भूमिका—अभी विश्व के कुल विदेशी सैलानियों के आवागमन में भारत का सिर्फ 0.4 प्रतिशत अंशदान है। कार्य योजना का एक मुख्य उद्देश्य अगले पाँच वर्षों में इसे बढ़ाकर 1 फीसदी करना है।

नगरीय पर्यटन स्थल

नगरीय पर्यटन स्थलों की स्थापना तथा विकास पर विशेष रूप से ध्यान देने की जरूरत है। जिन शहरों में पर्यटन स्थल हैं वहाँ उनके साफ-सफाई और आकर्षण को बराबर रखने के लिए विशेष नीति के तहत कार्य किया जाना चाहिए। ऐतिहासिक शहरों और तीर्थस्थलों पर अधिक संख्या में पर्यटक आते हैं। ऐसे में वहाँ पर विस्तृत कॉम्प्लेक्स की व्यवस्था होनी चाहिए। पर्यटन स्थलों की अधिसरंचनात्मक सुविधा की योजना एवं भौतिक विकास की कल्पना सम्पूर्ण पर्यटन विकास योजना की सीमा के अंदर होनी चाहिए। पर्यटन विकास योजना में निम्नलिखित को शामिल होना चाहिए।

पर्यटक अधिसंरचनात्मक सुविधाओं की स्थापना हेतु प्रत्येक स्थल के चारों ओर स्थल निर्धारण और इसके साथ ही जहाँ तक संभव हो उचित नियमों द्वारा यह सुनिश्चित करना कि प्रतिवेश में अत्यधिक विकास न हो। एक प्रमुख मौलिक धारणा यह होनी चाहिए कि अपने समीपवर्ती प्रतिवेश में सहनशील उपयोगों की स्थापना द्वारा पर्यटन स्थान की पहचान और उपयोगिता को बनाए रखा जाए।

पर्यटन अधिसंरचनात्मक सुविधा के विकास हेतु निर्धारित स्थान के भीतर ध्यान देने योग्य महत्त्वपूर्ण बात यह है कि वास्तविक सैलानी स्थल अधिसरंचनात्मक सुविधा में निम्न न हो अपितु उसे सबसे प्रमुख होना चाहिए। ऐसा तभी संभव होगा जब निर्धारित आंतरिक स्थानिक संघटन की योजना ऐसी हो कि अधिसरंचनात्मक पर्यटन कॉम्पलेक्स स्थान प्रवेश सड़क से प्रत्यक्ष रूप से जुड़ा हो और वहाँ तक सुगमता से पहुँचा जा सके। अधिसंरचनात्मक सुविधा तथा पर्यटक स्थल के ज्यादा से ज्यादा विस्तृत हराऋभरा क्षेत्र होना जरूरी है। इसके लिए आवश्यक है कि धीरे-धीरे क्षेत्र को विकसित किया जाए। इसकी जरूरत नहीं है कि अधिसरंचनात्मक सुविधा को लम्बे-चौड़े क्षेत्र में फैला कर विकसित किया जाए अपितु इस सुविधा को सुनियोजित ढंग से विकसित किया जाना चाहिए जिससे निर्धारित स्थल का भाग हरा रह सके, कार्यशीलता की दृष्टि से अधिक बेहतर सुविधाएँ प्रस्तुत की जा सकें।

योजना की आवश्यकताएँ

पर्यटक संसाधन और अधिसंरचनात्मक सुविधा की जरूरत का मूल्यांकन करना चाहिए और क्षेत्र एवं अन्य पक्षों की वहन क्षमता के समनुरूप विकास की सीमा को निर्धारित करना

चाहिए। इसके बाद स्थानीय पर्यावरण पहाड़ी आवास पर विकास के प्रभाव को ज्ञात करना चाहिए।

इस तरह सारे विकासीय कार्यक्रमों में विशेष तौर पर पर्यटन संबंधी विकास के तहत कुछ प्रमुख बातों पर भी ध्यान दिया जाना चाहिए जैसे– उनकी सामाजिक- सांस्कृतिक पहचान की सुरक्षा करना एवं कायम रखना। नगर की अर्थव्यवस्था में समग्र रूप से सुधार। जीवन की गुणवता का विकास आदि।

पर्यटन विकास की व्यूह संरचना

इन उद्देश्यों की पूर्ति हेतु निम्नलिखित रणनीति अपनाई गई है–

1. वर्तमान अधिसरंचना के अधिकतम उपयोग हेतु स्थल का विपणन करने के साथ–साथ समन्वित विकास के लिए चयनित आधार पर क्षेत्रों का विकास।
2. मानव संसाधनों के विकास हेतु संस्थाओं की पुनर्रचना और दृढ़ीकरण।
3. विदेशी सैलानियों के आगमन और विदेशी मुद्रा अर्जन बढ़ाने के लिए एक सुचारु नीति का निर्माण।

पर्यटक अधिसरंचना में सुधार–अब तक राज्य ने सेवा क्षेत्र में अत्यधिक योगदान दिया है। अब इसे निजी क्षेत्र की पहले और निवेश के लिए छोड़ देना चाहिए। विकास कि गति को बढ़ाने हेतु अब घरेलू और विदेशी दोनों ही क्षेत्रों में निजी निवेश को प्रोत्साहन करने की नीति अपनानी होगी। पर्यटन मंत्रालय की भूमिका नीति निर्माण तक सीमित होगी।

आवास–भारत में होटल, पर्यटन अधिसंरचना का एक प्रमुख और जरूरी अंग है। यह आँकलन लगाया गया है कि भारत में अनुशासित श्रेणी में 44,405 होटल सुलभ है, अगले तीन वर्षों में इसे दोगुना करने का लक्ष्य है। किसी होटल द्वारा अर्जित 50 फीसदी विदेशी मुद्रा आयकर से मुक्त होगी और अगर 50 प्रतिशत शेष विदेशी मुद्रा पर्यटन उद्योग में पुनर्निवेशित की जाती है तो यह भी आयकर से मुक्त होगी। पर्यटन क्षेत्रों में भी इस विकास से गति लाने हेतु सरकार ने घोषणा की कि ग्रामीण इलाकों, हिल स्टेशनों, तीर्थ स्थलों, एवं विशेषीकृत पर्यटन स्थलों में होटल खोलने पर व्यय कर नहीं लगेगा और आयकर में 50 प्रतिशत की छूट की जाएगी।

भारत सरकार होटलों के निर्माण के लिए कम दर पर ऋण भी प्रदान कर रही है। 4-5 स्टार होटलों के लिए 7.5 लाख तक 1 प्रति ब्याज मदद एवं अन्य अनुशासित होटलों के लिए 3 प्रति ब्याज सहायता ऋण मुहैय्या कराया जाता है। बड़े शहरों में खुलने वाले 4-5 स्टार होटलों और अन्य होटलों के लिए अब यह छूट नहीं दी जायेगी। विशेष क्षेत्रों और विशेषीकृत स्थलों में विकास को गति देने हेतु सभी 1, 2, 4, स्टार के होटलों के लिए ब्याज सहायता

बढ़ाकर 5 प्रतिशत कर दी जाएगी। कुछ प्राचीन हवेलियाँ ऐसी हैं जिन्हें बड़ी सरलता से होटलों का रूप दिया जा सकता है। इनमें से अनेक की हालत खस्ता है एवं इन्हें होटल के तौर पर बदल कर राष्ट्रीय विरासत होटलों के विकास को प्रोत्साहित करने का निर्णय लिया गया है। अपने नियमों को उदार बनाते हुए भारतीय पर्यटन वित निगम अब विरासत होटल परियोजनाओं हेतु 50 लाख अधिक अग्रिम ऋण मुहैया कराएगा। एक नई योजना लागू की जाएगी जिसके अन्तर्गत इस श्रेणी के होटलों को 5 अथवा कुल लागत का 25 प्रतिशत की छूट दी जाएगी। ग्रामीण क्षेत्रों में स्थित हवेलियों पर व्यय कर नहीं लगेगा और आयकर में 50 प्रतिशत की छूट होगी। आशा की जाती है कि इन रियायतों से भारत में विरासत होटलों में तीव्रगति से वृद्धि होने की संभावना है।

योजना की आवश्यकता तथा उसके पर्यटन

सैलानी केंद्रों के संदर्भ में संरक्षण-केंद्रों की पर्यटन विशेषता की सुरक्षा भी सैलानियों से जुड़ी होती है और नगरों के मामले में यह पक्ष विशेष रूप से सैलानियों से सम्बद्ध होता है क्योंकि यहाँ वह सब मिलकर विरासत और ऐतिहासिक महत्त्व के कारण सैलानियों के लिए आकर्षण के केंद्र बनते हैं। ऐसे शहरों की आर्थिक विभिन्नता के समान ही भौतिक विकास को इस तरह नियोजित करना चाहिए कि उसकी विरासत और ऐतिहासिक पवित्रता को भौतिक रूप से बनाए रखा जा सके। ऐसा उनके प्रतिवेश में पर्याप्त हरा-भरा मध्यवर्ती क्षेत्र रखकर और पर्यटन की प्रगति के हित में नया विकास करके किया जा सकता है।

पर्यटन स्थल के तहत भौतिक सुरक्षा को नवीनीकरण करके प्रकट कर सकते हैं जिससे अच्छे, उद्यानों, फर्श और पर्यटक सामग्री जैसे सैलानी साहित्य, गाइडें, कलाकृतियों की दुकानें आदि सहित उसे अधिक सुंदर और आकर्षक बनाया जा सके। तथापि यह ऐसा मामला है जो अत्यधिक नियंत्रण, उद्देश्य, अनभिज्ञता एवं अतिसंवेदनशीलता के योग्य हैं। फिर भी बड़े पैमाने पर नवीनीकरण और सौंदर्यीकरण से भी ज्यादा सुरक्षा और संरक्षण पर जोर देना चाहिए।

पर्यटन स्थल के विकास में प्रमुख रूप से पर्यटन प्रक्रिया क्षेत्रों में आज नैसर्गिक गुणों का संरक्षण सैलानियों के आकर्षण को बनाए रखने हेतु महत्त्वपूर्ण हैं। इसके अलावा उचित रूप से निर्धारित योजना के अनुसार प्रचुर वृक्षारोपण को स्थल विकास कार्यक्रम का आवश्यक भाग होना चाहिए। अधिसरंचनात्मक सुविधा हेतु निर्धारित स्थानों के भवनों की मौलिक योजना के साथ एक मंद गति का विकास जुड़ा होना चाहिए।

पर्यटन स्थलों के विकास हेतु बनाई जाने वाली भौतिक विकास योजना का सबसे सबसे प्रमुख उद्देश्य यह है कि अधिक से अधिक पर्यटकों को प्रभावित किया जाए क्योंकि इस दृश्य योजना में आकृति एवं सौंदर्य उनके प्रतिपादन और भूदृश्य निर्माण, नवीनीकरण

और सामान्य सौंदर्यीकरण अथवा पर्यटकों के लिए आवासीय सुविधा सुलभ कराने से संबंधित है। इसलिए पर्यटन स्थलों और उसके आसपास के क्षेत्र की भौतिक योजना को शहर की दशा और भूदृश्य योजना सहित भौतिक धरातल और अधिसंरचनात्मक सुविधाओं के संश्लेषण का प्रयास करना चाहिए। ऐसा करने से विकास कार्य में सफलता मिलेगी और पर्यटन क्षेत्र की सुंदरता बढ़ेगी।

विकास योजना के निर्माण में व्यक्तिगत या सामूहिक पर्यटकों के हितों एवं रुचियों पर ध्यान देना जरूरी है। इसे परिभ्रमण स्थल और परिवेश की भौतिक विशिष्टताओं से संबंधित होना चाहिए। ऐसा प्रयत्न स्थल को विवेकपूर्ण विकास और पर्यटक संसाधनों के अनुकूलतम, उपयोग के लायक बना देता है। समस्त अधिसंरचनात्मक सुविधाओं का विकास स्मारक के इर्द-गिर्द करना चाहिए। बड़े कॉम्पलेक्सों के विषय में भी ऐसे ही सिद्धांत अपनाए जा सकते हैं। एक सम्पूर्ण स्थानिक परिरूप की रचना पर विचार करके ऐसा किया जा सकता है।

घरेलू पर्यटन को बढ़ावा

वर्तमान समय में घरेलू या स्थानीय पर्यटन को प्रोत्साहन देने के उपाय भी किए जा रहे हैं। अल्प आय वाले सैलानियों हेतु खास तौर पर तंबुनुमा आवासों का इंतजाम किया जा रहा है। रोमांचकारी कैपों की स्थापना हेतु तंबु आवासों और अन्य सुविधाओं को जुटाने हेतु केंद्र सरकार राज्य पर्यटन विकास निगमों को वित्तीय सहायता मुहैय्या कराएगी। घरेलू और विदेशी दोनों तरह के सैलानियों को सस्ता और स्वास्थ्यकर आवास उपलब्ध कराने के लिए अतिथि भुगतान आवास को भी प्रोत्साहित किया जा रहा है। इसी तरह अपार्टमेंट होटलों को मान्यता प्रदान करने हेतु वर्गीकरण नियमों में ढील दी जा रही है ताकि घरेलू सैलानियों को सस्ते आवास प्रदान किए जा सकें। इसके अतिरिक्त घरेलू पर्यटन में लगे टूर-ऑपरेटर, ट्रेवल ऐजेंटों को मान्यता प्रदान करने हेतु नियम में सुधार लाया जा रहा है।

वस्तुतः समस्त मान्यता प्राप्त टूर-ऑपरेटरों और ट्रेवल एजेंटों को यह सलाह दी गयी है कि वे स्थानीय पर्यटन के लिए भी कार्य करें।

तीर्थयात्रा पर्यटन :- पर्यटन में तीर्थयात्रियों की संख्या अत्यधिक होती है। तीर्थस्थलों में सैलानियों अधिसंरचनात्मक सुविधाओं का अपेक्षित विकास आवश्यक है। इस उद्देश्य से केंद्र सरकार हर वर्ष केंद्रीय सहायता के रूप में 5 करोड़ रुपये राज्य पर्यटन विकास निगम/निजी उद्यमियों को प्रदान करेगी। इसका प्रयोग प्रमुख तीर्थ स्थलों में आवासीय सुविधाओं के विकास, यात्रा के दौरान आवश्यक सुविधाओं के विकास एवं परिवहन व्यवस्थाओं के विकास के लिए किया जाएगा।

शिल्प ग्राम :- सूरजकुण्ड मेला और शिल्प ग्राम, उदयपुर की तरफ बड़ी संख्या में सैलानी आकृष्ट होते हैं। इन केंद्रों की सफलता को देखते हुए पर्यटन विभाग देश के विविध

भागों में शिल्प ग्राम स्थापित करने और इन प्रदेशों के परंपरागत हस्तशिल्पों को प्रोत्साहित करने की दिशा में विचार कर रहा है।

उत्सव एवं पर्व—मेले एवं पर्व सिर्फ भारत की सांस्कृतिक विरासत का ही प्रतिनिधित्व नहीं करते अपितु ये सैलानियों के आकर्षण के प्रमुख केंद्र भी बन गए हैं। इनकी तरफ पर्यटन मंत्रालय का ध्यान गया है और विदेशी सैलानियों को आकर्षित करने हेतु उन्हें विकसित और प्रचारित करने की ओर ध्यान दिया जा रहा है। पुष्कर मेला, सोनपुर पशु मेला, पतंग उत्सव, एल्लेप्पे नौका दौड़, मैसूर एवं कुल्लू का दशहरा पर्व आदि सैलानियों के आकर्षण के केंद्र बन गए हैं। देश में इन परंपरागत मेलों और पर्वो के विकास के लिए मंत्रालय उदारता से वित्तीय मदद देगा और अंतर्राष्ट्रीय बाजार में जोर-शोर से इनका प्रचार करेगा।

सड़क यातायात—पर्यटन के क्षेत्र में सड़क परिवहन का भी व्यापक महत्त्व होता है। प्रत्येक पर्यटन स्थल तक रेलमार्ग या वायु मार्ग से पहुँच पाना सम्भव नहीं है। ऐसे में सड़क परिवहन का महत्त्व बढ़ जाता है। कई राज्यों में प्रमुख पर्यटन स्थलों के लिये विशेष वालानुकूलित बसों की व्यवस्था की गई है इसके अलावा सभी स्तर के पर्यटकों को ध्यान में रखकर कुछ विशेष बसों, कारों आदि की व्यवस्था की जाने की आवश्यकता महसूस की गई है और इसके लिए योजनायें भी बनाई गई हैं। सड़क परिवहन के विकास में इस बात का ध्यान रखना बहुत ही जरूरी है कि पर्यटकों के लिये सभी प्रकार की सुविधाओं की व्यवस्था की जाय।

भ्रमण व्यापार—ट्रैवल एजेंट एवं टूर ऑपरेटर पर्यटन उद्योग के एक प्रमुख अंग हैं। देश के वृहद् आकार को देखते हुए भ्रमण व्यापार को इस तरह प्रोत्साहित किया जाना चाहिए कि अधिक से अधिक लोग भ्रमण व्यापार की सीमा में आ जाए। ट्रैवल एजेंट और टूर-ऑपरेटर को मान्यता प्रदान करने हेतु तत्सम्बन्धी नियमों और कायदे-कानूनों को व्यवस्थित करने के लिए सरकार को प्रयत्न करना होगा।

पर्यटक आवागमन को प्रोत्साहन—पर्यटन जगत में सैलानियों के आवागमन को प्रेरित करने के लक्ष्य से भारतीय प्रशासन ने उदारवादी चार्टर नीति की घोषणा की है और नियम के अन्तर्गत नागरिक उड़यन के महानिदेशक ने स्वयं चार्टर फ्लाइट हेतु शीघ्र अनुमति दे दी है। चार्टर फ्लाइट को आ जाने से यह उम्मीद है कि पर्यटन की यातायात व्यवस्था में तीव्र गति से वृद्धि होगी। हाल में लागू की गई एयर टैक्सी योजना से राष्ट्रीय वाहकों की कार्यशक्ति में विकास होगा तथा भारत में पर्यटकों के आने जाने के लिए आसान हो जायेगा। जल परिवहन के क्षेत्र में भी व्यापक रूप से ध्यान दिया गया है। पर्यटकों को आने-जाने हेतु भी सैलानियों के आवागमन की व्यवस्था की जाएगी। नदियों और समुद्रों में चलने वाले जल-वाहनों का प्रचलन शुरू करने हेतु तेजी से क्षेत्र को बढ़ावा दिया गया है और अभी भी इस क्षेत्र में कार्य किये जाए रहे हैं।

विदेशी निवेश—नई औद्योगिक नीति के परिशिष्ट 111 में न. 4 में होटल पर्यटन से संबद्ध उद्योग को सूचीबद्ध किया गया है। जिसके अन्तर्गत कुल निवेश का 51 फीसदी विदेशी निवेश स्वयमेव स्वीकृत हो जाएगा। इस तरह की उदार नीति से यह स्पष्ट है कि पर्यटन क्षेत्र में विदेशी निवेश को प्रभावित करने के लिए विशेष रूप से कदम उठाये जा रहे हैं। सरकार ने प्रधानमंत्री के प्रधान सचिव की अध्यक्षता में एक समिति की स्थापना की है जो हमारे देश में निवेश करने वाले विदेशी निकायों से वार्ता करेगी। पर्यटन क्षेत्र में विदेशी निवेश को प्राप्त करने एवं उसे ठोस स्वरूप प्रदान करने के लिए पर्यटन सचिव की अधयक्षता में मंत्रालय में एक समिति की स्थापना की गयी जो विशिष्ट समिति की सहायता करेगी।

विपणन और विदेश में प्रचार :- अधिकतम मुनाफा कमाने हेतु विपणन और विदेशी प्रचार के क्षेत्र में पर्यटन विभाग एयर इंडिया एवं विदेशों में कार्यरत अन्य एजेंसियों से संपर्क स्थापित करेगा। प्रत्यक्ष रूप से ग्राहक के पास पहुँचकर अब सीधे प्रचार पर बल दिया जाएगा। प्रचार-प्रसार की रणनीति के अन्तर्गत परिचय भ्रमण का आयोजन किया जाएगा। डिपार्टमेंटल स्टोर एवं अन्य संगठनों के साथ मिलकर संयुक्त प्रचार का कार्यक्रम चलाया जाएगा और भारत के प्रचार के लिए टूर-ऑपरेटरों को मदद प्रदान की जाएगी। सरकार ने अपने स्थानीय कार्यालयों और कुछ देशों में पर्यटन सूचना केंद्र, टूरनेट (Tournet) की स्थापना की है। भारत सरकार के पर्यटन कार्यालयों के अलावा हवाई अड्डों, होटलों और मित्र देशों में कम्प्यूटरीकृत बहुभाषीय पर्यटन सूचना उपलब्ध करने का भी प्रस्ताव है। इससे हमारे देश में आने के इच्छुक सैलानियों को विविध भाषाओं में परिवहन, साधन, भोजन, आवास, रुचि के क्षेत्र और सेवा की आगत की तैयार सूचना मिल जाएगी।

कार्य योजना का सार

विशेष लक्ष्य समूह को स्मरण में रखकर विदेशी कार्यालयों का पुनर्गठन किया गया और सभी प्रमुख बाजारों में भारत की सकारात्मक छवि प्रस्तुत करने हेतु सूचना व्यवस्था को पुनः गठित किया। पैलेस ऑन व्हील्स की सफलता को देखते हुए प्रमुख पर्यटन मार्गों पर पर्यटन रेलगाड़ी की शुरुआत किये जाने पर बल दिया गया। विशेष मार्गों पर नदी-यातायात की व्यवस्था को प्रोत्साहित किया गया। विरासत, होटल, स्वास्थ्य, विशेष श्रेणी आराम स्थलों का निर्माण इस कार्य योजना का एक अहम् हिस्सा है। निवेश बढ़ाने एवं अपेक्षित विकास हेतु अधिसूचित क्षेत्रों के तौर पर विशेष पर्यटन क्षेत्रों का निर्माण कराने के साथ-साथ जिन मार्गों पर एयर इण्डिया उड़ान नहीं भरता अथवा कम भरता है उन मार्गों के लिए मुक्त आकाश नीति बनाये जाने पर बल दिया गया। इस घोषित नीति में स्वयमेव अनुमति के अन्तर्गत उदारवादी चार्टर भी इस कार्ययोजना में शामिल हैं। मुख्य अंतर्राष्ट्रीय हवाई अड्डों

पर वायु सेवाओं, रेलगाड़ियों, होटलों एवं पर्यटन सूचना की व्यवस्था को प्रोत्साहित करने के साथ ही चयनित पर्यटन स्थलों हेतु विशेष वायु सेवा और होटल की व्यवस्था पर बल दिया गया। विशेषकृत क्षेत्रों अथवा यात्रा-कार्यक्रमों में पर्यटन और संबंधित उद्योग को वित्तीय मदद प्रदान करने हेतु विशेषीकृत पर्यटन क्षेत्र मदद योजना की शुरुआत करना।

गहन विकास हेतु चुने हुए भ्रमण मार्ग एवं स्थल

1. हैदराबाद-नागार्जुन सागर-तिरुपति
2. ग्वालियर-शिवपुरी-ओरछा-खजुराहो
3. बागडोगरा-सिक्किम-दार्जिलिंग-केसिंपोंग
4. भुवनेश्वर-पुरी-कोणार्क
5. इंदौर-उज्जैन-माहेश्वर-ओंकारेश्वर-मांडू
6. ऋषिकेश-नरेन्द्र नगर-गंगोत्री-बद्रीनाथ
7. चेन्नई-ममल्लपुरम-पांडिचेरी
8. कुल्लू-मनाली-लेह
9. जैसलमेर-जोधपुर-बीकानेर-बाड़मेर।

स्थल—लक्षद्वीप द्वीपसमूह, मनाली सोलन नाला, अण्डमान द्वीप समूह तथा कांगड़ा पोंग बाँध प्रमुख स्थल हैं—

पर्यटन योजना : पर्यटन योजना से सम्बन्धित कई महत्त्वपूर्ण तथ्य सामने आये हैं, जो निम्नलिखित हैं—

1. 1950 से पहले निर्मित हवेलियों, दुर्गों, किलों एवं निवास स्थानों में प्रचालनरत होटलों हेतु हेरिटेज होटल की एक नई वर्गीकरण श्रेणी शुरू की गई है।
2. भारत पर्यटन विकास निगम की स्थापना एक सार्वजनिक क्षेत्र के उपक्रम के तौर पर 1 अक्टूबर 1966 को की गई थी।
3. पर्यटन विभाग को एक स्वतंत्र मंत्रालय का दर्जा 23 मई, 1998 को दिया गया जिसका नाम पर्यटन मंत्रालय रखा गया।
4. विदेशी पर्यटकों द्वारा भारत पर्यटन के क्षेत्र में किये जाने वाले व्यय में सन् 2000 के दौरान काफी वृ) हुई।
5. विश्व पर्यटन में भारत का हिस्सा वर्ष 2001 की अवधि में 0.37 ीसदी रहा।
6. पर्यटन विभाग प्रचालनरत होटलों का स्टार प्रणाली में विभक्तिकरण 6 श्रेणियों, 1–5 स्टार तक एवं हाल ही में चालू की गई हेरिटेज होटल श्रेणी में करता है।

7. होटलों का निर्माण करने हेतु विदेशी पूँजी निवेश की सीमा को 100 ीसदी की अनुमति प्रदान कर दी गई है।
8. पर्यटन को प्रोत्साहन देने के उद्देश्य से विदेशी सैलानियों हेतु आगमन वीजा योजना शुरू की गई है।
9. दिल्ली, आगरा एवं जयपुर की दर्ज पर चेन्नई, बंगलौर एवं त्रिवेन्द्रम को पर्यटन की दृष्टि से गोल्डन ट्राएंगल के रूप में विकसित करने का विचार केन्द्र सरकार के विचाराधीन है।
10. वर्ष 2001-2002 के दौरान 24.23 लाख विदेशी सैलानियों ने भारत की यात्रा की। अप्रैल-दिसम्बर, 2002 के दौरान यह संख्या 16.15 लाख थी।
11. विगत वर्षों में पर्यटन से देश को होने वाली शु) प्राप्तियां जहाँ धनात्मक रही है वहीं 2001-2002 के शुरुआती महीनों में यह प्राप्तियाँ ;णात्मक हो गई थीं क्योंकि विदेशी मुद्रा भारतीय सैलानियों द्वारा विदेशों में खर्च की गई।

विशिष्ट प्रयोजन हेतु पर्यटन

इस श्रेणी में वैसे पर्यटक आते हैं जो किसी विशिष्ट प्रयोजन की पूर्ति के लिए पर्यटन स्थल की यात्रा करते हैं। इन्हें निम्नांकित श्रेणियों में आबंटित किया जाता है–

– मित्रों व सम्बन्धी पर्यटन
– धार्मिक पर्यटन
– अध्ययन सम्बन्धी पर्यटन
– अन्य उद्देशीय पर्यटन।

सामाजिकता के तत्त्व के आधार पर–शुरू में ही पर्यटन हेतु कुछ विशेष स्वतन्त्र शब्दों का उपयोग किया गया है जैसे–जन पर्यटन, लोकप्रिय पर्यटन, सामाजिक पर्यटन, आदि-आदि। अतः यह उचित होगा कि इन शब्दों का आशय समझा जाय।

(1) पर्यटन–सीमित साधन सम्पन्न व्यक्ति को जब पर्यटन में सम्मिलित किया जाता है या उन्हें पर्यटन में हिस्सा लेने हेतु प्रोत्साहित किया जाता है अथवा इस क्रिया को पहुंच के भीतर लाने संबंधी प्रयास किये जाते हैं तो इसे सामाजिक पर्यटन कहते हैं। सामाजिक पर्यटन का सिद्धान्त मुख्यतः आर्थिक सहायता एवं विशेष सुविधाओं व तौर-तरीकों पर आधारित है। ये सरकार एवं अन्य तीसरे पक्ष द्वारा अथवा सहकारिता के आधार पर प्रदान किए जाते हैं।

डाक्टर डब्ल्यू हुन्जीकर ने सामाजिक पर्यटन की व्याख्या इस प्रकार है– पर्यटन का वह रूप जो कि निम्नवर्गीय लोगों द्वारा प्रयोग किया जाता है, सामाजिक पर्यटन है तथा यह

एक बिल्कुल पृथक् व सरलता से मान्यता प्राप्त सेवाओं द्वारा ही सुलभ है। श्री एम॰ अन्धेरी पेलेमोण्ट के शब्दों में सामाजिक पर्यटन, पर्यटन का यह रूप है जो कि उन व्यक्तियों द्वार निर्मित किया गया है, जो सामाजिक दखलंदाजी के बिना इसकी लागत के भार को वहन नहीं कर सकते हैं। उदाहरणार्थ बिना किसी संगठन की मदद के जिसके वे स्वयं सदस्य है।

(2) जन पर्यटन—जब अत्यधिक संख्या में लोग पर्यटन में सम्मिलित होते हैं तो इसे जन पर्यटन कहते हैं। यह पर्यटकों की संख्या की भावना का अहसास कराता है तथा पर्यटन में भाग लेने वाली आबादी के अंश अथवा पर्यटन क्रियाओं के आकार पर आधारित होता हैं।

(3) लोकप्रिय पर्यटन—कुछ स्थान अपने गुण काल के कारण लोकप्रिय होते हैं। यहां जन पर्यटन अधिक होता है। इसका आशय उन क्रियाओं से है जो अपने आकर्षण एवं उपलब्धता के कारण लोगों को सर्वमान्य होती हैं। यह लोकप्रिय इसलिए है क्योंकि यह उसकी इच्छा जरूरत के अनुसार है तथा कम मूल्यों में उपलब्ध है।

इस तरह सामाजिक पर्यटन के निम्नांकित लक्षण हैं—

आर्थिक सहायता उपलब्ध पर्यटन—ये वे सामाजिक पर्यटन हैं जिनमें सरकारें, श्रमिकों की सदस्यता है, द्वारा अथवा दी जाती है।

बाहरी बाह्य पर्यटन—सामाजिक पर्यटन में वे यात्री सम्मिलित किए जाते हैं जो कि अपने सामान्य निवासित स्थान के बाहर किसी विशेष वातावरण की यात्रा करते हैं।

सीमित साधन—सामाजिक पर्यटन कामगारों तथा उन व्यक्तियों तक सीमित है जो अल्प आय के कारण यात्रा व आवास के भुगतान हेतु उचित धनराशि का संचय नहीं कर सकते हैं लेकिन उनके वायदे बहुत ही अधिक होते हैं।

सामाजिक पर्यटन के विकास में बाधाएं

पूरी दुनिया में कार्मिकों को कानून या सामूहिक समझौते द्वारा वेतन सहित अवकाश सुविधा सुलभ करायी गयी है। बहुत से कर्मचारी अपने छुट्टी का समय घरों में ही व्यतीत कर देते हैं। जिससे उनके पास पर्यटन सम्बन्धी खर्च एवं सूचनाओं का अभाव होता है। यातायात की मुश्किलें और उत्तम प्रकार की आवास सुविधाओं की कमी रहती है। इस तरह की समस्त समस्याएं संगठित एवं सामाजिक पर्यटन द्वारा पूर्ण की जा सकती हैं। आर्थिक समस्याओं का निवारण आर्थिक मदद व बचत योजनाओं द्वारा संरचनाओं की पूर्ति अनुभव व सम्पर्क के माध्यम परिवहन समस्याओं को सामान ले जाने वालों के साथ पैकेज योजनाओं द्वारा तथा आवास की समस्याओं का हल पर्यटन स्थल के अनुबंध द्वारा किया जा सकता है। इस तरह संगठित सामाजिक पर्यटन उन सभी लोगों तक पहुँच सकता है जो कि अन्यथा यात्रा करने योग्य नहीं हैं। वित्त संबंधी कठिनाइयाँ बचत योजनाओं द्वारा पूर्ण की जा सकती

हैं। हर संगठन बचत योजनाओं में सक्रिय हिस्सा ले सकते हैं। इन संगठनों के सदस्य मिलकर योगदान कर सकते हैं तथा आवास के समय उन्हें उनकी जमा बचत से लाभकारी धनराशि निकालने की अनुमति दी जा सकती है। फ्रांस, बेल्जियम और आस्ट्रेलिया सहित कई पश्चिमी देशों में बचत संबंधी योजनाएं काफी लाभदायक साबित हुई हैं। इसी कारण कुछ अवकाश के फण्ड संगठनों या मालिकों द्वारा परिवहन व होटल उद्योग, सरकार व स्थानीय संस्थाओं के सामूहिक सहयोग द्वारा नियोजित किए जा सकते हैं। फ्रांस में लाभकारी समितियां यात्रा के लिए वित्तीय सहायता प्रदान करती हैं तथा साथ ही श्रमिकों व बच्चों के लिए अवकाशकालीन आवासीय गृहों को संचालित करती हैं। साथ ही इनको आंशिक रूप में मालिकों व कामगारों के योगदान द्वारा आर्थिक मदद प्रदान की जाती है। नीदरलैण्ड में तो कुछ मालिक अवकाशीय वेतन के अतिरिक्त पूरे वर्ष के वेतन का 2 प्रतिशत बोनस के तौर पर कामगार को योगदान के रूप में देते हैं।

यूनाइटेड किंगडम में कामगारों को अवकाशलीन बोनस प्रदान किए जाते हैं। सेवाकाल की अवधि के अनुपात के अनुसार रकम का निर्धारण किया जाता है। बेल्जियम में तो कानूनी तौर पर सामान्य वेतन का दोगुना अवकाशकालीन वेतन के रूप में भुगतान किया जाता है तथा यदा-यदा तो मालिक यात्रा हेतु नगदी के रूप में अनुदान भी देते हैं। रूस में, मजदूर संघ आराम-घरों के सम्पूर्ण रहन-सहन के खर्च का ज्यादातर अंश भुगतान करते हैं। पोलैण्ड में सरकार यात्रा एवं आवास का कतिपय अंश स्वयं भुगतान करती है। न्यूजीलैंड में होटलों के भाड़े में कमी करके सरकारी कर्मचारियों को लाभान्वित किया जाता है। अवकाशलीन आवास सुविधाओं का प्रबन्ध सरकार द्वारा आर्थिक सहायता व करों में रियायतें आदि द्वारा किया जाता है। रूस में तो सरकार द्वारा, अवकाशकालीन केन्द्रों में प्रत्यक्ष विनियोजन किया जाता है। फ्रांस में सामान्य शिक्षा, खेल, संस्कृति व पर्यटन से सम्बन्धी लाभ लेने वाली संस्थाओं को बिक्रीकर एवं मनोरंजन कर से माफ कर दिया जाता है। सरकार कैम्पों व युवा संगठनों को यंत्रों के रूप में मदद प्रदान करती है। नार्वे में अवकाशकालीन केन्द्रों के विकास हेतु ब्याजमुक्त ऋण अथवा कम ब्याज पर ऋण दिए जाते हैं। डेनमार्क सरकार ने इन केन्द्रों के विकास हेतु 50 प्रतिशत कोष/ धनराशि का सृजन किया है।

परिवहन की असुविधाओं के कारण परिवहन कम्पनियाँ निम्न भाड़े को विशेष दरों की योजनाओं में सहायता प्रदान करती हैं। चार्टर्ड फ्लाइट निजी यात्रा खर्च को कम करने का एक उत्तम साधन है। अमेरिका में पहले यात्रा फिर भुगतान जैसी योजनायें बनायी गयी हैं। फेडरल रिपब्लिक जर्मनी में रेलवे यात्रा करने हेतु 12 या अधिक संख्या के समूहों को 33 प्रतिशत छूट, 25 अथवा इससे ऊपर के समूहों को 50 प्रतिशत छूट एवं विद्यार्थी, स्कूल के बच्चों या युवा संगठनों को और अधिक छूट दी जाती है। बेल्जियम में कामगारों एवं उनके परिवार के सदस्यों को अवकाशकालीन समय में सामाजिक सुरक्षा कार्ड मालिकों का सर्टिफिकेट प्रस्तुत करने पर रेलवे के सस्ते दाम के टिकट निर्गमित किए जाते हैं। हंगरी में वेतन अवकाश प्राप्त लोगों को 50 प्रतिशत की छूट दी जाती है। यूरोपीय देश चेकोस्लाविया

में सभी श्रमिकों को अवकाशकालीन आवेदन के साथ रेल का टिकट निःशुल्क प्रदान किया जाता है।

सामाजिक पार्यटनिक विकास में आवास एक मुख्य समस्या है, कम आमदनी वाले लोग होटल में नहीं रह सकते। कई श्रमिक संगठनों व मालिकों ने श्रमिकों की सुविधा हेतु अवकाश केन्द्रों का निर्माण किया है। अर्जेन्टीना में अति सौन्दर्य-स्थलों, समुद्रतटों पर विशेष होटल, बंगले व चैलेट की सुविधाएँ हैं। अवकाश केन्द्र खोले गये हैं। इनमें तरण ताल, मधुशाला, खेल के मैदान, पार्क एवं अन्य मनोरंजन सम्बन्धी सुविधाएं उपलब्ध करायी गयी हैं। स्विट्जरलैंड में तो सामाजिक पर्यटन हेतु अधिक अवकाशकालीन केन्द्र हैं। लेनिन में एक बहुत ही प्रसिद्ध स्वास्थ्य पर्यटन स्थल है तथा यह उम्मीद की जाती है कि नई-नई दवाइयों में उन्नति के साथ-साथ यह स्थान स्वयं लुप्त हो जाएगा, परन्तु कुछ संगठनों की मदद से यह स्थल नये पर्यटकों को आकर्षित करने लगा है। छोटे-छोटे गोल्फ कक्ष, छोटे तरणताल, टैनिस कोट्र्स व अन्य योजनाएँ बनाकर एवं स्वास्थ्य केन्द्र व होटलों की सैलानियों की मांग के अनुरूप बदल दिया गया है। काफिलों के पड़ाव व होटल युवा पर्यटकों की पहली पसंद हैं। कैम्पिंग तो अवकाश समय व्यतीत करने का बहुत ही अल्प खर्चीला साधन है। फ्रांस व अन्य कुछ देशों में कैम्पों के लिए आर्थिक सहायता प्रदान की जाती है। ग्रीक में बहुत बड़ी औद्योगिक इकाइयाँ अपने श्रमिकों के लाभ हेतु विविध कैम्पों को संचालित करती हैं। ज्यादातर देशों में ये कैम्प कैम्पिंग क्लब व युवाओं के अभियान द्वारा संचालित होते हैं।

सूचनाओं की कमी के बाबत यह कहा जा सकता है कि सार्वजनिक प्राधिकरणों, श्रमिक संघों, राष्ट्रीय पर्यटन संगठनों एवं अन्य सम्बन्धित संस्थाओं को विशेष तरह के पर्यटन स्थलों की सूचना प्रदान करने की तरफ विशेष ध्यान देना चाहिए। अमेरिका के बड़े-बड़े शहरों में सूचना देने के केन्द्र हैं। ये कार्यालय कामगारों को अवकाश व्यतीत करने सम्बन्धी सलाह देने हेतु अपनी प्रकाशन पत्रिकाएँ निर्गमित करते हैं। कनाडा में कामगार संघ के कार्यालय व अन्य संगठनों द्वारा बुलेटिनें प्रकाशित की जाती हैं।

उदारीकरण के पश्चात् भारत की तीव्र गति से विकसित हो रही अर्थव्यवस्था में पर्यटन का महत्वपूर्ण स्थान है। सामाजिक पर्यटन की महत्ता ज्ञात होने के उपरान्त इस क्षेत्र में भी काफी प्रगति हुई है। सामाजिक पर्यटक का उद्देश्य केवल यह नहीं है कि निम्न स्तर के लोगों को जो कि सामान्य तौर पर अवकाश का आनन्द लेने में असमर्थ हैं, उन्हें अवकाश दिया जाय बल्कि उन्हें नई विकसित श्रमिकों की वेतन सहित योजनाओं में तथा यात्राओं में मदद देकर देश के समस्त क्षेत्रों में यात्रा सम्बन्धी समस्त योजनाओं में शामिल किया जाय। हमारा उद्देश्य एक कल्याणकारी देश के निर्माण करने का है। श्रमिक वर्ग व कृषक जो कि इस देश की जनसंख्या के 98 प्रतिशत हैं, के सहयोग पर ही एक जनकल्याणकारी देश का अस्तित्त्व निर्भर करता है। एक जनकल्याणकारी सरकार को इस लाभों की प्राप्ति कामगारों को करना पड़ता है, अन्यथा इसका कोई अर्थ नहीं रहता है। जनकल्याणकारी देश का मुख्य उद्देश्य यह है कि कामगारों को वेतन सहित अवकाश व राष्ट्र के युवा वर्ग का यात्रा सम्बन्धी धनराशि

की सहायता प्रदान की जाय, यह एक महत्वपूर्ण तत्त्व है। देश के भविष्य युवा वर्गों के लिए यह एक व्यावहारिक तथा वास्तविक शिक्षा है ताकि वे अपने देश के दर्शन कर सकें। सांस्कृतिक प्रिय लोगों को लाभ मिल सके एवं औद्योगिक क्षेत्रों को देख सके। इसी के द्वारा देश में रहने वाले एक-दूसरे व विविध प्रकार के लोगों की जरूरतों को समझा जा सकता है तथा पूर्ण किया जा सकता। इसके अतिरिक्त इस प्रकार का सामाजिक पर्यटन आजकल की औद्योगिक क्रांति हेतु एक गहराव व अगाध रुचि एवं उत्तेजना की भावना जागृत कर सकता है। नियोजित अर्थव्यवस्था को बहुसंख्य व्यक्तियों के घरों तक तभी ले जाया जा सकता है जबकि उन्हें अपनी वर्तमान औद्योगिक योजनाओं को कार्यरत करने का मौका दिया जाए। भाखड़ा नांगल, सिंदरी उर्वरक प्लांट, बोकारो स्टील प्लांट, चितरंजन, बंगलौर व अन्य केन्द्रों हेतु रियायती यात्राओं के प्रबन्ध करने चाहिएं, उन व्यक्तियों के लिए जो इनका दर्शन करना चाहते हैं और औद्योगिक क्रांति की भावना से इन स्थानों की स्वयं जानकारी प्राप्त करना चाहते हैं।

होटल स्तर एवं दर आकार कमेटी 1958 ने निम्नांकित सुझाव दिए थे :

1. हर होटल उपक्रमों में काम करने वालों को वेतन के साथ अवकाश भी प्राप्त होना चाहिए। अन्य विभागों में भी यह योजना उजागर करनी चाहिए।
2. रेलवे द्वारा विद्यार्थी समुदाय एवं युवा वर्ग हेतु आर्थिक सहायता सहित यात्राओं का प्रबन्ध करना चाहिए।
3. धार्मिक स्थानों की यात्रा करने वाले यात्रियों हेतु बड़े पैमाने पर उनके घरों से सम्पूर्ण भारत के धार्मिक स्थानों तक धन सम्बन्धी सहायता की यात्राओं का प्रबन्ध होना चाहिए। कुछ देशों के सामाजिक पर्यटन सम्बन्धी यात्राओं के लिए एक बहुत बड़ी धनराशि पृथक् से रखी जाती है।

3

स्वाधीन भारत में पर्यटन का विकास

सम्पूर्ण संसार में पर्यटन के क्षेत्र में भारत का महत्वपूर्ण स्थान रहा है। भारत के असीमित भण्डार में पर्यावरण सम्बन्धी मनमोहक सम्पदा, सुन्दरता तथा अटूट सांस्कृतिक परम्पराओं की बहुत ही विविधता व निरन्तरता है। यहां की परिवर्तित होने वाली ऋतुएँ, जलवायु की विविध हिमाच्छादित पर्वतमालाएँ, रमणीय समुद्री तट, सदाबहार हरा-भरा केरल, रणबांकुरों एवं स्वाभिमानी राजाओं की जन्मस्थली राजस्थान, चार पवित्र धामों की भूमि, अलग-अलग धर्मों एवं धार्मिक स्थलों का देश भारत पर्यटन की दृष्टि से दुनियाभर के पर्यटकों को सदैव से ही आकर्षित करता रहा है। मोहनजोदड़ो एवं हड़प्पा के अवशेष, मौर्यकालीन कौशाम्बी, वैशाली और उज्जैन, अशोककालीन पाटलिपुत्र और नालंदा, महाराष्ट्र में अजन्ता, एलोरा एवं एलीफैण्टा की गुफायें, मध्य प्रदेश की खजुराहो की मूर्तियाँ यहां के प्रमुख पर्यटन स्थल हैं। कुतुबमीनार, ताजमहल, फतेहपुर सीकरी, लालकिला, सारनाथ, अजमेर शरीफ, बोधगया, इलाहाबाद का संगम, उत्तराखंड में गंगोत्री, यमुनोत्री, बद्रीनाथ, केदारनाथ, आन्ध्र प्रदेश में भगवान तिरुपति जी का मंदिर लाखों पर्यटकों को अपनी तरफ आकर्षित करते हैं।

भारत अद्‌भुत वैभव समृद्धि से परिपूर्ण है जिसके कारण पुरातनकाल से ही फाह्यान, ह्वेनसांग, वास्कोडिगामा, कैप्टन कुक से लेकर स्वतंत्रता से पहले तक, विशेषकर अंग्रेजों, पुर्तगालियों तथा फ्रांसीसियों को अपनी ओर खींचता रहा है।

भारत में पर्यटन विकास

भारत ने स्वाधीन होने के बाद अपनी गौरवपूर्ण व समृद्धशाली विरासत के कारण पर्यटन के क्षेत्र में अत्यधिक विकास किया है। वर्तमान में पर्यटन एक उद्योग का रूप ले चुका

है। पूर्व में पर्यटन को शिक्षा का एक जरिया समझा जाता था। पर्यटन उद्योग एक ऐसी ताकत के तौर पर हमारे समक्ष आ रहा है जो विश्व के सांस्कृतिक एकीकरण में एक मील का पत्थर सिद्ध होगा। पर्यटन के महत्व को देखते हुए स्वतंत्रता के उपरांत सरकार ने सन् 1952 में पर्यटन हेतु प्रथम समुद्र पार कार्यालय न्यूयार्क में खोला। सन् 1957 में फ्रेंकफर्ट में भी दूसरा पर्यटन कार्यालय स्थापित किया गया। पर्यटन विभाग की स्थापना परिवहन एवं संचार मंत्रालय के अधीन की गयी। भारत में सन् 1961 ई. में कुल 1,39,804 पर्यटक आये थे, जो भारत-चीन युद्ध के कारण सन् 1962 में कम होकर 1,34,036 रह गयी। सन् 1963 में तत्कालीन वित्त सचिव एल. के. झा की अध्यक्षता में सरकार ने एक तदर्थ समिति का गठन किया। तत्कालीन पर्यटन महानिदेशक एस. एन. चैव को इस समिति में नियुक्त किया गया। इस समिति ने पर्यटन उद्योग को बढ़ावा के लिए कई परामर्श दिये।

सन् 1965 में 'झा' समिति की सिफारिशों को क्रियान्वित करने के लिए एक उच्च अधिकार सम्पन्न समिति की स्थापना की गयी जिसके आधार पर निम्नलिखित तीन निगमों की स्थापना का प्रावधान किया गया—

1. इण्डिया टूरिज्म कार्पोरेशन लि.।
2. होटल कार्पोरेशन आफ इण्डिया लि.।
3. इण्डिया टूरिज्म ट्रान्सपोर्ट अण्डरटेकिंग लि.।

उपरोक्त सभी निगम पर्यटकों हेतु आवास-सुविधा, खान-पान, आवागमन के लिए ट्रेवल एजेंसियों की सुविधाएँ एवं अन्य बहुत-सी सुविधाओं को उपलब्ध कराने में जुट गये, परन्तु इन निगमों के मध्य उचित तालमेल न हो पाने के कारण इसे कोई वांछित परिणाम नहीं प्राप्त हो सका। इस कमी को दूर करने के लिए एक नये निगम भारतीय पर्यटन विकास निगम की स्थापना की गयी।

तत्कालीन प्रधानमंत्री श्रीमती इन्दिरा गांधी ने पर्यटन के महत्व को स्वीकारते हुए इसकी वृद्धि एवं विकास के लिए एक पृथक् मंत्रालय पर्यटन और नागरिक उड्डयन मंत्रालय की स्थापना 13 मार्च, 1967 को की तथा प्रथम बार डॉ. कर्ण सिंह को इसका केन्द्रीय मंत्री बनाया गया। भारत के पर्यटन विकास में यह एक प्रमुख कदम था। सन् 1985 में तत्कालीन प्रधानमंत्री श्री राजीव गांधी ने एक राज्यमंत्री की सहायता से इस मंत्रालय का कार्यभार स्वयं संभाला। पर्यटन विभाग का महानिदेशक इस विभाग का सर्वोत्तम अधिकारी होता है जो सीधे उपर्युक्त मंत्रालय के अधीन होता है। पर्यटन विकास के लिए योजना, प्रकाशन, प्रचार, होटल, विपणन, सर्वेक्षण, वन्य जीवन-संरक्षण और आवास इत्यादि प्रभाग इसके अधीनस्थ के तौर पर कार्यरत हैं।

जनवरी 1999 से अगस्त 1999 के दौरान भारत में 1.55 मिलियन पर्यटकों ने भारत की यात्रा की जिनसे भारत को लगभग 1.83 बिलियन डॉलर लगभग 7850 करोड़ रुपये की

विदेशी मुद्रा अर्जित हुई। सन् 1978 में चीन और भारत दोनों ही देशों में लगभग 7 लाख विदेशी पर्यटक आये थे। वर्ष 1998 में चीन में यह संख्या 2 करोड़ 30 लाख हो गयी जबकि भारत में यह संख्या केवल 23.7 लाख ही हुई। इस तरह भारत की तुलना में चीन में पर्यटकों की संख्या में 10 गुनी वृद्धि हुई। भारत में आने वाले विदेशी पर्यटकों की अन्तर्राष्ट्रीय स्तर पर संख्या 0.4 फीसदी है।

विदेशी पर्यटकों की संख्या

वर्ष	*विदेशी पर्यटकों की संख्या (लाखों में)*
1950	0.53
1960	1.23
1970	2.80
1978	7.20
1994	18.20
1995	23.00
1996	24.00
1997	25.00
1998	23.70
1999	24.20
2000	24.50
2001	25.00

भारत आने वाले विदेशी पर्यटन अब तक गोवा को सर्वाधिक पसन्द करते रहे, लेकिन अब उनकी पसन्द दिल्ली, महाराष्ट्र, उत्तर प्रदेश, तमिलनाडु एवं राजस्थान हैं।

भारतीय राज्यों में विदेशी पर्यटकों की संख्या

राज्य	*विदेशी पर्यटकों की संख्या (लाखों में)*
उत्तराखंड	2.00
राजस्थान	6.07
बिहार	2.13
महाराष्ट्र	9.80
उत्तर प्रदेश	7.19
दिल्ली	11.62

जिन राष्ट्रों से भारत में सर्वाधिक पर्यटकों आते हैं, उनमें क्रमश : इंग्लैण्ड, संयुक्त राज्य अमेरिका, श्रीलंका, म्यांमार, चीन, कनाडा और थाइलैण्ड उल्लेखनीय हैं।

क्षेत्रीय पर्यटकों की संख्या

पूरे भारत की यात्रा करने वाले क्षेत्रीय पर्यटकों की संख्या लगभग 1.67 करोड़ है। इसके अतिरिक्त 4 लाख स्वदेशी पर्यटक हर साल विदेशों में अवकाश मनाने जाते हैं।

पर्यटन से जुड़े व्यय

पर्यटन को प्रोत्साहित करने में ज्यादा खर्च करने वाले देशों में भारत भी शामिल है। केन्द्र सरकार ने वर्ष 1995 में मात्र 1.54 करोड़ डालर व्यय किया, जो आस्ट्रेलिया द्वारा इसी मद पर किये गये व्यय का पांचवां भाग एवं सिंगापुर, थाइलैण्ड का एक तिहाई एवं दक्षिण कोरिया का आधा है।

पर्यटक प्रोत्साहन पर खर्च की गयी राशि—1998

देश	*प्रोत्साहन व्यय (करोड डालर में)*
भारत	1.54
दक्षिण कोरिया	3.05
थाइलैण्ड	5.10
आस्ट्रेलिया	7.58
मलेशिया	2.55
सिंगापुर	4.47

भारत के महत्वपूर्ण पर्यटन स्थल

भारत के मुख्य पर्यटन आकर्षण केन्द्र गोवा, गुजरात, महाराष्ट्र, केरल, तमिलनाडु, उत्तर प्रदेश, उत्तराखंड, मध्य प्रदेश, आन्ध्र प्रदेश एवं उड़ीसा हैं। कश्मीर जो धरती का स्वर्ग कहा जाता है, आतंकवाद की चपेट में है। पूर्वोत्तर भारत भविष्य के पर्यटन स्थल हैं। कन्याकुमारी का सूर्योदय तथा सूर्यास्त, दार्जिलिंग की स्वर्णिम कंचनजंगा चोटी, असम का काजीरंगा अभयारण्य, बिहार में बौद्ध परिपथ, उड़ीसा का कोणार्क का सूर्य मंदिर, डल एवं वूलर झीलें, गोवा का सतरंगी समुद्रतटीय भू-दृश्य विश्व पर्यटकों के मुख्य आकर्षण के केन्द्र हैं।

पर्यटन-आवास सुविधा

31 मार्च, 1998 तक पर्यटन विभाग द्वारा मान्यता प्राप्त 1164 होटल भारत में थे जिनमें कुल 65,000 कमरे पर्यटकों के लिए उपलब्ध थे। इनमें से 43 होटल पांच सितारा और

डीलक्स, 56 पांच सितारा, 74 चार सितारा, 46 हैरिटेज, 289 तीन सितारा, 314 दो सितारा, 142 एक सितारा थे। करीब 200 होटलों को सितारा होटल की मान्यता प्रदान नहीं की गई थी।

उद्योग के रूप में पर्यटन

भारत में विदेशी पर्यटकों के आने से 1998 ई. में करीब 11,745 करोड़ रुपये विदेशी मुद्रा का आय प्राप्त हुई। इस प्रकार वस्त्र उद्योग एवं हीरे जवाहरात उद्योग के उपरांत विदेशी मुद्रा प्राप्त करने वाला पर्यटन सबसे बड़ा उद्योग है।

पर्यटन से प्राप्त विदेशी मुद्रा

वर्ष	*पर्यटन से प्राप्त विदेशी मुद्रा*
1996	10,000
1997	11,051
1998	11,745
1999	12,124

पर्यटन विकासात्मक कार्य

सन् 1982 में भारत सरकार ने पर्यटन नीति की घोषणा किया था जिससे पर्यटन उद्योग को व्यावसायिक स्वरूप प्रदान किया जाए। इस पर्यटन नीति में पर्यटन के लिए भारत के कई आकर्षणों की सही योजना, सही सीमांकन एवं पूरी तरह एकीकृत राष्ट्रीय कार्यक्रम के द्वारा पर्यटन की वृद्धि एवं विकास का वास्तविकता में परिवर्तन करने का संकल्प लिया गया।

वर्ष 1986 में पर्यटन को एक उद्योग की मान्यता दी गयी। इसके लिए आर्थिक मदद, राज्य वित्तीय संस्थानों द्वारा ऋणों की मंजूरी में प्राथमिकता, बिजली पानी कनेक्शनों की संख्या में वरीयता देने की घोषणा की गई। जुलाई 1991 में पर्यटन को विदेशी निवेश हेतु प्राथमिकता क्षेत्र के तौर पर भी घोषित कर दिया गया एवं पर्यटन को प्रोत्साहन देने के लिए वर्ष 1991 को पर्यटन वर्ष एवं वर्ष 1999-2000 को 'भारत यात्रा वर्ष' के रूप में घोषित किया गया।

पर्यटन विकास में अवरोधाक तत्व

1. उचित परिवहन सुविधाओं का अभाव/घरेलू वायु सेवाओं का अभाव।

2. आतंकवाद का बदस्तूर जारी रहना
3. करों की दर अधिक।
4. कानून-व्यवस्था की खस्ता हालत।
5. आवासीय सुविधाओं की कमी।
6. होटल मालिकों द्वारा ठगी।
7. रेलगाड़ियों, वायुयानों आदि का समय से न चलना।
8. प्रशिक्षित गाइड एवं टूर ऑपरेटर्स का न होना।
9. प्रचार-प्रसार विज्ञापन आदि का अभाव।
10. महंगे होटल।

अवरोधा तत्वों का निवारण

1. समय की पाबन्दी वाहनों के संचालन सम्बन्धी।
2. सरकारी उदार नीतियाँ।
3. पर्यटन को भारत जैसे कृषि प्रधान राष्ट्र के लिए सच्चे मन से रोजगार-अवसर सर्जक उद्योग के रूप में मान्यता दिए जाने की राजकीय पहल।
4. बाधाओं के निदान के लिए सुझाव।
5. 'अतिथि देवो भवः' की मान्यता का आचरण।
6. सस्ती एवं उच्च स्तरीय आवासीय व खान-पान सेवाएँ।
7. कानून और शान्ति व्यवस्था।
8. आधारभूत सुविधाओं का विकास।
9. यात्रा-परिपथ, गन्तव्य स्थानों आदि का सम्पूर्ण विवरण।

पर्यटन विकास की संभावनाएँ

भारत एक विशाल देश है और यह नैसर्गिक विभिन्नताओं से भरा हुआ है। भारत की भौगोलिक स्थिति पर्यटन विकास की दृष्टि से उपयुक्त है। इसके उत्तर में 50,000 वर्ग कि. मी. क्षेत्र में 2500 कि. मी. लम्बी हिमालय की पर्वत शृंखलायें हैं। इसी पर्वत शृंखला में संसार की सबसे ऊंची पर्वत चोटी एवरेस्ट अवस्थित है।

यह पर्वत अपने सौन्दर्य के अतिरिक्त उपयोगिता के कारण पर्वतारोहियों एवं पर्यटकों का स्वर्ग है। इसके अलावा देश के पूर्वोतर भाग में पूर्वांचल की पर्वत शृंखलायें, उत्तर-पश्चिम में अरावली की पहाड़ियाँ, देश के मध्यवर्ती भाग में विन्ध्याचल तथा सतपुड़ा की

पर्वतमालायें, दक्षिण में नीलगिरी के पर्वत शिखर तथा पूर्वी घाट व पश्चिमी घाट की पर्वतमालायें हैं। इन पर्वत शिखरों से निकलने वाली गंगा, यमुना, सिंधु, नर्मदा, ताप्ती, गोदावरी, महानदी, कृष्णा, कावेरी इत्यादि नदियाँ हैं जिनके किनारे विभिन्न पर्यटन स्थलों का विकास हुआ है।

भारत में करीब 75,156 किमी लम्बा सागर तट है जिससे कई स्थानों पर मनोरमणीय पर्यटन स्थलों का विकास हुआ है। अजन्ता-एलोरा की गुफाओं सहित राष्ट्र के दक्षिणी भाग में कई कलात्मक एवं उत्कृष्ट मन्दिर हैं।

यहां के स्मारक, नगर, पुरानी इमारतों के अवशेष, मध्ययुगीन किले, राजप्रासाद, मकबरे सभी पर्यटकों को आकृष्ट करने की क्षमता से परिपूर्ण हैं। भारत जनसंख्या और क्षेत्रफल की दृष्टि से बहुत विशाल है और इसमें कई यूरोपीय देश समा जाएंगे, परन्तु पर्यटकों की संख्या की दृष्टि से भारत यूरोप के कई छोटे राष्ट्रों से भी पिछड़ा हुआ है। विश्व पर्यटन में भारत का अंश सिर्फ 0.36 फीसदी है।

विश्व पर्यटन में भारत की भागीदारी को बढ़ाने के लिए पर्यटन के सुनियोजित विकास की आवश्यकता है। यदि इस हेतु गंभीर प्रयत्न किये जायें तो देश में आने वाले विदेशी पर्यटकों की संख्या में 25 से 30 प्रतिशत प्रतिवर्ष की वृद्धि की जा सकती है। इस दिशा में पर्यटन विभाग प्रयासरत है।

भारत में 1981 में लगभग 12 लाख 80 हजार पर्यटक आये। 1991 में यह संख्या बढ़कर लगभग 16 लाख 78 हजार हो गयी। 1996 में लगभग 22 लाख 87 हजार 860 पर्यटक देश में आये और इस तरह 1996 में पर्यटकों की संख्या में 8 प्रतिशत की वृद्धि हुई।

इस प्रकार भारतीय अर्थव्यवस्था में भी पर्यटन की महत्वपूर्ण भूमिका रहेगी क्योंकि आज भी पर्यटन, रत्न-आभूषण तथा सिले-सिलाए वस्त्रों के उपरांत देश के लिए सर्वाधिक विदेशी मुद्रा अर्जित करने वाला उद्योग बन गया है। इसके साथ ही पर्यटन व्यवसाय ने 80 लाख व्यक्तियों को रोजगार उपलब्ध कराये हैं।

पर्यटन उद्योग के इस महत्व को दृष्टिगत रखते हुए ही पृथक्-पृथक् पंचवर्षीय योजनाओं के अन्तर्गत पर्यटन को विकसित करने के लिए अधिक ध्यान दिया गया। प्रथम पंचवर्षीय योजना में पर्यटन संबंधी स्पष्ट नीति का अभाव था। द्वितीय पंचवर्षीय योजना में विदेशी एवं घरेलू दोनों प्रकार के पर्यटन विकास पर जोर दिया गया।

तृतीय पंचवर्षीय योजना मुख्य पर्यटकों के आवास एवं आवागमन की सुविधाओं पर केन्द्रित थी। चतुर्थ पंचवर्षीय योजना में पर्यटन संबंधी मुख्य प्रयोजन विदेशी मुद्रा अर्जित करने के साथ-साथ रोजगार के लिए मौके उपलब्ध कराना रहा। पांचवीं पंचवर्षीय योजना में पर्यटन विकास के लिए संसाधनों की कमी को देखते हुए इस दिशा में कोई विशेष उन्नति नहीं हुई।

छठी पंचवर्षीय योजना पर्यटन विकास के क्षेत्र में महत्वपूर्ण रही। इसमें योजना बनाने की अपेक्षा कार्यप्रणाली पर अधिक ध्यान दिया गया तथा विदेशी मुद्रा अर्जित करने के अतिरिक्त वृहत् आर्थिक विकास के पहलुओं पर ध्यान दिया गया।

7वीं पंचवर्षीय योजना में पर्यटन को उद्योग का दर्जा दिया गया साथ ही निजी क्षेत्रों से मिलने वाली सहायता को भी प्रोत्साहित किया गया तथा गैर-परम्परागत क्षेत्रों जैसे ट्रेकिंग एवं शीत खेलों के विकास पर बल दिया गया।

आठवीं पंचवर्षीय योजना में भी निजी भागीदारी बढ़ाने पर बल दिया गया तथा सभी राज्यों में पर्यटन सम्बन्धी आधारभूत सुविधाओं के विकास के लिए मास्टर प्लान बनाने पर ध्यान केंद्रित किया।

नौवीं पंचवर्षीय योजना में भी जोर पर्यटन को बढ़ावा देने के लिए आधारभूत सुविधाओं के विकास पर बल देने के साथ पृथक्-पृथक् राज्यों की पर्यटन नीति में पारस्परिक सामंजस्य का उद्देश्य सम्मिलित किया गया। योजना आयोग ने इस पंचवर्षीय योजना के समापन वर्ष 31 मार्च, 2002 तक पर्यटन विकास हेतु बजट में लगभग 511 करोड़ रुपये के व्यय का प्रावधान किया गया है। पर्यटन के बढ़ते महत्व को देखते हुए ही वर्ष 1982 में सरकार ने राष्ट्रीय पर्यटन नीति घोषित की। आर्थिक उदारीकरण को दृष्टिगत रखते हुये राष्ट्रीय पर्यटन नीति में सन् 1991 में कुछ बदलाव किया गया।

इस बदलाव का प्रमुख उद्देश्य इस प्रकार थे—आर्थिक विकास में पर्यटन को आगत के रूप में उपयोग किया जाये क्योंकि इससे रोजगार उपलब्ध कराने एवं संसाधन जुटाने में सहायता मिलती है। पिछड़े क्षेत्रों के सामाजिक-आर्थिक विकास में पर्यटन की भूमिका के स्वीकार किया जाये।

इन उद्देश्यों की प्राप्ति के लिए पर्यटन का विकास इस प्रकार किया जाये जिससे कि वातावरण एवं परितन्त्र में संतुलन बनाये रखा जा सके। इनके साथ ही राष्ट्रीय एवं अन्तर्राष्ट्रीय सद्भावना में वृद्धि हेतु पर्यटन की भूमिका को स्वीकार किया जाये।

उपर्युक्त उद्देश्यों को ध्यान में रखने के साथ-साथ कुछ, सुविधाओं जैसे-आवास की व्यवस्था, हवाई अड्डों, सड़कों एवं रेल व्यवस्था में सुधार तथा पर्यटन केन्द्रों पर स्वच्छता बनाये रखने तथा अल्प बजट वाले पर्यटकों को अतिरिक्त सुख-सुविधाएं एवं रियायतें प्रदान करने की व्यवस्था की जानी चाहिए। पर्यटकों को लोग अपने घरों में पेइंग गेस्ट के रूप में रख सकते हैं।

भारतीय अर्थव्यवस्था में अगर इसी तरह तेजी रही तो घरेलू एवं विश्वस्तर पर पर्यटकों की अतिशय वृद्धि को देखते हुए इन सुविधाओं के और अधिक विकास की आवश्यकता होगी। अतः इन सुविधाओं के विकास के साथ हमें अपनी पर्यटन विकास नीति इस तरह बनानी होगी कि हमारी परिस्थिति में किसी तरह का असंतुलन पैदा नहीं हो।

भारत में सामाजिक पर्यटन के विकास

सम्पूर्ण विश्व में कामगारों को कानून अथवा सामूहिक समझौते द्वारा वेतन सहित अवकाश मुहैया किया जा रहा है। बहुत से कर्मचारी अपने छुट्टी का समय घरों में ही व्यतीत कर देते हैं। जिसका मुख्य कारण यह है कि उनके पास पर्यटन सम्बन्धी खर्च एवं सूचनाओं का अभाव होता है। परिवहन की कठिनाइयाँ व उचित प्रकार की आवास सुविधाओं की कमी होती है। इस तरह की समस्त समस्याएँ संगठित एवं सामाजिक पर्यटन द्वारा पूर्ण की जा सकती हैं। आर्थिक समस्याओं का निवारण आर्थिक मदद व बचत योजनाओं द्वारा संरचनाओं की पूर्ति अनुभव व सम्पर्क के माध्यम परिवहन समस्याओं को सामान ले जाने वालों के साथ पैकेज योजनाओं द्वारा तथा आवास की समस्याओं का हल पर्यटन स्थल के अनुबंध द्वारा किया जा सकता है। इस तरह संगठित सामाजिक पर्यटन उन सभी लोगों तक पहुँच सकता है जो कि अन्यथा यात्रा करने योग्य नहीं हैं। वित्त संबंधी कठिनाइयाँ बचत योजनाओं द्वारा पूर्ण की जा सकती हैं। हर संगठन बचत योजनाओं में सक्रिय हिस्सा ले सकते हैं। इन संगठनों के सदस्य मिलकर योगदान कर सकते हैं तथा आवास के समय उन्हें उनकी जमा बचत से लाभकारी धनराशि निकालने की अनुमति दी जा सकती है। बचत सम्बन्धी योजनाएँ बेल्जियम, फ्रांस व आस्ट्रेलिया में बहुत ही लाभकारी सिद्ध हुई हैं। इसी कामगार कुछ अवकाश के फण्ड संगठनों या मालिकों द्वारा परिवहन व होटल उद्योग, सरकार व स्थानीय संस्थाओं के सामूहिक सहयोग द्वारा नियोजित किए जा सकते हैं। फ्रांस में लाभकारी समितियाँ यात्रा के लिए वित्तीय सहायता प्रदान करती हैं तथा साथ ही श्रमिकों व बच्चों के लिए अवकाशलीन आवासीय गृहों को संचालित करती हैं। साथ ही इनको आंशिक रूप में मालिकों व कामगारों के योगदान द्वारा आर्थिक मदद प्रदान की जाती है। नीदरलैण्ड में तो कुछ मालिक अवकाशीय वेतन के अतिरिक्त पूरे वर्ष के वेतन का 2 प्रतिशत बोनस के तौर पर कामगार को योगदान के रूप में देते हैं।

युनाइटेड किंगडम में कामगारों को अवकाशलीन बोनस प्रदान किए जाते हैं। सेवाकाल की अवधि के अनुपात के अनुसार रकम का निर्धारण किया जाता है। बेल्जियम में तो कानूनी तौर पर सामान्य वेतन का दोगुना अवकाशकालीन वेतन के रूप में भुगतान किया जाता है कभी-कभी मालिक भ्रमण के लिए नगद भुगतान भी करते हैं। रूस में, मजदूर संघ आराम-घरों के सम्पूर्ण रहन-सहन के खर्च का ज्यादातर अंश भुगतान करते हैं। पोलैण्ड में सरकार यात्रा एवं आवास का कतिपय अंश स्वयं भुगतान करती है। न्यूजीलैंड में सरकारी कर्मियों को कम दर पर होटल मुहैया किया जाता है। सरकारों द्वारा मुहैया की गई अन्य वित्तीय सुविधाएँ हैं—अवकाशलीन आवास सुविधाओं का प्रबन्ध सरकार द्वारा आर्थिक सहायता व करों में रियायतें आदि। रूस में तो सरकार द्वारा, अवकाशकालीन केन्द्रों में प्रत्यक्ष

विनियोजन किया जाता है। फ्रांस में सामान्य शिक्षा, खेल, संस्कृति व पर्यटन से सम्बन्धी लाभ लेने वाली संस्थाओं को बिक्रीकर एवं मनोरंजन कर नहीं लिया जाता है। सरकार कैम्पों व युवा संगठनों को यंत्रों के रूप में मदद प्रदान करती है। पूर्वी जर्मनी में समस्त सेवाओं की वित्तीय जरूरतें सरकार द्वारा पूर्ण की जाती हैं। नार्वे में अवकाशकालीन केन्द्रों के विकास हेतु ब्याजमुक्त ऋण अथवा कम ब्याज पर ऋण दिए जाते हैं। डेनमार्क सरकार ने इन केन्द्रों के विकास हेतु 50 प्रतिशत कोष/ धनराशि जमा की है।

परिवहन माध्यम में चार्टर्ड फ्लाइट निजी यात्रा खर्च को कम करने का एक उत्तम साधन है। अमेरिका में कतिपय सामान्य प्रेक्षक पहले यात्रा फिर भुगतान जैसी उदार योजनाओं को संचालित करते हैं। फेडरल रिपब्लिक जर्मनी में रेलवे यात्रा करने हेतु 12 या अधिक संख्या के समूहों को 33 प्रतिशत छूट, 25 अथवा इससे ऊपर के समूहों को 50 प्रतिशत छूट एवं विद्यार्थी, स्कूल के बच्चों या युवा संगठनों को इससे भी ज्यादा छूट दी जाती है। बेल्जियम में कामगारों एवं उनके परिवार के सदस्यों को अवकाशलीन समय में रेलवे टिकट में भारी छूट दी जाती है। हंगरी में वेतन अवकाश प्राप्त लोगों को 50 प्रतिशत की छूट दी जाती है। चेकोस्लोवाकिया में प्रत्येक श्रमिक के अवकाश के फार्म के साथ एक रेल का टिकट बगैर पैसा लिए दिया जाता है।

पर्यटन दृष्टिकोण से होटल निम्न आय वर्ग के पहुँच के बाहर हैं। अतः इस पर्यटन में अनुपूरक आवास का एक महत्त्वपूर्ण स्थान है। कई श्रमिक संगठनों व मालिकों द्वारा श्रमिकों की सुविधा हेतु अवकाश केन्द्र बनाये गये है। अर्जेन्टीना में अति सौन्दर्य-स्थलों, समुद्रतटों पर विशेष होटल, बंगले व चैलेट की सुविधाएँ हैं। अवकाश केन्द्र खोले गये हैं। इनमें तरण ताल, मधुशाला, खेल के मैदान, पार्क एवं अन्य मनोरंजन सम्बन्धी सुविधाएँ मौजूद हैं। स्विट्जरलैंड में तो सामाजिक पर्यटन हेतु बहुत ही अवकाशकालीन केन्द्र हैं। लेनिन में एक बहुत ही प्रसिद्ध स्वास्थ्य पर्यटन स्थल है तथा यह उम्मीद की जाती है कि नई-नई दवाइयों में उन्नति के साथ-साथ यह स्थान स्वयं लुप्त हो जाएगा, परन्तु कुछ संगठनों के मदद से यह स्थल नये पर्यटकों को आकर्षित करने लगा है। छोटे-छोटे गोल्फ कक्ष, छोटे तरणताल, टैनिस कोर्ट्स व अन्य योजनाएँ बनाकर एवं स्वास्थ्य केन्द्र व होटलों की सैलानियों की माँग के अनुरूप बदल दिया गया है। काफिलों के पड़ाव व होटल युवा पर्यटकों को बहुत ही पसन्द हैं। कैम्पिंग तो अवकाश समय व्यतीत करने का बहुत ही अल्प खर्चीला साधन है। फ्रांस व अन्य कुछ देशों में कैम्पों के लिए आर्थिक सहायता प्रदान की जाती है। ग्रीक में बहुत बड़ी औद्योगिक इकाइयाँ अपने श्रमिकों के लाभ हेतु विविध कैम्पों को संचालित करती हैं। ज्यादातर देशों में ये कैम्प कैम्पिंग क्लब व युवाओं के अभियान द्वारा संचालित होते हैं।

सूचनाओं की कमी के बाबत यह कहा जा सकता है कि सार्वजनिक प्राधिकरणों, श्रमिक संघों, राष्ट्रीय पर्यटन संगठनों एवं अन्य सम्बन्धित संस्थाओं को विशेष तरह के

पर्यटन स्थलों की सूचना प्रदान करने की तरफ विशेष ध्यान देना चाहिए। अमेरिका के बड़े-बड़े शहरों में सूचना देने के केन्द्र हैं। ये कार्यालय कामगारों को अवकाश व्यतीत करने सम्बन्धी सलाह देने हेतु अपनी प्रकाशन पत्रिकाएँ निर्गमित करते हैं। कनाडा में कामगार संघ के कार्यालय व अन्य संगठनों द्वारा बुलेटिनें प्रकाशित की जाती हैं।

हमारे देश की विकसित होती हुई अर्थव्यवस्था में सामाजिक पर्यटन के विचार की महत्ता से हम काफी प्रभावित हुए हैं। सामाजिक पर्यटक का उद्देश्य केवल यह नहीं है कि निम्न स्तर के लोगों को जो कि सामान्य तौर पर अवकाश का आनन्द लेने में असमर्थ हैं, उन्हें अवकाश दिया जाय मदद, उन्हें नई विकसित श्रमिकों की वेतन सहित योजनाओं में तथा यवन यात्राओं में मदद देकर देश के समस्त क्षेत्रों में यात्रा सम्बन्धी समस्त योजनाओं में शामिल किया जाय।

हमारा उद्देश्य एक कल्याणकारी देश के निर्माण करने का है। श्रमिक वर्ग व कृषक जो कि इस देश की जनसंख्या के 98 प्रतिशत हैं, के सहयोग पर ही एक जनकल्याणकारी देश का अस्तित्व निर्भर करता है। एक जनकल्याणकारी सरकार को इस लाभों की प्राप्ति कामगारों कार्य करना पड़ता है, अन्यथा इसका कोई अर्थ नहीं रहता है। जनकल्याणकारी देश का मुख्य उद्देश्य यह है कि कामगारों को वेतन सहित अवकाश व राष्ट्र के युवा वर्ग का यात्रा सम्बन्धी धनराशि की सहायता प्रदान की जाय, यह एक महत्त्वपूर्ण तत्व है। राष्ट्र के युवा वर्गों हेतु यह एक शिक्षा है ताकि वे स्वयं राष्ट्र के दर्शन कर सकें, संस्कृति प्रिय लोगों से मिल सकें एवं औद्योगिक क्षेत्रों को देख सकें।

इसी के द्वारा देश में रहने वाले एक-दूसरे व विविध प्रकार के लोगों की जरूरतों को समझा जा सकता है तथा पूर्ण किया जा सकता। इसके अतिरिक्त इस प्रकार का सामाजिक पर्यटन आजकल की औद्योगिक क्रांति हेतु एक गहराव व अगाध रुचि एवं उत्तेजना की भावना जागृत कर सकता है।

नियोजित अर्थव्यवस्था को बहुसंख्य व्यक्तियों के घरों तक तभी ले जाया जा सकता है जबकि उन्हें अपनी वर्तमान औद्योगिक योजनाओं को कार्यरत करने का मौका दिया जाए। भाखड़ा नांगल, सिंदरी स्टील प्लांट, चितरंजन, बंगलौर व अन्य केन्द्रों को जो लोग देखने के इच्छुक हैं उन्हें रियायत, यात्रा की सुविधा देना चाहिए।

सन् 1958 में होटल स्तर एवं दर आकार कमेटी ने कुछ सुझाव दिये थे जो निम्न हैं–

(i) प्रत्येक होटल उपक्रमों में कामगारों को वेतन सहित अवकाश की योजना प्रारम्भ होनी चाहिए एवं अन्य इकाइयों में भी इसका विस्तार किया जाए। यह एक आवश्यक प्रावधान होना चाहिए।

(ii) रेलवे द्वारा विद्यार्थी समुदाय एवं युवा वर्ग हेतु आर्थिक सहायता सहित यात्राओं का वृहद् पैमाने पर प्रबन्ध करना चाहिए।

(iii) धार्मिक स्थानों की यात्रा करने वाले यात्रियों हेतु बड़े पैमाने पर उनके घरों से सम्पूर्ण भारत के धार्मिक स्थानों तक धन सम्बन्धी सहायता की यात्राओं का प्रबन्ध होना चाहिए। कतिपय देशों के सामाजिक पर्यटन सम्बन्धी यात्राओं के लिए एक बहुत बड़ी धनराशि अलग जमा रहती है।

पर्यटन विकास में मानव संसाधन की भूमिका

पर्यटन उद्योग का प्रमुख आधारस्रोत मनुष्य है इसलिए इस उद्योग की प्रगति में मानव का विशेष योगदान है। सफलता पर्यटकों को प्रदान की जाने वाली सेवा और सुविधा पर आधारित होती है। पर्यटक को उच्च गुणवत्ता वाली सेवाएं तभी उपलब्ध हो सकती हैं, जबकि इनको कुशल व उचित प्रशिक्षण प्राप्त व्यक्तियों द्वारा प्रशिक्षण दिया जाए। पर्यटन एक ऐसा व्यवसाय है, जिसमें पर्यटक को यदि सही दिशा निर्देश नहीं मिले, तो वह उस स्थान की यात्रा कभी नहीं करना चाहेगा। प्रशिक्षित एवं कुशल व्यक्तियों की सेवाओं के बिना ऐसा करना संभव नहीं है। किसी भी देश के विकास का प्रथम सोपान पर्यटन है। देश के विकास के लिए आवश्यक हो जाता है कि पर्यटन के विकास पर पर्याप्त बल दिया जाना चाहिए। वर्तमान समय में भारत जैसे विकासशील देश के लिए तो और भी आवश्यक है, क्योंकि उसे अपनी अर्थव्यवस्था को सुदृढ़ करने के लिए, तथा पर्यटन उद्योग में भागीदारी बढ़ाने के लिए पर्यटन उद्योग को नई ऊँचाइयों तक ले जाना होगा।

पर्यटन उद्योग का क्षेत्र बहुत विशद है। इस उद्योग को विविध प्रकार की सेवा हेतु कुशल कार्मिकों की आवश्यकता होती है। होटल उद्योग को प्रशिक्षित रसोइया, वेटर, स्वागन्तुक, रखरखाव व विभिन्न मैनेजरों की आवश्यकता होती है। ट्रेवल एजेन्सी को ट्रेविल एजेन्ट, टूर ऑपरेटर, टूर सहायक, टिकट सहायक, सूचना सहायक, टूर प्रचारकों, टूर प्लानर की सेवाएं चाहिएं। हवाई अड्डों पर विभिन्न सुविधाओं को प्रदान कराने वाले कर्मचारी, कस्टम व एक्साइज अधिकारी, स्वागन्तुक, टैक्सी चालक, सूचना सहायक, होटल एजेन्ट आदि की सेवाएं चाहिएं। पर्यटन स्थलों, विशेष रूप से स्मारकों व ऐतिहासिक इमारतों के लिए गाईड, स्थल प्रबन्धक, संग्रहालयाध्यक्ष की सेवाओं की आवश्यकता पड़ती है। पर्यटन विभाग प्रशिक्षित अधिकारी जैसे पर्यटन निर्देशक, सहायक के बिना कुशलता से नहीं चलाया जा सकता। इसके साथ-साथ पर्यटन उद्योग को कोच व टैक्सी चालक, कण्डक्टर, दुकानदार, देख-रेख का कार्य करने वाले व्यक्ति आदि की सेवाओं की आवश्यकता पड़ती है। आज कम्प्यूटर व इंटरनेट का भी पर्यटन में प्रयोग होने लगा है। अतः स्पष्ट है कि पर्यटन उद्योग का संतुलित विकास तभी सम्भव है, जब उसे नवीनतम ज्ञान व कुशल प्रशिक्षित व्यक्तियों की सेवाएं मिलें।

मानवीय संसाधन पर्यटन उद्योग का अनिवार्य हिस्सा हैं। अक्सर यह देखने में आता है कि इस क्षेत्र से जुड़े शिक्षित और प्रशिक्षण प्राप्त व्यक्तियों में भी मानवीय गुणों का लोप होता जा रहा है। भौतिकता के इस युग में कार्य की तुलना में धन की महत्ता बढ़ती जा रही है। आज के समय में यदि पर्यटन के विभिन्न अंगों द्वारा विश्व स्तरीय सेवाएं प्रदान नहीं की जाती हैं, तो इस उद्योग को बनाए रखना भी कठिन होगा। हमारे देश में ऐसे अनेक होटल व पर्यटन संस्थान हैं, जो बहुराष्ट्रीय संस्थाओं द्वारा संचालित किए जाते हैं, और यदि उनको बाजार की मांग की धाराओं के अनुरूप विकसित नहीं किया गया तो विदेशी पर्यटकों को हम अधिक आकर्षित नहीं कर पाएंगे। पर्यटन के लिए आवश्यक मानवीय संसाधनों को आम तौर पर निम्न भागों में वर्गीकृत कर सकते हैं– आवासी एवं अतिथि सत्कार व्यवसाय, यात्रा व्यापार, वायु सेवाएं एवं थल यातायात सेवाएं, पर्यटन स्थल, पर्यटन विभाग व प्रबन्धन।

कम्प्यूटर एवं संचार साधनों के क्षेत्र में तेजी से हो रहे तकनीकी परिवर्तन ने पर्यटन एवं यात्रा उद्योग एवं उसके प्रबन्धन सिद्धान्तों को पूरी तरह बदल दिया है। भूमण्डल स्तर पर कम्प्यूटर द्वारा आरक्षण की सुविधा, सी.डी. रोम, ई-मेल और इंटरनेट तकनीक ने पूरे उद्योग को उच्च तकनीक से परिपूर्ण कर दिया है। आज प्रतिस्पर्द्धा का युग है। विमान कम्पनियों, रेल व बस सेवाओं, होटल सेवाओं में कुशल व्यक्ति की जरूरत अधिक हो गई है ताकि वह हमेशा पर्यटक के हित को ध्यान में रख सके। वर्तमान समय में पर्यटक सुविधा और सुरक्षा को ध्यान में रखकर ही पर्यटन स्थल का चुनाव करता है।

अतः उच्च तकनीक के साथ-साथ सुन्दर मानव भावना का समावेश पर्यटन उद्योग में कर दिया जाए, तो इससे बेहतर कदम पर्यटन उद्योग के लिए कुछ नहीं हो सकता। पर्यटन से जुड़ने वाले कार्यकर्ताओं को इन दोनों विषयों का ज्ञान दिया जाना चाहिए। पैकेज टूर का सही मूल्यांकन एवं उच्च स्तर का व्यवसायीकरण पर अधिक ध्यान दिए जाने की आवश्यकता है। वर्तमान समय में प्रत्येक पर्यटक एक ही काउण्टर (कक्ष) पर सभी प्रकार की सुविधाएं चाहता है।

वर्तमान समय में पर्यटक कम खर्च और कम समय में पर्यटन स्थलों की यात्रा करना चाहता है। साथ ही वह उच्च स्तर की सुविधाएं और सेवाएं प्राप्त करना चाहता है। पर्यटन स्थल एवं पर्यटन उत्पाद प्रबन्धन के साथ-साथ आज ऐसे पर्यटकों की संख्या बढ़ रही है, जो पर्यटन किसी विशेष उद्देश्य के साथ करते हैं। इनमें वन्य जीवों का विचरण एवं शिकार, साहसिक क्रीड़ाएं, मेले एवं महोत्सव, नृत्य एवं संगीत समारोह, फिल्म फेअर पुरस्कार वितरण, गोष्ठियां, क्रिकेट या हाकी जैसे खेल, अभ्यारण्य, शिक्षा एवं स्वास्थ्य केन्द्र, प्राकृतिक दृश्य आदि शामिल किये जा सकते हैं। अतः आज के समय में पर्यटन संचालकों व उनके सहायकों का सभी प्रकार के पर्यटन से संबंधित सुविधाओं, उपर्युक्त स्थलों, पर्यावरण संबंधी तत्वों के बारे में सुशिक्षित होना आवश्यक है।

पर्यटन के लिए निवास के साथ खाना भी विशेष विषय है। भारतीय भोजन की मांग विदेशों में काफी है। भारत में व्यंजनों की भरमार है। भारत में के एक राज्य के भीतर ही व्यंजनों में भिन्नता पाई जाती है। ब्रज भूमि के व्यंजन पूर्वी उत्तर प्रदेश से भिन्न हैं। अवध प्रदेश के व्यंजन की बाजार में पर्यटन उद्योग की क्या आवश्यकताएं है, समय के साथ उनमें क्या परिवर्तन हो रहे हैं। उन देशों की भाषाओं के शिक्षण की व्यवस्था भी करनी चाहिए, जिन देशों से हमारे यहां पर्यटकों की संख्या अधिक रहती है। निजी संस्थाएं भी प्रशासनिक सहयोग से पर्यटन प्रशिक्षण प्रबन्ध में अपना योगदान दे सकती हैं खास तौर उन भागों में प्रशिक्षण संस्थाओं की व्यवस्था कर सकती हैं जिन भागों में पर्यटकों की संख्या ज्यादा होती है, ताकि प्रशिक्षणार्थी स्थानीय वातावरण, संस्कृति से परिचित हो सकते है। सरकारी स्तर पर शिक्षण देने वाले सुयोग्य व्यक्तियों का एक समूह बनाया जा सकता है, जो समय-समय पर विभिन्न स्थानों पर स्थित पर्यटन प्रशिक्षण संस्थानों में जाकर प्रशिक्षणार्थी को विषय की जानकारी दे सकें। पर्यटन विशेषज्ञ एवं बड़े-बड़े होटल भी पर्यटन के लिए मानव संसाधन का विकास कर सकते हैं। इसमें उनके विशेषीकरण का भी ध्यान दिया जा सकता है, जैसे कोई विपणन का विशेषज्ञ हो सकता है, तो कोई वित्तीय प्रबन्धन, तो कोई भोजन एवं पेय पदार्थ का विशेषज्ञ, तो कोई आतिथ्य सत्कार का विशेषज्ञ आदि।

पर्यटन से संबंधित साहित्य के अभाव को दूर करने के लिए श्रेष्ठ पुस्तक रचना को प्रोत्साहित किया जाना चाहिए। सरकारी पर्यटन प्रशासन इस कार्य में सहयोग दे सकता है। श्रेष्ठ व योग्य शिक्षकों की व्यवस्था किया जाना भी आवश्यक है। पर्यटन गाइड प्रशिक्षण की भी उपर्युक्त व्यवस्था की जानी चाहिए क्योंकि गाइड विदेशी पर्यटक के लिए देश का दर्पण होते हैं। गाइड के द्वारा ही इन विदेशी पर्यटकों को देश के बारे में अपनी राय बनाने का अवसर मिलता है। अतः गाइड को अपने कार्य में कुशल होने के साथ-साथ मानवता के गुणों से सम्पन्न व्यक्ति के रूप में होना चाहिए। उसको भाषा, विशेष रूप से अंग्रेजी भाषा का ज्ञान होना चाहिए।

4

पर्यटन का आर्थिक विकास

पर्यटन एक उद्योग बन गया है और इसकी आर्थिक महत्व बहुत अधिक है। बीसवीं शताब्दी के समाप्ति के समय से पर्यटन की पहचान आर्थिक विकास के रूप में होने लगी है। पर्यटन से रोजगार सृजन होता है, विदेशी मुद्रा अर्जित होती है एवं विश्व की सभी देशों के मध्य सामंजस्य स्थापित होता है। भारत में पर्यटन को उद्योग का दर्जा सातवीं पंचवर्षीय योजना दिया गया था। पर्यटन का आर्थिक क्षेत्र के तहत रोजगार, आय, विदेशी मुद्रा की प्राप्ति तथा विकास आदि शामिल हैं।

भारत सरकार ने एक राष्ट्रीय कार्य योजना बनाई है जिसके अनुसार सन् 1989 और सन् 1990 में भारतीय पर्यटन उद्योग ने प्रत्यक्ष रूप से 55 लाख लोगों को रोजगार उपलब्ध कराए हैं। अनुमानतः सन् 2020 तक इसमें कई गुना बढ़ोतरी होने की सम्भावना है। पर्यटन उद्योग में प्रत्यक्ष तथा परोक्ष रोजगार करने की अद्‌भुत सामर्थ्य है। होटल से लेकर भिन्न-भिन्न टूर-ऑपरेटरों, पर्यटन कार्यालय, परिवहन संचालकों, टूरिस्ट गाइडों इत्यादि के रूप में लोगों को प्रत्यक्ष रोजगार मिलता है। होटलों में सब्जी, मांस, मछली, मुर्गी, अनाज इत्यादि आपूर्ति करने वालों, बिजली मिस्त्री प्लम्बर, बढ़ई तथा बिस्तर-पर्दा आदि देने वालों तथा अन्य सभी तरह की मदद के अलावा आपूर्तिकर्ताओं तथा टैक्सी चालकों आदि को भी अप्रत्यक्ष रोजगार हासिल होता है।

पर्यटन से हस्तशिल्प और हस्तकलाएं बेचने वाले दुकान और इम्पोरियम के द्वारा हजारों शिल्पियों, कारीगरों और बुनकारों को रोजगार उपलब्ध होता है। वस्तुतः उत्पादन की अपेक्षा पर्यटन से सम्बद्ध गतिविधियों में रोजगार तथा निवेश का अनुपात कहीं ज्यादा है। यहाँ यह बता देना उचित है कि पर्यटन ने उन क्षेत्रों में रोजगार पैदा किए जहाँ रोजगार के वैकल्पिक अवसर विद्यमान थे। उदाहरण के लिए हिल स्टेशनों को ही लीजिए। इन पर्यटन स्थलों पर अनेक परिवार अपने जीविकोपार्जन हेतु मुख्य तौर पर पर्यटन पर ही निर्भर हैं। स्थानीय होटलों, रेस्तरां,

परिवहन, दुकान आदि में स्थानीय जनता को रोजगार उपलब्ध होता है। पर्यटन उद्योग में लगे लोगों की आय से उनके परिवार वालों की जरूरतें पूर्ण होती हैं जिससे दुकानों, अस्पतालों तथा स्कूलों आदि में अप्रत्यक्ष तौर पर रोजगार पैदा होता है। इस प्रकार पर्यटन से विभिन्न वर्गों को रोजगार का अवसर मिलता है।

पर्यटन को विकसित होने से अनके बेरोजगार और अल्प रोजगार वाले लोगों को रोजगार प्राप्त हो रहे हैं। रोजगार संबंधी इन सकारात्मक पक्षों के बावजूद स्थानीय जनता की दृष्टि से कुछ मुद्दों पर ध्यान देना आवश्यक है।

1. पर्यटन द्वारा उत्पन्न किया गया ज्यादातर रोजगार मौसमी होता है। फलस्वरूप रोजगार नियोक्ता अस्थायी रोजगार को प्रधानता देते हैं या मौसम के दौरान बाहर से मजदूर मंगा लेते हैं। इससे सही अर्थों में स्थानीय जनता को रोजगार नहीं मिलता।
2. कतिपय स्थानों पर स्थानीय लोगों की शिकायत होती है कि उन्हें छोटी-छोटी नौकरियां ही मिल पाती हैं, प्रबंधक जैसी नौकरियाँ बाह्य लोगों को ही मिलती हैं। होटल, रेस्तरां, ट्रेवल एजेंसियाँ, दुकानों इत्यादि पर बाहरी व्यक्तियों का स्वामित्व होता है। अतः पर्यटन से हुई आय का लाभ स्थानीय लोगों को नहीं मिल पाता है।
3. मौसम के दौरान पर्यटकों के कारण अनेक आवश्यक वस्तुओं के मूल्य बहुत बढ़ जाते हैं। इससे स्थानीय जनता बुरी प्रकार प्रभावित होती है।

अतएव पर्यटन विकास की योजना बनाते समय इन मुद्दों पर भी विचार करना चाहिए। इन्हें नजरअंदाज करने से पर्यटन स्थलों पर तनाव उत्पन्न होगा।

आय—पर्यटन का रोजगार और आय दोनों में पारस्परिक संबन्ध होता है और इन दोनों का प्रमुख आधार पर्यटक द्वारा ही जाने वाली धनराशि है। जो मजदूरी, वेतन, किराया और अन्य फायदे के रूप में आय होती है। पर्यटन से कई तरह की वस्तुओं और सेवाओं की मांग होती है। उदाहरणार्थ—आवास, खाद्य तथा पेय, लंबी दूरी के और स्थानीय परिवहन, मनोरंजन, खरीददारी स्थल दर्शनार्थ गाइड आदि। पर्यटकों द्वारा किए गए खर्चे से इन सेवाओं को स्पष्ट आय ही नहीं होती है, वरन् इससे होटलों, रेस्तरां, परिवहन संचालकों और कामगारों, ट्रैवेल अभिकर्ताओं और उनके कर्मचारियों, मनोरंजन गृहों के मालिकों और वहाँ के कर्मचारियों, कलाकारों, शिल्पियों एवं कला की वस्तुएँ बनाने वाले लोगों को भी रोजगार उपलब्ध होता है। इन सभी सेवाओं से जुड़े रोजगार तथा इनसे होने वाली आय निम्नांकित पर आश्रित होती है— पर्यटकों की संख्या, पर्यटकों द्वारा किया गया व्यय और उनके खर्चे करने का ढंग।

इस प्रकार पर्यटन द्वारा अप्रत्यक्ष रूप से बड़ी मात्रा में रोजगार और आय उपलब्ध हो रहे हैं। पर्यटक जो व्यय करता है वह एक आदमी से दूसरे आदमी के हाथों में चला जाता है। परंतु एक व्यक्ति से दूसरे व्यक्ति के पास जाने में राशि घटती चली जाती है, क्योंकि हर

व्यक्ति अपना भाग अपने पास रखता जाता है। अब देखना यह है कि पर्यटन और उसके आपूर्तिकर्ताओं और इनसे बेहतर रोजगार प्राप्त करने वाले व्यक्तियों को कितनी आय की आवश्यकता है। इससे एक नया आयाम हमारे समक्ष उपस्थित होता है। पर्यटन से सम्बन्धित उत्पाद वस्तुओं की मांग से और अधिक रोजगार मिलने की संभावना रहेगी और आय में भी वृद्धि होगी। फलस्वरूप इसमें एक के पश्चात् एक शृंखलाबद्ध तरीके से वृद्धि होती जाती है। पर्यटन उद्योग अपने स्थानीय बाजार क्षेत्रों से जितनी अधिक सेवाएँ तथा वस्तुएँ खरीदेगा, उसका गुणित असर उतना ही ज्यादा होगा। सेवाओं और वस्तुओं के आयात की प्रवृत्ति जितना ज्यादा होगी, गुणित प्रभाव उतना घटेगा। भिन्न-भिन्न तरह के करों, चुंगी और प्रवेश शुल्क आदि से केंद्र और राज्य सरकार की भी आय होती है।

विदेशी मुद्रा—पर्यटकों के आगमन से विगत कुछ सालों में विदेशी मुद्रा अधिक अर्जित हुई है। भारत पर पर्यटन के आर्थिक प्रभाव संबंधी संयुक्त राष्ट्र की रिपोर्ट के अनुरूप पर्यटक आगमन में वृद्धि होने पर भी डॉलर की दृष्टि से पर्यटन की आय में कमी देखी गई है। इस परिघटना के कुछ अनुमानित कारण इस तरह हैं—विगत वर्षों में रुपये की अवमूल्यन की ऊँची दर, बजट, पर्यटकों के अनुपात में वृद्धि और बाजार में विदेशी मुद्रा की कालाबाजारी के कारण रिसाव, आदि।

पर्यटन संबंधित आवश्यकताओं की पूर्ति के लिए किसी सामग्री या सेवाओं के क्रय मूल्य को रिसाव कहा जाता है। रिसाव जितना अधिक होगा, विदेशी मुद्रा का अर्जन उतना कम होगा और कम रिसाव का आशय है अधिक विदेशी मुद्रा अर्जन। इस तरह रिसाव को कम करके विदेशी मुद्रा अर्जन को बढ़ाया जा सकता है। यह सब पर्यटन के प्रकार, स्वरूप और पर्यटकों की श्रेणी पर निर्भर करता है। तीसरी दुनिया के राष्ट्रों की सरकारों को इस रिसाव को कम करने की रणनीति बनानी होगी, जो इस तरह हो सकते हैं—पर्यटकों पर कुछ प्रतिबंध लगाना, जैसे—उन्हें होटल के बिलों का भुगतान और खरीददारी इत्यादि में विदेशी मुद्रा ही देनी होगी, बहुराष्ट्रीय कंपनियों के नियंत्रण को रोकना, खरीददारी इत्यादि में विदेशी मुद्रा ही देनी होगी और स्थानीय संसाधनों का इस्तेमाल कर आयात विकल्प तैयार करना।

इस तरह विदेशी पर्यटन से अंतर्राष्ट्रीय व्यापार को बढ़ावा मिलता है। विदेशी पर्यटक आभूषण तथा कीमती पत्थर, कालीन, कपड़े, हस्तशिल्प और चमड़े के बने सामान खरीदते हैं। ये विदेशी पर्यटक अपने-अपने राष्ट्रों में इन पदार्थों के प्रचार के माध्यम भी बनते हैं। इससे विदेशों में इन चीजों की मांग बढ़ती है और इनके निर्यात में बढ़ोतरी होती है। भारतीय हस्तशिल्प की श्रेष्ठ गुणवत्ता और पर्यटकों के द्वारा विश्वभर में इनके प्रचार होने से इस क्षेत्र की निर्यात संभावनाएँ अत्यधिक बढ़ गई हैं।

पर्यटन में उचित प्रबंधन के द्वारा अधिक लाभ अर्जित किया जा सकता है। नए रोजगार आय के मौके प्रदान कर विदेशी मुद्रा अर्जन, पिछड़े क्षेत्रों में अधिसंरचनात्मक

विकास, प्रतिबंधित क्षेत्रों को कुछ सीमा तक अंतर्राष्ट्रीय पर्यटकों हेतु खोलकर अर्थव्यवस्था को एक नई ऊँचाई दी जा सकती है। अतएव अब पर्यटन को एक हाशिए पर खड़े विलासितापूर्ण क्रियाकलाप के तौर पर नहीं देखा जा सकता। निर्यात उद्योग के समान यह भी आर्थिक विकास का एक महत्त्वपूर्ण यन्त्र है, तथापि विकास की प्रक्रिया में मेजबान जनता की भी रक्षा होनी चाहिए।

पर्यटन का आर्थिक विकास में योगदान

विकासशील देशों के लिए पर्यटक एक वरदान से कम नहीं है जो उस राष्ट्र की आर्थिक विकास में महत्वपूर्ण योगदान देता है।

सम्पूर्ण विश्व में पयर्टन में जो धन सामान्य निवास स्थान से बाहर अर्जित किया जाता है वह पर्यटन के स्थलों में व्यय होता है। पर्यटकों के व्यय से प्राप्त होने वाले क्षेत्रों में जो क्रय शक्ति में वृद्धि होती है यही पर्यटन का सबसे आश्चर्यजनक आर्थिक प्रभाव है। पर्यटन व्यय के कारण जो धन के प्रभाव का सृजन होता है, वह गुणक के प्रभावों के माध्यम से समस्त अर्थव्यवस्था में अपना स्थान निश्चित कर लेता है।

पर्यटन के विकास से प्रशासन को लाभ

पर्यटन पर सरकार के द्वारा किये गये विकास से कितनी आमदनी होती है? सरकार को सम्पूर्ण यात्रा उद्योग से कर के रूप में प्राप्त राशि, खान-पान सेवाओं पर सीमा तथा उत्पादन कर जो कि पर्यटकों हेतु क्रय व प्रयोग की जाती है राजस्व आय का एक मुख्य स्रोत है। केन्द्रीय, राज्य व स्थानीय सरकारों के माध्यम से विभिन्न तरह के कर प्राप्त किये जाते हैं। पर्यटन उद्योग पर्यटकों के व्यय (खर्च) पर आधारित है। परिणामस्वरूप केन्द्रीय, राज्य व स्थानीय सरकार को कर से बहुत ही कम राजस्व प्राप्त होगा।

हमारे देश में पर्यटन के व्यय का अनुमान अथवा गुणांक करीब 302 है एवं इस गुणित के परिणामस्वरूप पर्यटकों के माध्यम से किये गये व्यय से राष्ट्रीय आय निर्मित होती है। इसमें कुछ धन कर रूप में चला जाता है। प्रत्यक्ष व अप्रत्यक्ष करों से केन्द्रीय व राज्य सरकारों को प्राप्त होने वाले कर के अंश का राष्ट्रीय आय का आकलन में प्राचीन तरीका अपनाया जाता है। विदेशी पर्यटन के कारण औसत राष्ट्रीय आय जो उच्च अथवा निम्न गुणित से पैदा होती है; उससे इस अनुपात से गुणा किया जाता है ताकि विदेशी पर्यटन से अर्थव्यवस्था में प्राप्त कर राजस्व आय मालूम हो सके। राष्ट्र को पर्यटन के माध्यम से प्राप्त कुल कर राजस्व आय का अनुमान राष्ट्र की कुल अर्जित आय व कुल अनुमानित राष्ट्रीय आय के परस्पर

सम्बन्ध से मालूम की जा सकती है। यह अनुमान लगाया गया है कि यह सम्बन्ध प्रायः 10% है, अतएव कुल राजस्व आय इस तरह होगी–

कुल राजस्व आय = पर्यटकों के माध्यम से किया गया वार्षिक खर्चा × गुणक × व्यापार द्वारा पैदा किये गये कर का प्रतिशत पर्यटन उद्योग के प्राप्त करों से सरकार को मुख्य-मुख्य परियोजनाओं को चलाने में वित्तीय मदद मिलती है। ये कर हवाई अड्डा कर, शराब व तम्बाकू कर, ईंधन कर, एवं देश में आयातित वस्तुओं पर कर आदि के रूप में प्राप्त होता है। एक बहुत बड़ी राशि जो कि पर्यटन के बिना अर्जित नहीं हो पाती, सरकार को सड़क, स्कूल, चिकित्सालय आदि के निर्माण एवं अन्य जरूरी सामाजिक सेवाओं की पूर्ति हेतु उपलब्ध हो जाती है।

पर्यटन कर राजस्व में कितना योगदान है इसका अनुमान लगाना कठिन है। पर्यटन से आय की गणना करने हेतु पर्यटन उद्योग में कार्य करने वाले लोगों के माध्यम से द्वितीय व पुनः होने वाले चक्र में क्रय किये गये माल, सामान व सेवाओं के कर को भी ध्यान में रखना होगा। पर्यटन के स्वभाव को देखते हुए भारत जैसे राष्ट्र में यह बहुत ही असंभव है कि सरकारी आय का अनुमान लगाया जाये, केवल सरकार के माध्यम से अर्जित राजस्व कर, जो पर्यटकों पर लगाया जाता है, का ही अनुमान लगाया जा सकता है। उदाहरणार्थ–कई राष्ट्रों में पर्यटकों के माध्यम से प्रस्थान के वक्त भुगतान किया गया प्रति व्यक्ति कर होटल बिलों पर अतिरिक्त चार्ज व हवाई, रेल व सड़क यात्रा-पत्रों पर विक्रय कर। प्रत्यक्ष कर जो सरकार के माध्यम से प्राप्त किया जाता है वह तो अर्जित राजस्व का एक छोटा-सा अंश होता है, कुछ अर्थशास्त्रियों का विचार है कि पर्यटन से प्राप्त सरकारी राजस्व का अनुमान उस अनुपात से लगाया जा सकता है जितना कि करों का राष्ट्रीय आय के स्वयं का योगदान है।

पर्यटन एक अन्तर्राष्ट्रीय वित्त व मुद्रा को एकत्रित का प्रमुख साधन है। यह निर्यात उद्योग पर्यटन को विस्तृत मानने वाले पर्यटन के द्वारा एकत्रित विदेशी धन की ओर संकेत करते हैं। अथवा वे कुछ स्तर पर प्रत्यक्ष रूप में अथवा गुणित के संचालन से अर्जित मुद्रा का कुछ देश की वस्तुओं पर हुए प्रभावों को वर्णित करते हैं। हर राष्ट्र का यह उद्देश्य है कि पर्यटन उद्योग को एक निर्यात की भांति विकसित किया जाय; ताकि औद्योगिक यंत्र प्राप्त हो सकें व स्वावलम्बी विक्रय के लिये साधारण वातावरण निर्मित किया जा सके। व्यापार के विशद आकार, वस्तुओं की विभिन्नता, अत्यधिक संख्या में होने एवं साथ ही वित्त लाभों के कारण पर्यटन एक बहुत बड़ी आर्थिक क्रिया एवं विदेशी पूंजी के अर्जन का एक महत्वपूर्ण स्रोत बन चुका है।

यह कथन अमान्य अथवा अस्वीकार नहीं कर सकते कि अत्यधिक उन्नतिशील देशों में पर्यटन वित्त विकास के लिए और विपरीत बिना पर्यटन की स्थिति में सही करने का एक माध्यम है। साथ ही साथ यह भी सत्य है कि जिन राष्ट्रों में रहन-सहन का स्तर अधिक ऊँचा

है उनमें पर्यटन विदेशी मुद्रा के असंतुलन को ठीक करने में बड़ा योगदान करता है। कुछ वर्षों से पर्यटक प्राप्त करने वाले राष्ट्रों में विदेशी मुद्रा की प्राप्ति में बहुत तीव्र गति से वृद्धि हुई है। पर्यटन के माध्यम से बहुत से राष्ट्रों जैसे—जापान, हांगकांग, स्पेन, इटली, मॉरिसस, युगोस्लाविया, फ्रांस आदि की अर्थव्यवस्था में सुधार आया है। यहाँ तक कि पूर्वी यूरोप के राष्ट्र जो आरम्भ में शर्मीले व इच्छुक न थे—वे भी पर्यटन के आधारभूत सिद्धांतों को मानने लगे हैं एवं पर्यटन यातायात को विदेशों में यूगोस्लाविया प्रवाहित होने हेतु कानून व नियमों में ढील दे रहे हैं। युगोस्लोवाकिया प्रथम राष्ट्र था जिसने प्रवेश-पमर बीजों को समाप्त किया एवं रूस व भारत ने होटलों व अनुपूरक आवास सुविधाओं के लिए आवश्यक कदम उठाए हैं।

पर्यटन ही एक ऐसा साधन है जो बिना राष्ट्रीय स्रोतों को प्रभावित किये बड़ी मात्रा में विदेशी मुद्रा को अर्जित करता है। अतएव पर्यटन एक निर्यात व्यापार के रूप में प्रमुख स्थान रखता है एवं स्वयं अद्वितीय स्थान स्थापित किए हुए है। विदेशी पर्यटन की सदैव से ही प्रशंसा की गयी है; क्योंकि इससे अन्तर्राष्ट्रीय अर्थव्यवस्था में विदेशी मुद्रा प्रवाहित होती है। इससे विदेशों से क्रय करने के वरदान सम्पूर्ण राष्ट्र में बिना किसी भेदभाव के फैल जाते हैं। क्योंकि इन सम्पत्तियों से परिवहन के यन्त्र व उद्योगों हेतु माल का आयात प्रत्यक्ष रूप में उन वर्गों की उत्पादन शक्ति वृद्धि करने में इस्तेमाल किया जाता है; जिनका पर्यटन से कोई सम्बन्ध नहीं होता है। पर्यटन के उत्तेजित प्रभाव से आय में वृद्धि होती है जिससे विशेष गुण वाली निर्यातित वस्तु के भाग्यहीन प्रभाव को जीत लिया जा सकता है।

उदाहरणस्वरूप एक रेस्टोरेन्ट में निर्यात आमदनी उन सामग्रियों से उपलब्ध होती है जो आम तौर पर निर्यात नहीं की जा सकती है जैसे—दूध, अण्डे, मक्खन व अन्य खान-पान की वस्तुएँ।

वाणिज्य के दृष्टिकोण से पर्यटन एक अदृश्य निर्यात है। एक वाणिज्य के आयात व निर्यात व्यापार में सदैव देश से वस्तुओं का अन्दर आने एवं बाहर जाने का क्रम बना रहता है। हर निर्यात करने वाले राष्ट्र भुगतान सन्तुलन की स्थिति पर नजर रखते हुए भाव व वस्तुओं का आन्तरिक उपयोग न करके विदेशों को निर्यात करते हैं। इसका उद्देश्य यह नहीं कि उनके यहाँ वस्तुओं की प्रचुरता है।

अपितु विदेशी मुद्रा के अभाव के एकमात्र कारण एवं भुगतान सन्तुलन को अनुकूल बनाने हेतु निर्यात किया जाता है। निर्माणकर्ताओं की स्वयं की असुविधाओं के बल पर माल का निर्यात किया है। पर्यटन के क्षेत्र में ग्राहक, स्वागतकर्ता की तरफ अग्रसर होता है। यह एक बहुत ही सकारात्मक सत्य है। पर्यटन उद्योग में पारस्परिक स्तर पर माल का निर्यात किये बिना एक बहुत बड़ी विदेशी मुद्रा अर्जित होती है। यही एक व्यापार है जिसमें निर्यातक देश बिना किसी बलिदान के फायदा प्राप्त करता है।

पर्यटन में न तो किसी माल को जहाज के माध्यम से विश्व भर में भेजा जाता है और न ही किसी किस्म के भाड़े व कर का भुगतान करना पड़ता है। इसका मार्केट स्वदेश में ही होता है। खान-पान की वस्तुएं स्मारिकाओं व अन्य विलासितापूर्ण वस्तुओं जैसे गलीचे, जेवरात आदि वस्तुओं हेतु बहुत से नये क्रेता मिलते हैं जो कि अन्यथा कभी भी देश में नहीं आने देते। फुटकर व्यापारियों, हस्तकारों व कृषकों हेतु बहुत धन आ जाता है, हर खर्चीले पर्यटक हेतु योजनाएँ बनाई जाती हैं, ताकि उच्च किस्म की विलासितापूर्ण वस्तओं की बिक्री से विदेशी मुद्रा अर्जित की जा सके। बढ़ती हुई अत्यधिक जनसंख्या के साथ-साथ हम स्वयं किन्हीं भी वस्तुओं की बचत बलिदान के रूप में करके देश के बाहर भेजने के परिश्रम के बिना, विदेशी मुद्रा अर्जित कर सकते हैं। विदेशों से आये पर्यटक ठीक हमारे दरवाजे पर ही विदेशी मार्किट का प्रतिनिधित्व करते हैं। ऋण व मदद से भविष्य की पीढ़ी पर बहुत बड़ा बोझ पड़ता है क्योंकि मूलधन व ब्याज के भुगतानों के अतिरक्त राष्ट्र के स्वाभिमान व स्वालम्बन की महत्ता पर विपरीत पर्यटक विकसित राष्ट्रों की तरफ से विकासशील व अर्द्ध-विकसित राष्ट्रों हेतु सहायता का स्रोत है एवं उनकी राष्ट्रीय अर्थव्यवस्था का एक बहुत बड़ा साधन है।

आर्थिक प्रभाव

सामान्यतया सम्पूर्ण विश्व में यह धारणा प्रचलित है कि पर्यटक दो राष्ट्रों के मध्य और देश की सीमा के अंदर पारस्परिक समझ और तालमेल कायम कर भावनात्मक एकीकरण को प्रोत्साहन देता है। परंतु इसके आर्थिक महत्व से लोग सामान्यतया परिचित नहीं हैं। हाल में और वह भी बीसवीं सदी के उत्तरार्द्ध से पर्यटन को आर्थिक विकास के एक महत्वपूर्ण उपकरण के रूप में पहचाना जाने लगा है। रोजगारोन्मुखता, विदेशी मुद्रा अर्जन, आय में बढ़ोतरी और उत्पादन बढ़ोतरी में पर्यटन के योगदान को देखते हुए यह कहा जा सकता है कि इस उद्योग की हमारे को आवश्यकता है। इसके इसी महत्व को देखने हुए सातवीं पंचवर्षीय योजना (1985-90) में पर्यटन को उद्योग का दर्जा दिया गया है। आर्थिक क्षेत्र के तहत रोजगार आय, विदेशी मुद्रा अर्जन एवं विकास आदि आते हैं।

रोजगार—भारत सरकार की राष्ट्रीय पर्यटन कार्य योजना के अनुरूप 1989-90 के दौरान भारत में पर्यटन उद्योग ने प्रत्यक्षतः 55 लाख व्यक्तियों के लिए रोजगार उत्पन्न किया। यह अनुमान है कि 2000 ई. तक यह रोजगार बढ़कर दोगुना हो गया। पर्यटन उद्योग में प्रत्यक्ष एवं अप्रत्यक्ष रोजगार करने की अद्‌भुत क्षमता है। होटल से लेकर भिन्न-भिन्न टूर-ऑपरेटरों, पर्यटन कार्यालय, परिवहन संचालकों, टूरिस्ट गाइडों आदि के रूप में लोगों को इससे प्रत्यक्ष रोजगार मिलता है। पर्यटन से, विविध व्यवसाय से जुड़े लोगों को, अप्रत्यक्ष

रोजगार मिलता है। होटलों में सब्जी, मांस, मछली, मुर्गी, अनाज आदि आपूर्ति करने वालों, बिजली मिस्त्रियों प्लम्बर, बढ़ई एवं बिस्तर पर्दा आदि देने वालों एवं अन्य सभी तरह के मददगार अतिरिक्त आपूर्तिकर्ताओं एवं टैक्सी ड्राइवरों आदि को अप्रत्यक्ष रोजगार मिलता है।

वस्तुतः पर्यटन संबंधी कार्यकलापों से परोक्ष रूप में दूर-दूर तक लोग जुड़े होते हैं तथा इसकी एक शृंखला बन जाती है। जैसे हस्तशिल्प और हस्तकलाएं बेचने वाले दुकान और इम्पोरियम के द्वारा हजारों शिल्पियों, कारीगरों और बुनकरों को रोजगार मिलता है। अतः उत्पादन की तुलना में पर्यटन से जुड़ी गतिविधियों में रोजगार एवं निवेश के अवसर ज्यादा हैं। यहाँ यह बात ज्ञात होती है कि पर्यटन ने उन क्षेत्रों में रोजगार पैदा किए जहां रोजगार के वैकल्पिक मौके बहुत कम थे। जैसे पहाड़ी क्षेत्रों पर कई परिवार अपने जीविकोपार्जन हेतु मुख्य तौर पर पर्यटन पर ही आश्रित हैं। स्थानीय होटलों, रेस्तरां, परिवहन, दुकान आदि में स्थानीय जनता को रोजगार मिलता है। पर्यटन उद्योग में लगे लोगों और उनके परिवार वालों की दैनिक जरूरत एवं शिक्षा आदि दुकानों, अस्पतालों एवं स्कूलों आदि में अप्रत्यक्ष रोजगार द्वारा पूरी होती है। इस तरह पर्यटन से रोजगार का व्यापक अवसर पैदा होता है। इससे पांच सितारा होटलों में काम करने वाले उच्च प्रशिक्षित प्रबंधकों से लेकर कमरे में काम करने वाले सेवाकर्मियों परिवहन कर्मचारियों शिल्पियों आदि तक को रोजगार मिलता है।

पर्यटन का समुचित विकास होने से बेकार बेरोजगारों को रोजगार हासिल करने का स्वर्णिम अवसर प्राप्त होता है। रोजगार संबंधी इन सकारात्मक पहलुओं के बावजूद स्थानीय जनता की दृष्टि से कुछ तथ्यों पर ध्यान केन्द्रित करना आवश्यक है।

1. स्थानीय लोगों को बाहरी लोगों की अपेक्षा कम व्यवसाय प्राप्त होता है, प्रबंधक जैसी नौकरियां बाहर के व्यक्तियों को ही मिलती है। होटल, रेस्तरां, ट्रेवल एजेंसियों, दुकानों आदि पर बाहरी व्यक्तियों का स्वामित्व होता है। अतः पर्यटन से हुई आय का लाभ स्थानीय लोगों को नहीं मिल पाता है।
2. पर्यटन द्वारा उत्पन्न किया गया अधिकांश रोजगार मौसमी होता है। फलस्वरूप रोजगार नियोक्ता अस्थायी रोजगार को प्राथमिकता देते हैं अथवा मौसम के दौरान बाहर से मजदूर मंगा लेते हैं। इससे सही अर्थों में स्थानीय जनता को रोजगार नहीं मिलता।
3. अच्छे मौसम में पर्यटकों की भारी आवाजाही के कारण अनेक जरूरी पदार्थों की कीमत काफी बढ़ जाती है। इससे सीमित आय में जीवन गुजर-बसर करने वाली स्थानीय जनता बुरी तरह प्रभावित होती है।

अतएव पर्यटन विकास की योजना बनाते समय इन मुद्दों पर भी विचार करना चाहिए। इन्हें नजरअंदाज करने से पर्यटन स्थलों पर तनाव उत्पन्न होगा।

आय—पर्यटन का रोजगार एवं आय प्रभाव एक दूसरे से गहरे रूप में सबद्ध हैं और ये एक ही स्रोत अर्थात् पर्यटक व्यय पर निर्भर होते हैं। पर मजदूरी और वेतन, ब्याज, किराया

और मुनाफे के रूप में आय होती है। पर्यटन से कई तरह की वस्तुओं और सेवाओं की मांग होती है। उदाहरणार्थ—आवास, खाद्य एवं पेय, लंबी दूरी के और स्थानीय परिवहन, मनोरंजन, खरीददारी स्थल, दर्शन हेतु गाइड आदि। पर्यटकों द्वारा किए गए खर्चों से इन सेवाओं को स्पष्ट आय ही नहीं होती है अपितु इससे होटलों, रेस्तरां, परिवहन, संचालकों और कामगारों, ट्रैवल एजेण्टों और उनके कर्मचारियों, मनोरंजन गृहों के मालिकों और वहाँ के कर्मचारियों, कलाकारों, शिल्पियों तथा कला की वस्तुएं बनाने वाले लोगों को भी रोजगार मिलता है। इन सभी सेवाओं से सबद्ध रोजगार एवं इनसे होने वाली आय निम्नांकित पर निर्भर करती है—

1. उनके खर्चे करने का तरीका
2. पर्यटकों की संख्या
3. पर्यटकों द्वारा किया गया खर्च।

इस प्रकार पर्यटन से अत्यधिक मात्रा में अप्रत्यक्ष रूप से रोजगार का सृजन होता है और आय अर्जित होती है। पर्यटक जो व्यय करता है वह एक आदमी से दूसरे आदमी के हाथों में चला जाता है। परंतु एक व्यक्ति से दूसरे व्यक्ति के पास जाने में राशि घटती चली जाती है, क्योंकि हर व्यक्ति अपना हिस्सा अपने पास रखता जाता है। अब देखना यह है कि पर्यटक और आपूर्तिकर्ताओं और इनसे बेहतर रोजगार प्राप्त करने वाले व्यक्तियों को कितनी आवश्यकता होती है। इससे एक नया आयाम सामने आता है। पर्यटन से उत्पन्न मांग से और ज्यादा रोजगार की आवश्यकता होगी और आय में भी बढ़ोतरी होगी। फलतः इसमें एक के बाद एक शृंखलाबद्ध ढंग से वृद्धि होती जाती है। पर्यटन उद्योग अपने स्थानीय बाजार क्षेत्रों से जितना अधिक सेवाएं एवं वस्तुएं खरीदेगा उसका गुणित प्रभाव उतना ही अधिक होगा। सेवाओं और वस्तुओं के आयात की प्रवृत्ति अधिक होगी, गुणित प्रभाव उतना घटेगा। अनेक तरह के करों चुंगी और प्रवेश शुल्क आदि से केंद्र और राज्य सरकार की भी आय बढ़ती है।

विदेशी मुद्रा—बीते कुछ वर्षों में भारत की दुर्लभ विदेशी मुद्रा अर्जन संबंधी वित्तीय गतिविधियों में पर्यटन की प्रमुख भूमिका रही है। इससे भारतीय अर्थव्यवस्था में बहुत विकास हुआ है। 1985 में भारत में 8,36,908 सैलानियों का आगमन हुआ जो 1992 में बढ़कर 18,67,651 हो गया। इसी तरह विदेशी मुद्रा अर्जन 1985 में 1800 करोड़ रुपये था जो 1992 में बढ़कर 3916 करोड़ रुपये हो गया। भारत पर पर्यटन के आर्थिक प्रभाव संबंधी संयुक्त राष्ट्र की रिपोर्ट के अनुसार सैलानी आगमन में वृद्धि होने पर भी डॉलर की दृष्टि से पर्यटन आय में कमी देखी गई है। इस परिघटना के कुछ अनुमानित कारण निम्न हैं—

1. बजट पर्यटकों के अनुपात में बढ़ोतरी।
2. बाजार में विदेशी मुद्रा की कालाबाजारी के कारण रिसाव, आदि।
3. विगत वर्षों में रुपये की अवमूल्यन की ऊँची दर।

पर्यटन की जरूरतों को पूरा करने हेतु वस्तुओं या सेवाओं का आयात मूल्य रिसाव कहलाता है। रिसाव विदेशी मुद्रा का व्युत्क्रम होता है अर्थात् रिसाव जितना ज्यादा होगा विदेशी मुद्रा का अर्जन उतना कम होगा और कम रिसाव का तात्पर्य होगा अधिक विदेशी मुद्रा अर्जन। इस तरह रिसाव को कम करके विदेशी मुद्रा अर्जन को बढ़ावा जा सकता है। इसका आधार पर्यटन के प्रकार, स्वरूप और पर्यटकों की कोटि है। तीसरी दुनिया के देशों की सरकारों को इस रिसाव को कम करने की रणनीति बनानी होगी, इस रिसाव को निम्न प्रकार से कम किया जा सकता है—

1. बहुराष्ट्रीय कंपनियों के नियंत्रण को रोकना।
2. पर्यटकों पर कुछ प्रतिबंध लगाना, जैसे—उन्हें होटल के बिलों का भुगतान और खरीददारी आदि में विदेशी मुद्रा ही देनी होगी।
3. स्थानीय संसाधनों का प्रयोग कर आयात विकल्प तैयार करना।

खरीददारी आदि में विदेशी मुद्रा ही देनी होगी।

इस तरह विदेशी पर्यटन से विश्व व्यापार बढ़ता है। विदेशी पर्यटक आभूषण एवं कीमती पत्थर, कालीन, कपड़े, हस्तशिल्प और चमड़े के बने सामान खरीदते हैं।

इस तरह ये विदेशी सैलानी अपने-अपने राष्ट्रों में इन वस्तुओं के प्रचार का माध्यम भी बनते हैं। इससे विदेशों में इन चीजों की मांग बढ़ती है और इनके निर्यात में बढ़ोतरी होती है। भारतीय हस्तशिल्प की श्रेष्ठ गुणवत्ता और पर्यटकों के द्वारा विश्वभर में इनके प्रचार होने से इस क्षेत्र में निर्यात की संभावनाएं अत्यधिक प्रबल हुई हैं।

पर्यटन को ठीक से समझकर एवं सुनियोजित ढंग से नीति निर्माण कर इसका उपयोग आर्थिक विकास और उत्थान हेतु किया जा सकता है। नए रोजगार आय के अवसर प्रदान कर विदेशी मुद्रा अर्जन, पिछड़े क्षेत्रों में अधिसंरचनात्मक विकास के प्रतिबंधित क्षेत्रों को कतिपय सीमा तक अंतर्राष्ट्रीय पर्यटकों के लिए खोलकर अर्थव्यवस्था को एक नई ऊँचाई दी जा सकती है। अतएव अब पर्यटन को एक हाशिए पर खड़े विलासितापूर्ण क्रियाकलाप के तौर पर नहीं देखा जा सकता। निर्यात उद्योग के समान यह भी आर्थिक विकास का एक महत्वपूर्ण यन्त्र है। तथापि विकास की प्रक्रिया में मेजबान जनता के हितों का ख्याल जरूर रखा जाना चाहिए।

पर्यटन के आर्थिक सिद्धान्त

'आर्थिक' शब्द का तात्पर्य वित्त विभाग से होता है, किसी भी कार्य या प्रयोजन का उद्देश्य विकास से ही संबंधित होता है जिसके माध्यम से उसकी स्थिति को सुदृढ़ किया जा सके जैसे—उत्पादकता में बढ़ोतरी, राजस्व में बढ़ोतरी, भौगोलिक विवरण, कार्मिक क्षेत्र में

सुधार लाना, रोजगर के माध्यमों का आंकड़ा, उत्पादन के अधिकतम क्षेत्रों में अधिकतम संतुलन, निर्यात का विदेशी उत्पादन के क्षेत्र में विस्तार करके अनुकूल वातावरण स्थापित करना व देशीय व राष्ट्रीय विकास करना इत्यादि प्रमुख है।

विकासशील परियोजनाओं के लिए पूँजी, विदेशी मुद्रा, परिवहन व निर्माण तथा व्यावसायिक प्रशिक्षण की समुचित व्यवस्था होनी चाहिए। उत्पादित निवेश के लिये जरूरी है कि विदेशी मुद्रा उपलब्ध हो।

धनी विदेशी राष्ट्रों की वस्तुएं तभी प्राप्त हो सकती हैं जबकि देश उपभोग की उच्चतम सीमा तक पहुंच गया हो। पर्यटन ही एक ऐसा माध्यम है जो विकसित राष्ट्रों को प्राथमिक कार्यों में व्यस्त कर सकता है। एवं जिन राष्ट्रों में जिन्होंने यह अवस्था पार कर ली है वे अपनी अर्थव्यवस्था की परिपक्वता में इसे प्रेरक की जरूरत के रूप में महसूस करते हैं। पर्यटन की कुछ विशेषताएं जैसे—अपना पारम्परिक अस्तित्व, अर्थव्यवस्था की स्वाधीनता, राष्ट्र के प्रत्येक क्षेत्र का प्रभावित होना, तीव्रगति से विकास के लिये पूंजी के उत्पादन की कम दरें आदि के परिणामस्वरूप यह राष्ट्रीय विकास का बहुत ही महत्वपूर्ण पहलू है।

युनाईटेड चैम्बर्स आफ कॉमर्स के अनुसार, ''किसी भी क्षेत्रीय, प्रान्तीय अथवा सामुदायिक विकास कार्यक्रम के लिये पर्यटन की उन्नति एक मुख्य संचालन है। नये व्यापार व नये धन को एक नये क्षेत्र में लाने के मूलतः तीन तरीके हैं, ये हैं—कृषि विकास, औद्योगिक विकास एवं पर्यटन विकास।

संभवतः तीनों में पर्यटन विकास एक शीघ्रगामी एवं कम से कम कठिन तरीका है। सम्प्रदायों के विकास की यह नयी धारणा और अवतन विकसित क्षेत्रों से पर्यटन के विकास की विचित्रता से वेतन व व्यापार की रुचि में बढ़ोतरी सम्भव है।

अन्य आर्थिक प्रक्रियाओं जैसी पर्यटन भी एक प्रक्रिया है। हालांकि पर्यटन स्वयं में संगठित उद्योग है परन्तु इसकी सीमाएँ बहुत विशाल हैं। विभिन्न स्थानों पर बिखरी हुई हैं एवं इसके फायदा राष्ट्र की समस्त जनता को उपलब्ध होते हैं। वे सभी व्यक्ति जो पर्यटन स्थलों में निवास करते हैं, पर्यटन क्रिया में सक्रिय होते हैं। समस्त पर्यटक चाहे वे स्वदेशी हों अथवा विदेशी, क्षेत्रीय अर्थव्यवस्था के विकास में लोगों को रोजगार प्रदान करवाने में सहायक होते हैं एवं साथ-ही-साथ अच्छी संस्कृति को कायम करने का अवसर प्रदान करते हैं। हर नागरिक को अपने शहर, संस्कृति, रिति-रिवाज व इतिहास पर गर्व होता है।

श्री पीटर्स (Peters) के अनुरूप पर्यटन के निम्नलिखित प्रमुख पांच कार्य हैं—

1. दुलर्भ मुद्रा अर्जित करके व्यापार संतुलन में योगदान करना,
2. विश्व के कार्यों में लोगों का उत्साह बढ़ाकर सामाजिक ‍ायदा प्रदान करना एवं विदेशी व्यक्ति व विदेशी वस्तुओं का ज्ञान हासिल द्धप्राप्तत्रः करना,

3. बहु प्रभाव के माध्यम से सामान्य आर्थिक क्रियाओं में सहयोग,
4. जिन क्षेत्रों में औद्योगिक विकास नहीं है वहाँ पर विकास को बढ़ावा देना,
5. रोजगार के अवसर में वृ) करना।

पर्यटन की अर्थव्यवस्था तथा गुणक का असर

आर्थिक लाभ–इटली, जर्मनी, अमेरिका, चेकोस्लोवाकिया में आरम्भ से ही राष्ट्र की अर्थव्यवस्था में किए गए पर्यटन के अध्ययन सांख्यिकीय मापदण्ड का पर्यटन में बहुत अधिक महत्व है। पर्यटन के इलाकों में इन अध्ययनों ने विशिष्ट श्रेय दिया है। पर्यटन का विदेशीय स्तर पर आधुनिक युग के अध्ययनों में मूल्यांकन किया गया है, आधुनिक युग में प्रकाशित श्री माइकल पीटर्स (Peters 1969) का कार्य उल्लेखनीय है। जिन्होंने ये सूचनायें IOTO (अब WTO) स्रोतों से प्राप्त की थीं। उनके अनुसार स्वदेशी व विदेशी पर्यटकों का कुल व्यय विश्व की कुल उपभोक्ता सम्बन्धी खर्चों का करीब 5% है। राष्ट्रीय आय में वृद्धि व अवकाश के वक्त में वृद्धि के कारण बढ़ोतरी दर में वृद्धि हुई है। अंतर्राष्ट्रीय पर्यटन की माँग और आय दोनों में समानता देखने को मिलती है।

लाभ की प्राप्ति के लिए आर्थिक विकास को तेज किया जा सकता है। इसलिए ये फायदे किसी भी उपक्रम के उद्देश्यों के रूप में प्राप्त किए जा सकते हैं। फायदा प्राप्ति चाहे वे नकारात्मक हों अथवा सकारात्मक एवं जिनका उद्देश्यों से कोई सम्बन्ध न होने पर भी कुछ मिले-जुले कारणों से महसूस हो सकते हैं।

अंतर्राष्ट्रीय सद्भावना की अनदेखी करते हुए भारत ने पर्यटन की आर्थिक स्थिति को बढ़ावा दिया है। इस तरह मुख्य उद्देश्य रहा है पर्यटन के आर्थिक फायदा जैसे पर्यटन का राष्ट्र की अर्थव्यवस्था में प्रभाव, रोजगार के साधनों का सृजन, विदेशी मुद्रा का अर्जन तथा राष्ट्र की आय का साधन आदि मालूम करना, जो कि अदृष्टिगत व्यापार के माध्यम से प्राप्त करने का एक अच्छा अवसर था। यह भी उदाहरणीय है कि यूगोस्लाविया एवं बुल्गारिया जैसे साम्यवादी राष्ट्रों ने भी पर्यटन के लाभ को समझ लिया है एवं एक महत्वपूर्ण पर्यटक मार्किट स्थापित कर ली है। ब्लाडिमीर अन्कुडिनोभ, विदेशी पर्यटन बोर्ड के विभागाध्यक्ष के अनुसार–

"बिजली, विज्ञान, प्लास्टिक संगणक एवं बहुत से अन्य उद्योग प्राचीन उच्च कोटि के उद्योगों की अपेक्षा बड़ी तीव्र गति से विकसित हो रहे हैं। परन्तु यहाँ एक उद्योग है जो कि वृद्धि दर में किसी नये आने वाले उद्योग से प्रतिस्पर्धा कर सकता है। यह उद्योग है–पर्यटन।"

पर्यटन के विभिन्न फायदों का आंकड़ा हम तभी पता कर सकते हैं जब पयर्टन के बड़े पैमाने पर उत्पादन कर व व्यापार आधार पर विशाल प्रभावों का अध्ययन हो। आज यह

विश्व का उद्योग है, जिसमें बहुत ही ज्यादा वित्त निवेशित है। आवास, परिवहन पर्यटन स्थल क्षेत्र एवं सहायक सुविधाएँ व सेवाएँ, जो कि पर्यटन के मुख्य पहलू हैं, पर किए गए नियोजन से पर्यटन-प्रिय राष्ट्रों में बहुत ही उच्च आय प्राप्त होती है। रोबर्ट इरवेज ने विकासशील अर्थव्यवस्था में पर्यटन के योगदान के सन्दर्भ में बताया कि उत्पादन के साधनों का पर्यटन में उपयोग करने से कितनी अधिक आय प्राप्त होती है, यह तभी मालूम हो सकता है जबकि पर्यटन व अन्य वैकल्पिक क्षेत्रों में उत्पादन के कार्य का सही अनुमान लगाया जाए।

गुणक का असर—पर्यटन एक व्यवस्था अथवा उद्योग है जो अर्थशास्त्र के नियमों व सिद्धातों के द्वारा प्रभावित होता है। पिछले 40 वर्षों में पर्यटन से सम्बन्धिकता अर्थशास्त्रियों ने एक सिद्धांत की खोज की जिसे पर्यटन के गुणक प्रभाव के नाम से पुकारा जा सकता है। 1959 में प्रोफेसर पाल ए साइमूलशन, अध्यक्ष अर्थशास्त्र विभाग, मोसेचेसेस्ट इन्स्ट्टियूट ऑफ टेक्नोलोजी ने एक गुणित सिद्धांत की खोज की थी। इस सिद्धांत का सूत्र इस तरह है—

$$K = \frac{1}{c}$$

$$1 - \frac{K}{Y}$$

इस सिद्धांत के अनुरूप 'K' गुणित 'C' पर आश्रित है जो कि क्रमशः उपभोक्ता व आय के पर्यटन के सम्बन्ध के द्योतक हैं; इस प्रकार—

K= गुणक

C= उपभोग में परिवर्तन

Y= आय में बदलाव

उपरोक्त सिद्धांत के सूत्र से पर्यटन भी संबंधित होता है या लागू होता है पर्यटक व्यय करने के बाद थमता नहीं, अर्थात् वह खर्च होता ही रहता है। यह राष्ट्र की अर्थव्यवस्था में तब तक विचलन भ्रमण करता रहता है जब तक पर्यटक किसी स्थान की यात्रा करता रहता है व उस क्षेत्र में धन व्यय करता है। यही धन स्थानीय लोगों की आय का साधन बन जाता है। फिर से यह आय खर्च की जाती है और यह धन प्रक्रिया एक दूसरे की बीच लगातार चलती रहती है। राष्ट्रीय आय पर उस तरह के खर्च का व्यापक प्रभाव पड़ता है। राष्ट्रीय मुद्रा जो कि विदेशी मुद्रा हेतु विनिमय की जाती जो राष्ट्र के पर्यटन विभाग को एक गुणित के अनुपात में आश्रित होता है जो कि समस्त राष्ट्रीय अर्थव्यवस्था के विभिन्न शाखाओं में पुनः वितरित होती रहती है।

अन्य राष्ट्रों से आये हुए पर्यटक जब वहाँ अपना धन खर्च करते हैं वो धन उस राष्ट्र की आर्थिक व्यवस्था को प्रभावित करता है। जैसे जब कोई यात्री अपने होटल बिल का भुगतान करता है तो होटल प्रबंध के माध्यम से प्राप्त किया गया धन भिन्न-भिन्न ऋणों के

भुगतान अथवा विदेशी पर्यटनों के दूरभाष, कर्मचारी सेवाओं, वस्तुओं तथा अन्य सेवाओं पर व्यय किया जायेगा। जो लोग इस तरह होटलों से धन प्राप्त करते हैं वे अपनी निजी सेवाओं अथवा यात्राओं हेतु भुगतान करते हैं। यात्रियों के माध्यम से प्राप्त यह धन दुबारा खर्च किया जाता है जो अर्थव्यवस्था के विभिन्न भागों में प्रवेश करता रहता है। वस्तुतः हर समय नवीन आय सृजित की जाती है। जैसे आय का भुगतान, विदेशी में निवेशित धन संचय आदि जो कि धन को विचलन से पृथक् कर ले।

आये हुए पर्यटकों के वित्त या धन की असीन परिवर्तन शृंखला गुणक के असर को विकसित करती है। इसमें जितने अधिक लोग होंगे उतनी ही राष्ट्रीय आय को लाभ होगा।

पर्यटकों द्वारा खर्च किया गया धन वहाँ के राष्ट्र की अर्थव्यवस्था पर अलग-अलग प्रभाव डालता है। व्यय की इस धारणा में टपकन की वजह से आने वाले खर्च की धाराओं से क्षेत्र की आय उतार-चढ़ाव आता रहता है। इस तरह का अनुभव केवल अनुमान लगाकर ही किया जा सकता है। इन सब मामलों में इस बहाव का प्रभाव केवल एक वर्ष तक ही देखा जा सकता है। हालांकि एक वर्ष के पश्चात् भी धन की राशि विभिन्न हाथों में परिवर्तित होती रहती है। यह अनुमान है कि 12 महीनों के पश्चात् इस धन का अर्थव्यवस्था पर कोई विशेष प्रभाव नहीं रहता है। इस तरह के टपकन के मुख्य कारण निम्न हैं–

(1) बचत (संचय)
(2) आयात
(3) विदेशों के निवेश
(4) देश के बाहर पर्यटन (विदेश यात्रा)।

जितना ज्यादा टपकन होगा उतना ही गुणित कम होगा। इस टपकन के कारण आने वाले खर्च की धारायें कुछ व्यय के चक्र को पूर्ण करने पर शून्य की सीमा तक पहुंच जाती हैं।

पर्यटकों के माध्यम से किया गया व्यय दो तरह के प्रभाव प्रदर्शित करता है–

पर्यटक का प्रत्यक्ष असर–पर्यटक के माध्यम से किए गए क्षेत्रीय खर्च से पैदा प्राथमिक आय को प्रायः प्रत्यक्ष प्रभाव कहा जाता है।

पर्यटक का अप्रत्यक्ष असर–तत्पश्चात् अर्जित की गयी आय को अप्रत्यक्ष प्रभाव कहते हैं।

उदाहरणस्वरूप एक पर्यटक किसी भी पर्यटन इलाके में 800 रुपयों को खर्च करता है, उसमें से श्रमिकों और मालिकों के लिए 400 रु. आमदनी होती है, एवं आयात करने के परिणामस्वरूप आय 800 रुपये खर्च व्यय चक्र से टपकन के रूप में बाहर हो जाती है। दूसरे चक्र में, 500 रु. में से 40% टपकन होने से 200 रु. रह जाता है। तीसरे चक्र में 200 रु. घटकर 800 रु. रह जाते हैं एवं यह चक्र तब तक चलता रहेगा जब तक कि यह राशि शून्य

तक नहीं पहुंचती है, यदि हम समस्त अप्रत्यक्ष आय को प्रत्यक्ष आय में जोड़ दें तो कुल रकम 1000 रु. बनती है, क्योंकि 1000 रु. प्रत्यक्ष आय (500 रु.) का दुगना हुआ है। गुणक निकालने का यह बहुत ही सीधा व सरल ढंग है, परन्तु व्यावहारिक दृष्टि से प्रत्येक चक्र में टपकन से सम्बन्धित आँकड़े मालूम करना बहुत ही कठिन कार्य है।

हम एक और उदाहरण लेते हैं, एक नवनिर्मित होटल इकाई ले लीजिए जो कि विदेशी कम्पनी के अधिकार में है। कुछ मान्यताएँ इस तरह हैं :

होटल की आय	10,00,000 रु.
स्वदेशी माल के क्रय का मूल्य (खान-पान, गोस्त आदि)	3,00,000 रु.
आयात किए गए विदेशी माल का मूल्य (शराब, पेय पदार्थ, साबुन आदि)	2,00,000 रु.
राष्ट्र के कर्मचारियों को भुगतान किया गया वेतन	3,00,000 रु.
	8,00,000 रु.
	2,00,000 रु.

कुल लाभ 2,00,000 रु. में से, 1,00,000 रु. निर्यात किया गया एवं 1,00,000 रु. उसी समय देश के उद्योगों में विनियोग/निवेशित किया गया है, 3,00,000 रु. के राष्ट्रीय माल के तहत कृषि तथा अन्य स्वदेशी उद्योगों से खरीदा गया सामान है। इस 3,00,000 रु. में से विभिन्न औद्योगिक कर्मचारियों को मजदूरी दी जाती है। यह मजदूरी पुनः वितरित हो जाती है एवं अन्य क्रय करने में योगदान करती है इस तरह प्राप्ति का अंश गुणक के प्रभाव में और भी बढ़ोतरी कर देता है। 2,00,000 रु. आयात के लिए व्यय किया जाता है व 1,00,000रु. का मुनाफा राष्ट्र से विदेशी राष्ट्रों में चला गया। इस तरह 3,00,000 रु. राष्ट्र की हानि है जिसको टपकन के नाम से पुकारा जाता है।

इस प्रकार प्रारंभ की 10,00,000 रु. की रकम में से 7,00,000 रु. (3,00,000 रु + 3,00,00 + 1,00,000) ही राष्ट्रीय चक्र की क्रिया में रहता है एवं सक्रिय रूप से चलित रहता है। यदि यह मान लिया जाय कि यह अनुपात आने वाली अवस्था में भी यही रहता है, तो हम इस धन के चलन के प्रभाव की निम्न तरह गणना कर सकते हैं–

अवस्था	चलन का प्रभाव
1. आरंभिक खर्च	दस लाख
2. द्वितीय चक्र	$1 \times 0.7 = 0.7$
3. तृतीय चक्र	$1 \times 0.7 \times 0.7 = 0.7^2$
4. चतुर्थ चक्र	$1 \times 0.7 \times 0.7 \times 0.7 = 0.7^3$

5\. पंचम चक्र $1 \times 0.7 \times 0.7 \times 0.7 \times 0.7 = 0.7^4$

6\. NCR चक्र $1 \times 0.7 \times 0.7 \times 0.7 \times 0.7 \times 0.7 = 0.7^5$

गुणित करने पर प्रतीत होता है कि धन का प्रति 'N' चलन निम्न के बराबर है–

$$N = \frac{1}{1-07} = 3.33$$

3.33 को इस उदाहरण में, गुणक का प्रभाव कहा जा सकता है। दूसरे शब्दों में, प्रारम्भ में किए गये पर्यटकों के व्यय का प्रभाव आरंभ होता है, जिससे विभिन्न स्रोतों पर तीन गुना ज्यादा प्रभाव पड़ता है।

पर्यटकों द्वारा किया गया खर्च किसी भी निर्धारित इलाकों के आमदनी में अपने आप बढ़ती रहती है। यह व्यय की गयी रकम बढ़ती रहती है एवं गुणित का गुणक कही जाती है। यह प्रदर्शित करती है कि पर्यटक खर्चों के परिणामस्वरूप आय में कितनी वृद्धि होती है। यदि पर्यटकों का व्यय 10 लाख रु. है व गुणित का मूल्य 1.9 है तो आय में 19 लाख रु. की वृद्धि हो जायेगी। जैसे ही होटल मालिक स्थानीय परिवहन व रेस्टोरेन्ट मालिक व अन्य मालिकों से आय प्राप्त करते हैं, इस आय में वृद्धि होना आरंभ हो जाती है। दूसरी तरफ कर्मचारी अपना वेतन भुगतान करते हैं।

मकान मालिक व अन्य प्राप्तकर्ता अपनी आय व्यय करते हैं। इस तरह कुल आय का भाग प्रत्यक्ष रूप में पर्यटकों के माध्यम से किए मूल खर्चे के योग से ज्यादा होता है। कितना अधिक यह गुणित होगा, यह अनुमान इस बात पर निर्भर करता है कि हर अवस्था में प्रारम्भिक आय में से कितना पुनः व्यय की गयी अर्थात् वह राशि जो बचत नहीं है एवं कितने टपकन थे जो कि उस धन से पैदा होती है और जो देश के आयात करने के परिणामस्वरूप बाहर चला जाता है।

उदाहरणार्थ–पर्यटकों के माध्यम से आयात किये गये वस्तुओं पर किए व्यय आय से बहुत ही कम बढ़ोतरी करते हैं। पर्यटन आय गुणित के माध्यम से अनुमान लगाया जा सकता है कि विदेशी पर्यटकों के व्यय का स्वदेशी अर्थव्यवस्था पर क्या प्रभाव पड़ता है। जब कभी गुणित एक से अधिक होगा (जो प्रायः अधिकांश दशाओं में होता है) तो पर्यटन से प्राप्त के लाभों को पूर्णतः प्रदर्शित नहीं कर सकती है। गुणित के मान व समुदायों की आय व रोजगार के क्षेत्रों में प्राप्त फायदा अर्थव्यवस्था में टपकन की वर्तमानता (मौजूदा) के अनुरूप घटते रहते हैं।

गुणक आंकड़ा

प्रथम स्थिति–गुणक के आंकड़े का पता लगाने के लिए जरूरी है कि यात्री के द्वारा किया गया खर्च आय या आमदनी के तदानुरूप तय किया जाएँ। हर पर्यटक खर्च का

विभक्तिकरण पृथक्-पृथक् मदों में कर सकते हैं यथा—आवास, खान-पान, खरीददारी, स्थानीय परिवहन, खेल व मनोविनोद एवं अन्य छोटी मदें, जैसे—डाक टिकट, समाचार-पत्र आदि। समूह समारोह अथवा पैकेज यात्रा की वजह से आवास व खान-पान के व्यय का अलग-अलग विभाजन करना बड़ा ही जटिल है।

पैकेज यात्रा में तो होटल के आवास के खर्च में ही समस्त अथवा कुछ खाने-पीने के खर्चे ही शामिल होते हैं। इसी तरह पर्यटन स्थलों में स्थित होटल तो अमेरिकी प्लान प्रदान करते हैं।

व्यय करने के ढंग से पर्यटन के रोजगार सम्बन्धी स्रोत एवं इसका राज्य की आय में महत्वपूर्ण योगदान निर्धारित किया जाता है क्योंकि प्रति वर्ग में अलग-अलग श्रमिक गुणक अनुपात है तथा हर श्रेणी में कर सीमा शुल्क एवं उत्पादन शुल्क के विभिन्न रूप हैं।

दूसरी स्थिति—द्वितीय परिक्रमा में टैक्सी चालक, बैरा, दुकान मालिक जो कि प्रथम परिक्रमा से लाभान्वित हैं अपना फायदा व आय स्थानीय उत्पादित वस्तुओं व सेवाओं में व्यय करते हैं।

तीसरी स्थिति—तृतीय परिक्रमा में, द्वितीय परिक्रमा के लाभान्वित वर्ग अपने वेतन का कुछ अंश वस्तुओं व सेवाओं में व्यय करते हैं।

चौथी व परवर्ती स्थिति—द्वितीय, तृतीय व परवर्ती परिक्रमाओं का व्यय उन वस्तुओं पर होता है जो कि कच्चे माल, खान-पान से भिन्न होता है, जो अप्रत्यक्ष रूप से राष्ट्रीय आय को गति प्रदान करेगी। पर्यटकों का व्यय वस्तुओं व सेवाओं की पूर्ति करने वालों को आय प्रदान करता है और अन्य उद्योगों में भी आय सृजन करता है। व्यय के द्वितीय, तृतीय व परवर्ती परिक्रमा को एकमुश्त करके राष्ट्रीय आय, राजकीय आय व रोजगार में पर्यटन की आय का साधन है।

मूल घटक—गुणक के माध्यम से आयात व संचय (टपकन) को समझा जा सकता है। निर्यात अथवा पर्यटकों के व्यय के माध्यम से की गयी आर्थिक क्रियाओं के प्रत्येक रुपये में एक नयी सम्पत्ति का सृजन होता है।

कुछ प्राकृतिक लाभों से यदि एक निर्यात उद्योग कम गुणित के कारण भी निर्यात वृद्धि कर सकता है, तो इस तरह के उद्योग को अन्य उद्योगों जिनमें गुणित की अधिकतम मात्रा है परन्तु निर्यात बिक्री योग्यता प्राप्ति की सीमितता है, की अपेक्षा अधिक मान्यता प्राप्त होती है।

जैसे बहुत से कृषि उद्योगों में बहुत ही उच्चतम गुणित है क्योंकि कृषि उत्पादन में कम से कम आयात की गयी वस्तुओं की जरूरत होती है। संभवतः कृषि क्षेत्रों में जीवनयापन निम्न स्तर का होता है तथा उनकी आय में बहुत जल्दी उतार-चढ़ाव देखने को मिलता है जो कि मार्केट की परिस्थितियों, सम्पत्ति व अन्य बाह्य शक्तियों पर निर्भर करता हैं।

दूसरी तरफ, कुछ उत्पादन में लगे हुए उद्योगों में ऊँची मजदूरी प्रदान करने से रहन-सहन के स्तर को ऊँचा करने में मदद मिलती है। परन्तु ये उद्योग अधिकतर कल-पुर्जे व कच्चा माल आयात करते हैं, इसीलिए इनमें गुणित कम ही होता है।

पर्यटन उद्योग में तो गुणित का प्रभाव बड़ी ही नाटकीयता से मालूम किया जा सकता है। मूल रूप से यह दो प्रमुख बातों (तत्वों) पर निर्भर करता है :

प्रत्येक चलन परिपथ में हानि का प्रभाव होगा, यह भी सम्भव है कि पर्यटन के माध्यम से छोड़े हुए धन का 1/10 अथवा 1/3 निर्यात किया जाय, यदि प्राप्त किया गया धन निर्यात किया जाय तो परिस्थितियाँ कुछ आश्चर्यजनक रूप ग्रहण कर लेती हैं। इस दशा में पर्यटन उद्योग पूर्णतः सक्रिय रहता है एवं दूसरे स्वागतकर्ता राष्ट्र को कोई फायदा प्राप्त नहीं होता है।

यह वित्त चलन में अनेक दफा एक व्यक्ति के हाथ से दूसरे व्यक्ति के हाथ में परिवद्धित होता रहता है। एक वर्ष के भीतर इन चलनों की संख्या में चार-पाँच से दस पन्द्रह तक वृद्धि हो सकती है। जितना जल्दी इनका चक्कर परिभ्रमण होगा उतना ही अधिक गुणक का प्रभाव होगा, अतएव यह अति जरूरी है कि राष्ट्र के नागरिक पर्यटकों से प्राप्त धन को व्यय करने के इच्छुक होंगे। उपभोग व व्यय की क्रिया तीव्र होनी चाहिए। यदि लोग इस धन को संचय करने में जुट जाएँ अथवा अनुत्पादक बचत में लगा दें (जैसे सोना, चाँदी, जेवर आदि) तो गुणक के प्रभाव का बिलकुल लोप हो जायेगा। आधुनिक अर्थशास्त्री इसी विचार के प्रेरक हैं कि धन यथा-शीघ्र खर्च होना चाहिए।

गुणक के असरों व प्रभावों के प्रक्रिया को पूरा होने के लिए पर्यटक खर्च को छः उप-क्षेत्रों या विभागों में बांटा गया है, जो निम्नलिखित हैं–

खर्च का ब्योरा या	*खर्च का प्रतिशत*
आवास	25
खान-पान	32
खरीददारी	25
हृदयावलोकन एवं मनोविनोद	15
स्थानीय परिवहन व्यवस्था	5
अन्य	3
	100

यह वर्गीकरण विदेशीय यात्रियों के किसी भी राष्ट्र या क्षेत्र में जाने के पश्चात् किये हुए खर्च से जुड़ा है। कुछ अन्य प्रकार का वर्गीकरण जो उपरोक्त प्रक्रिया को सर्वमान्य हैं, निम्नलिखित प्रकार हैं–

व्यय की मदें	*प्रतिशत*
खान-पान	35%
आवास	30%
खरीददारी	25%
स्थानीय परिवहन	5%
अन्य	5%

निम्नलिखित बिंदुओं से पर्यटन के गुणक को समझा जा सकता है–

1. पर्यटकों के माध्यम से देश के भ्रमण में इस्तेमाल किए जाने वाले यन्त्रों व ईंधनों का आयात किया जाना। स्थानीय लोगों के माध्यम से क्रय की गयी वस्तुओं जैसे कपड़ा अथवा उपभोग किए जाने वाले शीघ्रकालीन सामान का अधिकतम भाग या तो पूर्णतः अथवा आंशिक में आयात किया जाना।
2. पर्यटकों के माध्यम से उपभोग किए गए खान–पान व सामग्री की खरीददारी का अधिकतर प्रतिशत जो आयात किया गया।

विदेशों में पुनः विनियोजन, संचय में देरी करना, इन टपकनों की वजह से अर्थव्यवस्था की उपभोग सम्पन्नता व क्षमता कम रहेगी जो कि बचत का एक अन्य तरीका है एवं साथ ही पलटाव की क्रिया भी कम रहेगी।

वस्तुतः समझा जा सकता है श्रमिक द्वारा उत्पादित या प्रदान की गयी सेवाओं की लागत तिहाई (1/3) के लगभग बराबर होगी।

वस्तुतः सम्पूर्ण वर्गों या श्रेणी के सालाना लेन-देनों का क्रम ज्यादा नहीं होगा। इसलिए यह आवश्यक है कि एक साल के भीतर खर्च के पांच चक्रक होंगे। कुछ अर्थव्यवस्था में लेन-देन संख्या, पलटाव की क्रिया का पूर्णतः लोप होने से पहले, 13 तक पहुंच सकती है परन्तु फिर भी ये अतिरिक्त लेन-देन क्षेत्र की कुल आय में कोई खास प्रभाव नहीं पड़ेगा।

व्यावहारिक रूप से, बहुत-सी परिस्थितियों में चौथी व पाँचवीं लेन-देन के पश्चात् किसी दी गयी श्रेणी में धन का विचलन फिर से नहीं हो पाता है। इस तरह का अनुमान आंशिक रूप में बहुत से लेन-देने की छोटी संख्या को छोड़ने हेतु तथा अंशतः पूर्व स्थिति कायम रखने हेतु लिया गया है। हालांकि व्यक्तिगत रूप में ये लेन-देन छोटे होते हैं परन्तु वे सामूहिक रूप में पर्यटकों के व्यय के पलटन की क्रिया को होटलों से प्राप्त मदों की अपेक्षा ज्यादा ऊपर उठा देते हैं।

पर्यटन में विभिन्न निर्यात समाग्रियों की तरह खर्च के ब्योरे की प्रक्रिया के अनुसार एक नवीन आमदनी का निर्माण व विकास होता है। कृषि, खान, साज-सज्जा तथा अन्य उद्योग, जिनमें आयात की बहुत ही कम जरूरत होती है, की अपेक्षा पर्यटन में गुणित का अंश

बहुत कम होता है। अतएव पर्यटन के गुणित के प्रभावों की प्रशंसा करने के बजाय यह उचित होगा कि पर्यटन के उन मूल लाभों की तरफ जोर दिया जाय जिनकी वजह से यह कृषि व अन्य उत्पादक वस्तुएँ जो कि निर्यात की जाती हैं, उनकी अपेक्षा अपना पृथक अस्तित्व रखते हैं। उदाहरण के तौर पर पर्यटन या यात्रा का निर्यात व्यापार के रूप में विशिष्ट लाभ यह होता है कि जो सामग्री इसके अन्तर्गत पैदा की जाती है वह कुछ अजीब व अनोखी होती है। कोई भी अन्य उद्योग, पर्यटन के माध्यम से प्रदान की गयी वस्तु के समान वस्तु प्रदान नहीं कर सकता है। जितना अधिक वह गुणित होगा उतना ही अधिक परियोजनाओं में विनियोजन होगा, उनमें यात्रा उद्योग के विकास से अधिकततम फायदा होंगा, गुणित के फायदा भिन्न-भिन्न हो सकते हैं, परन्तु यह सम्भव है कि इसका कारण केवल यह नहीं कि गुणित के वास्तविक लाभों में भिन्न-भिन्न लेन-देनों में विभिन्नता है अपितु गुणित को निकालने की प्रणाली भी भिन्न हो सकती है। गुणित की दर शुद्ध अर्जित विदेशी मुद्रा के माध्यम से निकाली जाती है। जितनी अधिक टपकनें होगी उतनी यह कम होगी। 1957-59 में पूर्वी एशिया व प्रशान्त राष्ट्रों में सर्वेक्षण किया गया एवं इन देशों की निम्न औद्योगिक प्रगति को देखा जाय तो प्रतीत होता है कि भारत की समस्त पर्यटन सम्बन्धित आवश्यकताएँ स्वदेश में ही उपलब्ध हैं एवं टपकन कुल प्राप्ति के 5 प्रतिशत से अधिक नहीं है। यह उचित होगा कि गुणक को कुछ ऊँचा ही अनुमानित किया जाय।

पर्यटन गुणित के गणना की प)तियां

यहाँ पर पर्यटन गुणित की गणना के लिए निम्न चरण हैं–

एक पर्यटक के माध्यम से किया गया खर्च 2000 रु. है।

प्रथम वर्ष में पर्यटक के माध्यम से धन व्यय करने के बाद सम्भवतः 5 अथवा 6 लेन-देन होंगे।

करीबन 13-14 लेन-देनों के बाद धन स्वयं समाप्त हो जायेगा।

खर्च करने के चरण तथा प्रतिशत में आंकलन निम्न प्रकार है–

मद	*प्रतिशत व्यय*
खान-पान	32%
आवास	25%
हृदयावलोकन तथा मनोविनोद	10%
अन्य	5%
स्थानीय परिवहन	7%
खरीददारी	23%

पर्यटकों की खरीददारी से इस बात की पुष्टि होती है कि लगभग 40% आयात की गयी मदें अपने देश को ले जाते हैं और इस क्रय की 30 प्रतिशत ऐसी वस्तुयें हैं जो कि स्थानीय प्रक्रिया पर निर्भर करती हैं एवं स्थानीय कच्चे माल के माध्यम से निर्मित की जाती हैं। यह एक मानवीय पहलू है कि जितना आयात का प्रतिशत ज्यादा होगा एवं आयात पर निर्भरता होगी उतना ही पर्यटक रुपये के पलटाव की क्रिया कम होगी। जब आयात पर धन व्यय किया जाता है, तो धन राष्ट्रीय अर्थव्यवस्था से बाहर चला जाता है जिससे देश को नुकसान उठाना पड़ता है।

उपभोग के तरीके

जिन विधियों एवं सूत्रों को प्रयोग में लाया गया है उन सूत्रों को हर सूची पर पृथक्-पृथक् तरीके से प्रयोग या लागू किया जा सकता है गुणित के सिद्धांत में 'उपभोग में परिवर्तन' को कुल व्यय व प्रथम खाने के उत्तर को माना जा सकता है, इस व्यय को 'आय में परिवर्तन' मानकर प्रतिशत प्रति रुपये पलटाव अथवा गुणित के रूप में निकाला जा सकता है।

कुल व्यय अथवा आय में 3272/50 रु. व उपभोग में 2272/50 रु. बदलाव है एवं उपभोग की प्रवृत्ति से गुणक की संख्या दो = रु. 2272/50 ÷ 3272/50 = 69.4 प्रतिशत है। 50 प्रतिशत उपभोग की प्रवृत्ति से गुणक की संख्या 2 होगी, गुणक एक साधारण तरह की क्रिया में विद्यमान होता है, यह किसी भी विशेष स्थान पर विद्यमान रहता है। दूसरी तरफ, पर्यटन एक फैला हुआ व विनम्र तरह का संचालन है जिसमें पर्यटक अपने धन को विभिन्न तरह के सामान व सेवाओं पर व्यय करते हैं, जिनकी खरीददारी का सम्पूर्ण अर्थव्यवस्था पर बहुत ही तीव्र प्रभाव पड़ता है।

एक साधारण गुणित बचत की सीमान्त प्रवृत्ति का व्युत्क्रम है। मान लीजिये कि उपभोग की प्रवृत्ति = 4/5 व बचत की सीमान्त प्रवृत्ति = 1/5, तो पर्यटन का गुणित = 5 होगा। टपकनें व बचत से व्यय का प्रभाव (धारा) मन्द हो जाती है। बचत की सीमान्त प्रवृत्ति टपकनें व संचित धन का ही मिश्रण है। जितनी ज्यादा बचत की सीमान्त प्रवृत्ति होगी उतना ही गुणित कम होगा, यदि बचत की सीमान्त प्रवृत्ति 1/3 है तो गुणक 3 होगा।

केन्ज का व्यय का गुणक

श्री केन्ज़ के अनुरूप–

$$K=\frac{1}{S+M}+\frac{1}{1-C+M}$$

K = गुणक

S = बचत की सीमान्त प्रवृत्ति

M = आयात की सीमान्त प्रवृत्ति

C = उपभोग की सीमान्त प्रवृत्ति

इसी तरह क्लेमेन्ट के अध्ययन के अनुरूप जिन राष्ट्रों में कम पलटाव हेतु ज्यादा टपकनें हैं, पर्यटकों का किया गया व्यय अदृश्य होने से पहले करीब प्रतिवर्ष 3.2 अथवा 3. 5 बार पलटाव होता है, आर्थिक दृष्टि से विकसित राष्ट्रों में जहाँ टपकनें कम हैं यह सम्भवतः उच्च पक्ष में 4.3 तक हो सकता है, 3.2 गुणक बहुत कम है एवं किसी भी सामान्य अवस्था में पैदा हो सकता है।

यह विभिन्न उद्योगों के भिन्न-भिन्न कच्चे माल के आकार को ध्यान में नहीं रख सकता है। इसके अनुसार स्वतंत्र भाग में वृद्धि होने से सम्पूर्ण अर्थव्यवस्था में गुणित के एक ही प्रभाव होंगे।

यह विविध व्यवसाय एवं उद्योगों के पृथक्-पृथक् कच्चे माल के बनावट के कारण एक घृष्ट पद्धति की जरूरत है एवं इसके लिए अन्तर्उद्योगीय लेन-देन के मिश्रण की जरूरत होती है।

अतएव,

$$Kt = \frac{\Delta T}{\Delta V}$$

जहाँ पर कि,

ΔT= पर्यटकों से प्राप्त आय में बदलाव (निर्यात)

ΔT= राष्ट्र की आय में प्रवाहित बदलाव जिनका कारण पर्यटकों से प्राप्त काम के परिवर्तन, जिसमें कि लेन-देन मिश्रण में एक नियत गुणक दिया है। लेन-देन का मिश्रण नियत गुणक व विभिन्न क्षेत्रों के अर्जित एक नियत पर्यटकों से प्राप्त आय। इस गुणक का आशय उद्योगों के अन्तर्गत तभी रूप में व्यक्त होता है, जब इसकी मान्यताओं को विश्लेषण में स्वीकृति प्रदान करे।

इस प्रकार, यदि $(I–A)^{-1}$ जो कि लियोनटिफ का पद है तो इसमें I = परिचित ढांचा है व A = तकनीकी गुण के ढांचा तो $\Delta Y = \Delta T\ (I–A)^{-1}$ जहाँ पर कि T = पर्यटक प्राप्ति के वृत्त खण्ड का संकेतक है।

उपभोग को भी यदि इस ढाँचे के अन्दर लें तो लियोनटिफ के एक बन्द प्रणाली में $Kt = (I–A)^{-1}$।

केन्ज़ का समस्त अर्थव्यवस्था के लिए भारित गुणक सभी व्यक्तिगत क्षेत्रों, वर्गों के लिए है। भारित गुणक समस्त व्यक्तिगत क्षेत्रों/वर्गों हेतु है। क्योंकि पर्यटकों से प्राप्त राशि

बहुत से वर्गों के माध्यम से अर्जित की जाती है, इसलिए पर्यटन का गुणक हर वर्ग हेतु वही होगा जो कि लियोनटिफ के पाद में है, एवं जिन वर्गों के माध्यम से पर्यटक प्राप्ति आय के वितरण के माध्यम से भारित है।

पिटर का गुणक

पिटर ने एक जिज्ञासापूर्ण औसतन गुणित का विकास किया जो अग्रलिखित है–

$$Kt = \frac{1}{S - ea}$$

जिसमें,

Kt = पर्यटन का गुणक

S = बचत की प्रवृत्ति

ea = नागरिकों के माध्यम से विदेशों में पर्यटन व्यय की सीमान्त प्रवृत्ति

'ea' गुणक आयात की अन्तिम आयात प्रवृत्ति को दर्शाती है। वस्तुएं व सेवायें, जो कि देश के नागरिक विदेशी पर्यटन के वक्त उपभोग करते हैं।

पिटर का गुणित पर्यटन अर्थव्यवस्था में एक औसत गुणित है। यह पर्यटन खर्चों के गुणित के प्रभावों का प्रदर्शन नहीं है।

अमेरिकी प्रशासन द्वारा आयोजित अध्ययन दल ने पर्यटक खर्च और उसके प्रभाव को ज्ञात करने हेतु प्रशान्तद्वीप तथा 17 अन्य राष्ट्रों का अध्ययन किया। इस अध्ययन के अनुरूप प्रारम्भ में किया गया व्यय एवं साथ में उन लोगों के माध्यम से प्राप्त पर्यटक मुद्रा पुनः व्यय को ध्यान में रखकर एक आर्थिक क्रिया का सार जन्म लेती है तथा सिद्ध होती है, जो कि 3.2 से 4 बार ऊँची थी। न्यूनतम गुणित, उन राष्ट्रों में मान्य है, जहाँ पर विदेशी मुद्रा में टपकनों का प्रतिशत तुलनात्मक रूप में अधिक है एवं उच्चतम गुणित उन देशों पर लागू होता है जिनमें टपकनें कम हैं अथवा बिल्कुल नहीं हैं।

गुणक को प्रभावित करने वाले तत्व

गुणक को प्रभावित करने वाले मुख्य कारक निम्न हैं–

1. विदेशों में मार्केट से सम्बन्धित क्रियाओं पर किए गये विदेशी मुद्रा की लागत।
2. विदेशी पर्यटकों के उपभोग हेतु किया गया आयात।
3. इसके तहत पर्यटन के उद्देश्य से किए गए आयात व्यय जिसमें वे वस्तुएँ, सामान व यंत्र आते हैं जो होटल निर्माण व अन्य पर्यटक सुविधाओं हेतु आयात की गई हों

4. पर्यटन व्यापार पर विनियोजित विदेशी पूँजी पर अर्जित फायदा को बाहर प्रेक्षित करना।
5. पर्यटकों को भिन्न-भिन्न सुविधायें प्रदान करने हेतु आयात की गयी पूर्तियाँ।

इन समस्त टपकनों का शुद्ध प्रभाव यह है कि इनसे निर्यात किए गए राष्ट्रों में आय अर्जित होती है तथा रोजगार के स्रोत बढ़ते हैं। अतएव, जितनी अधिक टपकनें होंगी उतना ही कम गुणित फायदा होगा। परिणामस्वरूप स्वदेशी अर्थव्यवस्था को पर्यटन का फायदा कम प्राप्त होगा।

जहाँ तक गुणक का संबंध है यह अनुमान लगाया जा सकता है कि भारत में आयात पर कठोर प्रतिबन्ध है इसलिए गुणित उच्च स्तर पर ही रहेंगे।

पर्यटन उद्योग अभी तक पूर्ण रूप से विकसित नहीं हुआ है बल्कि यह अभी तक विकास की दशा में अग्रसर है। इस उद्योग को प्रोत्साहन देने के लिए होटल, रेस्टोरेंट, यातायात और संचार साधनों की व्यवस्था सुलभ करानी चाहिए। यह सत्य है कि पर्यटक अन्य सुविधाओं का कम ही उपभोग करते हैं परन्तु अन्य क्षेत्रों जैसे आलीशान होटल उच्च श्रेणी के रेस्टोरेन्ट आदि में विनियोजन का मुख्य कारण पर्यटन के माध्यम से अर्जित आय की आकांक्षाओं पर आधारित होते हैं। विकासशील देशों की पर्यटन विनियोजन के परिणाम प्राप्त करने से पूर्व का फायदा अर्जन समय बहुत ही कम होता है।

गुणित के फायदे में भिन्नता होती है। परन्तु इस विभिन्नता का मुख्य कारण प्रणाली में मतभेद है न कि विभिन्न राष्ट्रों में प्रयोग किए गये गुणित के वास्तविक गुण। ये अनुमान विभिन्न क्षेत्रों में अनुमानित पर्यटक गुणित की विभिन्नता को प्रदर्शित करते हैं, जो कि निम्न हो सकते हैं–

1. यह भी जरूरी है कि प्रवासी जो कि विदेशी भी हैं, के माध्यम से अर्जित आय एवं विदेशी व देशवासी के माध्यम से प्रेक्षित आय के हर क्षेत्र में अन्तर किया जाय। क्योंकि यह आय अर्थव्यवस्था में पुनः खर्च नहीं की जायेगी। इनके गुणित का प्रभाव नहीं पड़ेगा।
2. प्रत्येक क्षेत्र से प्राप्त कुल लाभ, कुल मजदूरी व वेतन, किराया, ब्याज के अनुमान से देश की उत्पादन वस्तुओं को निकाला जा सकता है; जिसके माध्यम से आय के तत्वों (Y) को गुणित किया जा सकता है। अतएव आँकड़ों की कमी एवं अन्य आर्थिक सन्दर्भों से सिद्धांतों को उधार लेने से राष्ट्र के लोगों की आय को समझने का सरल उपाय है।
3. यह विभिन्नता गलत तरीके इस्तेमाल करने के कारण भी हो सकती है। श्री जिन्दर के अनुमान जो कि पूर्वी कैरिवियन के सम्बन्ध में थे, में मुख्य समस्या गलत प्रणाली का प्रयोग था, जिसके परिणामस्वरूप गुणित स्वयं गुणन हो गया।

4. आँकड़ों की कमी के कारण भी यह हो सकता है। कुछ औसत गलत स्थानों पर इस्तेमाल हो जाने से प्रणाली से संबंधित संदिग्ध तरह की गलतियाँ भी हो सकती हैं।
5. यह विभिन्नता पर्यटन उद्योग में पर्यटन प्राप्ति के बनावट में अन्तर होने के बजाय अर्थव्यवस्था के आकार में विभिन्नता अथवा उपभोग के आकार के कारण हो सकती है।

इन कुल देश के उत्पादन के तत्वों के मुख्य ढाँचे से अलग करने से अप्रत्यक्ष आय के प्रभाव पर बहुत ही तेज असर पड़ने से विभिन्न क्षेत्रों तथा सम्पूर्ण अर्थव्यवस्था के गुणित के आधार पर प्रभाव पड़ता है।

आमतौर पर देखा गया है कि विदेशी प्रवासियों द्वारा प्राप्त होने वाली आय को जनहित के कार्यों पर व्यय नहीं किया जाता, जबकि आजकल हर राष्ट्र कल्याणकारी कार्यों के बढ़ावे पर जोर दे रहा है। पर्यटन उद्योग में विदेशी मालिकों के प्रभुत्व व विदेशी का दक्ष रोजगारों में होने के परिणामस्वरूप यह सम्भव है कि राष्ट्र की आय का राष्ट्रीय गुणित कुल राष्ट्रीय उत्पादन के गुणित के मुकाबले में कम होगा।

मान्यताएँ—जिन लघुकालीन नीतियों के सम्बन्ध में यह माना जाता है कि सभी स्रोत्र और मजदूरों तथा पूंजी का सही प्रयोग नहीं हो पा रहा है। ऐसी परिस्थितियों में प्रयोग हेतु केन्ज ने मूल गुणित सिद्धान्त बनाया। इन परिस्थितियों में एक बन्द अर्थव्यवस्था में वास्तविक आय व रोजगार में वृद्धि हो सकती है। यदि अन्तिम मांग के किसी भी तत्व में स्वतंत्र वृद्धि हो तो वास्तविक आय में वृद्धि गुणित के आधार पर निर्धारित की जा सकती है।

एक स्वतंत्र अर्थव्यवस्था में आय सृजन की क्रिया, बचत की सीमांत प्रवृत्ति से प्रतिबन्धित होती है। परन्तु जब तक $S+m<1$ है, गुणक भी इकाई से अधिक रहेगा। ये समस्त समान मान्यताएँ जो कि समाज हेतु समस्त स्रोतों के शून्य अवसर लागत के समान समझी जाती हैं, लागू की जा सकती हैं। जहाँ पर किसी वर्गीय गुणित को उस वर्ग की अन्तिम उत्पादन वृद्धि के परिणामस्वरूप असली आय में वृद्धि को प्रदर्शित करने हेतु प्रयोग किया जाता है। परन्तु एक विकासशील अर्थव्यवस्था में, विशेषतौर पर न प्रयोग की जाने वाली अंश पूंजी को इस अर्थव्यवस्था की विशेषता नहीं कहा जा सकता है। वर्तमान परिपेक्ष्य में यह सैद्धान्ति और अनुभव प्राप्त करने में कोई मदद नहीं पहुंचता है। अतः इसके अनुसार श्रम मूल्य विहीन है।

अवएव सामान्यतः यह मान लिया जा सकता है कि स्रोतों की विकासशील राष्ट्रों में अवसर लागत स्थिति होगी, इस तरह की परिस्थितियों में कम वक्त में अन्तिम मांग में वृद्धि होने से कीमतों में वृद्धि हो सकती है। हालांकि मूल्यों में वृद्धि होने से आय के वितरण, उपभोग की प्रवृत्ति तथा उपभोग के आकार में भी बदलाव की सम्भावना होगी।

अनुमानित पर्यटक गुणित

क्र. सं.	*शोध करने वाली संस्था*	*गुणित*	*देश*
1.	पर्यटन की लागत एवं फायदा का अध्ययन, पर्यटन विभाग हेतु एन.सी.ए.ई.आर. द्वारा किया गया अध्ययन	3.2-3.6	भारत
2.	पाकिस्तान के पर्यटन हेतु मास्टर प्लान, 1965	3.3	पाकिस्तान
3.	न्यूहेम्पसायर में अवकाशकालीन यात्रा व्यापार, स्टेट आफ न्यूहेम्पसायर 1962, अर्थ विकास का विभाग	1.6-1.7	न्यूहेम्सायर
4.	चेछी एण्ड कम्पनी, वाशिंगटन, डी.सी.	1.36	वहामाज
5.	पाल जी क्रेग, हवाईयन पर्यटन का भविष्य में विकास तथा इसका पड़ोसी द्वीप समूहों पर प्रभाव 1963, आर्थिक शोध केन्द्र, हवाई विश्वविद्यालय,	.09-1.7	हवाई
6.	हेरी जीक्लेमेन्ट, पर्यटन का प्रशांत तथा सुदूर पूर्व में भविष्य, 1961, चेछी एण्ड कम्पनी, वाशिंगटन, डी.सी.यू.एस., डिपार्टमेंट आफ कॉमर्स के लिए	3.2-4.3	प्रशांत तथा सुदूर पर्व
7.	पैयरा गौरा, नेमाल विभाग प्रोस्पेस्टिम सुर एपोर्ट इन टूरिज्म डेवलेपमेन्ट इकोमिक दि लेवान 1967, डिपार्टमेन्ट रिसर्च इन डोकुमेन्टेसन ओ.एन.टी., लेवलोन	1.2-1.4	लेवेनोन
8.	आयरलैंड में पर्यटन के अर्थशास्त्र का अध्ययन, 1966	2.7	आयरलैंड
9.	डेनियल वी. स्यूटस, ग्रीक अर्थव्यवस्था का आर्थिक ढाँचे का नमूमा 1964, पृ. 119-121, आर्थिक शोध केन्द्र, एथेन्स	1.2-1.4	ग्रीस

इससे स्पष्ट समझा जा सकता है कि उपरोक्त देशों में अधिक आय वाले समाज में विदेशों से आयातित वस्तुओं के प्रयोग में वृद्धि से वितरण को पुनः लाभ होगा। आयात की क्रिया में विचलन की प्रवृत्ति रहेगी ताकि आयात की औसत प्रवृत्ति में वृद्धि हो, इसके

अतिरिक्त, यदि विनिमय दर नियत है तो स्वदेशी मूल्य में वृद्धि की प्रवृत्ति रहेगी, जिससे उत्पादित वस्तुओं के विकल्प के रूप में आयात अधिक होगा, यह मानने का कारण यह है कि उद्योगों के मध्य के लेन-देन के ढाँचे के गुणक (ढाँचे में उद्योग सहित) में आश्रित होकर ही बदलाव आयेंगे एवं ये बदलाव आयात गुणक पर प्रभाव डालकर गुणित में भी कमी लायेंगे। परिणामस्वरूप इस तरह पीटर्स का यह सुझाव गलत होगा कि सामान्य नियम के समान विकासशील राष्ट्रों ने यदि पर्यटन गुणक को माना है, तो पर्यटक व्यय में बदलाव होने से आय में भी चौगुनी वृद्धि हो जायेगी।

इसके अतिरक्त जब तक अंश पूंजी व मजदूर-शक्ति के प्रयोग बावत अतिरिक्त सूचनाएँ उपलब्ध नहीं हैं, गुणित जो प्रदर्शित करना चाहता है वह ठीक स्पष्ट नहीं होगा—भले ही वह उद्योगों के मध्य के लेन-देन के ढांचे से निकाला गया है।

"हालांकि अंश पूंजी व मजदूर-शक्ति के भाग जहाँ पूर्णतः प्रयोग में नहीं हैं, उन दशाओं में पर्यटक गुणक हमें इस समस्या के समाधान हेतु कोई सूक्ष्मकालीन ढंग नहीं बतलाता है। यदि अन्य निर्यात उद्योगों में अत्यधिक क्षमता है, तो पर्यटन का विस्तार इस क्षेत्र में कोई खास सहायता नहीं कर पायेगा। क्योंकि इन उद्योगों से स्रोतों का विचलन नहीं हो पाता है। केवल दीर्घकाल में ही यह विचलन होता है, परन्तु इन स्रोतों का विवरण विभिन्न समस्याएँ पैदा करता है। दूसरी तरफ यदि अधिकतम क्षमता स्वदेशी उद्योग में है तो यह महसूस होगा कि लघु काल में घाटे के बजट के माध्यम से सरकारी व्यय में वृद्धि से यह अधिक प्रभावशाली होगा क्योंकि कम-से-कम सरकारी व्यय की हिदायतें प्रभाव डालने हेतु कुछ विशेष किस्म की बनायी जा सकती हैं।

पर्यटक गुणित की आलोचना के आधार पर यह तथ्य दृष्टिगत होता है कि पर्यटक गुणित का जिस तरह से प्रयोग किया जा रहा है उसमें पर्यटन के विस्तार से प्राप्त होने वाले दीर्घ गामी फायदों का ही आकलन किया जाता है। वो परिस्थितियाँ जिनमें यह हो सकता है बिल्कुल ही अवास्तविक हैं, जैसे पर्यटन के माध्यम से प्रत्यक्ष व अप्रत्यक्ष रूप में इस्तेमाल किए गए समस्त स्रोतों की अवास्तविक शून्य अवसर लागत।

पर्यटन में गुणित के प्रभावों को स्वीकार किया गया है। अमेरिका के वाणिज्य विभाग के माध्यम से गठित सर्वेक्षण सन् 1560 में प्रशान्त द्वीप व पूर्वी एशिया के राष्ट्रों हेतु स्थापित किया गया था। इसके अनुसार गुणित प्रभाव कई राष्ट्रों में 3.2 से 4.5 तक रहता है। नेशनल काउन्सिल ऑफ इकोनोमिक्स रिसर्च ने भारत हेतु गुणक का अनुमान 3.6 और 3.2 लगाया है। विनियोजन, निर्यात और राज्य उपभोग के व्यय में वृद्धि के समान इसका भी गुणित प्रभाव पड़ता है। इससे समझा जा सकता है कि पर्यटकों द्वारा व्यय धन का प्रभाव उस राष्ट्र की अर्थव्यवस्था पर पड़ता है।

भारत में पर्यटन के विकास के अधिकतम आर्थिक फायदा प्राप्ति हेतु यह जरूरी है कि इस उद्योग में उपभोग होने वाली मुख्य आयात वस्तुओं पर कड़ी नजर रखी जाय, आयात

वस्तुओं की जगह पर स्थानीय वस्तुओं को प्राथमिकता दी जाये। इससे पर्यटक गुणित की वृद्धि में महत्वपूर्ण प्रभाव पड़ेगा इससे पूरे राष्ट्र की अर्थव्यवस्था लाभान्वित होगी।

भुगतान सन्तुलन का सकारात्मक प्रभाव

विदेशी यात्रियों द्वारा किये गये खर्च का देश के भुगतान पर अत्यधिक असर पड़ता है। अन्तर्राष्ट्रीय पर्यटकों के व्यय किये बिना बहुत से प्रशान्त व सुदूर पूर्व के राष्ट्रों में बहुत ही कमजोर भुगतान सन्तुलन रहता था। फलतः बहुत से राष्ट्रों को आयात में कमी करने को बाध्य होना पड़ता था। ब्रिटेन, स्पेन, इटली, आयरलैंड, न्यूजीलैंड, स्विट्जरलैंड व मैक्सिको में पर्यटन एक महत्वपूर्ण योगदान कर सकता है। एक व्यक्ति विशेष के बाबत जो उसकी है, ठीक उसी के विपरीत एक राष्ट्र को बहुत धनी होना अनिवार्य नहीं है। निरंतर सकारात्मक सन्तुलन होने से भी राष्ट्र की अर्थव्यवस्था पर मुद्रास्फीति के प्रभाव पड़ते हैं। इसका उदाहरण जर्मन की 1968-69 की आर्थिक परिस्थितियाँ हैं। बहुत से जर्मन लोगों ने पर्यटन के रूप में सम्पूर्ण यूरोपियन राष्ट्रों में यात्रा करके जर्मन मार्क्स को व्यय करना आरम्भ किया ताकि आन्तरिक मुद्रास्फीति को घटाया जा सके। दूसरी तरफ हम एक विकासशील राष्ट्र का विचार करते हैं। क्योंकि इस राष्ट्र को आधारित संरचना व मूल उद्योगों के निर्माण के वास्ते, बहुत से यन्त्र व अन्य सामान विदेशों से आयात करने होते हैं। इसलिए भुगतान में संतुलन न होने से नुकसान की अधिक संभावना रहती है। अतएव उनके लिए लाभदायक होगा कि नकारात्मक व्यापार सन्तुलन के क्षतिपूर्ति हेतु विदेशी पर्यटकों को आमन्त्रित करें, सैद्धान्तिक रूप में, पर्यटन के आर्थिक प्रभाव तभी अच्छे होते हैं जबकि पर्यटकों के सन्तुलन के सकारात्मक भुगतान सन्तुलन की अपेक्षा अच्छे हों, अतएव सकारात्मक भुगतान सन्तुलन में यह उम्मीद होगी कि पर्यटक सन्तुलन नकारात्मक हो, एक राष्ट्र जो सकारात्मक पर्यटक सन्तुलन से फायदा प्राप्त करता है उसके लिए यह जरूरी होगा कि विदेशी पर्यटक जो उनके देश में यात्रा करते हैं उनकी अपेक्षा उसके स्वयं के विशेष श्रेणी नागरिक (धनी वर्ग) विदेशों में कम व्यय करें। इस स्थिति में विनियम नियंत्रण करना आवश्यक होता है।

किसी भी व्यक्तिगत राष्ट्र का व्यापार खाता उस राष्ट्र की अर्थव्यवस्था में पर्यटन के महत्व को मापने का सरल उपाय है। विदेशी पर्यटकों के माध्यम से किया गया व्यय किसी भी देश के भुगतान संतुलन की स्थिति को सकारात्मक रूप में प्रभावित करता है। पर्यटन से अर्जित आय निम्न तथ्यों पर निर्भर करती है :

(1) उनके ठहरने का औसत समय।

(2) आने वाले पर्यटकों की संख्या।

(3) किसी विशेष समय में मूल्यों का स्तर।

आन्तरिक पर्यटन–आर्थिक दृष्टि से आन्तरिक पर्यटन अत्यधिक लचकशील दिखाई पड़ता है। चूंकि इसके द्वारा दो प्रकार के पर्यटनों का विकास होता है। प्रगतिशील पर्यटन व्यापार एक प्रभावशाली पर्यटन पर ही निर्भर करता है। इस पर्यटन यन्त्र के माध्यम से ही स्थानीय पर्यटन व्यापार के सृजन के साधन, जैसे–होटल, परिवहन, दर्शनीय स्थल आदि से निर्मित होते हैं। आन्तरिक पर्यटन से आय का सृजन होता है जिसके परिणामस्वरूप स्थानीय नागरिक स्वदेश में यात्रा कर सकते हैं। इस तरह की आय से स्थानीय लोगों की आय में वृद्धि होगी जो कि विदेशी यात्रा करने की क्षमता रखते हैं एवं देश में असंख्य पर्यटकों के आगमन को देखते हुए वे भी विदेशों की यात्रा के लिए प्रेरित होते हैं।

बाह्य पर्यटन–बाह्य पर्यटन से किसी भी पर्यटन का निर्माण नहीं होता। बाह्य पर्यटन के द्वारा नये विचारों या ख्यालों व भावनाओं का विकास होता है। एक राष्ट्र हेतु जो बाह्य पर्यटन है वही दूसरे राष्ट्र हेतु आन्तरिक पर्यटन कहा जा सकता है।

स्थानीय पर्यटन–स्थानीय पर्यटन हेतु निर्माण किए गए आवास में कुछ-न-कुछ आयातित पूर्ति व यन्त्र भी सम्मिलित होते हैं। बहुत से स्थानीय पर्यटन आयातित ईंधन के माध्यम से संचालित परिवहन के माध्यम से यात्रा करते हैं एवं आयातित खाद्य व पेय पदार्थ का उपभोग करते हैं, दूसरी तरफ स्थानीय पर्यटक के माध्यम से निर्मित यात्रा तन्त्र विदेशी पर्यटकों से विदेशी मुद्रा अर्जित करने का साधन बन जाते हैं। इस तरह अन्तर्राष्ट्रीय पर्यटन से भुगतान संतुलन निकालने में बड़ी सुविधा मिलती है। यह स्पष्ट है कि पर्यटन के भिन्न-भिन्न आकार आपस में पूर्णतः सम्बन्धित हैं एवं इनका भुगतान संतुलन की स्थिति पर विभिन्न प्रभाव पड़ते हैं।

कुछ अर्थशास्त्री इस विचार वाले हैं कि अन्तर्राष्ट्रीय पर्यटकों के व्यय की महत्ता का अध्ययन स्थानीय नागरिकों के माध्यम से विदेशों में यात्रा किए गए व्यय को ध्यान में रखकर करनी चाहिए। दूसरे शब्दों में अन्तर्राष्ट्रीय पर्यटकों के खर्च की तुलना विदेशों में यात्रा करने वाले नागरिकों (बाह्य पर्यटन) के माध्यम से किए गये खर्च से करनी चाहिए ताकि पर्यटन के भुगतान संतुलन की स्थिति का सही आंकलन किया जा सके। यह तर्क अक्सर पर्यटन की महत्ता को कम करने हेतु किया जाता है।

पर्यटन तथा राष्ट्रीय आय का भुगतान

पर्यटन में विदेशी आय का कुछ ही व्यक्तियों के अधिकार में होने के कारण देश की वित्त प्रबन्ध के उन्नति व विकास में एक विशिष्ट विकट समस्या है। मध्यकाल में बचत को सोने, चांदी, जेवर अथवा मूल्यवान धातु के रूप में परिवर्तित किया जाता था। द्वितीय अवस्था में, बचत को भूमि व वन सम्पत्ति के रूप में किया जाता था। परिवर्तनशील पूंजी

नियोजन कृषि हेतु उत्पादनहीन भूमि में किया जाता था। पर्यटक ने राष्ट्रीय आय को कुछ ही व्यक्तियों के हाथ में संचय होने से रोका है, इसने व्यय के अवसरों का सृजन किया। इससे बचत को यात्रा, सामुद्रिक यात्रा, ललित कला दर्शन, स्वास्थ्य लाभ, पर्यटन स्थल, अन्तर्राष्ट्रीय क्रीड़ा समारोह, महा सम्मेलन, प्रदर्शनियों, मेलों आदि में व्यय करने का अवसर मिलता है। इन सबसे धन का पुनः वितरण होता है, जिससे रोजगार के अवसरों में वृद्धि होती है, अन्य क्षेत्रों में बेरोजगारी घटती है। इन सबका यह प्रभाव पड़ता है कि अविकसित क्षेत्रों जिनकी तरफ कोई ध्यान नहीं दिया गया था, में विकास होने लगता है। सामाजिक दृष्टि से आय के वितरण में सुधार की क्रिया से आय में वृद्धि अधिक प्रभावशाली होगी। आय का स्थिर होने से अथवा वितरण न होने से कोई विकास नहीं होता है।

पर्यटन विदेशीय निर्यात

व्यापार से जुड़े प्रत्येक व्यक्ति आयात और निर्यात के अन्तर्गत आते हैं। जिसे भौतिक व्यापार भी कह सकते हैं। परन्तु इससे महत्वपूर्ण निर्यात का एक अन्य तरीका, सेवाएं हैं जो अदृष्टिगत निर्यात हैं। इसके तहत निम्न हैं—

(1) बैकिंग सेवायें,

(2) परिवहन सेवायें,

(3) पर्यटन व्यापार,

(4) बीमा सेवायें।

पर्यटन व्यापार सेवाओं का व्यापार है हालांकि इसके तहत कुछ भौतिक मदें जैसे खान-पान आदि भी शामिल हैं।

यह समझना जरूरी है कि पर्यटन की विदेशी या अन्तर्राष्ट्रीय व्यापार में क्या उपयोगिता है? सर्वप्रथम पर्यटन उद्योग के अन्तर्गत आता है जहाँ पर यह पर्यटन शब्द व्यापार से संबंधित है। इसकी उत्पादित वस्तु है—सेवायें प्रदान करना। जो कि एक अदृष्टिगत वस्तु है एवं इसको अन्य व्यापारिक वस्तुओं की भांति ही व्यापार में विनिमय व विपणन किया जाता है। अधिकतर राष्ट्रों में यह बहुत ही विशद है। पिछले कुछ समय से भारत ने पर्यटन व्यापार को पर्याप्त प्रोत्साहन दिया है। परिणामस्वरूप यह राष्ट्र की आय अर्जन का बहुत ही महान उद्योग बन चुका है। कभी-कभी पर्यटन के विपरीत प्रभावों के कारण अन्तर्राष्ट्रीय व्यापार में असामंजस्य की स्थिति बन जाती है।

कोई व्यक्ति दूसरे देश में किसी न किसी न किसी उद्देश्य की पूर्ति के लिए जाता है। उसी को पर्यटन के अंतर्गत समझा जा सकता है। यदि हम ब्रिटेन जायें एवं वहां पर अपना धन व्यय करें तो उन्हीं के देश में रहकर ब्रिटेन की पर्यटक सेवाओं का आयात करते हैं। इस

तरह की अजनबी परिस्थिति इसलिए पैदा होती है क्योंकि हम व्यक्तियों अथवा आदमियों से सम्पर्क कर रहे हैं।

अभौतिक वस्तुओं से तो उद्योगों में विशेषकर कर से सम्बन्धित समस्यायें पैदा होती हैं, परन्तु इसके कुछ फायदा भी हैं, इससे सर्वाधिक लाभ वस्तु को बाहर भेजने से है। क्योंकि फुटकर खर्चे व सेवाओं के खर्च विदेशी एजेन्टों को देने के बजाय भारतीय कम्पनियों को दिए जाते हैं। इससे राष्ट्र को बड़ी मात्रा में आय (धन) प्राप्त होती है।

पर्यटन के लिए अपनी सेवाओं पर प्रत्येक देश का एक विशिष्ट अधिकार होता है। हर राष्ट्र अपने खान-पान हेतु प्रसिद्ध है, इसके अपने रीति रिवाज, भव्य दृश्य, इतिहास, विशेष समारोह हैं, जो पर्यटकों को अपनी तरफ आकर्षित करते हैं। भारतीय पर्यटन की ब्रिटेन के पर्यटन से तुलना नहीं की जा सकती है, ये दोनों बिल्कुल भिन्न है। ब्रिटेन में यात्रा करने वाले पर्यटकों की तुलना में भारत में आने वाले पर्यटकों के कुछ भिन्न उद्देश्य होते हैं।

यह बात बिल्कुल सत्य है कि व्यापार की संरचना जितनी विशाल होगी पर्यटन का स्वरूप उतना ही बड़ा होगा। क्योंकि यह एक दूसरे राष्ट्रों के मध्य सम्पर्क स्थापित करते हैं, एवं इससे राष्ट्रीय लोगों का आपस में विचार विनिमय होता है जो कि अपने मित्रों को व्यापार हेतु किसी विशेष कारण हेतु तथा अन्त में शुद्ध आनन्दनीय मनोरंजन यात्रा हेतु लालायित करते हैं। यह मुख्य धारणा है कि यात्रा के विशद आकार का जन्म धनी राष्ट्रों में होता हैं। धनी राष्ट्र वही है जहाँ अन्तर्राष्ट्रीय पर्यटन व्यापार उचित रूप में विकसित है। क्योंकि राष्ट्रीय अस्तित्व का यह एक बहुत ही लाभकारी स्वरूप या आकार है।

अन्तर्राष्ट्रीय व्यापार के महत्व को एक परिवार के उदाहरण के माध्यम से भली-भांति समझा जा सकता है। अगर हर परिवार को स्वावलम्बी बनना है, तो उनके पास इतना वक्त नहीं होगा कि किसी व्यवसाय व व्यापार में दक्षता हासिल कर सके। सेवाओं का विनियम न होने से राष्ट्र गरीब हो जायेगा। जितना ज्यादा विशिष्टीकरण का स्तर होगा उतना ही व्यापार से विनियम होगा, परिणामस्वरूप इससे व्यापार में भाग लेने वाले लोगों में धन वृद्धि होगी।

यह कहा जाता है कि यात्रा करना जीवन हेतु अनिवार्य नहीं है। यात्रा केवल उन्हीं राष्ट्रों के माध्यम से की जा सकती है जहाँ कि निवासित लोगों के जीवन की न्यूनतम आवश्यकताओं को पूर्ण कर सकते हैं, एवं इसके पश्चात् उनके पास इतनी आय हो कि वे यात्रा में भाग ले सकें। यात्रा एक तरह की वस्तु है जिसके उपभोग करने से और अधिक उपभोग करने की प्रबल इच्छा होती है। कुछ वस्तुएँ हैं जैसे डबल रोटी। आय में वृद्धि होने से इसकी माँग में घटौती होती है। इसी तरह कुछ वस्तुएँ हैं जिनकी माँग अपरिवर्तित रहती है। कुछ अन्य मामलों में आय वृद्धि से मांग में वृद्धि नहीं होती है। उदाहरणार्थ, स्याही। यात्रा के बारे में बिल्कुल विपरीत नियम लागू होता है, जितना ज्यादा आप धनी होंगे उतना ही आप विश्व यात्रा करना चाहेंगे एवं लोगों से मिलना चाहेंगे। यात्रा के आनन्द कुछ लोगों हेतु समाप्त नहीं होते हैं।

आमतौर पर कहा जा सकता है कि यात्रा करने से सबसे अच्छा भविष्य उन लोगों का है जो अधिकतर यात्रा करते रहते हैं। एक यात्री जो विदेशी यात्रा कर चुका है फिर से भविष्य में अन्य राष्ट्रों की यात्रा करना चाहता है। यदि उसके पास अधिक धन हो तो वह अपना अधिक धन व समय अन्तर्राष्ट्रीय पर्यटन का आनन्द लेने में व्यय करना चाहेगा। अर्थशास्त्रियों का सुझाव है कि अन्तर्राष्ट्रीय पर्यटन पर किए गये व्यय की रकम का स्वतंत्र रूप में खर्च करने योग्य आय के साथ प्रत्यक्ष सम्बन्ध होता है। यह एक सैद्धान्तिक विचार है जो कि व्यावहारिक जीवन में मान्य है।

इसका अर्थ आप की उस रकम से है जो कि यात्रा जैसी अनावश्यकताओं पर व्यय करने हेतु जीवन की जरूरी चीजें जैसे खान-पान, रहन-सहन, कपड़ा इत्यादि को पूर्ण करने के पश्चात् उपलब्ध होती है। यह देश की आमदनी के रचना से जुड़ी है। आमदनी को खर्च करने में तमाम सामग्री व उपभोक्ता की चीजें जैसे-रेफ्रिजरेटर, अच्छा घर, कार, अति प्रिय क्रियायें, फोटोग्राफी आदि पर्यटन से सम्बन्धित हैं। लेकिन इनको खरीदने का भिन्न तरीका होता है, अक्सर ये वस्तुयें यात्रा उद्योगों की प्रतिस्पर्धी होती हैं।

पर्यटन का महत्वपूर्ण उद्देश्य अंतर्राष्ट्रीय व्यापार में आधुनिक प्रगति का साधन है। विशद यात्रा आन्दोलन के पैमाने में आय का एक समान वितरण होने का मुख्य कारण उन्नीसवीं व बीसवीं सदी में व्यापार उद्योग व परिवहन के साधनों में वृद्धि से समाज में क्रांति उत्पन्न हो गयी है। इसी वक्त अन्तर्राष्ट्रीय व्यापार में एक बहुत बड़ा फैलाव हो रहा था; जिससे न केवल माल व वस्तुओं के विचलन से विश्व भर में बहुत बड़े पैमाने पर प्रत्येक किस्म के अन्तर्राष्ट्रीय लेन-देनों में वृद्धि हुई जिससे राष्ट्र की अर्थव्यवस्था में भी गतिशीलता उत्पन्न हुयी है।

देश के निर्यात व्यापार और आयात यात्रियों के परिवहन दोनों में ही घनिष्ठ संबंध है। बिना किसी शंका के कहा जा सकता है कि यात्रा से मार्केट का सृजन होता है; क्योंकि यात्रियों में अधिकतर व्यापारी होते हैं अतएव एक अच्छे फलते-फूलते पर्यटक आन्दोलन से भविष्य में आने वाले समय में पर्यटक राष्ट्र की अर्थव्यवस्था में अहम् कड़ी सिद्ध होंगे।

पर्यटन के माध्यम से भिन्न-भिन्न राष्ट्रों के मध्य पैदा होने वाले लेन-देन व धन सम्बन्धी विचलन चालू एक पूंजी दोनों ही प्रकृति के होते हैं, ये निम्न हैं–

(1) विदेशी, अन्तर्राष्ट्रीय, हवाई व सामुद्रिक कम्पनियों के माध्यम से किया गया भुगतान–इससे भी व्यापार सन्तुलन के अन्य उद्देश्य दृश्यगत मदों में दिखाया जाता है अर्थात् सेवाओं व धन सम्बन्धी लेन-देन के अन्य आयात व निर्यात।

(2) पर्यटकों के माध्यम से क्रय किया गया पूंजी सम्बन्धी सामान–मोटरकार, पुरानी कीमती वस्तुयें आदि व्यापार के सन्तुलन में आयात-निर्यात माल के तहत सम्मिलित किए जाते हैं।

(3) यात्रा किए गए देश में पर्यटकों के माध्यम से किया गया व्यय—ये व्यय आवास, खान-पान; खरीददारी तथा स्थानीय परिवहन आदि पर किए जाते हैं। यह मद भुगतान के संतुलन के पर्यटन खाते में अलग रूप में परिलक्षित होते हैं।

(4) कर लाभांश—जिन राष्ट्रों में पूंजी का उद्‍गम हुआ उनमें पूंजी पर प्राप्त फायदा को प्रेरित करने के धन-सम्बन्धी हस्तांतरण के लेन-देन होते हैं। ये भी भुगतान संतुलन में अन्य अदृश्यगत मदों के तहत सम्मिलित किए जाते हैं।

(5) विदेशी मुद्रा विनियोजन—विशेषकर आवास व्यवस्था में विदेशी पूंजी विनियोजन भी भुगतान संतुलन में पूंजी खाते के तहत सम्मिलित होती है।

(6) वित्त समस्या—विदेशों में पर्यटन उद्योगों में कार्यरत राष्ट्रीय नागरिकों के माध्यम से हस्तांतरित धन विदेशों में पर्यटन कार्यालय व विज्ञापन हेतु प्रदान किए गए वित्त का हस्तांतरण। यह मदें भी भुगतान सन्तुलन में अन्य अदृश्यगत मदों के तहत सम्मिलित की जाती हैं।

भारतीय पर्यटन सिंहावलोकन

भारत एक धर्म निरपेक्ष राष्ट्र है। यहां विभिन्न धर्म को मानने वाले लोग स्वतंत्र रूप से निवास करते हैं। अतः यहां प्रत्येक दिन पर्व अथवा उत्सव होता रहता है। पर्यटन की नजरिये से भी यह देश श्रेष्ठतम राष्ट्रों में से विश्व में एक है। यहाँ के विविध पर्यटन उत्पाद देश को व्यापक प्रगति की ओर प्रेरित करने में काफी सफल रहे हैं। निम्नांकित तत्वों से यह स्पष्ट हो जाता है कि पर्यटन उत्पादों की स्थिति कैसी है।

वन्य जीवन—भारत की वन्य जीवन भी अपने-आप में कुछ विशेषता रखती है। विभिन्न वन्य पशु, यहाँ के बाघ वनों में स्वतंत्र रूप से विचरण करते रहते हैं। राजस्थान में स्थित रणथंभौर एक ऐसी जगह है, जो अपने बाघों के लिए विख्यात है। कश्मीर की सुप्रसिद्ध शरणस्थली अपने हिरन और बारहसिंगाओं के लिए विश्व प्रसिद्ध है। राजाजी नेशनल पार्क केवल अपने जंगली हाथियों के झुंडों के लिए विख्यात है। इसी तरह स्नेक पार्क विभिन्न प्रकार के सर्पों के लिए और सुन्दर वन का मगरमच्छ पार्क अपने तरह-तरह के मगरमच्छों के लिए विख्यात हैं। इन सभी से इन वन्य पशुओं के निजी जीवन के विषय में जाना जा सकता है।

सांस्कृतिक पर्यटन उत्पाद—भारत भले ही आर्थिक क्षेत्र में कई राष्ट्रों से पीछे है लेकिन सभ्यता और संस्कृति के क्षेत्र में यह विकासशील देश विश्व के सभी राष्ट्रों से आगे है। यहां संस्कृति की ख्याति सम्पूर्ण विश्व में है, जो विदेशी पर्यटकों को अपनी ओर आकर्षित करती है। पर्यटन उत्पाद के तौर में भारतीय संस्कृति के नृत्य-गायन, पेंटिंग, मूर्तिकला, वास्तुकला इत्यादि अतिप्रसिद्ध हैं। सम्पूर्ण भारत की यों तो एक ही तरह की संस्कृति रही है,

पर जलवायु, स्थान आदि के कारण वह परिवर्तित भी हो जाती है। अजंता एवं एलोरा की गुफायें, बौद्ध धर्म की कला और वास्तु शास्त्र के ज्वलंत उदाहरण हैं। पुरी के हिन्दू धर्म के मंदिर विशिष्ट प्रकार की संस्कृति के परिचायक हैं। इसी तरह जैन वास्तु शास्त्र गुजरात और मुस्लिम वास्तुशास्त्र, फतेहपुर सीकरी (आगरा) तथा अन्य स्थानों पर दर्शनीय हैं।

भारतीय नृत्य, विशेष तौर पर दक्षिण भारत का भरत नाट्यम, मणिपुर का कुचिपुडी नृत्य, उत्तर भारत का कत्थक नृत्य, केरल का कथकली नृत्य, उड़ीसा का ओडिसी नृत्य इत्यादि विश्व प्रसिद्ध हैं। भारतीय चित्रकला में भी विविधता है। राजस्थान की मधुबनी कला, उत्तर प्रदेश की विचित्र कला के अतिरिक्त भी विभिन्न व्यक्तियों द्वारा चित्रकला का अद्‌भुत प्रदर्शन किया गया है।

इसी प्रकार भारतीय शास्त्रीय संगीत भी सर्वविदित एवं प्रसिद्ध है। तमिलनाडु के मृदंग एवं कश्मीर के जलतरंग संगीत को कौन नहीं जानता। यहाँ संगीतज्ञों ने अपने संगीत के जादू से विश्व को सम्मोहित कर रखा है।

भारतीय वास्तुशास्त्र कला खजुराहो के मंदिरों में दूसरे इसी प्रकार के अन्य विशेषताएँ मंदिरों व स्मारकों में देखी जा सकती हैं। इसकी तुलना किसी दूसरे से करना शोभनीय नहीं कहा जा सकता।

इसी प्रकार भारतीय संस्कृति की अन्य विधायें भी पर्यटन उत्पाद में विभिन्न तरह से सहायक होती हैं।

धम्म—भारत आदि काल से ही धर्म प्रधान देश रहा है और यहाँ की अधिसंख्य जनसंख्या हिन्दुओं की है- मुस्लिम, ईसाई, सिक्ख, जैन, बौद्ध, ज्यूज, इत्यादि भी इस देश की जनसंख्या के ही अंग हैं तथा प्रेमपूर्वक निवास करते हैं। ये सभी धर्मावलम्बी अपने-अपने धर्मानुसार धार्मिक कृत्य पूजा-पाठ आदि स्वतंत्रापूर्वक करते रहते हैं।

सम्मेलन—यह बड़ी तीव्रता से पर्यटन उत्पाद के रूप में बढ़ रहा है। यह अधिसंख्य लोगों को आकर्षित करने में समर्थ है। इसमें आराम एवं काम दोनों को सम्मिलित किया जा सकता है। दिल्ली, बंगलौर, कोलकाता, मुंबई इत्यादि में कान्फ्रेंस आदि आयोजित की जाती हैं।

साहसिक खेलकूद एवं अन्य कार्य—समुद्र एवं बड़ी नदियों में ये साहसिक खेल-कूद होते रहते हैं। इन खेलकूदों से मानसिक प्रगति के साथ-साथ शारीरिक प्रगति भी होती है।

पर्व-उत्सव एवं मेले—मानव जीवन में पर्व-उत्सव एवं त्योहार निरन्तर होते रहते हैं। त्योहार, मेले आदि मौसम के मुताबिक होते हैं। दीपावली सम्पूर्ण देश में बड़े उत्साह से मनायी जाती है। होली पूरे देश में मिलन का त्योहार होता है। कुंभ, मेरठ का नौचंदी मेला, अलीगढ़ की नुमाइश आदि भी प्राचीन मेले हैं, जो सदियों से एक विशेष पर्व के तौर पर मनाये जाते हैं। जिनमें ग्रामीण तौर पर शहरी नागरिक सभी सम्मिलित होते हैं और अपनी आवश्यकताओं की पूर्ति करते हैं।

क्रय प्रक्रिया—पर्यटक यात्रा अवधि में मेले और बड़े-बड़े बाजारों से भिन्न प्रकार की वस्तुओं की क्रयदारी करता है। उदाहरण के लिए सहारनपुर और मैसूर में चंदन की लकड़ी, हाथी दांत, मुरादाबाद में पीतल का सामान, आगरा एवं कानपुर में चमड़े आदि का सामान निर्मित होता है। उन्हें क्रय करने के लिए लोग देश के कोने-कोने से पहुंचते हैं। बनारस की रेशमी साड़ियाँ, कश्मीर के गलीचे, लखनऊ की रेवड़ी, फिरोजाबाद की चूड़ियाँ पूरे विश्व में प्रसिद्ध हैं।

बीच—भारत एक प्रायद्वीप देश है। भारत के सागरीय पर्यटन स्थलों पर अधिकांश संख्या में पर्यटक मनोरंजन करने तथा अवकाश बिताने के लिए पहुँचते हैं। भारत के पास लगभग छः हजार मील लंबा समुद्र तट है। समुद्र के तटीय भागों में नारियल, पाम आदि के असंख्य कुंज हैं, जहाँ पर्यटक पहुंचते हैं। विभिन्न प्रकार के पशु-पक्षी वहाँ दिखाई देते हैं और पर्यटकों का मनोरंजन करते हैं। उड़ीसा, अंडमान निकोबार, गोवा, मुंबई, केरल इत्यादि में भिन्न- भिन्न प्रकार के बीच हैं और वहाँ विभिन्न राज्यों के लोगों का निवास है।

इस प्रकार भारतीय पर्यटन उत्पाद के उत्तम विविध तत्वों के आधार पर कहा जा सकता है कि हमारा यह पर्यटक उत्पाद एक विशिष्ट प्रकार एवं उपयोगी उत्पाद है। इन उत्पादों से आर्थिक, मानसिक, शारीरिक और अन्य सभी प्रकार के फायदे होते हैं।

विपणन की अवधारणा

आज पर्यटन जगत में बाजारीकरण की अवधारणा विकसित हो रही है क्योंकि पर्यटन की तरफ लोगों का मानसिकता बनना। पर्यटन के क्षेत्र में बड़े-बड़े उद्योगपति मुनाफा कमाने के लिए अधिक से अधिक पूंजी विनियोग करना चाहते हैं। अक्सर विपणन शब्द का प्रयोग प्रबन्धकों द्वारा अपनी कम्पनियों को आधुनिक, गतिशील एवं भविष्य द्रष्टा के रूप में प्रस्तुत करने के लिए किया जाता रहा है। विपणन के सही अर्थ को समझने के लिए हमें थोड़ा पिछले समय में जाना होगा।

विपणन की अवधारणा एवं इसका दर्शन—बाजारीकरण विचारधारा का प्रादुर्भाव सबसे पहले यू.एस.ए. में हुआ। इसके पश्चात् यह अवधारणा धीरे-धीरे पश्चिमी यूरोप एवं जापान में भी विकसित हो गयी। जापान ने इस विचारधारा को वास्तविक रूप में विकसित करके अन्य विश्व के राष्ट्रों तक पहुंचाया। जापान ने अपने समस्त उत्पादों को उपभोक्ताओं की अभिलाषाओं एवं आवश्यकताओं पर आधारित करके एवं इस कार्य में सफलता प्राप्त करके विपणन को एक नया आयाम दिया। वास्तव में जब तक देश का उत्पादन, इसकी मांग से कम रहा, तब तक विपणन की कोई सतत् वृद्धि नहीं हुई। परन्तु बीसवीं शताब्दी के छठे दशक में उत्पादन पद्धतियों में सुधार, संचार एवं यातायात के क्षेत्रों में नये-नये आविष्कारों के फलस्वरूप उत्पादन की मात्रा में लगातार वृद्धि होती गयी। ऐसे वातावरण में बाजारीकरण अवधारणा की वास्तविक रूप में आवश्यकता अनुभव हुई।

विपणन अवधारणा का आलंबन

जब उत्पाद माँग से अधिक उत्पादित होता है तब उत्पाद को विक्रय करने में अधिक समय लगता है जो विक्रयकर्ताओं की इच्छा पर पर निर्भर होती है परन्तु परिवर्तित परिस्थितियों में विपणन के अंतर्गत विक्रेताओं को अपने उत्पादों में क्रेताओं की इच्छानुसार परिवर्तन करना एक आवश्यकता बन गयी। जो विपणन का मूल आधार बना।

अमेरिकन मार्केटिंग इंस्टीट्यूट ने मार्केटिंग को निम्नांकित शब्दों में व्याख्यायित किया है—

पर्यटन और विपणन की अवधारणा

पर्यटन की संपूर्ण क्रियाओं पर विपणन का प्रमुख रूप से प्रभाव पड़ता है। आज के दौर में पर्यटन में पूंजी के रूप में भारी निवेश करना पड़ता है एवं इस क्षेत्र में पर्याप्त आधारभूत संरचना स्थापित करने में वर्षों लग जाते हैं। इस समस्याओं को एक सोची-समझी विपणन नीति के द्वारा ही हल किया जा सकता है।

रिपिनडॉर्फ ने विपणन विचारधारा को परिभ्रमण में शब्दों में स्पष्ट किया है—

भारतीय संदर्भ में विपणन की अवधारणा

भारत में पर्यटन जगत में पर्यटकों का आगमन कोई प्राचीन घटना नहीं है। स्वतंत्रता के बाद भारत ने अपनी अर्थव्यवस्था के लिए संरक्षित एवं प्रतिबन्धित व्यापार नीति अपनायी। उत्पादों की नयी इकाइयों को प्रारंभ करने, पुरानी इकाइयों का विस्तार करने एवं यहाँ तक कि उत्पादों के वितरण हेतु भी सरकारी अनुमति लेने की आवश्यकता होती थी। यही स्थिति पर्यटन के क्षेत्र में भी थी। वायु सेवाओं, होटल व्यवस्थापन और पर्यटन से सम्बन्धित अन्य क्रियाओं पर भी सरकारी नियंत्रण था। निजी कम्पनियों को इस क्षेत्र में आने की कोई अनुमति नहीं थी। परिणामस्वरूप विपणन विचारों के क्षेत्र में कोई महत्व नहीं मिल सका। यह स्थिति सन् 1980 के बीच तक बनी रही। भारतीय अर्थव्यवस्था के परम्परागत ढांचे में सुधार लाने का प्रयास सर्वप्रथम स्व. राजीव गांधी ने किया। परन्तु दुर्भाग्यवश उनकी असामयिक मृत्यु के कारण कोई ठोस योजना नहीं बन सकी। इसके उपरांत तत्कालीन प्रधानमंत्री नरसिम्हा राव ने 1989 में उद्योग व्यापार को सरकारी नियंत्रण से मुक्त करने एवं भारतीय अर्थव्यवस्था को विश्व अर्थव्यवस्था के समकक्ष लाने के लिए नयी आर्थिक नीति की घोषणा की जिसके अंतर्गत अर्थव्यवस्था के उदारीकरण के लिए कार्यक्रमों की घोषणायें की गयीं। इस नीति का सार इस प्रकार था—

इस प्रकार हम देखते हैं कि पर्यटन के क्षेत्र में विपणन की विचारधारा का प्रारम्भ उपर्युक्त ऐतिहासिक घटना के फलस्वरूप हुआ था। बाजारीकरण विचारधारा के फलस्वरूप

ही पर्यटन के क्षेत्र में अधिक विकास हो रहा है। 1995 के सर्वेक्षण के अनुसार भारत में पर्यटन आगमन का आँकड़ा 2 मिलियन को पार कर गया।

पर्यटन से सम्बन्धित सेवाओं की प्रकृति, वर्गीकरण, विशेषतायें एवं पर्यटन योगदान।

किसी देश के पर्यटन को विकसित करने में वहाँ की विचारधारा की विशेष भूमिका रहती है। बाजारीकरण की विचारधारा से पर्यटन का विकास ही नहीं होता बल्कि देश की आर्थिक स्थिति भी मजबूत होती है, साथ में विदेशी मुद्रा अधिक-से-अधिक आने की संभावना रहती है। राष्ट्र में पर्यटन की संभावनाओं में सकारात्मक वृद्धि करने के लिए हमें उन जरूरी सेवाओं की प्रकृति व विशेषताओं को जानना जरूरी है, जो पर्यटन से प्रत्यक्ष तौर पर सम्बद्ध हैं, तभी हम एक सकारात्मक विपणन विचारधारा को अपनाने में सफल हो सकते हैं। पर्यटन विकास की दृष्टि से जरूरी सेवाओं के अन्तर्गत निम्न आवश्यक तत्वों को रखा जा सकता है—

पर्यटन उत्पाद—पर्यटक उत्पाद विपणन में एक प्रमुख एवं महत्वपूर्ण भूमिका अदा करते हैं। वास्तव में पर्यटन का मूल आधार ही पर्यटक उत्पाद है जिससे आकर्षित तथा वशीभूत होकर राष्ट्रीय पर्यटकों का आगमन संभव होता है। पर्यटकों की दृष्टि से इनका विशेष महत्व होता है। सर्वप्रथम पर्यटक उत्पाद की प्रकृति, वर्गीकरण एवं विशेषताओं को जानने की काफी आवश्यकता होती है।

पर्यटकों की दृष्टि में पर्यटन उत्पाद के महत्व को इस प्रकार से स्पष्ट किया जा सकता है। भारत की अर्थव्यवस्था मिश्रित है। यहां की अर्थव्यवस्था में पर्यटन उत्पादन को विशेष रूप से शामिल किया गया है। क्योंकि पर्यटन उत्पादन से विदेशी मुद्रा का अधिक अर्जन होता है। इस उत्पाद में आकर्षण, परिवहन, आवास और मनोरंजन आदि महत्वपूर्ण तत्व सम्मिलित रहते हैं। एक देश अपने पर्यटक उत्पादों के रूप में जैसे—संग्रहालय एवं स्मारक, संस्कृति, प्राकृतिक संसाधन तथा शिल्प एवं कलात्मक संसाधन आदि को प्रस्तुत कर सकता है।

पर्यटकों की इच्छाओं एवं आवश्यकताओं के अनुसार ही इन उत्पादों को प्रस्तुत किया जाता है। विपणन की दृष्टि से सुविधायें, पहुंच या उपलब्धता तथा आकर्षण तीन आधारों पर उत्पादों को विकसित करने की आवश्यकता होती है।

पर्यटन को बढ़ावा देना

पर्यटन प्रोत्साहन में राष्ट्रीय एवं अंतर्राष्ट्रीय स्तर के पर्यटकों को ट्रेवल एजेन्टों के द्वारा पर्यटन से सम्बन्धित विभिन्न प्रकार जैसे—परिवहन, आवास, खान-पान आदि सुविधाओं से अवगत कराया जाता है।

पर्यटन प्रोत्साहन के पीछे मूल धारणा यह है कि उत्पाद से सम्बन्धित नवीनतम सूचनायें पर्यटकों को आगमन के लिए प्रेरित करती हैं।

पर्यटन प्रोत्साहन का कार्य पोस्टर, सांस्कृतिक आदान-प्रदान, दृश्य-श्रव्य सामग्री, संचार माध्यम, विज्ञापन तथा मेले एवं प्रदर्शनी आदि माध्यमों द्वारा किया जा सकता हैः– पर्यटन प्रोत्साहन की विशेषता यह है कि इसकी प्रकृति पर्यटकों में पर्यटक स्थान के प्रति जागरूकता लाती है जिससे पर्यटकों से जुड़े उत्पादों की बिक्री की संभावना बढ़ जाती है।

पर्यटन उत्पाद की बाजार का महत्व

पर्यटन उत्पाद की बाजार कीमत बहुत हद तक पर्यटन बाजार को प्रोत्साहित करती हैं। उत्पाद चाहे कितना ही अच्छा हो ठोस एवं स्थायी हो, यदि उत्पाद की कीमत प्रति स्पर्धात्मक कीमत से ज्यादा है, तो आय का आकार छोटा हो जायेगा। हर उपभोक्ता का सामान्य व्यवहार यही होता है कि वह दूसरे वैकल्पिक उत्पादों की कीमतों को ध्यान में रखकर ही विनिमय कार्य करता है। दुर्भाग्यवश हमारे प्राथमिक बाजार भौगोलिक दृष्टि से इतनी अधिक दूर हैं कि पर्यटकों द्वारा दी जाने वाली कीमत बहुत अधिक हो जाती है।

पर्यटन बाजार

पर्यटक भ्रमण के दौरान जिन-जिन वस्तुओं का क्रय करता है, वे सभी पर्यटन बाजार के अन्तर्गत आते हैं। बाजारों को विविध वर्गों में विभक्त करके हम पर्यटक आगमन के महत्वपूर्ण क्षेत्रों का आंकलन करके अपनी विपणन नीति में परिवर्तन कर सकते हैं तथा उसे और भी ज्यादा प्रभावशाली बना सकते हैं। कुल पर्यटन बाजार को मुख्य रूप से तीन भागों में विभाजित कर सकते हैं–

पर्यटन बाजार पर अधिकार

जिन पर्यटकों का उद्देश्य पर्यटन क्षेत्रों में जाकर अपना छुट्टी बिताना होता है, उस पर्यटकों को प्रायः पर्यटन बाजार पर बोझ समझा जाता है। क्योंकि ये पर्यटक किसी भी वस्तु के क्रय-विक्रय से ज्यादा घुमने-फिरने पर अधिक ध्यान देते हैं।

पर्यटन बाजार का व्यवसाय

इसके अंतर्गत अपनी व्यावसायिक आवश्यकताओं की पूर्ति के लिए आने वाले पर्यटकों को सम्मिलित किया जाता है।

सामान्य रुचि का पर्यटन बाजार

उपर्युक्त दोनों उद्देश्यों के अतिरिक्त अन्य सभी उद्देश्यों की पूर्ति के लिए आने वाले पर्यटकों को इस बाजार में सम्मिलित किया जाता है।

पर्यटन के क्षेत्र में सरकार द्वारा उठाए जाने वाले आर्थिक कदम

सरकार को पर्यटन विकास के संचालन की अधिकतर राशि का भुगतान करना चाहिए। सरकार द्वारा पर्यटन को वित्त प्रदान करने के अंशदान के पक्ष में बहुत से तर्क दिये जाते हैं। इनमें से कुछ प्रमुख इस प्रकार हैं–

वैश्विक पर्यटन प्रत्यक्ष रूप में सरकार की कठिनाइयों का निवारण करता है तथा इसका अधिकांश फायदा देश के अन्य आर्थिक क्षेत्रों की अपेक्षा सरकार को प्राप्त होता है। सरकार को प्रत्यक्ष तथा परोक्ष करों के द्वारा पर्यटन से एक बहुत बड़ी आय प्राप्त होती है। पर्यटक का गुणक प्रतिवर्ष लगभग 3.2 है तथा सरकार इस अतिरिक्त व्यापार के लगभग 10 प्रतिशत कर आय के रूप में प्राप्त करती है। पर्यटन विकास कार्यक्रमों के संचालन में कुल व्यय की तुलना करने से यह मालूम होता है कि करों से सरकार को आवास-इकाइयों, परिवहन एजेन्सियों एवं ट्रेवेल एजेन्ट्स द्वारा उपार्जित आय से भी अधिक आय प्राप्त होती है।

पर्यटक प्रशासन को स्वस्थ देय के संतुलन में अत्यधिक ध्येय होती है, इस क्षेत्र में पर्यटन एक महत्वपूर्ण योगदान देता है। पर्यटन के आर्थिक लाभ प्रत्यक्ष एवं परोक्ष रूप में समस्त क्षेत्र तथा समस्त जनसंख्या को प्राप्त होते हैं। सरकार के पर्यटन में योगदान से समुदाय की भौतिक सम्बन्धी सुख में वृद्धि होती है।

सरकार को राष्ट्रीय, क्षेत्रीय तौर पर, स्थानीय स्तर पर आर्थिक मदद प्रदान करनी चाहिये। अधिकतर देशों में समस्त पर्यटन संगठन सरकारी मशीनरी के अंश हैं। यह पर्यटन कार्यक्रमों में सक्रिय भाग लेती है तथा इस उद्देश्य की प्राप्ति के लिए पर्यटक संगठनों को एक प्रशासनिक अंग के रूप में प्रयोग करती है। तुलनात्मक दृष्टि से गैर-सरकारी पर्यटक संगठनों की अनुपस्थिति में सरकार पर्यटन को धन प्रदान करने में बहुत ही कम सक्रिय होती है। सरकार को पर्यटन विकास संगठन में प्रत्यक्ष निर्दिष्ट द्वारा धन उपलब्ध करना चाहिए। जहाँ तक हो सके पर्यटकों पर प्रत्यक्ष कर नहीं लगाना चाहिए। इस तरह के प्रत्यक्ष करों से एक प्रभावशाली पर्यटन कार्यक्रम के लिए उचित धन नहीं जुटाया जा सकता है। यह देखा गया कि प्रत्यक्ष करों से स्वयं पर्यटन गिर पड़ता है जिससे सरकार को नुकसान होता है। विदेशी सहायता प्राप्त प्रारम्भिक कार्यक्रमों के माध्यम आयात की बिक्री के उद्‌गम स्थानीय चालू फण्ड की भी सरकार विशेष प्रशिक्षण कार्यक्रम, तकनीकी सहायता की कुछ लागत, हवाई टर्मिनल के कुछ हिस्से की सुधार के लागत, हवाई पट्‌टी के विस्तार व निर्माण अथवा विशेष पर्यटक आर्कषणों के निर्माण व सुधार के लिए इस्तेमाल कर सकती है।

प्रशासन यात्रा संगठन हेतु अर्थ देने का प्राथमिक दायित्व ग्रहण कर सकती है। इस प्रकार प्रशासन द्वारा किये गये व्यय से प्रशासन व्यवस्थापकों के माध्यम हुआ व्यय का संगठन

के कामों पर श्रेष्ठ प्रभाव पड़ता है। मिशाल के तौर पर, स्पेन में यह अनुमान लगाया गया है कि निजी तौर पर संवर्धन पर किया गया स्पेनिश सरकार के विदेशों में किए व्यय होता है।

सरकार द्वारा कोष स्वयं उपयोग किए जाते हैं या इनको अनुदान ऋण या वित्तीय मदद के तौर पर पर्यटक संगठनों के लिए प्रवाहित किया जाता है। स्थानीय स्तर, पर स्थानीय सरकार के अनुदान को आनुपातिक स्थानीय करों के रूप में बढ़ाया जा सकता है। उदाहरणार्थ–ब्रिटेन में स्थानीय प्राधिकरणों को अधिकार है कि वे पर्यटन संवर्धन के उद्देश्य से कुछ वस्तुओं की दरों में वृद्धि कर सकते हैं। कुछ परिस्थितियों में अन्य हितों से एक निर्धारित योगदान की आवश्यकता होती है जिससे सरकार के योगदान की सीमा तय की जा सकती है। स्विट्जरलैंड में सरकार लाभान्वित उद्योगों एवं स्थानीय क्षेत्रों से प्रचार की लागत का 25 प्रतिशत कर लगाती है तथा उनके निजी प्रमोशन की लागत का 25 प्रतिशत पर्यटकों को वापस करती है। सरकार के योगदान का एक और ढंग है प्रोत्साहन प्रदान करना। इस दशा में पर्यटकों को कुछ विशेष करों से छूट दे दी जाती है, उदाहरणार्थ, कर रहित पेट्रोल कूपनों का निर्गमन।

सरकार स्थायी पर्यटन आकर्षण के निर्माण के लिए दीर्घकालीन विनियोजन के रूप में वित्त प्रदान कर सकती है। यह सीधे एक सरकारी संचालन को प्रारंभ करके 27 निजी उद्योग को ऋण देकर किया जा सकता है। विकसित उद्देशित पर्यटन स्थानों में सरकारें अक्सर पर्यटन विनियोग से लेकर विभिन्न प्रकार के वित्तीय प्रबन्धों की समस्त क्रियाओं में सम्मिलित होती हैं। प्रारम्भिक अवस्था में एक जरूरी आधारिक संरचना के लिए अत्यधिक पूंजी की आवश्यकता होती है। निजी उद्यमी बैंक व साख संस्थाएँ इस पहलू में एक प्रमुख भूमिका अदा करती हैं। सरकारी वित्त सहायता निजी उद्यमों के द्वारा किए गए योग्य व किए जाने वाले कार्यों के बजाय निजी उद्यमों को उत्तेजित एवं पूर्ण करती है। पर्यटन के ऊपर संरचना में सरकार का प्रत्यक्ष विनियोजन निजी विनियोजन को उत्तेजित करने के लिए किया जाता है, जैसा कि स्पेन, ग्रीस व पुर्तगाल राष्ट्रों में किया जा रहा है। ये समस्त स्वामित्व में अंशधारी बनकर या विकास करने वालों को आर्थिक सहायता प्रदान करके किया जाता है। इस तरह सरकार साख सुविधाओं के विनियोजन व अन्य प्रकार के संचालन के लिए वित्त प्रबन्ध व उचित ब्याज दर पर ऋण उपलब्ध कराके विकास के स्थान, किस्म व गुणों को प्रभावित कर सकती है।

यात्रा विकास की विशिष्ट प्रकृति एवं यात्री संस्था को कई रूपों के कारण से एक पृथक् प्रशासनिक संगठन की जरूरत है, जो कि पर्यटन के शारीरिक आकार के विकास को वित्त प्रदान कर सके। उदाहरणस्वरूप जैसे सेन्ट्रल द क्रेडिट होटोलियर, फ्रांस, पुर्तगाल का टूरिस्ट फण्ड, इजराइल पर्यटन उद्योग विकास निगम। भारत में हमारे पास भारतीय पर्यटन निगम हैं, जो देश अभी तक अविकसित हैं। उन देशों में यात्रा के कुछ व्यय एवं लागत और फायदा सम्बन्धी परेशानियां खड़ी हो जाती हैं। इन राष्ट्रों में आधारिक एवं ऊपरी संरचना की

दृष्टि से होटल एवं पर्यटन में विनियोजन बहुत ही भारी है। अतः एक गूढ़ पर्यटन विकास नीति के लिए अत्यधिक पूँजी विनियोजन की आवश्यकता होती है। परन्तु स्पष्ट रूप से पूंजी की कमी ही इन राष्ट्रों की विशेषता है। इसलिए यह आवश्यक है कि एक स्पष्ट एवं सन्तुलित योजना का सृजन किया जाय।

सरकार को विदेशी पूंजी विनियोजन के अवसरों की खोज, जिन्हें उन क्षेत्रों की तरफ प्रवाहित करना चाहिए जो पर्यटन विकास के लिए चुने गये हैं। पर्यटन के क्षेत्र में किए गए, विनियोजनों का लाभ अर्थव्यवस्था के दूसरे क्षेत्रों को भी प्राप्त होना चाहिए। कोई भी कदम जो सुविधाओं की सीमितता को समाप्त करे उसे त्याग देना चाहिए। अलग और लघु आकार की सुविधाएं जो दीर्घ समय में अन्य उपयोगों में न आ सकें बिल्कुल ही अनुमति नहीं देनी चाहिए। विशेषतः उन राष्ट्रों में जो पूंजी की कमी से परेशान हैं।

शासन यात्रा विकास निगम जैसे औद्योगिक कम्पनियों के जरिए पूंजी को निवेशित करने वाली कम्पनियों के साथ एक अल्पसंख्यक अंशधारी बन सकती है। इस प्रकार निगम निर्माण की उन्नति एवं उसे निश्चित अवधि में पूर्ण करने में नियंत्रक के रूप में सतत् कार्य करेगा। इस तरह की नीति जो किसी किस्म के ऋण एवं गारन्टी से वंचित है, की सफलता निम्न प्रकार के विभिन्न तत्वों पर निर्भर करती है :

होटल विनियोजन का अच्छा लाभांश पर्यटक वर्ष भर फैले हुए पर्यटन यातायात की सतत् वृद्धि पर निर्भर करता है। निर्माण कार्यक्रमों की सीमितता कम्पनी की प्रशासनिक, तकनीकी, वित्तीय विकास में मदद एवं प्रभावशाली तरीके से संचालित होने चाहिएं।

पर्यटन उद्योग को वित्त प्रदान करने की पद्धति के निर्धारण से पूर्व सरकार का एक प्राथमिक एवं जरूरी कदम यह है कि सम्भावित सैलानी के विश्लेषण के आधार पर प्राथमिकता के उद्देश्यों को निश्चित किया जाए तथा पर्यटक नीति का सृजन किया जाय जिसका आशय एक योजनाबद्ध कार्यक्रम से है। यह भी आवश्यक है कि किसी भी संस्था को ऋण स्वीकृत करने की क्रिया को उसके प्रत्येक स्तर पर प्रबन्ध कार्यकारी कर्मचारियों को प्रशिक्षित करने के साथ जोड़ा जाय।

जहां तक कर्जों व ऋणों से सरकार का प्रश्न है, तो सबसे अच्छा यही होगा कि यह कार्य किसी भी अलग संगठन को दिया जाए। आधारिक एवं ऊपरी संरचना हेतु लिये गए कदमों का यह समायोजन कर सकती है तथा यह देख सकती है कि निर्धारित नीति का उचित तरह पालन हो रहा है अथवा नहीं, यह देखना कि सरकारी नियंत्रण का ठीक से पालन हो रहा है। इस तरह की संस्था सरकारी विभाग की शाखा होनी चाहिए अथवा विशेष तकनीकी संस्था होनी चाहिए। किसी भी परिस्थिति में एक प्रभावशाली नियंत्रण वित्तीय सहायता के अनुदान से पूर्व तथा कार्यान्वित करने के उपरांत दोनों ही दशाओं में होना आवश्यक है। कर्ज पर कर का औसत आर्थिक दशाओं पर आधारित हो सकती है। इसका अनुपात अनुमानित लाभ अथवा बाजार दर के अनुरूप होना चाहिए। यह कहा जा सकता है कि अक्सर यह ब्याज की दर 3.5 प्रतिशत से 6 प्रतिशत के बीच होती है। पर्यटन के क्षेत्र

में उचित ब्याज दर लागू होने से कोई भी दर जो 6 प्रतिशत से अधिक हो, मान्य नहीं होती है।

विनियोजन की लागत उद्यमों की अनुमानित प्रदान की जाने वाली अनुदान ऋण की रकम को ध्यान में रखकर ही ऋण की अवधि निर्धारित की जानी चाहिए। एक मुख्य शर्त यह है कि दीर्घकालीन आधार पर पूंजी ऋण दिया जाना चाहिए। इन परिस्थितियों में नए निर्माण के लिए 14 से 25 वर्ष से कम ऋण देने की सम्भावना नहीं है। वापसी भुगतान की अवधि 20 वर्ष का होना आवश्यक है। ऋण भुगतान करने के लिए अनुदान नाजुक समस्या है, ऋण राशि की सीमा का प्रतिशत 40 से 60 तक होता है, इससे अधिक होने पर समस्याएं पैदा होंगी तथा उद्यमों के लाभ गम्भीर रूप में प्रभावित होते हैं तथा विनियोजकों का उत्तरदायित्व भी कम हो जाता है।

चाहे जो भी धन्धा या व्यापार हो उसके सम्पूर्ण विनियोजन के किसी विशिष्ट प्रतिशत को कर्ज के रूप में निर्धारित न करने की नीति, मिसाल के तौर पर जो अमेरिका में काफी प्रचलित व प्रसिद्ध है, वह वस्तु अर्धविकसित देशों में अत्यधिक मान्य व स्वीकृत की जायेगी। इसके अंतर्गत यह राशि निर्माण किए गए कमरों की लागत जो उन्नति प्रदान किए गए आराम के स्तर पर निर्भर करती है, से अधिक नहीं होनी चाहिए। इससे निर्माण कार्यों की उन्नति पर एक घनिष्ठ नियंत्रण का फायदा रहेगा तथा व्यर्थ के खर्चों को छोड़ा जा सकता है। विनियोजन एवं इसके वित्त प्रदान करने की पद्धति का विचार अलग रूप में होना चाहिए। प्रत्यक्ष लाभान्वित व साधारण अर्थव्यवस्था पर होने वाले प्रभावों के आधार पर इसका मूल्यांकन होना चाहिए। ये नियम पर्यटन के क्षेत्र में अवश्य दुहराने चाहिएं क्योंकि इनमें विनियोजन बहुत अधिक होता है। शुरुआत में नीति एवं उसके कार्यान्वयन का निर्धारण करना होगा। पूंजी ज्यादा कोष ढूँढ़ने के लिए तो यह बहुत ही आवश्यक है। इस प्रकार का चयन पर्यटन विनियोजन की प्रकृति, आकार व निदेशन के प्रारम्भिक अध्ययन के लिए अत्यन्त ही आवश्यक है।

सरकार व सार्वजनिक संस्थाएं विनियोजन व्यय का कुछ अंश स्वयं सहन करती हैं ताकि कुल व्यय में कमी आ सके। इस प्रकार की नीति विकसित क्षेत्रों का विकास करने के लिए कुछ औद्योगिक देशों में अपनाई जाती हैं। सरकार या तो प्रत्यक्ष तौर पर स्वयं अथवा विशेष बैंकों के द्वारा ऋण प्रदान कर सकती है। ऋण आवश्यक रूप में सार्वजनिक बजट में से निर्गमित किए जाते हैं। इन ऋणों को निजी समूहों द्वारा नियोजित पूंजी के अनुसार पृथक्-पृथक् अनुपातों में सम्मिलित कर दिया जाता है। इस तरह का तरीका बहुत से राष्ट्रों में प्रचलित है। आई. यू. टी. ओ. के अध्ययन जिसका विवरण पहले किया जा चुका है, के अनुसार 66 में से 39 देश इस तरह का ऋण प्रदान करते हैं। कोष के वास्तविक स्रोत विभिन्न हो सकते हैं। इन ऋणों में से कुछ तो सरकार के आय बजट में से आते हैं और कुछ एकपक्षीय एवं द्विपक्षीय विदेशी मदद कार्यक्रमों के अंतर्गत आते हैं, जैसे कि प्रचलित मार्शल प्लान।

सरकार के द्वारा स्वयं कोष का वितरण न करके एक विशेष बैंक को अधिकार दिया जाता है कि वे उन विनियोजकों को ऋण प्रदान करें जो पर्यटन जैसे प्राथमिक क्षेत्रों में रुचि रखते हैं। ये कोष देश के अंतर्गत अथवा विदेशों में एक या अधिक बैकों द्वारा भी आ सकते हैं। वापसी भुगतान की गांरटी तो रिजर्व बैंक अथवा किसी विशेष संस्था द्वारा दी जाती है। अनुदान के संरक्षण की गारन्टी या तो सरकार स्वयं देती है अथवा इनके द्वारा अधिकृत वित्तीय संस्था द्वारा दी जाती है। अन्य सहायता एवं प्रोत्साहन में वार्षिक खर्चों में रियायतें इत्यादि हैं। जिसमें इनका प्रमुख कार्य निम्नलिखित हैं–

सार्वजनिक कोष प्राप्त ऋण पर ब्याज की दरें कम करना। सरकार द्वारा ब्याज की रियायतों का वार्षिक भुगतान ताकि सामान्य बैंक ऋण अथवा विशेष प्रकार के ऋण के वार्षिक ब्याज के भुगतान में सहायता प्रदान की जा सके। लाभों, कम्पनी करों या अन्य प्रकार के प्रत्यक्ष करों जैसे विशेष कर, भू-कर, फर्मों द्वारा देय करों पर लगे करों से मुक्ति। प्रत्येक परिस्थिति में सहायता का चयन व उसके कार्यान्वयन की पद्धति को अपनाते समय उसकी रोजगार, विदेशी मुद्रा अर्जन, लाभ की प्रभावशीलता पर ध्यान देना चाहिए। विकासशील राष्ट्रों में विनियोजन स्वयं एक उद्देश्य नहीं हैः परन्तु इसके औचित्य का आंकलन इसकी लाभान्वितता व सामान्य आर्थिक उपयोगिता द्वारा किया जा सकता है। पर्यटन के अलावा कोई और क्षेत्र नहीं है जहाँ कि यह नियम अत्यन्त अनिवार्य है, क्योंकि इसमें बहुत बड़े विनियोजन की आवश्यकता होती है तथा पूँजी का गुणक बहुत ही उच्च्व स्तर का होता है। जिसके कारण यह बहुत ही व्ययशील उद्योग बन जाता है।

पर्यटन उद्योग के विचार द्वारा सृजित एवं विस्तृत् तौर पर समझी जाने वाली योजना, जिसे कोई भी देश अपने पर्यटन विकास के संतुलित विनियोजन कार्यक्रमों के लिए अपना सकता है, एक महत्वपूर्ण कदम है।

स्वदेशी प्रोग्राम के प्रयोजन तथा सानूहिक लागत की सीमा स्पष्ट होनी चाहिए। निजी विनियोजक यह आश्वासन देते हैं कि सरकार द्वारा आधारिक संरचना में किया जाने वाला विनियोजन विशेष रूप से इनके द्वार पर्यटकों की सुविधाओं में किए गये विनियोजन को उत्साहित करें। वे यह जानकारी प्राप्त करना चाहते हैं कि सरकारें होटल, आवास एवं सम्बन्धित पर्यटक सुविधाओं में कितना सार्वजनिक विनियोजन करना चाहती हैं। स्पेन व ग्रीक दोनों ही राष्ट्र सार्वजनिक एवं निजी विनियोजकों में संतोषपूर्ण संतुलन स्थापित करने में सफल रहे हैं। सरकार द्वारा प्रत्यक्ष तौर पर संचालित होटल, मोटल व सड़कों के किनारे के रेस्टोरेन्ट का मुख्य उद्देश्य उन स्थानों में आवास एवं अन्य सुविधाएं प्रदान करना है। जहाँ निजी सुविधाएँ मौजूद नहीं हैं जैसे सामरिक दृष्टि से प्रमुख सड़कों के चौराहों पर जो कि शहरी क्षेत्रों में स्थित हैं अथवा ऐतिहासिक शहरों में हैं। इन्हें मूल आराम एवं सेवा का तरीका समझा गया है ताकि निजी संचालन में प्रतिस्पर्द्धा की भावना उत्पन्न हो सके।

यूरोप जैसे कुछ पूर्ण सफल पर्यटन राष्ट्रों के अनुभव से यह प्रतीत होता है कि सरकार द्वारा निर्धारित मूल्यों के नकारात्मक प्रभाव पड़ते हैं। यदा-कदा बहुत ही गम्भीर होते हैं।

सरकारी नियन्त्रित मूल्य चालू संचालित लागत के साथ पुराने हो जाते हैं जिसके कारण नियन्त्रण से बचा जा सकता है। इससे ग्राहकों से अच्छे सम्बन्ध स्थापित नहीं हो सकते हैं एवं दीर्घकाल में प्रस्तावित्त पर्यटकों को सूचना देने में हतोत्साहित करते हैं, जिससे उन्हें अपने विकास की लागत के आकलन की विश्वसनीय सूचना प्राप्त नहीं होती है। इसके आन्तरिक मूल्य नियंत्रण से चाहे वह व्यावहारिक भी न हो, नये विनियोजन पर आमदनी प्राप्त करने में एक अस्थिरता रहती है तथा भविष्य में होटलों का विस्तार हतोत्साहित होता है। रेस्टोरेन्ट उपभोक्ताओं को अपनी खुद की किराया दर हर साल तय करने की स्वतन्त्रता देनी चाहिए एवं इनकी इच्छानुसार विभिन्न कारणों से भिन्न-भिन्न दरें निर्धारित करने की भी स्वतन्त्रता होनी चाहिए। एक बार होटल पूरे वर्ष के लिए अपनी मूल्य तालिका बना लेता है तो वह सरकारी सूची में समय से पूर्व ही प्रकाशित हो जानी चाहिए। इसके उपरांत होटलों को सम्पूर्ण वर्ष में प्रकाशित दरों का अनुसरण करने के लिए विवश करना चाहिए। इन निर्धारित मूल्यों का उल्लंघन करने पर उचित दंड देनी चाहिए।

जब भी यात्रा या पर्यटन में सामूहिक विनिमय आम तौर पर नहीं होता है, तो कार्यकर्ताओं व संचालकों के मध्य व्यापार की परिस्थितियों के अन्तर्गत हो ताकि निजी व्यवसायी यह अनुभव न करें कि वे सरकारी शक्ति के मुकाबले अलाभकारी स्थिति में हैं। एक प्रथम जरूरत यह है कि जब कोई नियम स्थापित किया जाता है तो उससे राष्ट्रीय पर्यटन कार्यालय व अन्य सार्वजनिक एजेन्सियों से स्वतंत्र होना चाहिए। इसके अलावा सार्वजनिक नियम पर समस्त ब्याज के खर्च का उत्तरदायित्व होना चाहिए तथा मूल्य के लिए भी प्रबन्ध करना चाहिए। इसके प्रशासनिक नियम भी ठीक उसी प्रकार होने चाहिएं जैसे कि निजी होटल व्यवसाय के होते हैं। यह जरूरी है कि पर्सनल विनियोजन विविध प्रशासनिक विधियों पर निर्भर होना चाहिए। सरकारी नियम एक स्वच्छ विनियोजन का वातावरण निर्मित करने में सकारात्मक भूमिका निभा सकते हैं, हालांकि इसे जटिल अथवा स्वेच्छाचारी नहीं समझा जाना चाहिए, इसे पर्यटन व्यापार के विचार-विमर्श से स्थापित किया जाना चाहिए, जहाँ तक हो सके स्व-नियमों को बढ़ावा दिया जाना चाहिए।

पर्यटन सुविधाओं की मांग में बढ़ोत्तरी जब भी किसी देश में एकाएक होती है तो परिणामस्वरूप उस देश में अतिरिक्त फायदेमन्द विनियोजन की आशा होती है तथा इससे जल्दी से जल्दी आमदनी उपलब्ध हो सकती है। पर्यटक के लिए सुविधाएं बराबर निर्मित की जा सकती हैं एवं इसके बाद संचालन बिना किसी अवरोध के प्रवाहित होने लगती है। इस क्षेत्र में परियोजनाओं के अर्जन की दर का दूसरे क्षेत्रों की दरों से तुलना करके उस राशि का आंकलन किया जा सकता है जो पर्यटन उद्योग में प्रवाहित होने लगती है। जिन राष्ट्रों में पहले मूल्य नियन्त्रण था वहाँ इसका उन्मूलन करने से होटल के किराया में अधिक वृद्धि नहीं हुई है। होटलों में बहुत ही बड़ी प्रतिस्पर्द्धा है। वास्तव में होटलों के निर्माण को प्रोत्साहन देने से पिछले वर्षों में नये होटलों के निर्माण में वृद्धि हुई है जो स्वयं मूल्य नियन्त्रण हटाने के फलस्वरूप हुआ है। इसके अतिरिक्त अन्य राष्ट्रों में पर्यटकों के लिए प्रतिस्पर्द्धा के कारण भी

होटल संचालकों को मूल्यों पर प्रतिबन्ध लगाना पड़ता है। पर्यटक सेवाएं विशेष तौर पर, होटल आवास से सम्बन्धित सेवाओं का विस्तार, माँग की गति के अनुसार होनी चाहिएं। पर्यटन में अधिकतम विनियोजन का रूप निर्धारण एक बहुत ही नाजुक काम है। सभी सम्भावित माँग के इच्छा की सन्तुष्टि उद्योग व क्षमता, समावेश के अनुसार सन्तुलित होनी चाहिए एवं इसका उपयोग सुविधाओं की उचित संख्या गुण प्रदान करने के लिए होनी चाहिए ताकि दीर्घकालीन मांग कायम रहे। शीघ्रता व धनी बनने के तीव्र विनियोजन जिनमें निम्न स्तर के निर्माण, अपूर्ण प्रशिक्षण तथा बिना सम्बन्धित सुविधाओं एवं मनो-विनोद के प्रबन्ध पर्यटन स्थल के सम्मान को दूषित कर देंगे तथा इनके दीर्घकालीन विकास के भविष्य को अत्यधिक हानि पहुँचा देंगे।

पर्यटन में विनियोजन को प्रोत्साह्ति करने का एक प्रमुख तरीका साख की व्यवस्था है। सार्वजनिक साख सुविधाएं निजी पूंजी की पूरक बन सकती हैं एवं एक प्रेरक का कार्य कर सकती हैं। भारतीय पर्यटन की विशेष प्रवृत्ति होने के कारण एक भिन्न पर्यटन साख की व्यवस्था है। सार्वजनिक साख सुविधाएं निजी पूंजी की पूरक बन सकती हैं एवं प्रेरक का कार्य कर सकती हैं। भारतीय पर्यटन की विशेष प्रवृत्ति होने के कारण एक भिन्न पर्यटन साख कोष की भी आवश्यकता है। इसका संचालक एक वर्तमान साख द्वारा किया जा सकता है एवं एक विशिष्ट कक्ष के रूप में इसका निर्माण किया जा सकता है जिससे इस क्षेत्र में आवश्यक कुशलता विकसित की जा सके। इसकी क्रियाएं विस्तृत होने पर उचित अनुभव प्राप्त करने पर इस कोष को एक स्वामित्व संस्था के तौर पर परिवर्तित किया जा सकता है। जो होटल वित्त प्रदान करने के लिए जिम्मेदार हों उन्हें भूमि तथा सम्पत्ति की असली धरोहर के रूप में देखने की बजाय व्यापार को एक बढ़ते हुए व्यवसाय की दृष्टि से देखना चाहिए। देश के पर्यटन विकास का निर्माण करते वक्त साख के विस्तरण में रियायतें देना बहुत ही अनिवार्य है क्योंकि किसी भी परियोजना के संचालन में नकदी एक सीमित पहलू है, अतः ऋण पूँजी का अनुपात एक महत्वपूर्ण ढंग हो सकता है। सार्वजनिक साख संस्थाएं कुल विनियोग जो किए गए ऋण के रूप में देना चाहते हैं, के अनुपात में वृद्धि कर सकते हैं।

इसके अतिरिक्त व्यय करने की समय में करके चालित आमदनी के भार को विस्तार से कर सकें इसके अलावा विकासशील देशों में व्यापारी समूह को दीर्घकालीन साख व्यवस्था द्वारा लघुकालीन संचालकों जो कि प्रोत्साहित किया जा सकता है किसी समय में स्थिर आमदनी प्रदान कर सकते हैं, ऐसा करने से दीर्घकालीन साख का एक बहुत ही निर्देशित असर होता है। चाहे कितनी ही साख की रियायतें प्रदान की जायें यह ठीक नहीं है कि बहुत ही कम ब्याज दरें वसूल की जायें। अगर कोई परियोजना आर्थिक दृष्टि से उचित है तो इसे प्रोत्साहन की आवश्यकता नहीं है, इसके खिलाफ इससे स्रोतों का पृथक् विभाजन होता है। होटल साख संस्थाओं का कार्य नहीं कि वे बाजार दर से कम दर पर ऋण दें, उन्हें सार्वजनिक कोष को उद्योगों में प्रवाहित करके होटल विनियोजन के आकार में वृद्धि करनी है। सार्वजनिक कोष के उचित प्रयोग द्वारा अधिकृत संस्थाएं यह आश्वासन दे सकती हैं कि

होटल आवास में विस्तार ठीक उस क्षेत्र में हो रहा है जहाँ इसकी अत्यधिक आवश्यकता है। पर्यटन विस्तार कोष सर्वप्रथम वर्तमान पर्यटन क्षेत्रों में केन्द्रित होने चाहिएं जहां उपभोक्ताओं के पूर्वाधिकार पहले से ही प्रदर्शित हैं तथा जहाँ मूलभूत सुविधाएं मौजूद हैं। इन क्षेत्रों में कम विनियोजन से शीघ्र एवं उच्च लाभ प्राप्त हो सकता है। अगर इस प्रकार के कोषों का विस्तार पूरे राष्ट्र में बिना किसी माँग की आकृति से किया जाय तो कुछ क्षेत्रों में अतिरिक्त आवास का पूर्ण उपयोग नहीं किया जा सकता है, जबकि अन्य प्रसिद्ध क्षेत्रों में होटलों की कमी को पूर्ण करने के योगदान में आनुपातिक कमी की जा सकती है। इसका यह मतलब नहीं कि नये पर्यटन क्षेत्र जिनकी सम्भावित लाभ स्पष्ट नहीं है, न खोले जाएं। अतः पर्यटन के लिए सार्वजनिक धन, अन्य कोष की तरह, सर्वप्रथम इन क्षेत्रों की तरफ उपलब्ध होना चाहिए जिससे कि अधिकतम लाभ प्राप्त हो सके।

तमाम सारे देश कई प्रक्रियाओं में कमी करने हेतु अनेक तरह के साहस व बल देते हैं। इस बल व प्रोत्साहन की विधि का मूल्यांकन करने से यह उम्मीद होती है कि यात्रियों की विशिष्ट जरूरतें प्रभावशाली तरीके से सम्पन्न हो रही हैं। बहुत से राष्ट्र कुछ सूचीबद्ध विनियोजनों के लिए कुछ कर रियायतें प्रदान करती हैं जैसे—कटौती भत्ता, कर अवकाश आदि। पर्यटन में एक विशेष पैकेज के साथ-साथ अनुकूल सम्पत्ति जिसमें अन्य प्रोत्साहन जो राष्ट्रीय परियोजनाओं के माध्यम हों, की आवश्यकता होती है। उच्च प्राथमिकताओं के मण्डल जहाँ कि अनुकूल रियायतें दी जाती हों, हेतु विभिन्न प्रकार के उपायों को अपनाया जा सकता है। नूतन वर्तमान पर्यटक सुविधाओं हेतु आवश्यक पूंजी, माल व यन्त्रों के आयात में ढील देना, पर्यटन की सहायता के लिए एवं साथ ही विनियोजन को प्रोत्साहित करने का यह एक अन्य तरीका है। कस्टम कर में रियायतें यदा-कदा सही सिद्ध होती हैं। वास्तव में प्रत्येक विश्वसनीय पर्यटक संचालक मूल स्रोतों व साधनों में वास्तविक कोष प्राप्त होता है। विदेशी पूंजी तभी प्राप्त हो सकती है जब सरकार इसको प्रोत्साहन देने के लिए सकारात्मक कदम उठाने के साथ ही नियमों का सरलीकरण एवं पूंजी की उचित सुरक्षा करे एवं यह आश्वासन दे कि विदेशी विनियोजक अपना लाभांश या उसका कुछ हिस्सा देश के बाहर ले जा सकते हैं।

उद्योगपतियों को यात्रियों के मनपसन्द स्थल जैसे ऐतिहासिक, आवश्यक व राष्ट्रीय पार्कों के मरम्मत की काफी संभावनाएं होती हैं। भूमि प्राप्त करने के लिए आवश्यक सेवाएं प्रशासनिक नियमों द्वारा प्राप्त की जा सकती हैं। विशेष रूप से होटल, रेस्तरां, एवं अन्य पर्यटक सुविधाओं के संचालन की सीमा निर्धारण करने में मजदूरों से सम्बन्धित नियम अत्यन्त महत्वपूर्ण हैं। पर्यटन उद्योग एक अन्तर्राष्ट्रीय बाजार की ओर अंकित होते हैं। अतः विदेशकर्मियों का होना अति आवश्यक है।

इस प्रकार सरकार न केवल एक अप्रत्यक्ष रूप से कार्य कर सकती है वरन् पर्यटकों को सेवाएं प्रदान करने, स्वागत करने तथा व्यापार का एक वातावरण निर्मित करने का कार्य भी कर सकती है।

विशिष्ट वित्तीय संस्थाएं

भारत में कई विशिष्ट वित्तीय संगठनों या संस्थाओं की स्थापना की गयी जिनमें से प्रमुख समस्याओं पर संक्षिप्त प्रकार नीचे डाला गया है।

अन्तर्राष्ट्रीय पुनर्निर्माण एवं विकास बैंक

द्वितीय विश्वयुद्ध के बाद ब्रिटेन वुड्स समझौते के अवलंबन पर विस्थापित आई.बी. आर.डी. एक अन्तर्राष्ट्रीय वित्तीय संगठन है जो संयुक्त राष्ट्रसंघ से सम्बद्ध है। इसका उद्देश्य उन सदस्य राष्ट्रों को मदद देनी है जिनका कि अन्तर्राष्ट्रीय मुद्रा कोष का सदस्य बनना है। आर्थिक प्राथमिकता एवं उत्पादक विकास परियोजनाओं के लिए वित्त प्रदान करना तथा जहाँ उन्हें उचित शर्तों पर धन किसी अन्य स्रोतों से सुलभ नहीं है, उन्हें दीर्घकालीन ऋण उपलब्ध कराना है।

उन राष्ट्रों को सहायता प्रदान करना था जो युद्ध के पश्चात् आर्थिक दृष्टि से पुनर्जीवित किए गए थे। तदुपरांत मार्शल प्लान के असर के कारण इसने अपनी क्रियाएं विकासशील देशों की मदद की ओर निश्चित कर ली हैं।

आई. बी. आर. डी. समर्थ फर्मों एवं सरकारों को उचित ब्याज पर विशेष लाभान्वित संचालनों के लिए ऋण प्रदान करती है। ये ऋण परियोजना लागत की केवल आंशिक राशि पूर्ण करने के लिए ही निर्मित किए गये हैं।

पर्यटन के क्षेत्र में प्रदान की गयी प्रत्यक्ष एवं विशेष सहायता बिल्कुल सीमित रहती है परन्तु इसके द्वारा आधारिक संरचना, जो सम्बन्धित क्षेत्र का प्रतिनिधित्व करती है, परिवहन, संचार व बिजली को वित्त प्रदान करने के अंशदान का पर्यटन के विकास में अत्यधिक महत्वपूर्ण स्थान रहा है।

अन्तर्राष्ट्रीय वित्त निगम (आई. एफ. सी.)

अन्तर्राष्ट्रीय वित्त निगम (आई.एफ.सी.) की स्थापना 1956 में अविकसित देशों में विकसित देश स्वयं उद्योगों में प्रत्यक्ष रूप में बिना किसी प्रशासनिक अनुदान के जो आई.बी. आर.डी. करने में असक्षम थे अर्थात् यह इस कार्य को नहीं कर सकते थे उस कार्य को करने के लिए की गयी। जून 30, 1965 में इसकी भागीदारी पूंजी 110 मिलियन थी जिसमें से 99 मिलियन 78 सरकारों द्वारा प्रदान की गयी है।

आई. एफ. सी. पूंजी में अंशदान ऋण लाभांश की साझेदारी के रूप में मदद प्रदान करती है, स्वयं सहायता के अलावा आई एफ सी राष्ट्रीय एवं विदेशी विनियोजकों को एक साथ लाकर विनियोजन को प्रोत्साहित करती है। सदस्य में निजी पूंजी के उत्पादक विनियोजन में मार्ग-दर्शन निश्चित करने का भी यह भरसक प्रयत्न करती है।

अन्तर्राष्ट्रीय विकास संघ (आई. डी. यू.)

आई.बी.आर.डी. और आई.एफ.सी. की प्रक्रियाओं की कमी को पूरा करने के लिए आई.डी.ए. की स्थापना 1960 में की गयी थी। स्थापित आई. डी. ए. लाभान्वित या उत्पादकता के बिना ही सम्पूर्ण विकासशील परियोजनाओं को वित्त प्रदान कर सकती है। इसके कारण यह सामाजिक विशेषता को ग्रहण करती है, हालांकि आधारिक सरंचना परिवहन, जल आपूर्ति, शक्ति साधन जो पर्यटन विकास के लिए आवश्यक है, इसके लिए वित्त प्रदान करना इसकी एक महत्वपूर्ण क्रिया है।

निजी निर्माणक

निजी निर्माणक अथवा विनियोजक इसलिए कहलाते हैं क्योंकि इनके द्वारा विनियोजन में काफी भाग पूंजी का होता है एवं कम से कम वह भाग निर्णायक पूर्ति करते हैं जहां तक कि ऋण का कुछ अंश भी निजी पूंजी के रूप में होता है। प्रायः पूर्ववर्णित कारणों से इस तरह की पूंजी विदेशी वित्तीय संस्थाओं से प्राप्त होती है। परन्तु ये समूह, सामान्य तौर पर अर्द्धविकसित देशों में जिनमें कि विनियोजक इच्छुक हैं, गारन्टी अन्य प्रकार की सहायता की मांग करते हैं।

जमानत का हस्तांतरण

स्वतन्त्र रूप में व्यापार के फायदे का विदेशी पूंजी के द्वारा हस्तांतरित करना सर्वप्रमुख है। यह आम तौर पर स्पष्ट है कि निजी विदेशी समूह जो विकासशील देशों में विनियोजन करना चाहते हैं, यह आश्वासन चाहेंगे कि वे विनियोजन किए गए देशों में मुद्रा के उतार-चढ़ाव को ध्यान में न रखते हुए अपनी पूंजी से अर्जित लाभ को वापस हस्तांतरित कर सकें। इसमें कोई शक नहीं कि अन्तर्राष्ट्रीय वित्त के विनियोजन की सीमा अधिकांशतः सम्बन्धित राष्ट्र के द्वारा दिए गए आश्वासनों की मर्यादा पर आधारित होती है।

आर्थिक सहायता

हस्तान्तरण की प्रत्याभूति को विकासशील राष्ट्र यह समझते हैं कि विनियोजकों को मदद एवं सुविधा के प्रोत्साहन मिलने से विदेशी एवं राष्ट्रीय निजी पूंजी के विनियोजन को आकर्षित करने में सहायता प्राप्त होगी। इस प्रकार की सहायता इसीलिए की गयी ताकि निजी पूंजी विनियोजन के अन्तिम शुद्ध लाभान्वितता में बढ़ोत्तरी करे या विनियोजन की लागत कम करके भूमि आवंटन व वस्तुओं के रूप में सेवा प्रदान करे एवं आर्थिक मदद, विनियोजन, बोनस अथवा ऋण पूंजी की ऋण सेवाओं को कम ब्याज, कटौती, कम ब्याज दर पर ऋण दिया जा सके। अन्य शब्दों में यह कहा जा सकता है कि निजी समूहों को यह उम्मीद होनी चाहिए कि उनके द्वारा दिये गये पूंजी विनियोजन द्वारा प्राप्त आय कम से कम

उचित होनी चाहिए। अन्य जोखिम जो वे अन्य क्षेत्रों या देशों और विशेष तौर पर अपने राष्ट्र में विनियोजन करने से प्राप्त करते हैं, समान स्तर के होने चाहिएं।

यह जानकारी करने योग्य है कि इस प्रकार की तुलनाएं अत्यन्त ही कठिन एवं अनिश्चित होती हैं, इच्छानुसार प्रोत्साहनों के स्तर का निर्धारण होता है। इन प्रोत्साहनों का नियमों के अनुरूप एक सामान्य नीति या एक छोटे से आकार के रूप में प्रारंभ करने की वजह यह जरूरी है कि जो राज्य सरकारें प्रारंभ करने के पक्ष में है। उन्हें कुछ उचित राष्ट्रीय संस्थाओं तथा तकनीकी मदद संगठनों द्वारा प्रारम्भिक अध्ययन करना चाहिए। विशेष रूप में समस्त प्रकार के प्रोत्साहनों का निर्धारण करने के लिए विभिन्न विनियोजनों के लाभ हेतु स्थानीय विशेषताओं की प्रत्येक प्रकार को ध्यान में रखकर पूर्ण अध्ययन करना चाहिए।

आर्थिक सहायता का निर्धारण

प्रायः सरकार पर्यटन क्षेत्र का विकास एवं सभी विनिमय के लिए दी जाने वाली मदद की राशि अथवा प्रकार को आदेशित करती है। क्योंकि वह उस विशेष क्षेत्र में होटल, अवकाशकालीन कैम्पस, नौका विहार, क्रीड़ा एवं मनोरंजन की सुविधाओं की व्यवस्था करना चाहती है। यह सहायता विभिन्न तरीकों जैसे भौगोलिक स्थितियों, प्रतिष्ठान की तकनीकी विशेषताओं एवं क्षमता व प्रबन्ध पद्धति इत्यादि के अनुसार संशोधित की जाती हैं, परन्तु फिर भी हर दशाओं में उद्देश्य के आधार पर आर्थिक सहायता का पूर्ण निर्धारण होना अति आवश्यक है। अतः समर्पण के माध्यम से प्रशासन अथवा इसका एक विशेष विभाग परियोजनाओं की सभी विशेषताओं के मद्देनजर स्थिति, आकार, वित्तीय प्रणाली, लाभान्वितता की आकांक्षा और किसी विशेष परियोजना की सहायता के मद के स्वरूप को सुनिश्चित कर सकती है। सैद्धान्तिक दृष्टि से इस प्रकार की तकनीकी मदद को उच्चतम सीमा तक पहुंचाने के फल प्राप्त हो सकते हैं। सामान्य रूप में इसके लिए सरकार को एक विस्तृत् सहायता के स्वरूप को सुनिश्चित कर सकता है। इसके अलावा यह अनिश्चितता की दशाओं में सबसे उत्तम है। अतएव जो लोग विनियोजन करना चाहते हैं उनको उत्तेजित करता है। विकासशील राष्ट्रों में तो निजी समूहों से कठिन समझौते के द्वारा उपयोगी नहीं होगा।

प्रथम तरह की सहायता में वे प्रोजेक्टें सम्मिलित हैं, जो आरंभिक विनियम की पूंजी व्यय को अल्प करने हेतु तैयार की जाती हैं। वस्तुओं के तौर पर मदद प्रदान करने का विचार इसलिए बनाया जाता है ताकि प्रारंभिक विनियोजन की लागत में कमी की जा सके। इसमें सार्वजनिक संस्था अथवा सरकार द्वारा स्वयं के विशेष शारीरिक तत्वों के द्वारा एक निजी विनियोजक को दी गयी पूर्ति शामिल होती है तथा इसमें सबसे अधिक भूमि आवंटन का मामला सामने आता है। विकासशील राष्ट्रों में ऋण की लागत विशेष अधिक नहीं है। सरकार द्वारा प्रदान की गयी सहायता ज्यादातर आधारिक संरचना की निर्माण लागत का एक बहुत बड़ा भाग प्रदान किए जाने के रूप में है।

5

भारतीय पर्यटन में उद्योग एवं राज्य का विकास

भारत आने वाले विदेशी पर्यटकों की संख्या बहुत तेज रफ्तार से बढ़ रही है। विगत कुछ वर्षों में इसमें और तेजी आई है। इसकी वृद्धि दर आठ से दस प्रतिशत प्रतिवर्ष है। पर्यटन ने अब उद्योग का रूप ले लिया है और इसके रोजगार के मौके भी उपलब्ध हुए हैं। पर्यटन उद्योग की विकासगति को देखकर ऐसा प्रतीत होता है कि आने वाले समय में यह उद्योग लाखों लोगों को रोजगार देगा और इससे विदेशी मुद्रा अर्जन में भी बहुत अधिक वृद्धि होगी।

पर्यटन उद्योग का अर्थ

पर्यटन उद्योग को यात्रा उद्योग के नाम से भी जाना जाता है। दरअसल यह उद्योग उन व्यापारिक क्रियाओं से सम्बन्धित है, जो पर्यटन तथा यात्रा सम्बन्धी सेवाएँ प्रदान करते हैं। कुछ विद्वानों के अनुसार यात्रा ट्रेपेजियम शब्द का रूपान्तरण है, जिसका अर्थ दूर के क्षेत्रों के आवागमन से है। प्रारंभिक समय में पर्यटन को खेलकूद के बराबर समझा जाता था। यह मोटर गाड़ी चलाना, घूमना, साइकिल चलाना, पर्वतारोहण करना, कैम्प लगाना, सैरगाह करना, नौका विहार आदि कहलाता था। वर्तमान समय में पर्यटन का अर्थ व्यापक हो गया है। पर्यटन ऐसे भ्रमण को कहते हैं, जिसमें कोई व्यक्ति अपनी यात्रा की आरम्भिक बिन्दु से वापस वहीं लौटता है। यह वृत्ताकार यात्रा होती है, जो व्यापार, खाली समय को बिताने, शिक्षा प्राप्त करने के उद्देश्य से की जाती है। इस यात्रा के दौरान निश्चित कार्यक्रम के अनुसार विभिन्न स्थलों का दर्शन किया जाता है।

एफ. फिरयूलोर ने 1905 में कहा कि पर्यटन वर्तमान समय की वह घटना है, जो मानव समुदाय की बढ़ती हुई आवश्यकताओं जैसे स्वास्थ्य लाभ, हवा में बदलाव, प्राकृतिक दृश्यों का सुन्दर अवलोकन तथा आनन्द की अनुभूति कराता है। इसके परिणामस्वरूप व्यापार, उद्योग तथा वाणिज्य को बढावा मिलता है। 1942 में हुण्जीकर और क्राप्ट ने बताया कि पर्यटन अनिवासी लोगों के ठहरने और यात्रा करने सम्बन्धी विशेषताओं का कुल योग है। यह अनिवासी न तो दर्शनीय स्थल पर स्थायी रूप से रहते हैं और न कोई मुद्रा कमाने का कार्य करते हैं। पर्यटन की क्रिया तभी सम्भव होती है, जब पर्यटक पर्यावरण में अपने स्थायी आवासीय स्थान से अंतर पाता है। इस पर्यावरण के फायदे हेतु, पर्यटक कुछ समय हेतु अपने स्थायी आवास से दूर रहता है और पर्यटन स्थल पर उपलब्ध सेवाओं से फायदा उठाता है। इसमें अनेक कार्यों, उद्योगों के विकास को प्रोत्साहन मिलता है। यही वजह है कि पर्यटन उद्योग को सामाजिक-आर्थिक विकास का यंत्र समझा जाता है।

पर्वतीय क्षेत्र में पर्यटन विकास

भारत की भौगोलिक संरचना पर्यटन की दृष्टि से उपयुक्त है। उत्तर में हिमालय पर्वत श्रेणी स्थित है जिसकी लम्बाई चौबीस सौ किलोमीटर और चौड़ाई लगभग चौबीस सौ किलोमीटर और चौड़ाई लगभग तीनसौ बीस किलोमीटर है। इस पर्वत के उत्तर में काराकोरम पर्वत श्रेणी है। जिसका फैलाव चीन तक है। पश्चिम में लद्दाख, जास्कर, पीर पंजाल श्रेणियां स्थित हैं। हिमालय पर्वत की तीन समानान्तर श्रेणियां अग्रलिखित हैं–

(i) उपहिमालय श्रेणी (शिवालिक)–यह पर्वत श्रेणी पोटवार बेसिन के दक्षिण से पूर्व कोसी तक फैला है। पूर्वी हिमालय में इसका अस्तित्व नहीं है। ये श्रेणी 10-15 किमी. चौड़ी और लगभग 1200 मी. ऊँची है। लघु हिमालय और शिवालिक श्रेणियों के बीच कई घाटियाँ स्थित हैं जिन्हें पश्चिम में 'दून' और पूर्व में 'द्वार' कहते हैं। इसे बाह्य हिमालय भी कहा जाता है।

(ii) लघु हिमालय श्रेणी (हिमाचल)–इसकी चौड़ाई सौ किलोमीटर है। पूर्वी हिमालय 1800-3000 मीटर व अधिकतम 4500 मी. है। इसके दक्षिणी ढालों पर शिमला, मंसूरी, नैनीताल, दार्जिलिंग आदि पर्वतीय नगर अवस्थित हैं।

(iii) महाहिमालय श्रेणी (हिमाद्रि)–यह सिन्धु नदी के मोड़ से बह्मपुत्र नदी के मोड़ तक 2400 किमी. लम्बाई तथा लगभग 25 किमी. चौड़ाई में विस्तृत है। इसकी औसत ऊँचाई 6000 मीटर है। इसमें 40 ज्ञात शिखरें 7000 मी. से ज्यादा ऊँची है। कंचनजंघा भारत की सर्वोच्च शिखर है जो नेपाल-सिक्किम सीमा पर स्थित है, यहां कई दर्रे भी हैं जो बहुत विशिष्ट है। यह पर्वत श्रेणी सदा वर्फ से आच्छादित रहती है। इस श्रेणी

को काटकर सिन्धु, सतलुज व दिहांग (ब्रह्मपुत्र) नदियों ने गहरी व संकरी घाटियों (गार्ज) का निर्माण किया है।

ट्रांस हिमालय—इसकी श्रेणियाँ लद्दाख, जास्कर, आदि श्रेणियों के रूप में विस्तृत हैं। यहाँ कई हिमनद (हिस्पर, बाटुरा, बाल्टेरो, बियाफी, सियाचीन, आदि) स्थित हैं। सतलज, सिन्धु व ब्रह्मपुत्र नदियों के उद्गम भी यहीं स्थित हैं।

हिमालय के दर्रे—भारत व मध्य एशिया के बीच मालकन्द, बुर्जिल, जोजीला, काराकोरम, माना, नीति, जेलेपला, नाथूला आदि दर्रें स्थित हैं। पश्चिम में हिमालय श्रेणी छिन्न-भिन्न और नीची हैं।

हिमालय की नदियाँ—यहां ब्रह्मपुत्र, गंगा व सिन्धु नदी विद्यमान है। सिन्धु व उसकी सहायक सतलज, ब्रह्मपुत्र नदियाँ गहरी गॉर्ज बनाकर बहती हैं। इन्होंने तिब्बत की कई छोटी नदियों को अपने में समाहित कर लिया है।

जम्मू एवं कश्मीर

इसे धरती का स्वर्ग कहा जाता है। इसका क्षेत्रफल 2,22,236 वर्ग किमी. इसमें पाकिस्तान और चीन के कब्जे वाला हिस्सा भी सम्मिलित है। इसकी राजधानी श्रीनगर (ग्रीष्मकालीन) और जम्मू (शीतकालीन) है। यहां की आमभाषा कश्मीरी और राज्य भाषा उर्दू है। श्रीनगर का तापमान गर्मियों में 30°C और सर्दियों में 0°C तक आ जाता है और जम्मू का तापमान गर्मियों में 35°C और सर्दियों में 20°C तक आ जाता है। अप्रैल से जुलाई का मौसम घूमने के लिए सबसे उपयुक्त होता है।

रामायण व महाभारत काल से ही काश्मीर का अस्तित्व है। रामायण में पढ़ने में आता है कि राम के भाई भरत भी कश्मीर आए थे।

सातवीं सदी से पूर्व यहां हिन्दू सम्राटों का फिर मौर्य सम्राट, महान शासन अशोक ने यहां राज किया। कालान्तर में फिर यहां हिन्दू राजाओं का राज्य स्थापित हुआ। यह सत्ता की अदला-बदली का सिलसिला यहां रुका नहीं बल्कि चलता ही रहा। 1338 में राजकुमार की मौत हुई और शाह मीर राजा बनाए गये। आठवें जैन उन अबेदीन ने कला व संस्कृति का विस्तार किया व कश्मीरी हस्त शिल्प कला को जन्म भी दिया।

1568 में सम्राट अकबर का शिकंजा कश्मीर पर कस गया। 1756-1819 ई. तक यहां काबुलों का राज्य रहा फिर 1819 ई. के महाराजा रणजीत सिंह ने कश्मीर को हथिया लिया। 1846 ई. में फिर यह क्षेत्र भारत में व्यापारी बनकर आए ब्रिटिश शासकों के कब्जे में चला गया जिसे अपने सहायक गुलाब सिहं डोगरा जो राजा थे, ब्रिटिश शासकों ने बेच दिया लेकिन यह सिलसिला फिर भी नहीं रुका भारत छोड़ कर जाते हुए ब्रिटिश शासकों की 'फूट डालो' वाली नीति के तहत 1947 में भारत का विभाजन हो गया, मुस्लिम बाहुल्य क्षेत्र पाकिस्तान व हिन्दु बाहुल्य क्षेत्र हिन्दुस्तान बन गया। सीमान्त क्षेत्र कश्मीर

पर दोनों ही देशों की निगाह थी। क्योंकि यहां के राजा हिन्दू थे तो उन्होंने 26 अक्टूबर 1947 को भारत से सीधा कर ली परिणाम स्वरूप 27 अक्टूबर को भारतीय फौज कश्मीर पहुंची व उनके कदम बढ़ते ही चले गये। 1949 में (UNO) के आदेश पर वह कदम रुके। कश्मीर का बड़ा हिस्सा अधिकृत कश्मीर के रूप में पाकिस्तान की सीमा रेखा के अन्दर है।

जो भी हो, कश्मीर वास्तव में भारत का स्वर्ग है। कभी इन्द्रधनुषी रंगों से घाटियां रंगीन हो जाती हैं, तो कभी झुरझुर गिरती बर्फ से पूरा कश्मीर श्वेत मखमली चादर में ढक जाता है। उस समय कश्मीर की ठंड लाजवाब होती है। भारत वर्ष में गर्म क्षेत्रों के दर्शनार्थी विशेष कर इस मौसम का मजा लेने कश्मीर पहुंचते हैं और स्नोफाल का मजा लेते हैं।

राजधानी—कश्मीर की राजधानी मौसम के अनुसार बदलती रहती है गर्मी में श्रीनगर और ठंडी में जम्मू। इसका क्षेत्रफल-2,22,236 वर्ग कि.मी. है। यहाँ पर्यटन के लिए उपयुक्त समय अप्रैल-जुलाई तथा दिसम्बर-जनवरी है।

जम्मू—जम्मू समुद्र से लगभग 300 मी. की ऊँचाई पर बसा है। इसे डांगरों के नाम से भी जाना जाता है। यहाँ पर मंदिर और किले बहुत ही अधिक हैं। रामनगर का किला बसौली स्थापत्य शैली में बनी प्राचीरें चित्रों में सजी-धजी हैं। बाहू दुर्ग का किला 200 वर्ष पुराना है, जिसके अंदर मां काली का मन्दिर है जो श्रद्धापूर्वक दर्शनीय है। मां वैष्णो देवी का मंदिर समुद्र तल से 2212 मी॰ की ऊँचाई पर स्थित है। इस पवित्र हिन्दू तीर्थ गुफा मंदिर में मां वैष्णो का निवास है। मां आदि शक्ति का ही एक रूप है। मां के दरबार में चमड़े की कोई भी वस्तु जैसे बटुआ, जूता, चप्पल, बेल्ट, आदि नहीं ले जाने दिया जाता है। जम्मू के निकटवर्ती दर्शन स्थल मुख्य रूप से बारामूला, ऊधमपुर किमची, अखतूर का किला आदि।

श्रीनगर—पर्यटकों के बीच अपनी प्राकृतिक सुंदरता के कारण यह विख्यात है। यह 104 वर्ग कि॰मी॰ में फैला हुआ है। समुद्रतल से 1768 कि॰ मी॰ ऊंचाई पर यह अवस्थित है। यहाँ के मुख्य पर्यटन स्थल हैं—डल झील, जो 6 कि॰ मी॰ लम्बी एवं 3 कि.मी. चौड़ी है। यह हाऊस बोटों से भरी पड़ी है। पानी के ऊपर ऐशो-आराम की सभी सुविधाओं से पूर्ण यह हाउस बोट अपने आप में कमाल की होती है, जिसका मज़ा उसमें रहकर ही महसूस किया जा सकता है।

हरिपर्वत—मुगल सम्राट् द्वारा बना किला 112 कि॰ मी॰ ऊँचाई पर 5 कि॰ मी॰ लम्बी एवं 10 मी॰ ऊँची दीवार से घिरा है।

चश्माशाही—चश्माशाही एक प्रसिद्ध उद्यान है। यहाँ की सबसे बड़ी खूबी यह है कि यहाँ का पानी पीने से अनेक प्रकार के रोगों का निदान हो जाता है। इसके अलावा कई दर्शनीय स्थल हैं जैसे—शालीमार बाग, निशात बाग, शंकराचार्य मंदिर, हज़रत बल मस्जिद्, जुम्मा मस्जिद्, शाह हमदाम मस्जिद्, अलपायर झील, अवतीपुर, अनन्तनाग, पहलगांव,

सोनमर्ग, लद्दाख, लेह तथा अमरनाथ आदि। हिन्दुओं का प्रसिद्ध तीर्थस्थल अमरनाथ पवित्रधाम समुद्र तल से 3880 मी॰ की ऊँचाई पर स्थित है। इस प्राकृतिक गुफा में महादेव की कृपा से सालभर बूंद-बूंद कर गिरते जल के एकत्र होने से वह बर्फीला शिवलिंग बनता है। इसी प्रकार कारगिल श्रीनगर से 204 कि.मी. पश्चिम दिशा में स्थित है। यह एक वीर भूमि है।

भ्रमण के लिए यहाँ आने वाले पर्यटक शहीदों को श्रद्धा सुमन अर्पित कर अपनी भावनाओं की मूक अभिव्यक्ति करते हैं।

पर्यटक क्षेत्र—जम्मू एवं कश्मीर के प्रमुख दर्शनीय स्थल निम्न प्रकार वर्णित हैं—

1. वाटलाब— कैम्पिंग के रूप में जाना जाता है।
2. मानसबल झील— कमल, पक्षी दर्शन आदि के रूप में जाना जाता है।
3. मानसर झील— झील अपनी प्राचीनता के लिए जानी जाती है।
4. मार्तण्ड—मंदिरों में भग्नावशेष, सूर्य मंदिर, पवित्र स्रोत आदि के लिए जाना जाता है।
5. मुल्बेख— अपनी स्थापत्य कला के लिए जाना जाता है।
6. पटनीटोप— पर्यटन स्थल, तीर्थ स्थल सुद्ध महादेव, मंदिरों में भित्ति चित्र, मेले आदि के लिए जाना जाता है।
7. पहलगांव— मनोरंजन व पिकनिक स्थल, मछली पकड़ना, केसर के खेत आदि के लिए जाना जाता है।
8. कुंड—प्राकृतिक सौंदर्य, पर्वतीय स्थल आदि के लिए प्रसिद्ध है।
9. रामनगर— महल के लिए जाना जाता है।
0. सानसर— प्राकृतिक सौंदर्य के लिए जाना जाता है।
11. कटरा— दुर्ग, धार्मिक स्थल, वैष्णो देवी की यात्रा शुरू करने का स्थल आदि के लिए जाना जाता है।
12. सोनमर्ग— फूलों के बाग, झील, सोने के चरागाह, कैम्पिंग आदि के लिए जाना जाता है।
13. स्पीटोक गोम्पा— लद्दाख के मुख्य लामा का मठ आदि के लिए जाना जाता है।
14. कारगिल—पर्वतारोहण, दर्शनीय मठ व फलों के बाग आदि के लिए जाना जाता है।
15. तंगमर्ग— कैम्पिंग के लिए जाना जाता है।
16. तसरार— झील, प्राकृतिक सौंदर्य के लिए जाना जाता है।
17. तारसर शरीफ— हिन्दू-मुस्लिम धार्मिक स्थल के लिए जाना जाता है।
18. लिडरवात— कैम्पिंग, घास के जंगल के लिए जाना जाता है।
19. वेरनाग—बाग, धार्मिक स्थल, प्रसिद्ध झरने के लिए जाना जाता है।
20. लाभायारू— भित्ति चित्र, प्राचीनतम मठ आदि के लिए जाना जाता है।

31. अचबल— कैंपिंग और पर्यटन स्थल, बाग-बगीचे, मछली पालन आदि के लिए जाना जाता है।
32. अखनूर— पर्यटक स्थल दुर्ग के लिए जाना जाता है।
33. आल्पी गोम्पा— भित्ति चित्र के लिए जाना जाता है।
34. अंचर झील— हजरतबल दरगाह, प्रमुख मुस्लिम तीर्थ स्थल आदि के लिए जाना जाता है।
35. अनन्तनाग— पवित्र स्रोत, बाग-बगीचे आदि के लिए जाना जाता है।
36. गुलमर्ग—अवकाश मनोरंजक स्थल, गोल्फ, फूलों का मैदान, शीतकालीन खेल आदि के लिए जाना जाता है।
37. आरू— प्राकृतिक सौन्दर्य, घास के जंगल आदि के लिए प्रसिद्ध है।
38. अथवाट्— मनोरंजन स्थल के रूप में जाना जाता है।
39. चश्माशाही— रोगनिवारक गुणकारी झरने, उद्यान, डल झील, पर्यटन स्थल आदि के लिए जाना जाता है।
40. अवन्तीपुरा— मनोरंजन के भग्नावशेष के रूप में जाना जाता है।
41. डाचीगाम— वन्य जीव अभ्यारण्य, राष्ट्रीय उद्यान आदि के लिए जाना जाता है।
42. बिलौर— तीर्थ स्थल के रूप में जाना जाता है।
43. बासोली—मंदिरों, महलों में भित्तिचित्र आदि के लिये यह जाना जाता है।
44. बाटोटी—पहाड़ी स्थल के लिए जाना जाता है।
45. हैमिस गोम्पा— सबसे बड़ा व समृद्ध बौद्ध मठ के रूप में जाना जाता है।
46. बुर्जाहोम—प्राचीन काल के अवशेषों के उत्खनन के लिए जाना जाता है।
47. चरार-ए-शरीफ— मुस्लिम तीर्थ स्थल के रूप में जाना जाता है।
48. अमरनाथ—यह एमराल्ड झील जो कि जून तक जमी रहती है और प्रमुख हिन्दू तीर्थ स्थल के लिए जाना जाता है।
49. द्रास— एशिया का सबसे ठण्डा क्षेत्र है।
50. गंगाजल— हिन्दू तीर्थ स्थल के रूप में जाना जाता है।
51. हरवार— उत्खनन, मछली पकड़ना आदि के लिए जाना जाता है।
52. लेह— सबसे ऊँचा हवाई अड्डा व गोल्फ कोर्स, महल, बौद्ध मठ, मस्जिद्, हस्तकला, पाक कला, ट्रैकिंग के लिए जाना जाता है।
53. वुलरा झील— एशिया की सबसे बड़ी झील, प्राकृतिक सौंदर्य, मछली पकड़ना आदि के लिए जाना जाता है।
54. युसमार्ग—सुन्दर चरागाह पर कैम्पिंग के लिए जाना जाता है।
55. जम्मू— महल, कला दीर्घाएं, दुर्ग, मंदिर, मकबरे, संग्रहालय, राज्य की शीतकालीन राजधानी आदि के लिए जाना जाता है।

56. श्रीनगर– झीलें, बाग, मंदिर, मस्जिद, हस्तकला, राज्य की शीतकालीन राजधानी आदि के लिए जाना जाता है।
57. वैष्णो देवी– मुख्य हिन्दू तीर्थ स्थल के रूप में जाना जाता है।
58. शेषनाग– ग्लेशियर, झील आदि के लिए जाना जाता है।
59. खिलनमर्ग– फूलों के मैदान के लिए जाना जाता है।
60. खीरभवानी– हिन्दू तीर्थ स्थल के रूप में जाना जाता है।
61. किश्तवानी– नीलम, मकबरे आदि के लिए जाना जाता है।
62. कोकरनाग– बाग-बगीचे, मछली पकड़ना, खनिज स्रोत आदि के रूप में जाना जाता है।
63. पुरमण्डल– हिन्दू तीर्थ स्थल के रूप में जाना जाता है।

हिमाचल प्रदेश

इस प्रदेश का निर्माण तीस रियासतों को मिलाकर किया गया है। हिमाचल प्रदेश की राजधानी शिमला को बनाई गयी। इस प्रदेश का क्षेत्रफल 55,673 वर्ग किमी. और आबादी 60,77248 है। यहां का तापमान गर्मियों में 14°C से 330°C और सर्दियों के मौसम में यहां का तापमान 15°C से 0°C तक आ जाता है। यहां की बोली जाने वाली प्रमुख भाषा हिन्दी है। परिभ्रमण के लिए अप्रैल से अक्टूबर तक का मौसम सर्वश्रेष्ठ है।

वर्तमान प्रदेश का निर्माण सन् 1966 में पंजाब प्रान्त के विभाजन के फलस्वरूप हिमाचल प्रदेश पंजाब और हरियाणा के रूप में हुआ। हिमाचल प्रदेश मुख्यतः पर्वतीय इलाका है। इसका विस्तार मैदानी इलाके से लेकर ऊंचे हिमालय पर्वत तक फैला हुआ है। पर्वतीय इलाके में लाहौल और स्पीति की पर्वत श्रेणियां, तिब्बत के पठार तक फैली हैं। यहां पर्यटकों का जमावड़ा रहता है।

गर्मी के मौसम में शिमला भारत का मुख्य पर्वतीय पर्यटन केन्द्र है। कुल्लू घाटी पृथ्वी पर सबसे सौन्दर्य पूर्ण स्थल है। हिमाचल की हरी भरी वादियां, व्यास नदी की उपस्थिति, सिर पर हिमाच्छादित पर्वत माला इसके सौन्दर्य को चार चांद लगा देते हैं। इसके अलावा यहां बौद्ध धर्म गुरू दलाई लामा का आश्रम भी है। साथ ही छोटी-मोटी अनेक झीलें व दर्शनीय स्थल हैं। सुदूर उत्तर स्थित पर्वतों से बर्फ गलने से दर्शनार्थियों को तिब्बतीय सभ्यता का अध्ययन करने का मौका लाहौल तथा स्पीति घाटी में प्रवेश पाने से मिलता है।

हिमाचल की भौगोलिक स्थिति पर्वतारोहण के लिए उपयुक्त है। जिसके कारण सदा से ही व्यावसायिक पर्वतारोहियों व उनके साथ-साथ उत्साही दर्शनार्थियों को भी यहां की पर्वतमालाएं आकर्षित करती रही हैं। लेकिन बिना सम्पूर्ण जानकारी के यहां ट्रेकिंग व भ्रमण करना खतरनाक साबित हो सकता है। हिमाचल प्रदेश के यात्रा सूचना कार्यालय से इस

विषय पर जानकारी हासिल की जा सकती है। उसके पास तीन विशाल नक्शे हैं जिनसे वे पर्वतारोहियों का पूर्ण मार्ग-दर्शन करते हैं।

मगली में डिपार्टमैन्ट ऑफ माऊण्टेनियरिंग एण्ड एलास्ट स्पोर्ट्स नामक कार्यालय स्थित है। यह कार्यालय दर्शनार्थियों व पर्वतारोहियों को वहां दर्शनीय स्थलों तथा पर्वतारोहण के विषय में अच्छी जानकारी उपलब्ध कराता है। साथ ही वहां के मूल निवासियों का मूल स्वभाव, रीति-रिवाज, प्रथाएँ, रहन-सहन उनका पहनावा, अच्छे-बुरे का ज्ञान भी दर्शनार्थियों व पर्वतारोहियों को दिया जाता हैं। ताकि दर्शन करते समय व पर्वतारोहियों को यहां के मूल निवासियों से व्यवहार करने में कोई कमी न रह जाए।

इस प्रदेश में मछली के शिकार करने में अत्यधिक आन्नद प्राप्त कर सकते हैं। और यहां उसकी पर्याप्त सुविधाएं भी हैं। लेकिन उसके लिए आपको प्रादेशिक पर्यटन स्वागत कार्यालय से शिकार संबंधित जानकारी हासिल करनी चाहिये क्योंकि आप हर जगह मत्स्य शिकार नहीं कर सकते।

यहां के जंगलों में अनेक प्रकार के हिरण, बारहसिंघें, जंगली बकरियां, जंगली भेड़ें, भालू, 'भूरा भालू' आदि व बर्फ का चीता व तेंदुओं भी पाए जाते हैं। लेकिन यह विशेष ऊंचाई वाले इलाकों में ही दिखाई पड़ते हैं। हां बाघ व सामान्य चीता जंगली इलाकों में अकसर मिल जाते हैं। यहां जंगली कबूतर, तीतर व अन्य पक्षी भी बहुतायत में मिलते हैं।

हिमाचल प्रदेश में सुविख्यात दर्शनीय देवालय नहीं है। फिर भी विशेष अभिरुचि व वास्तुकलायुक्त कुछ स्थल मौजूद हैं। कांगड़ा तथा चम्बा घाटियों में बहुत से 8वीं तथा 10वीं शताब्दी में बने भारत आर्य सभ्यता के शिखरनुमा मंदिर यहां मौजूद है। पैगोड़ानुमा तथा बहुमंजिला छतों वाली इमारतें अभी भी कुल्लु की घाटियों में मौजूद हैं। विशेषकर चम्बा इलाके के शुद्ध स्थानीय बनावट तथा लकड़ी की विशेष कारीगरी वाले अनेक मंदिर व इमारतें यहां मौजूद हैं।

इस प्रदेश के दक्षिणी हिस्से में अत्यधिक संख्या में सिक्स और मुगल संस्कृत वाले मन्दिर भी विस्थापित हैं। इसके साथ ही गुफा मंदिरों की भी यहां बहुतायत है। अन्ततः तिब्बतियों ने चाइना से आक्रांत होने पर भारत के इस विशेष प्रदेश में प्रवेश पाने के उपरांत रंग-बिरंगे गोम्पा, मठ और मंदिरों का निर्माण किया है।

हिमाचल प्रदेश के उत्तर में स्थित लाहौल तथा स्पीति के लोग भी तिब्बती नस्ल के लगते हैं तथा इनके भी बहुत से विचित्र गोम्पा मंदिर हैं।

कुल्लू घाटी को बुनकरों की घाटी कहा जा सकता है। यहां यह पेशा औरतों की बजाय पुरुष प्रधान है।

कुल्लू घाटी में भेड़ की ऊन से शॉल (चादर) बनायी जाती है जो दुनियाभर में प्रसिद्ध है। इनकी बुनाई का कार्य ग्रीष्म ऋतु में ही किया जाता है। पशमीना जाति की भेड़ों से प्राप्त

होने वाली पशमीना ऊन की निर्मित पशमीना शालें विश्व में अपनी पहचान रखती है। चम्बा चमड़े की चप्पलों के लिए प्रसिद्ध है। हिमाचल की ऊंची पर्वतमालाओं में गुदगुदे मुलायम कम्बल बनाए जाते हैं जिन्हें गुडमारू कहते हैं।

यहां की स्थानीय बाजारों में विभिन्न तरह की धातुओं से निर्मित वस्तुएं मिलती हैं। यहां तिब्बती गहने जो कौड़ियों से बनाए जाते हैं, मिलते हैं। तिब्बत में दन्नय तथा कार्पेट भी बनाए जाते हैं। इनके अतिरिक्त धार्मिक पोशाकें भी बहुतायत में बनती व बिकती हैं।

धर्मशाला—जब तिब्बत पर चीन ने अधिकार कर लिया तो तिब्बती शरणार्थी आश्रय लेने के लिए अपने लामा के साथ वहां से भाग कर भारत में आये, उन्हें सर्वप्रथम धर्मशाला में ही रखा गया। दलाई लामा का प्रशासनिक मुख्यालय यहीं स्थित है। यहाँ पर देवी महाकाली मंदिर, कांगड़ा, मैकलायेंड गंज, डलहौजी, चम्बा, नुरपूर आदि दर्शनीय पर्यटक स्थल हैं।

शिमला—शिमला की खास प्रसिद्धि जो हनुमान जी का मंदिर है; काली बाड़ी, क्राइस्टचर्च, म्यूज़ियम, कसौली, चैल, किन्नौर, संगला घाटी आदि। समुद्र तल से 2913 मी॰ की ऊँचाई पर स्थित है।

कुल्लू—कुल्लू में दशहरा का त्यौहार बहुत ही धूमधाम से मनाया जाता है। इस मेले का अनोखापन यह है कि यहाँ रावण को जलाया नहीं, बल्कि उसका जुलूस निकाला जाता है। यहाँ पर जगन्नाथ जी का मंदिर, मणिकरण प्राकृतिक जलधारा प्रमुख पर्यटक स्थल हैं। यहाँ से 40 कि॰ मी॰ की दूरी पर स्थित मनाली प्राकृतिक सौन्दर्य के लिए बहुत ही अच्छा माना जाता है। हिडिम्बा का मन्दिर, वशिष्ठ आश्रम, मण्डल, रोहतांग दर्श, बैजनाथ, पालमपुर आदि प्रमुख पर्यटक स्थल हैं।

दर्शनीय पर्यटक स्थल

दर्शनीय पर्यटक स्थल—हिमाचल प्रदेश में अनेक दर्शनीय स्थान हैं, जिनमें कुछ प्रमुख स्थानों का विवरण निम्न प्रकार दिया गया है—

1. बैजसनाथ—इसे हिन्दू तीर्थ स्थल, मंदिर (कुल्लू से 22 कि॰ मी॰) के लिए जाना जाता है।
2. खाजियार—इसे झील पर घाटी, गोल्फ आदि के लिए जाना जाता है।
3. कल्पा—इसे हाथ की बुनी शालें, लोक नृत्य, वन्य पेड़-पौधे व प्राणी आदि के लिए यह विख्यात है।
4. मण्डी—इसे नदी पर पहाड़ी स्थल, हिन्दू तीर्थ स्थल, मंदिर, तैरते द्वीप, प्राचीन मूर्तियाँ आदि के लिए जाना जाता है।
5. कसौली—इसे पहाड़ी स्थल के रूप में जाना जाता है।

6. ज्वालामुखी–इसे मंदिर अग्नि देव का उत्सव स्थल के रूप में जाना जाता है।
7. खोकसार–इसे लाहौल और स्पीती घाटी का प्रवेश द्वार, लामा भूमि आदि के रूप में जाना जाता है।
8. कोटगढ़–इसे लों के बाग के लिए जाना जाता है।
9. कुफरी–इसे शीतकालीन खेल के लिए जाना जाता है।
10. नरकण्डा–इसे हिमालय की चोटियों का सुंदर दृश्य के लिए जाना जाता है।
11. डल्हौजी–इसे पहाड़ी स्थल, हस्तकला, पर्यटन स्थल आदि के लिए जाना जाता है।
12. चैल अभ्यारण्य–इसे पक्षी और वन्य जीव आदि के लिए जाना जाता है।
13. गोविन्द सागर–इसे नौका विहार आदि के लिए जाना जाता है।
14. बिलासपुर–इसे झीलें, मंदिर, आनंदपुर साहिब का सुंदर दृश्य, गुफाएं आदि के लिए जाना जाता है।
15. चम्बा–इसे मंदिर, संग्रहालय, तीसा और पांच घाटियों का प्रवेश द्वार, बाग, भित्तिचित्रा और चित्रकला आदि के लिए जाना जाता है।
16. चैल–यह दुनिया का सबसे ऊँचा क्रिकेट का मैदान है। पहाड़ी स्थल आदि के लिए भी जाना जाता है।
17. बजौरा–इसे मंदिर, फलों के बाग (कुल्लू से 15 कि॰ मी॰) के लिए जाना जाता है।
18. भारमौर–इसे मंदिर, प्राचीन राजधानी आदि के लिए जाना जाता है।
19. वशिष्ठ–इसे गर्म गंधक स्रोत (मनाली से 3 कि॰मी॰) के लिए जाना जाता है।
20. धर्मशाला–इसे पहाड़ी स्थल, दलाई लामा का मुख्यालय, तिब्बती मठ, भान्सुनागा मंदिर, तिब्बती हस्तकला आदि के लिए जाना जाता है।
21. नुरपूर–इसे दुर्ग, हथकरघा आदि के लिए जाना जाता है।
22. मणिकरन–इसे गर्म स्रोत, सिक्ख गुरुद्वारा, शिव मंदिर आदि के लिए जाना जाता है।
23. पाँटा साहिब–इसे सिक्ख तीर्थ स्थल और दुर्ग के लिए जाना जाता है।
24. रिवालसर झील–इसे पवित्र हिन्दू, सिक्ख व बौद्ध झील के लिए जाना जाता है।
25. माशोब्रा–इसकी प्रसिद्धि का कारण इसका ट्रैकिंग, आकर्षक पर्यटन स्थल है।
26. सोलन–इसे पहाड़ी स्थल के रूप में जाना जाता है।
27. वत्ता पानी–इसे पहाड़ी स्थल के रूप में जाना जाता है।
28. नैना देवी–इसे हिन्दू तीर्थ स्थल के रूप में जाना जाता है।
29. त्रिलोकीनाथ–इसे बौद्ध तीर्थ स्थल, मठ के रूप में जाना जाता है।
30. केलांग–इसे बौद्ध मठ, लाहौल और स्पीती घाटियों का अंतिम कस्बा
31. पालमपुर–इसे पहाड़ी स्थल, खेती आदि के लिए जाना जाता है।
32. मनाली–इसे पहाड़ी मनोरंजक स्थल, ट्रैकिंग, मंदिर, हिमालय पर्वतारोहण संस्थान, फलों के बाग, पगोड़ा रीति का हिडिम्बा देवी मंदिर के लिए जाना जाता है।

33. कांगड़ा—इसे दुर्ग, प्राचीन नगर, लघुचित्रकलाएँ मंदिर आदि के लिए जाना जाता है।
34. शिमला—इसे मुख्य पहाड़ी मनोरंजक स्थल व साल भर का अवकाश मनोरंजक स्थल, घासे के जंगल, हस्तकला आदि के लिए यह जाना जाता है।
35. नगर—इसे सेरिच का घर (संग्रहालय), मंदिर आदि के लिए जाना जाता है।
36. नल्डेरा—इसे गोल्फ के लिए जाना जाता है।
37. थ्योग—इसे मछली पकड़ने के लिए जाना जाता है।
38. नाहन—इसे पहाड़ी स्थल, मंदिर आदि के लिए जाना जाता है।
39. कुल्लू—इसे फलों के बाग, मंदिर, प्राकृतिक सौन्दर्य, ट्रैकिंग, मछली पकड़ना आदि के लिए जाना जाता है।

मरुस्थलीय क्षेत्र में पर्यटन विकास

राजस्थान

मरुस्थलीय क्षेत्र से अभिप्राय उन राज्यों से है जहां मरुभूमि अथवा रेगिस्तानी इलाका मौजूद है। यहां भी पर्यटन की अत्यधिक संभावनाएँ हैं। ऐसे राज्यों अथवा प्रदेशों के बारे में नीचे विस्तृत विवरण दिया जा रहा है—

राजस्थान सन् 1965 से पूर्व देशी रियासतों में विभाजित था जिसको नवम्बर 1965 में मिलाकर एक प्रदेश बना दिया गया। इसकी राजधानी जयपुर है। इस राज्य का क्षेत्रफल 3,42,239 वर्ग किमी. और जनसंख्या 570,00,000 है। यहां की मुख्य भाषा हिन्दी और राजस्थानी है। गर्मी के मौसम में तापमान 45°C तक पहुंच जाता है जबकि ठंड के मौसम में यह गिरकर 7°C हो जाता है। जुलाई से सितम्बर तक यहां मानसून रहता है। सर्वश्रेष्ठ मौसम अक्टूबर से मार्च तक होता है।

पर्यटन की दृष्टि से राजस्थान भारत देश का प्रमुख राज्य है। इसे राजा-महाराजाओं की भूमि भी कहा जाता है। इस मरुस्थलीय प्रदेश में जोधपुर, बीकानेर, जैसलमेर जैसे कई ऐतिहासिक शहर हैं जहां अभी भी पुराने किले, महल व अन्य इमारते हैं, जिन्हें देखने के लिए प्रतिवर्ष लाखों पर्यटक यहां आते हैं।

मंत्रमुग्ध करने वाला रंगीन राजस्थान राजाओं की भूमि है। यह राजपूतों की जन्मभूमि है। महान रणबांकुरों की जननी है। भारत के इस क्षेत्र में इन राजपूत राजाओं का एक हजार वर्ष का शासन रहा है। राजपूत कभी भी एकमत, एकजूट होने वाली कौम नहीं थी। जब भी ये लोग किसी बाहरी शत्रु से नहीं लड़ रहे होते थे, तो भी यह आपस में छुट-पुट युद्धों में रत रहते थे, इसी कारण वह हमेशा हार का मुंह देखते थे।

यहां के राजपूत बहुत वीर होते थे। वो प्रत्येक मुसीबतों का सामना वीरतापूर्वक करते थे एवं दुश्मनों को घुटने टेकने पर मजबूर कर देते थे। बार-बार राजपूत वीरों ने महान विपत्तियों का सामना किया, चित्तौड़गढ़ के लम्बे इतिहास में कम-से-कम तीन बार इतिहास की पुनरावृत्ति हुई। तीन बार स्त्रियों व बच्चों ने जौहर किया तथा पुरुष वर्ग केसरिया वस्त्र पहन कर शहीद हो गया। यह राजपूतों की वीरता ही थी जिसके लिए अकबर ने अपनी सेवा का भार उनको सौंपा था, तथा औरंगजेब की यह नादानी थी कि वह उन वीरों से युद्ध करता रहा। अंग्रेजों के समय में यह प्रदेश कई राज्यों के राजा-महाराजाओं के होते हुए भी एकत्रित व एक जुट होकर राजपूत के नाम से संगठित होकर रहे। स्वतंत्र भारत में उनको अजमेर के साथ जोड़ कर राजस्थान प्रान्त बनाया गया। प्रत्येक शहर में अभी भी राजपूताना आन-शान तथा वीरता बिखेरते हुए कुछ-कुछ अवशेष बाकी बचे हुए हैं। यह ऐतिहासिक किले अपनी ऊंची दीवारों, मेहराबों, युद्ध-स्थलों तथा विभिन्न राजमहलों के निजी पसंदीदा वैभव का प्रतीक हैं। इन सबके होते हुए भी यह किले राजपूती आन, शान और वीरता के द्योतक हैं।

राजस्थान के पुरुषों की वेष-भूषा रंगीन पगड़ी तथा बड़ी-बड़ी मूँछें उनकी वीरता की पहचान हैं। स्त्रियों के चमकीले रंगीन घाघरे भी उनकी अलग ही पहचान हैं। उनके सर से पैर तक पहनने वाले राजस्थानी जेवर अनोखी पहचान रखते हैं। बड़ी मात्रा में पर्यटक इन जेवरों व घाघरे को क्रय करते हैं।

राजस्थान का मौसम शुष्क है किन्तु इसकी जलवायु में विविधता है। इसके उत्तर-पूर्व से उत्तर-पश्चिम तक पहाड़ी इलाका है। इसका दक्षिण-पूर्व हिस्सा रेगिस्तानी है तथा इसका उत्तर-पूर्वी क्षेत्र वीरान है। थार का रेगिस्तान पाकिस्तान तक फैला हुआ है। इसके ऐतिहासिक शहरों, रंगीन पहनावे वाले लोगों व उष्कृष्ट प्राकृतिक नजारों के रहते राजस्थान एक पर्यटन बाहुल प्रान्त है।

गुजरात

इस राज्य का क्षेत्रफल 1,96,024 वर्ग किलोमीटर है एवं जनसंख्या पांच करोड़ है। इसकी राजधानी गांधीनगर है। इस राज्य की मुख्य भाषा हिन्दी और गुजराती है। यहां का तापमान गर्मियों में 41°C से 27°C और सर्दियों में 29°C से 14°C तक रहता है। पर्यटन के लिए यहां का समय अक्टूबर से मार्च तक का समय उपयुक्त है। पांचवीं शताब्दी में उत्तराखण्ड से अनेक गुर्जर आकर गुजरात में बस गये। ऐसा माना जाता है कि इसी कारण इस राज्य का नाम गुजरात पड़ा। आधुनिक गुजरात को स्थापित करने का श्रेय 10वीं शताब्दी के चालुक्य राजा मूलराज को जाता है। 1026 ई. से 1817. ई. तक गुजरात की धरती पर विभिन्न सत्ताधारियों के बीच उठापटक चलती रही। पहले महमूद गजनवी, फिर

मराठा और यवन, फिर दिल्ली के बादशाह शाहजहां के कब्जे से 1817 ई. में गुजरात अंग्रेजों का आधिपत्य क्षेत्र हो गया। मोहनदास करमचन्द गांधी का जन्म इसी राज्य में हुआ जिन्हें उनके कार्यों के कारण राष्ट्रपिता कहा गया।

प्राकृतिक सम्पत्ति के मामले में गुजरात अन्य राज्यों के ही समान है। यहां घने व हरियाली युक्त वन और गिर के दहाड़ने वाले सिंह यहां प्रसिद्ध हैं। औद्योगिक क्षेत्र में गुजरात का कोई सानी नहीं, विशेषकर कपड़ा उद्योग व कपास, मूंगफली, तम्बाकू, दूध, नमक आदि। यहां जहां एक ओर भौतिकता की दौड़-भाग है तो दूसरी ओर मन को परमान्दित करने वाली आध्यात्मिकता भी कुछ कम नहीं। पालनकर्ता भगवान विष्णु के दस अवतारों में से दूसरे अवतार श्री कृष्ण की द्वारिका नगरी भी गुजरात में ही है, फिलहाल उसका अस्तित्व समुद्र की गहराइयों में डूब चुका है। मेगेश का सूर्यदेव मन्दिर, पलिताना व गिरनार के जैन मन्दिर, सोमनाथ मन्दिर आदि यहां के प्रमुख दर्शनीय स्थल हैं। गुजरात में धार्मिक सामंजस्य के दर्शन, मुस्लिम पर्व मोहर्रम के धूमधाम से मनाये जाने से होते हैं।

भारत के मैदानी भागों में पर्यटन विकास

भारत के मैदानी भागों का निर्माण हिमालय से निकलने वाली प्रमुख नदियों से हुआ है। यह हिमालय के दक्षिण में 150-400 किमी. चौड़ाई तथा 2400 किमी. लम्बाई में फैला हुआ है। जिसकी संरचना जलोढ़ द्वारा 500 मीटर तक मोटी उर्वर परत है, इस का क्षेत्र अरावली श्रेणी से सहारनपुर तक फैला हुआ है।

हरियाणा

लगभग 44, 212 वर्ग कि.मी के क्षेत्र में फैले इस राज्य की राजधानी भी चंडीगढ़ ही है हिन्दी भाषी इस राज्य की जनसंख्या लगभग 2,10,82,989 है। यहां का तापमान गर्मियों में 46°C-35°C और सर्दियों में 14°C-2°C तक रहता है। पर्यटन के लिए इस राज्य में अक्टूबर से मार्च तक का समय उपयुक्त होता है। हरियाणा का अस्तित्व आज का नहीं बल्कि महाभारत काल का है जिसका प्रमाण यहां के कुरुक्षेत्र से मिलता है। यह वही जगह है जहां कौरव-पांडवों में महायुद्ध हुआ था। वर्तमानकालीन हरियाणा राष्ट्रीय आय की दृष्टि से दूसरे नम्बर पर है। पंजाब के पश्चात् खाद्य सामग्री का उत्पादन कर इस राज्य का भारत को स्वावलम्बी बनाने में महत्त्वपूर्ण स्थान है। सम्पूर्ण हरियाणा में हरियाली का भरपूर साम्राज्य है जिसका श्रेय जाता है एक शिशु व वृक्षारोपण परियोजना को। यातायात के साधन व सुन्दर सड़कों से भलीभांति सम्पन्न होने के साथ ही हरियाणा का ऐतिहासिक महत्व भी कुछ कम नहीं।

पंजाब

पंजाब हमारे देश का प्रमुख कृषि प्रधान राज्य है। इसकी राजधानी चंडीगढ़ है। इसका क्षेत्रफल 50,362 वर्ग किमी. तथा जनसंख्या 2,42,89,296 है। यहां पर स्थानीय भाषा पंजाबी बोली जाती है। इस राज्य का तापमान गर्मियों में 45°C- 35.14°C और सर्दियों में 14°C-21.4°C तक रहता है। पर्यटन की दृष्टि से इस राज्य में अक्टूबर से मार्च तक का समय बहुत ही उचित है। 327 ई.पू. अलेक्जेन्डर ने अपनी पंचनीति के तहत इस राज्य का नाम पेण्डोपोटामिया रखा था। कालान्तर में इसका नाम भद्र देश हुआ। फिर भद्र देश को बदलकर सात सिन्धु के निवासी इस नाम से प्रसन्न नहीं थे और अब सात सिन्धु की जगह पांच ही सिन्धु रह गय थे तो यहां के निवासी पंजाबियों ने अपने क्षेत्र का नाम पांच नदियों के आधार पर पंजाब रखा। पंज+आब इसका अर्थ यह हुआ कि पांच नदियों का मिलन स्थान अर्थात् पंजाब। अतः कुल मिलाकर तीसरी बार में जाकर इस विशाल क्षेत्र का नामकरण पक्के रूप में हुआ, उसी तरह तीन विभाजनों में बंट कर ही यह क्षेत्र वर्तमान पंजाब हुआ। पहला विभाजन 1947 ई. में हुआ जिसमें हिन्दुस्तान के विभाजन में यह क्षेत्र लाहौर से विभाजित होकर भारत के हिस्से में आया, दूसरा विभाजन 1948 ई. में तब हुआ जब इसके तीन पहाड़ी इलाकों को इससे विभाजित कर हिमाचल प्रदेश का जन्म हुआ और तीसरा विभाजन 1966 ई. में हुआ जब हरियाणा का उदय हुआ।

हिन्दुस्तान में जितनी घुसपैठ हुई उनमें पंजाब क्षेत्र का ही योगदान है। यहां तक कि आर्य भी इसी रास्ते आए और सिन्धु नदी के आंचल में ही वो फले-फूले। इन घुसपैठों से पंजाबियों के स्वभाव में आक्रामकता आ गई है। ये लोग हर मौसम व परिस्थिति से लड़ने की क्षमता रखते हैं। साथ ही यह कठोर और मेहनती भी हैं। इनके इसी स्वभाव के कारण ही इतनी घुसपैठ, इतने आक्रमण और विभाजनों के बावजूद भी भारत के अन्य सभी राज्यों के मुकाबले पंजाब ने बड़ी तेजी से सभी क्षेत्रों में तरक्की की है, फिर चाहे वो व्यापारिक क्षेत्र ही क्यों न हो। खेती का तो कहना ही क्या! चावल, गेहूं की पैदावार मिलाकर 32% का योगदान अकेला पंजाब ही भारत की कुल पैदावार में देता है। दूध उत्पादन में भी यह क्षेत्र तीसरे स्थान पर है। राष्ट्रीय आय में भी पंजाब का भारी योगदान है।

चण्डीगढ़—चण्डीगढ़ जो कि एक केंद्रशासित प्रदेश है, पंजाब व हरियाणा की राजध ानी के लिए भी जाना जाता है। 1986 से केन्द्र शासित प्रदेश रहा है। यह नगर महान् फ्रांसीसी वास्तुशिल्पी ली कॉर्बुशियर की योजना के द्वारा सुरुचिपूर्ण व व्यवस्थित ढंग से निर्मित किया गया है। इसे विभिन्न सेक्टरों में विभाजित किया गया है। प्रत्येक सेक्टर में अपने अस्पाताल, बाजार, धार्मिक स्थल, सुन्दर उद्यान व खेल के मैदान, विद्यालय आदि निर्मित हैं। यहाँ पर स्थित संग्रहालय गुलाब उद्यान व अन्य धार्मिक स्थलों ने इसे एक पर्यटक केन्द्र के रूप में उभारा है।

अमृतसर–यहाँ पर स्वर्णमंदिर, जलियांवाला बाग के अलावा पंजाब में आनन्दपुर साहब, भाखड़ा नांगल बांध आदि प्रसिद्ध दर्शनीय स्थल हैं।

लुधियाना–लुधियाना की स्थापना लोदी वंश के शासकों द्वारा 1480 ई॰ में की गई थी।

दर्शनीय स्थल–पंजाब में कई महत्वपूर्ण दर्शनीय स्थल हैं। कुछ प्रमुख दर्शनीय स्थलों के बारे में निम्न प्रकार जानकारी दी जाती है–

1. किरतपुर–यह सिक्ख तीर्थ स्थल के लिए जाना जाता है।
2. सैफाबाद–यह ऐतिहासिक महल, दुर्ग, झील आदि के लिए जाना जाता है।
3. नांगल–यह सतलुज नदी पर बाँध, धार्मिक स्थल आदि के लिए जाना जाता है।
4. पठानकोट–यह कश्मीर व कांगड़ा घाटी के प्रवेश द्वार के लिए जाना जाता है।
5. पटियाला–यह संग्रहालय, दुर्ग, राष्ट्रीय खेल संस्थान, बाग-बगीचे, कला दीर्घाएँ आदि के लिए जाना जाता है।
6. शाहपुर–यह दुर्ग, मुस्लिम पौराणिक स्थल के लिए जाना जाता है।
7. माईसरखाना–यह माईसर चानामल मंदिर के लिए जाना जाता है।
8. रूपनगर–इसे पुरातत्व स्थल, झील में नौका विहार व मछली पकड़ने के लिए जाना जाता है।
9. लुधियाना–इसे लघु औद्योगिक केन्द्र के लिए जाना जाता है।
10. तरनतारन–इसे गुरु रामदासजी गुरुद्वारा के लिए जाना जाता है।
11. संगरूर–इसे बाग-बगीचे, सिक्खों का पौराणिक स्थल के लिए जाना जाता है।
12. फरीदकोट–इसे दुर्ग, दुर्ग के अंदर शीशमहल आदि के लिए जाना जाता है।
13. सरहिन्द–इसे सिक्ख व मुस्लिम समाधियाँ, फतेहगढ़, साहिब गुरुद्वारा, झील पर बाग-बगीचे आदि के लिए जाना जाता है।
14. संगल–इसे हड़प्पाकालीन स्थल के लिए जाना जाता है।
15. गोविन्दवाल–यह सिक्ख तीर्थ स्थल, गुरु अंगद देवजी की समाधि के लिए जाना जाता है।
16. व्यास–इसे राधा-स्वामी सत्संग आश्रम, धार्मिक केन्द्र आदि के लिए जाना जाता है।
17. डेरा बाबा जयमल सिंह–इसे सभी धर्मों के आश्रम के रूप में जाना जाता है।
18. अमृतसर–इसे स्वर्ण मंदिर, अकाल तख्त, जलियांवाला बाग, दुर्ग, संग्रहालय आदि के लिए जाना जाता है।
19. ढ़ोलबहा–इसे मंदिर, पौराणिक स्थल आदि के लिए जाना जाता है।
20. बठिन्डा–इसे दुर्ग के लिए जाना जाता है।
21. डेरा बाबा नानक–इसे सिक्ख धर्म के तीर्थस्थल के लिए जाना जाता है।

22. जालंधर—इसे खेल का सामान व प्रकाशन केन्द्र, दुर्ग के लिए जाना जाता है।
23. चंड़ीगढ़—इसे संग्रहालय, कला दीर्घाएं, रॉक गार्डन, एशिया का सबसे बड़ा गुलाब बाग, सुखना झील, सचिवालय व विधान सभा भवन, पंजाब विश्वविद्यालय के लिए जाना जाता है।
24. राम तीरथ—इसे हिन्दू तीर्थ स्थल, लव-कुश का जन्म स्थान के लिए जाना जाता है।
25. फतेहगढ़ साहिब—इसे सिक्ख तीर्थ स्थल के लिए जाना जाता है।
26. आनन्दपुर साहिब—इसे ऐतिहासिक गुरुद्वारा जहाँ गुरु गोविन्द सिंहजी ने खालसा पंथ 1699 ई. में शुरू किया, नैना देवी मंदिर दुर्ग के लिए जाना जाता है।
27. कपूरथला—यह प्राचीन राजधानी, जगजीत महल मंदिर आदि के लिए जाना जाता है।

दिल्ली

भारत की वर्तमान राष्ट्रीय राजधानी दिल्ली का प्राचीन नाम इन्द्रप्रस्थ था, जो पांडवों का साम्राज्य था। दिल्ली 1911 में ब्रिटिश शासित भारत की राजधानी बनी। इसे 1965 में केन्द्र शासित प्रदेश बनाया गया। 1992 से इसे नया नाम 'राष्ट्रीय राजधानी क्षेत्र दिल्ली' दिया गया। जिसका क्षेत्रफल 1,483 वर्ग किमी. और जनसंख्या 1.5 करोड़ है। दिल्ली की मुख्य भाषा हिन्दी और इंगलिश है। गर्मियों में यहां का तापमान 35°C तक हो जाता है। और सर्दियों में 5°C से 20°C तक होता है। यहाँ पर मानसून जून से लेकर सितम्बर तक रहता है और पर्यटन के लिए यहां का मौसम अक्टूबर से मार्च तक उत्तम माना जाता है।

इसी दिल्ली के भू-भाग पर आर्य समाज का भी चौतरफा उद्भव हुआ। इसके साथ-साथ समय में भी परिवर्तन होता गया और उसी परिवर्तन में इन्द्रप्रस्थ का नाम भी धीरे-धीरे समाप्त होता गया। इस समय दिल्ली शहर को भारत की राजधानी होने का सौभाग्य प्राप्त हुआ।

लेकिन यह सब इतनी आसानी ने नहीं हुआ। इस दौरान काफी सियासती उठा-पटक हुई। आज भी उस उठा पटक के स्मृति चिन्ह वर्तमान दिल्ली में जगह-जगह मौजूद हैं। इस सियासती उठा-पटक की शुरुआत 737 ई. में उसी वक्त हुई जब तोमर राजपूत राजा ने लाल-कोट नामक पहला नगर स्थापित किया। फिर इसी क्रम में चौहान राजपूतों ने दिल्ली की सियासत अपने हाथों में ले ली व पृथ्वीराज के तृतीय वंशज ने कुतुब के इर्द-गिर्द नया शहर बसाया और उसे किला राय पिथौरा नाम दिया। फिर तुगलक ने अलीबाद में तुगलकाबाद बसाया जिसको जहांपना नाम दिया गया। सियासी उथल-पुथल उठा-पटक का यह सिलसिला यहीं नहीं रुका इसी तरह बेरोक-टोक चलता ही चला गया। फिरोजशाह तुगलक ने पुराने किले में फिरोजाबाद को आबाद किया। फिर बारी आई लोदी के वंशजों की। उन्होंने दिल्ली को पसंद नहीं किया और वे राजपाट को समेटकर

आगरा चले गये। फिर कुतुबुद्दीन-ऐबक ने दिल्ली की बागडोर अपने हाथों में ली और कुतुब मीनार की स्थापना की। फेर-बदल का यह सिलसिला फिर कुछ आगे बढ़ा और अलाउद्दीन खिलजी ने हौजखास में अपने शासन की स्थापना की। दिल्ली की शासन कुछ समय के उपरान्त फिर से गया। सुद्दीन तुगलक के अन्तर्गत हो गयी और तुगलकाबाद विकास की ओर बढ़ने लगा। उसी समय एक मुसलमान ने इस दिल्ली नगरी में गजब का आतंक फैलाया, यहां तक कि पवित्र यमुना नदी का पानी तमाम बेगुनाहों के रक्तों से सराबोर हो गया लेकिन फिर भी वह सन्तुष्ट नहीं हुआ। उसने भयानक लूट-पाट का बवंडर मचाया और हाथियों की विशाल टोली के सहारे लूट का बेशकीमती सामान लेकर चला गया।

महान मुस्लिम सम्राट अकबर के दादा यानी बाबर ने 1526 ई. में दिल्ली की बागडोर अपने हाथों में ली और राजधानी आगरा को बनाया। उसके बाद उसके पुत्र शेरशाह ने उत्तराधिकार संभाल लिया। उसने पुराने किले के समीप शेरगढ़ बसाया लेकिन समय की तेज रफ्तार ने एक बार फिर दिल्ली को हुमायूं की झोली में डाल दिया। 1639 ई. में शाहजहां ने शाहजहांबाद नाम से इसे दुबारा बसाया, कट्टर मुस्लिम बेटे औरंगजेब के हाथों शाहजहां बन्दी बना लिया गया और उसने गैर मुस्लिम व्यक्तियों पर बहुत ही अत्याचार किये। फिर वह समय भी आया जब औरंगजेब की मृत्यु हुई और प्रजा के साथ जोर-जबरदस्ती के कारण पतन को प्राप्त मुगल हुकूमत को लूटने के उद्देश्य से नादिरशाह ने अधिकार जमा लिया और कीमती सामान लेकर वापस चला गया।

सन् 1807 में उन्होंने भेष बदलकर दिल्ली पर अपना अधिकार कर लिया। राजधानी का स्थानान्तरण कलकत्ता से दिल्ली कर दिया गया। जिसका नतीजा यह हुआ कि टूटी बिखरी बदसूरत दिल्ली को नये सिरे से सोलह सिंगार किया जाने लगा। हर चीजे तरीके से, करीने से ठीक की जाने लगी। इन सभी मूल परिवर्तन के बीच भला पुराना नाम कैसे चलता? इसका नाम भी 'फूट डालो और शासन करो' की नीति के बल पर पूरे 200 साल तक यहां राज किया। फिर हवा का एक तूफानी झोंका आया और ब्रिटिश शासन को अपने हाथ उखाड़ ले गया। 15 अगस्त, 1947 ई. को पहली बार स्वतंत्र भारत का तिरंगा लाल किले की प्राचीर पर लहराया।

आज की दिल्ली के दो रूप हैं, एक तो पुरानी दिल्ली और दूसरी नयी दिल्ली। पुरानी दिल्ली के अन्तर्गत कश्मीरी और अजमेरी गेट, पुरानी दिल्ली रेलवे स्टेशन चांदनी चौक, आसफअली रोड, दरियागंज, लालकिला, नई सड़क, दिल्ली गेट आदि प्रमुख हैं। समय के साथ यहां के रहन-सहन में बदलाव तो आया है, लेकिन खान-पान व बोली में वही पुराना अंदाज है, वहीं संकरी गलियां है। जहां सूरज का प्रकाश कई सालों से नहीं पहुंचा है। होलसेल के मुख्य बाजार यहीं पुरानी दिल्ली में है। पतंगबाजी व कबूतर बाजी के पुराने व

शाही शौक आज भी यहां सांस ले रहे हैं। लाल किले के सामने स्थित कबूतर बाजार में आप देश-विदेश का कैसा भी कबूतर व पक्षी खरीद व बेच सकते हैं।

दूसरे हिस्से नयी दिल्ली को बहुत ही गजब ढंग से व सोच-विचार कर बनाया गया, जिसमें कि नयी दिल्ली की सड़कें साफ-सुथरी और चौड़ी बनायी गयी हैं। सड़कों के दोनों किनारे आधुनिक स्थापत्य शैली में बने खूबसूरत मकान, दुकान, सरकारी कार्यालय, निजी कार्यालय, दुनिया के किसी भी आधुनिक शहर से टक्कर ले सकते हैं।

कनॉट प्लेस–कनॉट प्लेस को दिल्ली की धड़कन माना जाता है। यहाँ पर भूमिगत शॉपिंग कॉम्पलेक्स पालिका बाजार है। दिल्ली के बाहर से आने वाले पर्यटकों की तमन्ना यही होती है कि वे पहले पालिका बाजार देखने जाएँ। यह बाजार वातानुकूलित है।

हुमायूं का मकबरा–यह हुमायूँ का समाधिस्थान है। इसकी ऊँचाई 43 मी. है।

लाल किला–लाल किला का निर्माण मुगल शासक शाहजहाँ ने करवाया था। यह सन् 1639 में बनना प्रारम्भ हुआ जो सन् 1674 में पूरा हुआ था। प्रत्येक वर्ष स्वतंत्रता दिवस के अवसर पर 15 अगस्त को भारत के प्रधानमंत्री इसी लाल किले की प्राचीर पर भारतीय गौरव एवं आन-बान-शान का प्रतीक तिरंगा झण्डा फहराते हैं।

दिल्ली में अन्य दर्शनीय स्थल हैं–शेरशाह सूरी का पुराना किला, चिड़ियाघर, इन्दिरा स्मृति सौंध, नेहरू म्यूजियम, राजघाट (महात्मा गांधी की समाधि), शांति वन (जवाहरलाल नेहरू की समाधि), शक्ति स्थल (इंदिरा गांधी की समाधि), वीर भूमि (राजीव गांधी की समाधि), राष्ट्रपति भवन, संसद भवन, जंतर-मंतर, गुरुद्वारा रकाबगंज, रेल संग्रहालय, लोटस टेम्पल, छत्तरपुर मंदिर, बिरला मंदिर, प्रगति मैदान, दिल्ली हॉट, जामा मस्जिद् आदि।

उत्तर प्रदेश

प्राचीन काल में उत्तर प्रदेश का क्षेत्र 'मध्य प्रदेश' के नाम से विख्यात था। इसका वर्तमान नाम उत्तर प्रदेश 12 जनवरी 1950 से प्रारंभ हुआ। स्वतन्त्र भारत का संवधिान पारित (26 जनवरी 1950) होने पर उत्तर प्रदेश भारतीय गणतन्त्र का एक पूर्ण राज्य स्थापित हो गया। उत्तर प्रदेश की राजधानी लखनऊ है। इस राज्य की मुख्य भाषा हिन्दी है। इसका क्षेत्र फल 2,38,566 वर्ग किमी. और आबादी 16,6052,859 है। यहां पर मानसून लगभग जून से सितम्बर तक रहता है यहा का मौसम अक्टूबर माह से लेकर मार्च माह तक पर्यटकों के अनुकूल रहता है।

उत्तर प्रदेश आबादी की दृष्टि कोण से भारत का सबसे विशाल राज्य है। विविधता व समस्याओं के विचार से भी यह प्रान्त महान है। यह प्रान्त धार्मिक एवं ऐतिहासिक दृष्टि से भी केन्द्र रूप है। पतित पावनी गंगा नदी इस क्षेत्र की जीवन-रेखा है। पापनाशिनी श्री गंगा नदी हिन्दुओं की पवित्र नदी है, जो अपने विस्तृत तटों पर बड़े-बड़े नगरों को आश्रय

दिये हुए हैं, जहां पर्यटन के विशाल केन्द्र हैं। यह नगर मुख्यतः हरिद्वार एवं ऋषिकेश हैं, जहां यह गंगा नदी पर्वतों से अवतरित होती है तथा यहीं से यह समतल भूमि में बहने लगती है। बनारस इसके तट का पवित्रतम स्थान है। इस शहर में ही प्रसिद्ध बौद्ध धर्म स्थल है जिसका अस्तित्व बनारस के अति निकट सारनाथ है। यहीं पर गौतम बुद्ध ने अपना प्रथम धार्मिक उपदेश दिया था। दो हजार वर्ष पूर्व यह स्थान सम्राट अशोक के बौद्ध साम्राज्य का भाग रह चुका है।

बहुत अर्वाचीन समय में यह मुगल साम्राज्य का भी हिस्सा रहा है। उस समय इसकी राजधानी आगरा थी। आधुनिक काल में आगरा उस महान मुगल स्मारक ताजमहल के कारण विश्वविख्यात है। ब्रिटिश शासन के खिलाफ सन् 1857 में मेरठ से ही क्रांति की शुरुआत हुयी थी। इसी समय लखनऊ और कानपुर में भी अभूतपूर्व तथा बड़ी ही दुर्भाग्यपूर्ण घटनाएँ घटी थीं। इस राज्य ने स्वतंत्रता प्राप्ति के बाद से भारत के चार महान प्रधानमंत्री श्री जवाहरलाल नेहरू, श्रीमति इन्दिरा गांधी, श्री लालबहादुर शास्त्री व चौधरी चरण सिंह इसी प्रदेश में पैदा हुये थे।

भौगोलिक तथा सामाजिक रूप से भी इस राज्य में विविधता पायी जाती है। गंगा नदी का समतल भाग इस प्रान्त का बहुत ही बड़ा हिस्सा है। दूसरी ओर उत्तर पश्चिम का भाग विशाल पर्वतराज हिमालय पर्वत से ढका हुआ है। यह भूमि अतिरमणीय है। यहां का प्राकृतिक सौन्दर्य देखते ही बनता है। इस पर्वतमाला का अति आकर्षक हिस्सा बद्रीनाथ, श्री केदारनाथ धाम हैं। गंगोत्री तथा यमनोत्री भी इसी हिमालय की ही देन हैं। वस्तुतः कहा जा सकता है कि यह प्राप्त भारत की अखण्डता की तरफ इशारा करता है।

वाराणसी—हिन्दू धर्म व राजनीति का प्राचीन केन्द्र। यह 5000 वर्ष प्राचीन है। काशी के गंगा तट पर कुल 365 घाट हैं। सूर्य उदय होते ही घाटों का दृश्य बड़ा ही रमणीय होता है। घाटों के अतिरिक्त यहाँ काशी हिन्दू विश्वविद्यालय एवं देव भाषा संस्कृत विश्वविद्यालय भी हैं जो पर्यटकों के आकर्षण का मुख्य केन्द्र हैं।

लखनऊ—लखनऊ शहर को नवाब आसफ-उल-दौला ने सन् 1775 में पवित्र नदी गोमती के किनारे बसाया था। यहाँ पर्यटन का प्रमुख आकर्षण भूल-भूलैया औश्र बोटानिकल पार्क हैं।

इलाहाबाद—यह गंगा-यमुना-सरस्वती के संगम पर स्थित है। यहाँ पर आनंद भवन, अकबर का किला तथा विश्वविद्यालय प्रमुख है।

आगरा—इस शहर की ख्याति का मुख्य कारण विश्व का सातवां आश्चर्य ताजमहल है, जिसको मुगल सम्राट् शाहजहाँ ने अपनी प्रिय बेगम मुमताज महल की याद में बनवाया था। श्वेत संगमरमर पत्थर से बना यह ताजमहल पूरे विश्व भर में प्रसिद्ध है। 22 वर्षों के अथक प्रयास के बाद 40 लाख पाउण्ड की धनराशि एवं दो हजार कुशल कारीगरों की मेहनत

का नतीजा दुनियां का सबसे मनमोहक ताजमहल है। इसके अलावा आगरे का लाल किला जिसको अकबर ने बनवाया था, फतेहपुर सीकरी, बुलंद दरवाजा, पंचमहल प्रसिद्ध है।

उत्तरप्रदेश के कुछ अन्य महत्वपूर्ण दर्शनीय स्थल हैं—मथुरा, जौनपुर, हस्तिनापुर (मेरठ), बाराबंकी, वृंदावन, झांसी, बुंदेलखण्ड, रूहेलखण्ड, गोरखपुर आदि।

दर्शनीय स्थल—उत्तर प्रदेश में अनेक दर्शनीय स्थान हैं जिनमे कुछ प्रमुख स्थानों का विवरण निम्न प्रकार दिया गया है—

1. अलीगढ़—यह अलीगढ़ मुस्लिम विश्वविद्यालय, दुर्ग के लिए जाना जाता है।
2. दुधवा—यह राष्ट्रीय उद्यान के लिए जाना जाता है।
3. इटावा—यह पशुमेला (अक्टूबर) के लिए जाना जाता है।
4. आगरा—यह ताजमहल, दुर्ग, महल, बाग-बगीचे, मकबरा, जूता उद्योग के लिए जाना जाता है।
5. फतेहपुर सीकरी—यह अकबर की प्राचीन राजधानी, दुर्ग, महल, मकबरा, मस्जिद् हजरत सलीम चिश्ती दरगाह के लिए जाना जाता है।
6. अयोध्या—यह राम जन्म-भूमि के लिए जाना जाता है।
7. इलाहाबाद—यह पवित्र नदी संगम, कुम्भ मेला (प्रति 12 वर्ष), दुर्ग, मंदिर, मस्जिद सांस्कृतिक केन्द्र के लिए जाना जाता है।
8. कन्नौज—यह प्राचीन राजधानी, भग्नावशेष के लिए जाना जाता है।
9. फैजाबाद—यह मुस्लिम स्मारक के लिए जाना जाता है।
10. चुनार—यह दुर्ग, तीर्थ स्थल आदि के लिए जाना जाता है।
11. जौनपुर—यह भारतीय वास्तुकला के लिए जाना जाता है।
12. गढ़मुक्तेश्वर—यह धार्मिक, अध्यात्म व चिकित्सा केन्द्र के लिए जाना जाता है।
13. भिटा—यह पुरातत्व उत्खनन, (इलाहबाद से 22 कि.मी.) के लिए जाना जाता है।
14. श्रावस्ती—यह प्राचीन बौद्ध शहर के भग्नावशेष, स्तूप, महल, ताँबा के लिए जाना जाता है।
15. रामनगर—यह दुर्ग महल (वाराणसी से 10 कि.मी.) के लिए जाना जाता है।
16. पिंडारी ग्लेशियर—यह हिमालय सौंदर्य (मई-जून फूलों के लिए) (अल्मोड़ा से 120 कि.मी.) के लिए जाना जाता है।
17. मुरादाबाद—यह तांबे को हस्तशिल्प के लिए जाना जाता है।
18. झाँसी—यह दुर्ग के लिए जाना जाता है।
19. सिकन्दरा—यह अकबर के मकबरा (आगरा से 10 कि.मी.) के लिए जाना जाता है।
20. मथुरा—यह हिन्दू तीर्थ स्थल, प्रचीन शहर, भगवान श्रीकृष्ण की जन्मभूमि, मंदिर, मस्जिद्, संग्रहालय के लिए जाना जाता है।

21. लखनऊ—यह राज्य की राजधानी, मुस्लिम संस्कृति केन्द्र, बाग-बगीचे ऐतिहासिक इमारत् आदि के लिए जाना जाता है।
22. सारनाथ—यह मुख्य बौद्ध तीर्थ स्थल, मठ, धार्मिक केन्द्र संग्रहालय, प्राचीन स्तुप (वाराणसी से 10 कि.मी.) आदि के लिए जाना जाता है।
23. मिर्जापुर—यह हस्तकला, मंदिर आदि के लिए जाना जाता है।
24. कुशीनगर—यह बौद्ध तीर्थ स्थल, भग्नावशेष आदि के लिए जाना जाता है।
25. पनवलौना—यह मंदिर (अल्मोड़ा से 30 कि.मी.) के लिए जाना जाता है।
26. वृन्दावन—यह हिन्दू तीर्थ स्थल, भगवान श्रीकृष्ण से संबंधित, आश्रम (मथुरा से 10 कि.मी.) के लिए जाना जाता है।
27. बटेसर—यह मंदिर, मुख्य पशु मेला के लिए जाना जाता है।
28. कानपुर—यह औद्योगिक केन्द्र, मंदिर, चर्च, संग्रहालय, बाग-बगीचे के लिए जाना जाता है।

बिहार

बिहार की राजधानी पटना है। यहां का क्षेत्रफल 1,73,877 वर्ग कि.मी. और जनसंख्या 10 करोड़ है। इस राज्य की मुख्य भाषा हिन्दी है। यहां ग्रीष्म ऋतु का तापमान 20°C-47°C तक रहता है, और शरद ऋतु का तापमान 4°C-28°C तक रहता हैं। इस राज्य की अक्षांशीय विस्तार 24° 20° 10° उत्तरी अक्षांस से 27° 31°15° उत्तरी अक्षांस तक। देशान्तरीय विस्तार 83°19°50° पूर्व से 88°17°40° पूर्व से 88°17°40° पूर्व तक।

प्राचीनकाल से ही बिहार सामाजिक, राजनीति तथा धार्मिक जाग्रति का प्रमुख केन्द्र रहा है। इसका इतिहास अपने आप में गौरवशाली है। चन्द्रगुप्त, अशोक तथा शेरशाह सूरी जैसे राजनायक और गुरु गोविन्द सिंह के समान धर्मगुरु बिहार की भूमि से ही पैदा हुए थे। गौतम बुद्ध तथा महावीर को ज्ञानदीप्ति बिहार की मिट्टी से ही प्राप्त हुई। आधुनिक काल में भारत के प्रथम राष्ट्रपति डॉ. राजेन्द्र प्रसार जिन्हें देश रत्न के नाम से भी जाना जाता है, बाबू जगजीवन राम, डॉ. लोहिया, जयप्रकाश नारायण जैसे महान नेता बिहार की भूमि से ही उत्पन्न हुए थे।

इसकी सीमा चार भारतीय राज्यों से मिलती है। इसका प्राचीन नाम पाटलिपुत्र था। 2300 वर्ष पहले मौर्यवंश के शासकों की राजधानी, फिर अजातशत्रु की राजधानी व फिर महान सम्राट अशोक ने अपना ऐतिहासिक राज्यादेश यहीं पाटलीपुत्र से ही जारी किया था।

बिहार में जब मौर्यवंश के राजाओं का पतन हो गया उसके बाद महान गुप्त वंश का उद्भव हुआ। बिहार भारतीय संस्कृति का पीठस्थान था। सन् 1574 में मुगल सम्राट अकबर ने बिहार पर अपना कब्जा कर लिया। बिहार की अपनी विशिष्ट संस्कृति का उदय इसी हिन्दू-मुस्लिम संस्कृति के मिश्रण का ही रूप है। फिर बंगाल के नवाब ने बिहार पर अपना

प्रभुत्व जमा लिया। सन् 1764 में ब्रिटिश शासकों ने इसे अपने अधीन कर लिया था। 1911 में बिहार पश्चिम बंगाल से अलग हुआ फिर 1936 में यह एक स्वतन्त्र राज्य के रूप में सामने आया। यहां की मुख्य भाषाएँ भोजपुरी, मगधी व झारखण्डी हैं। यहां सैलानियों के लिये पर्यटक स्थल भी है। यह लम्बे समय तक महात्मा बुद्ध की कर्मभूमि रही है। बुद्ध को सिद्धि लाभ यही बोधगया में निरंजना नदी के तट पर बसे गांव उरुविल्व में हुआ था। कुन्दपुर गांव में 24वें जैन तीर्थंकर महावीर का जन्म हुआ था। इसी पटना की भूमि पर ही सिक्खों को खालसा की उपाधि देने वाले दसवें गुरु, गुरु गोविन्द सिंह का जन्म हुआ था। राज्य के दक्षिणी भाग में दक्कन के पठार का आरंभ होता है। राज्य के उत्तरी क्षेत्र से कोसी व गंडक तथा दक्षिणी क्षेत्र से सोन नदी का मिलन गंगा में होता है।

झारखंड

झारखंड का उदय बिहार से हुआ है। इसकी स्थापना 15 नवम्बर 2000 को की गयी इसकी राजधानी रांची है। इस राज्य का क्षेत्रफल 76,677 वर्ग किमी. है। यहां की जनसंख्या तकरीबन 3 करोड़ हैं। यहां प्राकृतिक साधनों की प्रचुरता है। इस राज्य की मुख्य भाषा हिन्दी है। इस राज्य का मौसम वर्ष भर पर्यटन के अनुकूल रहता है। सर्दियों में यहां का तापमान 28°C-4°C तक पहुंच जाता हैं, जबकि ग्रीष्म का तापमान 47°C-20°C तक पहुंचता है। पर्याप्त मात्रा में खनिज भण्डार होने के कारण इस राज्य की वित्तीय स्थिति काफी सुदृढ़ है।

छत्तीसगढ़

यह राज्य पहले मध्यप्रदेश का एक अंग था जिसे 1 नवम्बर सन् 2000 में राज्य का दर्जा दिया गया। इस राज्य का कुल क्षेत्रफल 1,35,191 वर्ग किमी है। इस राज्य की राजध ानी रायपुर है। यहां पर हिन्दी के साथ-साथ स्थानीय भाषा छत्तीसगढ़ी भी बोली जाती है। पर्यटन के लिए जून से सितम्बर तक का समय उपयुक्त होता है।

द्वीपीय क्षेत्र में विकास

भारत एक प्रायद्वीपीय देश है। जिसके समीपवर्ती समुद्रों में कुल 247 द्वीप हैं जिनमें से 43 द्वीप अरब सागर में और 204 द्वीप बंगाल की खाड़ी में अवस्थित हैं। अरब सागर में जो द्वीप अवस्थित हैं उन्हें लक्षयद्वीप और बंगाल की खाड़ी में जो द्वीप अवस्थित है उसे अण्डमान निकोबार द्वीप समूह कहा जाता है। इस अध्याय में हम इन दोनों द्वीप समूहों के बारे में संक्षिप्त प्रकाश डालेंगे।

अंडमान तथा निकोबार द्वीप समूह

हिन्दी, तमिल, तेलुगू, निकोबारीज आदि भाषाओं का प्रयोग करते हैं। यहां का तापमान पूरे वर्ष लगभग एक समान रहता है। नवम्बर से अप्रैल का समय पर्यटन हेतु उपयुक्त है। अथाह जल राशि के मध्य स्थित है। यह अंडमान और निकोबार द्वीप समूह। यों तो यहां छोटे-बड़े द्वीप मिलाकर कुल 375 द्वीप हैं जिनमें से सिर्फ 28 ही आबाद हैं। समस्त द्वीप हरियाली की चादर ओढ़े हुए हैं। रोम भूतत्त्वविदों का गुड फारच्यून, भ्रमणकारी बौद्धों का, नग्न मानवों का देश, कालापानी आदि इसी अंडमान निकोबार द्वीप समूह के प्राचीन नाम है।

यहां के समस्त द्वीप को अण्डमान एवं निकोबार इन दो द्वीप समूहों में बांटा गया था परन्तु अंग्रेजों ने सन् 1882 में इन दोनों को मिलाकर एक समूह बना दिया था। 17वीं शताब्दी में अंडमान पहले पुर्तगाली व बाद में डच लोगों के कब्जे में रहा और निकोबार द्वितीय विश्व युद्ध के समय जापानियों के अधिकार में था। यहां के मूल निवासियों को परतंत्रता स्वीकार नहीं थी और अन्त में वे लोग जापानियों के विरुद्ध युद्ध शुरू कर दिया। इस युद्ध को गुरिल्ला युद्ध भी कहा जाता है। 6 नवम्बर, 1943 को जापानियों ने भारतीय आजाद हिन्द फौज के हाथों में अंडमान का शासन सौंप दिया। 1945 ई. फिर यह प्रजातंत्र आधारित राज्य घोषित किया गया। 1947 ई. में सम्पूर्ण भारतवर्ष की आजादी के साथ अंडमान और निकोबार भी पूर्ण स्वतंत्र हुए।

प्रमुख रूप से इस आदिवासी क्षेत्र के पश्चिम में जारवा उत्तर में सेटिंनल तथा दक्षिण में ओंगा जातियाँ रहती हैं। इसके अलावा यहां कालापानी की सजा काटने वाले कैदियों की सन्तानें, पूर्वी पाकिस्तान के शरणार्थी, तमिलनाडु व केरल के निवासी भी यहां निवास करते हैं। परिवेश में इतनी विविधता के पश्चात् भी यहां जाति-पांति की समस्या के लिए कोई स्थान रिक्त नहीं है। यह द्वीपमाला बंगाल की खाड़ी के तट पर फैली हुई है। यहां के घने वनों में कई किस्म के पक्षी, स्तनधारी व रेंगने वाले जीवों का निवास है। यहां का मौसम सदा सुहावना रहता है। वर्षाकाल कष्टदायक है।

लक्षयद्वीप

लगभग 32 वर्ग किमी. भूभाग पर विस्तृत यह द्वीप भारत का सबसे छोटा केन्द्र शासित प्रदेश है। यह करीब 32 वर्ग कि.मी. के क्षेत्रफल में स्थित है। जिसकी राजधानी कवरत्ती है। यहाँ की साक्षरता दर लगभग 87% है। यह 27 छोटे-छोटे टापुओं को मिलाकर बना है। इन सभी टापुओं के समुद्री तटों की प्राकृतिक छटा अतुलनीय है। यहाँ के 27 टापुओं में से सिर्फ दस टापुओं पर ही जनजीवन पाया जाता है।

भारत के इस द्वीप समूह में 12 अटल, 3 प्रवाल भितियाँ और 5 जल प्लावित तट हैं। यहाँ पर 36 द्वीपों में से केवल 10 द्वीपों में ही बस्ती है।

इनके नाम हैं—आन्ड्रोट, अमिनि, अगत्ती, बिट्रा, चेटलाट कटमत, कल्पेनी, कवरत्ती, किल्टन और मिनिक्वाय। इनमें सबसे छोटा द्वीप बिट्रा है। इस द्वीप समूह में देशी और विदेशी पर्यटन के विकास की बड़ी संभावनाएँ है और इस क्षेत्र में काफी काम किया जा रहा है।

दक्षिण पठार एवं तटीय क्षेत्र में पर्यटन विकास

उत्तरी मैदान के दक्षिण में विस्तृत त्रिभुजाकार पठार विस्तृत है जो औसतन 600 मीटर ऊँचा है, यह प्राचीनतम कठोर रवेदार शैलों से निर्मित है और अत्यधिक अपरदित हो गया है। इस पठार पर नदियों में चौड़ी और उथली घाटियों का निर्माण हुआ है। नर्मदा घाटी इस पठार को दो भागों में विभाजित करती है—

दक्कन का पठार—ताप्ती नदी के दक्षिण में यह पठार पूर्वी और पश्चिमी घाटों के मध्य विस्तृत है। यह लावा प्रवाह से निर्मित एक प्राचीन पठार है। इस पठार की पश्चिमी सीमा पर पश्चिमी घाट या सह्याद्रि की पहाड़ियाँ स्थित हैं। ये घाट उत्तर-दक्षिण दिशा में 1600 किमी. की लम्बाई में स्थित हैं। इनका ढाल पश्चिम में अरब सागर की तरफ तीव्र और पूर्व की ओर मन्द है। इन घाटों में भोरघाट एवं पालघाट के दर्रे स्थित हैं।

प्रायद्वीपीय पठार के पूर्व में पूर्वी घाट विस्तृत है जो उत्तर में महानदी घाटी से दक्षिण के नीलगिरि तक 800 किमी. लम्बाई में विस्तारित है।

ये घाट नदियों द्वारा विच्छेदित हो गए हैं। इनमें अन्नामलाई, पालकोन्दा, जावादी और शिवराय पहाड़ियाँ स्थित हैं। इन घाटों को काटकर महानदी, गोदावरी, कृष्णा और कावेरी ने उपजाऊ मैदानों की रचना की है।

पश्चिमी व पूर्वी घाटों को मिलाते हुए नीलगिरि की पहाड़ियाँ स्थित हैं। इनके दक्षिण में अन्नामलाई पहाड़ियाँ स्थित हैं। इसी की एक शाखा उत्तर-पूर्व में पलनी पहाड़ियों व दूसरी शाखा दक्षिण में इलायची (कार्डिमम) पहाड़ियों के रूप में विस्तृत है।

प्रायद्वीपीय पठार पर तीन तरह के अपवाह तन्त्र मिलते हैं—

(i) अरब सागरोन्मुख-नर्मदा, ताप्ती, माही, आदि।

(ii) बंगाल की खाड़ी की तरफ-दामोदर, स्वर्ण रेखा, महानदी, गोदावरी, कृष्णा, कावेरी, वगाई आदि।

(iii) गंगा घाटी की तरफ— चम्बल, बेतवा, सोन, केन, धसान, पार्वती, काली सिन्ध आदि।

महाराष्ट्र

लगभग 3,07,690 वर्ग. कि.मी. के क्षेत्रफल वाले महाराष्ट्र की राजधानी मुम्बई है। इस राज्य की जनसंख्या 9,67,52,247 करोड़ है और यहां हिन्दी के साथ-साथ स्थानीय भाषा मराठी भी बोली जाती है। पर्यटन हेतु वर्षभर मौसम अनुकूल रहता है।

महाराष्ट्र राज्य भारत देश के बहुसंख्यक जनसंख्या, महत्त्वपूर्ण वाणिज्यिक क्षेत्र व विशाल भू-क्षेत्र वाले राज्यों में से एक है। इसकी राजधानी मायानगरी मुम्बई के नाम से विख्यात है, जिसे फिल्मी नगरी कहा जाता है, जिसने महाराष्ट्र को वाणिज्यिक राज्य का दर्जा प्रदान किया है, यह देशी एवं विदेशी पर्यटकों में आकर्षण का केन्द्र है। इसे यहां से सम्पूर्ण भारत में कहीं भी सुविधापूर्वक आया-जाया जा सकता है। इसके पूर्व में आंध्र और मध्य प्रदेश, दक्षिण में गोवा व कर्नाटक, उत्तर में गुजरात व मध्य प्रदेश स्थित हैं।

वैसे तो महाराष्ट्र पर अनेक वंश (मौर्य, यादव, बहमनी) के शासक का शासन रह परन्तु मराठी योद्धा शिवाजी ने (1930-1608 ई.) इस राज्य का अधिक विस्तार व विकास किया। दुर्गम पहाड़ों पर उन्होंने 350 किलों का निर्माण करवाया तथा दक्षिण के तंजौर से उत्तर में ग्वालियर तक राज्य का विस्तार किया। 1818 ई. में ब्रिटिश शासकों ने महाराष्ट्र पर कब्जा कर लिया।

ईसा पूर्व 2 से 9वीं शताब्दी के मध्य निर्मित अजन्ता एलोरा की गुफाएँ भी यही हैं। यहां पर ही बौद्ध धर्म का चित्रण देखने को मिलता है। महाराष्ट्र में गन्ना, गेहूं, कपास, बाजरा व तम्बाकू आदि की खेती की जाती है। महाराष्ट्र प्रायद्वीपीय भारत प्रायः दक्षिण भारत के रूप में जाना जाता है। यहां दक्षिण भारतीय क्षेत्र का तात्पर्य उस क्षेत्र से है जो विंध्य पर्वत श्रृंखला के दक्षिणी भाग की ओर स्थित है। दक्षिण भारत का इतिहास प्राचीन भारतीय इतिहास, के समृद्ध इतिहासों में से एक है। यह क्षेत्र सम्पूर्ण विश्व में प्रसिद्ध है।

तमिलनाडु

भारत के चार महानगरों में से एक है, जो लगभग 1,30,058 वर्ग कि.मी. के क्षेत्र में फैले इस राज्य की की राजधानी चेन्नई है। इस तमिल भाषी राज्य में पर्यटन के लिए नवम्बर से मार्च तक का समय उपयुक्त रहता है। गर्मियों में यहां का तापमान 43°C से 18°C तक और सर्दियों में 35°C से 17°C तक रहता है। यह राज्य तमिल लोगों का प्रमुख शरण स्थल है। भूतकाल में विभिन्न समय पर विभिन्न विदेशी ताकतों के अत्याचारों व हमलों को झेलते हुए भी यहां के निवासियों पर उसका कोई विशेष प्रभाव नहीं पड़ा है। अलाउद्दीन खिलजी के सेनाध्यक्ष ने सम्पूर्ण दक्षिण क्षेत्र पर अपना आधिपत्य स्थापित किया फिर विजयनगर के हिंदू राजाओं ने इसे अलाउद्दीन खिलजी के चंगुल से आजाद करवाया। इसी सिलसिले में यहां

पुर्तगाली, डच, फ्रांसीसियों का कब्जा भी रहा। ब्रिटिश शासकों का आधिपत्य तो पूरे भारतवर्ष पर ही था। लेकिन यहां के निवासियों के हृदय में बसे अपने देश एवं संस्कृति के प्रेम को वो टस-से-मस भी न कर सके। यहां की वास्तुकला, स्थापत्य कला की द्रविड़ शैली बेमिसाल है।

यहां निर्मित कुम्भकोणम, कांची, रामेश्वरम, महाबलीपुरम्, मिचि आदि मंदिरों की अनोखी स्थापत्य शैली विश्व में अपनी सानी नहीं रखती। 1960 ई. में पुनर्गठन के फलस्वरूप 1969 ई. में मद्रास राज्य का नाम बदला और तमिलनाडु बना।

सम्पूर्ण तमिलनाडु में विश्व के अद्वितीय मंदिरों की भरमार होने के कारण इसे मंदिरों की नगरी भी कहा जाता है। यहां लोग धर्मावलम्बी होने के साथ-साथ शिष्ट और कर्तव्यनिष्ठ भी हैं। पोंगल तमिलवासियों का राष्ट्रीय पर्व है। विश्वविख्यात भरतनाट्यम, कर्नाटक संगीत इसके सांस्कृतिक जीवन के अभिन्न अंग हैं। यहां की भोजन शैली विविधता लिए होते हुए भी साधारण व सुपाच्य है।

केरल

केरल का उद्भव समुद्र से माना जाता है। पूर्व में पश्चिम घाट एवं पश्चिम में अरब सागर के बीच यह राज्य स्थित है। इस राज्य की राजधानी तिरुतनन्तपुरम है। यहां का क्षेत्रफल 38,863 वर्ग किमी. है। यहां की जनसंख्या 3,1,8,38,619 है। यहां ग्रीष्म ऋतु का तापमान 35°C-21°C तथा शरद ऋतु का तापमान 25°C-4°C का होता हैं। नवम्बर से मार्च तक का मौसम भ्रमण के अनुकूल माना जाता है। इस राज्य की मुख्य भाषा मलयालम है। यहां की जनसंख्या घनत्व 819 व्यक्ति प्रति वर्ग किमी. तथा साक्षरता 90.92 प्रतिशत है। यहां स्त्री-पुरुष अनुपात 1058 महिलाएँ प्रतिहजार पुरुष है।

मलयाली मालाई लोगों की शरणस्थली है केरल, सबसे अधिक साक्षरता वाला राज्य है। यह राज्य प्राकृतिक सम्पदा से मालामाल है। पहाड़, जंगल, खाड़ी, सरोवर, समुद्र तट, वन्यजीव आदि सभी पयर्टन के दृष्टिकोण से राज्य को उत्तम बनाते हैं। दर्शनार्थी यहां की यात्रा को कभी भूल नहीं पाते हैं।

केरल के मौसम में विविधता भले ही कम हो लेकिन ऐतिहासिक दृष्टि से राज्य ने काफी विविधता देखी है। पहले क्रिश्चियन, फिर मुस्लिम और फिर हिन्दू धर्म बारी-बारी सभी धर्मों का प्रचार व प्रसार हुआ जिसकी छाप आज भी यहां के सामाजिक परिवेश में स्पष्ट झलकती है। गली-मुहल्लों में मंदिर, मस्जिद, गिरजाघरों की भरमार है। वैसे भी केरल निवासी धर्मनिष्ठ हैं। ओणम यहां का मुख्य त्यौहार है, जो बहुत धूमधाम से मनाया जाता है। इस पर्व के मौके पर यहां नौका प्रतियोगिता भी आयोजित की जाती है। केरल राज्य गीत, संगीत व नृत्य-कला में भी किसी से पीछे नहीं है। इतना ही नहीं भारतवर्ष में यह पहल राज्य है। जहां शत-प्रतिशत लोग पढ़े-लिखे हैं।

गोवा

पर्यटन की दृष्टि से गोवा राज्य का प्रमुख स्थान है। लगभग 3,702 वर्ग किमी. पर फैले इस राज्य की राजधानी पणजी है। यहां पर कोंकणी, पुर्तगाली, हिन्दी, मराठी, इंगलिश आदि भाषाएं बोली जाती हैं। यहां का मौसम अति सुहावना है। यह भारत का एक अत्यन्त ही छोटा राज्य होते हुए भी पर्यटन के क्षेत्र में सबसे आगे है। यह क्षेत्र जितना छोटा है इसका इतिहास उतना ही विस्मृत करने वाला है। 19 दिसम्बर, 1961 को गोवा को भारत में लिया। 1967 में यहां केन्द्रीय सत्ता का आधिपत्य स्थापित किया गया, 30 मई, 1987 में गोवा को स्वतंत्र राज्य का दर्जा दिया गया। स्वतंत्रता के पूर्व गोवा पर कई शासकों का अधिपत्य रहा था। इस प्रदेश पर 580-750 ई. में चालुक्य राजाओं का, 11वीं शताब्दी में कदम्ब राजाओं का, 1312 ई. में मुस्लिम शासकों का, 1370 ई. में हरिहर प्रथम का, 1470 ई. में बहमनी सुल्तानों का, फिर आदिलशाहियों का, 1510 ई. में पुर्तगालियों का आधिपत्य हुआ। गोवा पर पुर्तगालियों का अधिकार अन्य शासकों की अपेक्षा सबसे अधिक दिनों तक रहा।

भारत में गोवा एक ऐसा प्रदेश है जहां सुंदर सागर तट, झीलों, झरनों, बगीचों के आकर्षण से मंत्रमुग्ध देश-विदेश के पर्यटक स्वयं ही खिंचे चले आते हैं। भारत के पश्चिमी समुद्र तट पर बसा प्राकृतिक सुषमा से परिपूर्ण यह प्रदेश मणि के समान है। इस प्रदेश के उत्तरी, दक्षिणी, पूर्वी व पश्चिमी भाग में क्रमशः कोंकण, कर्नाटक, सह्याद्रि पर्वतमाला, अरब सागर स्थित हैं। बहुत ही कम समय में गोवा अंतर्राष्ट्रीय पर्यटन केंद्र के रूप में विकसित हुआ है। गोवा पर्यटन विकास निगम समय-समय पर गोवा दर्शन के टूर का भी प्रबन्ध करता है।

कर्नाटक

स्वतन्त्रता के पश्चात् 1956 में एक नये एकीकृत मैसूर राज्य का गठन हुआ। 1973 में उसका नाम बदलकर कर्नाटक किया गया। कर्नाटक की राजधानी बंगलौर है। इस राज्य का क्षेत्रफल 1,91,791 वर्ग किमी. है। यहां की आबादी 5,27,33,958 है। यहां की मुख्य भाषा कन्नड़ है। यहां की जनसंख्या घनत्व 275 व्यक्ति प्रति वर्ग किमी. है, यहां स्त्री-पुरुष अनुपात 964 महिलाएँ प्रति हजार पुरुष है। यहां सर्दियों में तापमान 25°C-17°C तथा गर्मियों का तापमान 35°C से 26°C तक होता है। यहां का सर्वश्रेष्ठ मौसम जून-अक्टूबर तक माना जाता है।

विभिन्न सत्ताधारियों की आपसी उठापटक का साक्षी राज्य कर्नाटक पश्चिमी समुद्र तट पर स्थित है। इसका नाम कन्नड़ भाषा के करनाड् शब्द पर कर्नाटक पड़ा है क्योंकि करनाड़ का मतलब होता है ऊंची धरती, इस ऊंची धरा पर 11 से 14वीं शताब्दी तक

होयशल राजाओं का बाद में गंगा राजाओं, चालुक्य राजाओं, विजयनगर राजाओं, बहमनी साम्राज्य, बडियारो, फिर ब्रिटिश शासकों की सत्ता अदलती-बदलती रही। सबसे लम्बा शासनकाल ब्रिटिश सरकार का ही रहा। 1947 ई. में जब राजेन्द्र वड़ियार ने मैसूर का भारत वर्ष में विलय किया। औद्योगिक क्षेत्र में चंदन कर्नाटक का मुख्य उद्योग है साथ ही मसाले, इलायची रबड़ यहां के मुख्य उत्पादन हैं। दर्शनार्थियों के लिए इस ऐतिहासिक शहर में बहुत कुछ दर्शनीय है।

मैसूर—भूतकालीन राजधानी का निर्माण मैसूर के महाराज के दामाद विजय यादव द्वारा हुआ था। यह बगीचों का शहर कहलाता है। यहां सर्वाधिक मात्रा में चंदन के वृक्ष पाये जाते हैं। इस खूबसूरत शहर की खूबसूरती का सारा श्रेय ऐतिहासिक राजाओं को जाता है क्योंकि उन्होंने शहर को करीने से उत्तम स्थापत्य शैली में निर्मित राजप्रासादों, घाटों, सड़कों व मंदिरों से सजाया था।

दशहरा यहां का मुख्य पर्व है। इस पर्व पर मां चामुण्डा की स्वर्ण मूर्ति की सवारी निकलती है और जयघोष व पटाखों के शोर से सारा आलम गुंजायमान हो जाता है। 9 दिनों तक गीत-संगीत व नृत्य के साथ इस पर्व को मनाते हैं। इसमें शामिल होने के लिए न केवल देश से बल्कि विदेशों से भी पर्यटक आते हैं।

उड़ीसा

प्राचीनकाल में उड़ीसा 'कलिंग' के नाम से जाना जाता था। सन् 1936 में इसे पृथक् प्रान्त का दर्जा दिया गया था। 19 अगस्त 1949 ई. को उड़ीसा की सभी रियासतों को उड़ीसा राज्य में पूर्ण विलय कर दिया गया।

उड़ीसा राज्य की राजधानी भुवनेश्वर है। यहां की जनसंख्या 3,67,06,920 है। क्षेत्रफल 1,55,707 वर्ग किमी. और मुख्य भाषा उड़िया है। यहां साक्षरता दर 63.61 प्रतिशत तथा स्त्री-पुरुष अनुपात 972 महिलाएं प्रति हजार पुरुष है। यहां के अधिकांश लोग कृषि पर निर्भर हैं। चावाल यहां की महत्वपूर्ण फसल है। यहां का मौसम पर्यटन के अनुकूल रहता है। समुद्र के तट पर बसा यह राज्य प्रकृति का गुणगान करता है। समुद्र के किनारे लगे ऊँचे-ऊँचे नारियल एवं ताड़ के वृक्ष पश्चिमी दिशा में पग पसारती पर्वतमाला पर्यटकों को यहां आने का न्योता देती है।

संगीत एवं नृत्य यहां के निवासियों की संस्कृति है। वह जीवन शैली से भी इनके लिए समय निकाल लेते हैं। नृत्य में ओड़िसी नृत्य-शैली विश्वविख्यात है। यह शिल्प के क्षेत्र में भी पीछे नहीं है। यहां की हस्तशिल्प-कला पर्यटकों को भाती है। वर्तमानकालीन उड़ीसा को वर्तमान स्थिति में पहुंचने के लिए कई ऐतिहासिक उथल-पुथल का सामना करना पड़ा था। चन्द्रगुप्त मौर्य को ही लें, यहां की धरा पर अपना अधिकार स्थापित करने का उनका दिव्य

स्वप्न था, साथ ही महान सम्रट अशोक की कलिंग-विजय के पश्चात् उनमें आये अविश्वसनीय बदलाव से सभी परिचित हैं कि किस तरह भयानक नरसंहार ने उनका ही हृदय परिवर्तन कर दिया, और वह सब त्याग कर बुद्ध शरणम् गच्छामि को प्राप्त हुए। फिर एक बदलाव आया और जैन धर्म ने अपने पांव उड़ीसा की धरा पर जमा लिये। फिर परिस्थितियाँ बदलीं और हिन्दू धर्म ने वसुदेव कुटुम्बकम् से अन्य सभी तत्कालीन धार्मिक परम्पराओं को धो डाला। वर्तमान में 1947 में इस क्षेत्र का भारत में विलय हुआ और आज भी यह हमारे देश का अटूट हिस्सा है।

आंध्रप्रदेश

निजामों का शहर कहा जाने वाला हैदराबाद आन्ध्रप्रदेश की राजधानी है। लगभग 2,75,068 वर्ग किमी. के क्षेत्र में बसे इस राज्य की जनसंख्या 7,57,27,514 करोड़ के करीब है, यहां की प्रमुख भाषा तेलुगू है। यहां का तापमान गर्मियों में 41°C से 20°C और सर्दियों में 32°C से 13°C तक रहता है।

इस राज्य में पर्यटन के लिए सबसे उपयुक्त समय नवम्बर से मार्च तक का रहता है क्योंकि इस समय यहां गर्मी कम रहती है। भारत के अन्य राज्यों की तरह इस राज्य में भी ऐतिहासिक उठापटक होती रही है।

225 ई. में सातवाहन राजा, 615 ई. में चालुक्य वंश, फिर चोलराज, 14 वीं शताब्दी में हिन्दू राजा, 15वीं शताब्दी में 22 वर्ष तक आपसी संघर्ष के पश्चात् 1565 में हिन्दू राजाओं की पराजय हुई और आंध्र पर मुस्लिम शासन का कब्जा हुआ, जो 1947 ई. में भारतवर्ष के स्वतन्त्र होने के पश्चात् तक चलता रहा लेकिन जल्द ही उसे भारतवर्ष में विलय होना ही पड़ा और 1956 में आंध्र प्रदेश का वास्तविक स्वरूप सामने आया। आज वर्तमान समय में भी आंध्रप्रदेश अपने उसी वास्तविक स्वरूप में है।

पश्चिम बंगाल

पश्चिम बंगाल की राजधानी कोलकाता है। यहां का क्षेत्रफल 88,752 वर्ग किमी. हैं और यहां की जनसंख्या 8,02,211171 है। यहां की जनसंख्या घनत्व 904 व्यक्ति प्रति वर्ग किमी. है और साक्षरता दर 69.22 प्रतिशत है। यहां स्त्री-पुरुष अनुपात 934 महिलाएँ प्रति हजार पुरुष है। यहां की मुख्य भाषा बंगला है। इस राज्य का मौसम वर्ष भर पर्यटन के अनुकूल रहता है।

बंगाल का इतिहास अति विशिष्ट रहा है। सन् 1757 में प्लासी के युद्ध के बाद अंग्रेजों ने यहां अपने पांव जमाएँ। 1905 में बंगाल विभाजन हुआ। लेकिन इस कारण लोगों में आक्रोश फैल गया। 1911 में इसका पुनः एकाकीकरण करना पड़ा अप्रैल, 1912 में दिल्ली

को भारत की राजधानी बनाया गया, स्वतंत्रता के पश्चात् 1956 में कुछ बंगलाभाषी क्षेत्रों को भी पश्चिम बंगाल में मिला दिया गया।

पूर्वी पर्वतीय क्षेत्र में पर्यटन विकास

भारत वैसे तो संस्कृति एवं सभ्यता का देश है, परन्तु सौन्दर्यता यहां कण-कण में विराजमान है। आप चारों दिशाओं में कहीं भी भ्रमण के लिये चले जायें वहां के क्षेत्र अपने अद्‌भुत एवं रमणीक दृश्यों से आपको अपनी ओर आकर्षित कर लेंगे चाहे वह पठारी हो या पर्वतीय या समुद्री। इनकी कल्पना आपको कवियों की कविताओं में चित्रकारों के चित्रों में देखने को मिलेगी।

नागालैण्ड

भारत के इस नागा राज्य की राजधानी कोहिमा है। इस छोटे से राज्य की जनसंख्या मात्र 19,88,636 लाख के करीब हैं। यहां के लोग प्रमुख रूप से अंग्रेजी भाषा बोलते हैं। केवल सात जिलों वाले इस राज्य में 860 गांव हैं, जिनमें 14 नागा जातियां निवास करती हैं जो विभिन्न भाषाएँ बोलती हैं। नागा स्वभावतः ही सत्यवादी, नारी जाति का सम्मान करने वाले निर्भीक व युद्ध-कला में निपुण होते हैं। इनमें आर्य व मंगोलियाई संस्कृति का मिश्रण है। सम्पूर्ण विश्व पर राज करने वाली अंग्रेज जाति ने 1879 ई. में यहां कब्जा कर लिया था। सितम्बर 1854 में हंगकिन के नेतृत्व में नागाओं ने स्वीधान नागा राज्य की घोषणा की तथा 28 अगस्त 1962 में एक विधेयक पारित किया गया, जिसके अनुसार असम से अलग करके 1 दिसम्बर 1963 को नागालैण्ड को पृथक् राज्य का सम्मान दिया गया।

साज-शृंगार के शौकीन नागा जाति के लोग अनेक प्रकार के आकर्षक कपड़े व आभूषण पहनते हैं। पाश्चात्य संस्कृति से प्रभावित नागा पाश्चात्य वेश-भूषा पहने नजर आते हैं। ऐसा नहीं है कि यह अपनी मूल संस्कृति को भूल चुके हैं। यह अपनी संस्कृति को भली प्रकार संभाले हुए हैं। यहां भ्रमण के इच्छुक पर्यटक लाइन परमिट लेना न भूलें। अगर यात्रा शुरू कर चुके हों तो दीमापुर से इसे अवश्य लें। इसे प्राप्त करने का दिल्ली का पता है—रैसिडैन्ट कमिश्नर, नागालैण्ड हाउस, 29 औरंगजेब रोड, नई दिल्ली।

अरुणाचल प्रदेश

अरुणाचल प्रदेश की राजधानी ईटानगर है। इस राज्य की कुल जनसंख्या लगभग 10,91,117 लाख है। यह राज्य 88,743 वर्ग किमी. में फैला है। इस राज्य में हिन्दी के

साथ-साथ असमिया और इंगलिश भाषाएँ भी बोली जाती हैं। यह राज्य परम्परा और संस्कृति का प्रतीक है।

हस्तशिल्प द्वारा निर्मित वस्तुओं से संस्कृतिप्रेम की गंध आती है। ग्रीष्म ऋतु में यहां की पहाड़ियाँ विभिन्न रंगों के फूलों से अत्यन्त ही आकर्षक होती हैं। विभिन्न बहुरंगी पक्षियों की तरह-तरह की बोलियाँ मन को मधुर शान्ति प्रदान करती हैं। नदियाँ शहरी जीवन से थके हुए पर्यटकों में नई ऊर्जा संचार कर देती हैं। यहां के लोगों के अतिथि सत्कार से पर्यटक बहुत प्रभावित होते हैं।

अरुणाचल प्रदेश को स्वतन्त्र राज्य का दर्जा 20 फरवरी, 1987 को मिला। अरुणाचल भ्रमण करने के लिए विशेष अनुमति प्राप्त करना अति आवश्यक है। दिल्ली में इसे गवर्नमैंट ऑफ अरुणाचल, कौटिल्य मार्ग, चाणक्यापुरी से प्राप्त किया जा सकता है। इसके अलावा ईटानगर, जोरो, तेजपुर, कोलकाता, गुवाहाटी आदि स्थानों से भी विशेष अनुमति आज्ञा पत्र प्राप्त की जा सकती है।

सिक्किम

पूर्वोत्तर सिक्किम को 1975 में 36वें संविधान संशोधन द्वारा भारतीय संघ में 22वें राज्य के रूप में सम्मिलित किया गया। गंगटोक (गान्तोक) इस राज्य की राजधानी है। इस राज्य का क्षेत्रीय विस्तार 7,096 वर्ग किमी. है। इस राज्य की जनसंख्या 5,40,493 व्यक्ति तथा जनसंख्या घनत्व 76 व्यक्ति प्रति वर्ग किमी. है। यहां की साक्षरता दर 69.68 प्रतिशत तथा स्त्री-पुरुष अनुपात 875 महिलाएँ प्रति हजार पुरुष है। इस छोटा प्रदेश की मुख्य भाषाएँ लेरचा, भूरिया, हिन्दी, नेपाली एवं लिम्बू हैं। ग्रीष्म ऋतु में यहां का अधिकतम-न्यूनतम तापमान 28°C-13°C तक रहता हैं जबकि शीत वस्तु में अधिकतम न्यूनतम तापमान 15°C-7°C तक रहता है। यहां सितम्बर से नवम्बर तक का मौसम पर्यटन के अनुकूल रहता है।

सालों तक सिक्किम भारत पर निर्भर राज्य था। यहां महाराजाओं का शासन था। समय के साथ महाराजाओं का स्थान प्रधानमंत्री ने ग्रहण कर लिया। यह प्रधानमंत्री भारत सरकार द्वारा ही नियुक्त किया जाता था। 1975 ई. में सिक्किम का विलय भारत में हुआ 1641 ई. में लासा के दलाई लामा ने प्रथम बौद्ध राजा गियालयों की नियुक्ति की। उस समय यह राज्य काफी विस्तृत था, नेपाल का पूर्वी हिस्सा, भूटान की दो उपत्यका, तिब्बत की चुम्बी उपत्यका, भारत की समतली तराई व कलिपोंग और दार्जिलिंग सिक्किम के ही अंग थे।

सन् 1835 ई. में शैलावास गढ़ने के बहाने ब्रिटिश शासकों ने साम-दाम से दार्जिलिंग को कब्जा लिया था। ब्रिटिश शासकों की मक्कारी से क्रोधित सिक्किम राजा लोचन ने एक

ब्रिटिश अनुसंधानी दल को बंदी बना लिया। यह दुस्साहस 1849 ई. में हुआ। 1861 ई. में दोहरी संधि के तहत सिक्किम ने ब्रिटिश भारत की सार्वभौम सत्ता को स्वीकार किया। आगे चलकर जब भारत अंग्रेजी शासन की गुलामी से आजाद हुआ तो 1861 वाली दोहरी संधि के तहत सिक्किम ने स्वतंत्र भारत की स्वतंत्र प्रभुसत्ता को भी स्वीकार किया। 5 दिसम्बर 1950 को संधि को नया रूप दिया गया। 1956 में सिक्किम में गृहयुद्ध छिड़ गया। संधि के अनुसार अप्रैल, 1973 में भारतीय फौज गृहयुद्ध के दमन के लिए सिक्किम पहुंची। 8 मई को जनता के अधिकार को शासन द्वारा स्वीकार किया गया, या यूं कहिये, उसे अमली जामा पहनाया गया। पहला निर्वाचन 23 अप्रैल, 1973 में संपन्न हुआ व 26 अप्रैल, 1975 को सर्वसाधारण की इच्छा से सिक्किम को भारत का 22वाँ राज्य बनाया गया।

असम

भारत का पूर्वोत्तर राज्य असम अति आकर्षक और प्राकृतिक दृश्यों की भूमि है। असम अपनी उत्तर दिशा में भूटान व अरुणाचल प्रदेश, पूर्व में नागालैंड व मणिपुर, दक्षिण में मेघालय, त्रिपुरा व मिजोरम तथा पश्चिम दिशा में बंग्लादेश तथा पश्चिम बंगाल से घिरा हुआ है।

इस राज्य का क्षेत्रीय विस्तार 78,438 वर्ग किमी. है। 'दिसपुर' असम की राजधानी है। इस राज्य की जनसंख्या 2,66,38,407 व्यक्ति एवं जनसंख्या घनत्व 340 व्यक्ति प्रति वर्ग किमी है। यहां की साक्षरता दर 64.28 प्रतिशत एवं स्त्री-पुरुष अनुपात 932 महिलाएँ प्रति हजार पुरुष हैं। यहां ग्रीष्म ऋतु में अधिकतम तापमान न्यूनतम तापमान 35°C-18°C रहता है और शरद ऋतु में अधिकतम न्यूनतम तापमान-26°C-70°C तक रहता है। इस राज्य की मुख्य भाषा असमिया है। अन्य प्रचलित भाषा हिन्दी-अंग्रेजी है। इस राज्य की कुल जनसंख्या के 2/3 प्रतिशत लोग कृषि व्यवसाय में संलग्न है। असम पर्वतीय वनस्पति व जीव-जंतुओं का वृहद् कैनवस प्रस्तुत करता हैं। यह प्रदेश विशेषतया लुप्तप्राय जीव एक सींग वाला गैंडा, दूर तक फैले चाय के बागानों, ऊंची चोटियों, गहरी घाटियों तथा आश्चर्यजनक जनजातीय जनजीवन के लिए प्रसिद्ध है।

13वीं शताब्दी में बर्मा से आए अहोम राजा ने तत्कालीन असम पर अधिकार कर लिया था, 1826 ई. तक असम पर इसी राजवंश का आधिपत्य रहा। तत्कालीन व अन्तिम वायसराय ने अहोम से छुटकारा पाने के लिए ब्रिटिश सरकार का मुंह ताका। ब्रिटिश सेना के अन्तिम वायसराय ने अहोम से छुटकारा पाने के लिए ब्रिटिश सरकार का मुंह ताका। ब्रिटिश सेना ने अन्तिम वायसराय की मदद तो की लेकिन असम को वायसराय को न लौटा कर अपने कब्जे में ले लिया। 1839 ई. में असम को बंगाल के साथ मिला दिया गया। 1905 में असम को बंगाल दो हिस्सों में विभाजित हो गया। कुछ काल पश्चात्

ब्रिटिश सरकार ने असम व पूर्वी बंगाल का एकीकरण कर दिया। 1947 ई. में भारत आजाद हुआ लेकिन असम का खण्डन व विभाजन न रुका, भूतकालीन विशाल भूखण्ड धीरे-धीरे सिकुड़ता चला गया। 1947 के विभाजन से कमजोर व क्षीण हुई पूर्वी सीमा को मजबूत व (ईस्ट बंगाल जो आज बंग्लादेश के नाम से प्रसिद्ध है) सुरक्षित रखने के इरादे से नेफा का निर्माण किया गया। 1951 में इसकी दीवानी भूटान राज्य को प्राप्त हुई।

असम भारत का एक मात्र पूर्वोत्तर राज्य रहा हौ, जहां इंसानी उठा पटक तो हुआ ही है, साथ में प्राकृतिक आपदाएँ भी समय-समय पर असम को पुरी तरह से झकझोर कर रखा होता है। कभी भयानक भूचलन (भूकम्प) धरती का सीना फाड़ डालता है तो कभी ब्रह्मपुत्र व बराक नदियाँ की अथाह जलराशि बेलगाम बेकाबू होकर विशाल क्षेत्र को लील जाने का दुस्साहस कर बैठती हैं।

इन्सानी उठा-पटक एवं प्राकृतिक उथल-पुथल के बावजूद भी असम पर्यटकों के लिए विशेष आकर्षण का क्षेत्र बना रहा। प्राकृतिक सौन्दर्य ये भरपूर वन व वन्यजीव, घने व विस्तृत चाय बागान, पर्वत, नदियाँ, प्रकृति की सुन्दरता का अनोखा नजारा हैं। हस्तशिल्पकारी पर्यटकों को बहुत पसंद आती है। सुविख्यात तीर्थस्थल एवं अन्य मंदिर, हस्तशिल्प, त्यौहार, उत्सव पर्यटकों को अपनी ओर आकर्षित करते हैं। वे क्षेत्रवासियों के साथ त्योहार में शामिल होकर उनकी भावनाओं को महसूस करते हैं।

देवताओं की भूमि असम पर्वतराज हिमालय पहाड़ियों में बसा है। यह राज्य भारत के शेष राज्य से भली-भांति जुड़ा हुआ है। असम की पर्वतीय भूमि ऐसी है जहां आपको बादल आपके पैरों में तैरते हुए दृश्यमान होंगे, तल से ऊंचे उठते हुए पहाड़, आश्चर्यजनक रूप से बदलता प्राकृतिक दृश्य बड़े ही मनोहरी व अद्भुत अनूठे संसार में ले जाता है। ऊषा का समय पर्यटकों को अद्भुत ताजगी का अनुभव कराता है।

कृषि व पेट्रोलियम उद्योग तथा उनके उत्पादों पर आधारित उद्योग यहां के प्रमुख उद्योग हैं। कृषि आधारित उद्योगों में चाय उद्योग का स्थान प्रमुख है। यहां तकरीबन 750 चाय बागान हैं। चीनी, जूट, सिल्क, पेपर, प्लाईवुड, चावल व तेल मिलें इत्यादि यहां के अन्य उद्योग हैं।

मणिपुर

भारत का सीमावर्ती राज्य मणिपुर 21 जनवरी 1972 को पूर्ण अस्तित्व में आया। इस राज्य की राजधानी इम्फाल है। इसका क्षेत्रीय विस्तार 22,327 वर्ग किमी. है। यहां की जनसंख्या 23,88,634 व्यक्ति था। जनसंख्या घनत्व 107 व्यक्ति प्रति व्यक्ति किमी. है। यहां की साक्षरता दर 68.87 प्रतिशत है। इसे पूर्व के स्वर्ग की संज्ञा दी जाती है। क्योंकि इसकी निराली प्राकृतिक छटा पर्यटकों को स्वर्ग-सा दिव्य आनन्द प्रदान करती है। हरियाली

की चादर ओढ़े सर उठाए खड़े पहाड, रंग-बिरंगे फूलों से आच्छादित पेड़, पौधे, झाड़ियाँ तो पहाड़ के सौन्दर्य में चार चांद लगा देते हैं और इन सबके बीच तेजी से नीचे की ओर बहती पहाड़ी नदियाँ यूं मालूम होती हैं जैसे, मणिपर के स्वर्ग में पर्यटकों के स्वागत के लिए श्वेत मखमली कालीन बिछाया हुआ हो।

1891 ई. में अन्तिम स्वतंत्र शासक टिकेन्द्रजीत को अंग्रेजी शासकों ने फांसी लगाकर मणिपुर को अपने कब्जे में ले लिया था। 1947 ई. में भारत पर इस राज्य के उत्तरदायित्व का भार आ पड़ा। 1956 में राज्य के पुनर्गठन के समय इसे केन्द्र शासित क्षेत्रों में शामिल कर लिया गया। मणिपुर को स्वतंत्र राज्य का सम्मान 21 जनवरी, 1972 में मिला।

इस स्वतंत्र राज्य का कुटीर उद्योग शांत है। यहां का हस्तशिल्प विश्वभर में प्रसिद्ध है। हैंडलूम भी मणिपुर के कुटीर उद्योग में शामिल है। वैसे खेती इनकी जीविका का मुख्य साधन है। मणिपुर को मैदानी व पहाड़ी दो क्षेत्रों में बांटा जा सकता है। इस प्रदेश का लगभग 90% क्षेत्र पहाड़ियों व घने जंगलों से आच्छादित है।

भारत के विभिन्न राज्यों से सड़क व रेलमार्ग द्वारा यहां पहुंचा जा सकता है। मणिपुर में यात्रा के लिए विदेशी पर्यटकों मिनिस्ट्री ऑफ फोरेन अफेयर्स से आज्ञा लेना आवश्यक है।

मिजोरम

पर्वतीय राज्य मिजोरम 20 फरवरी, 1987 में भारत का 23वाँ राज्य बना था। 1972 में पूर्वोत्तर क्षेत्र पुनर्गठन अधिनियम के लागू होने पर यह केन्द्रशासित प्रदेश बना। इसके पूर्व यह असम का एक जिला था। इस पर्वतीय राज्य की राजधानी आइजोल है। इस राज्य का क्षेत्रफल 21,081 वर्ग किमी. है। यहां का जनसंख्या घनत्व 42 व्यक्ति प्रति वर्ग किमी. है। यहां की जनसंख्या 8,91,058 व्यक्ति और साक्षरता दर 88,49 प्रतिशत है। यहां स्त्री-पुरुष का अनुपात 938 महिलाएँ प्रति हजार पुरुष है। यहां की मुख्य भाषा मिजो और अंग्रेजी है। यहां ग्रीष्म ऋतु का अधिकतम तापमान 30°C तथा न्यूनतम तापमान 20°C तक रहता है। शीत ऋतु का अधिकतम न्यूनतम तापमान 21-11 तक रहता है। मई से दिसम्बर तक का मौसम पर्यटन के अनुकूल माना जाता है।

यह पहाड़ी राज्य समुद्र तल से 900 मीटर की ऊंचाई पर स्थित है। यहां के मूल निवासी चकमा, लाखेर, पार्वाय हैं। मिजोरमवासियों का कहना है कि उनके पूर्वज चीन से बर्मा व फिर बर्मा से मिजोरम में आकर बसे। इनकी भाषा विचित्र है। इनकी लिपि रोमन है व बोलचाल में मिजोभाषा का प्रयोग होता है। प्राकृतिक सौन्दर्य का तो कहना ही क्या। यहां के लोगों को जल के लिए वर्षा के पानी पर निर्भर रहना पड़ता है। इकट्ठा किया जल ही साल भर काम में लाया जाता है। मिजोवासी संगीत प्रेमी होने के साथ-साथ युद्धकला में भी निपुण होते हैं। इसके कुल क्षेत्रफल का 2/3 भाग जंगलों से आच्छादित है। यहां की

जनसंख्या का 90% भाग ईसाई धर्म को मानने वाला है। इस राज्य को पूर्ण साक्षर राज्य का दर्जा प्राप्त है। यह एक दर्शनीय प्रदेश है।

पर्वतीय पर्यटन

औद्योगिक विकास, कृषि विकास और पर्यटन विकास पर अत्यधिक ध्यान देकर ही किसी भी इलाके का पूर्ण विकास किया जा सकता है। किस क्षेत्र विशेष में किस पहलू का कितना महत्व है, यह निर्भर करता है वहाँ की प्राकृतिक संपदा एवं दूसरे सम्बन्धित, आवश्यकताओं पर। परिवर्तित परिस्थितियों में पर्वतीय क्षेत्रों में पर्यटन विकास संभवतः सबसे तीव्र गति से समस्त विकास की क्रिया को प्रभावित करता है। इतिहास पर दृष्टिपात करने पर मालूम होता है कि सम्पूर्ण हिमालय क्षेत्र के लोग ज्ञान के आदान-प्रदान, एक दूसरे को जानने-समझने, सामान खरीदने एवं बेचने, व्यापार मेले एवं प्रदर्शनियों में भाग लेने तथा शोध-अनुसंधान आदि गतिविधियों को जानने के लिए सदियों से दूर-दराज के क्षेत्रों की यात्रा करते आये हैं। इन गतिविधियों ने व्यापार को बढ़ावा दिया है। इससे पर्यटन विकास पर बहुत अधिक प्रभाव पड़ा है। आर्थिक पक्षों का विश्लेषण करें तो पर्यटन विकास की परिधि में लगभग सभी प्रकार की आर्थिक क्रियाओं का समावेश है। हालांकि कुछ अन्य पहलुओं का भी योगदान रहता है।

क्षेत्रीय विकास में बाधा पर्वतीय क्षेत्र में आधारभूत सुविधाओं की कमी के कारण पड़ रह है। इन्हीं कारणों से यहां न ही विदेशी व न ही स्वदेशी पर्यटक अधिक संख्या में आते हैं।

अब उचित समय आ गया है कि हम अपनी पर्यटन संबंधी नीतियों में आवश्यक परिवर्तन लायें तथा क्षेत्र की आवश्यकतानुसार पर्यटन के नये आयामों की खोज करें। अब इस क्षेत्र की हिमाच्छादित सुरम्य पहाड़ियों के आकर्षण को विश्व की नजरों में अनदेखी नहीं किया जा सकता है। ब्रह्मपुत्र एवं सिन्धु घाटियों के बीच स्थित एवं लद्दाख से अरुणाचल तक फैली हुई हिमालय की 2500 कि.मी. लम्बी ऊंची पर्वत शृंखलाएं विश्व पर्यटन के मानचित्र में एक मुख्य वर्णनीय स्थान रखती हैं। इस क्षेत्र की हिमाच्छादित सुरम्य पहाड़ियां दर्शकों को अपने जादुई आकर्षण से मंत्रमुग्ध कर देती हैं। भारत के दूर-दराज के स्थान से ग्राम निवासी सदियों से बद्रीनाथ, केदारनाथ जैसे ऊंचे और दुर्गम तीर्थस्थलों पर यात्रा करते आये हैं। ऐसे में इसे उन्नत बनाना सरकार का कर्तव्य है।

सम्प्रति समय के साथ-साथ परिस्थिति परिवर्तन ने क्षेत्रीय मुद्दों के विश्लेषण में एक व्यापक बदलाव ला दिया है। ऐसे में यही उचित होगा कि हम प्रगति एवं विकास शब्दों पर बुद्धिमत्ता एवं धैर्यता से फिर विचार करें। वर्षों से हम पर्वतीय क्षेत्रों को विभिन्न अर्थों में पेश करते आये हैं। अब उचित होगा कि क्षेत्रीय विकास के लिए एक संसाधन के रूप में इसके

महत्व को समझें व स्वीकार करें। सम्प्रति क्षेत्र विशेष की विशिष्टताओं को वर्णित करते हुए एक विस्तृत नीति निर्धारण की ओर ध्यान देना जरूरी है। नीति निर्धारण में पर्वतीय क्षेत्रों के असीम आकर्षणों, योजनाबद्धता, सीमांकन एवं एकीकृत क्षेत्रीय कार्यक्रम को वास्तविक रूप देना जरूरी है।

साथ ही सार्वजनिक एवं निजी क्षेत्र के उपक्रमों, एअर लाइन्स, रेलवे एवं सड़क परिवहन प्रणालियों, नगरपालिका और स्थानीय निगमों के साथ-साथ सांस्कृतिक एवं शैक्षणिक संस्थाओं सहित अंतर्राष्ट्रीय, राजकीय एवं क्षेत्रीय स्तर पर पर्यटन के साथ सक्रिय रूप में सभी संबंधित एजेन्सियों से एक सामूहिक प्रयत्न के रूप में पर्यटन विकास के लिये उत्तरदायित्व का विशेष तौर से उल्लेख किया जाना भी जरूरी है।

इसके अतिरिक्त पर्यटन के हितों को उच्चतम सीमा तक बढ़ाने के लिए यात्रा परिपथ की धारणा पर आधारित एक कार्यक्रम योजना का तैयार होना अति आवश्यक है। योजना में चुनिन्दा परिपथों में गहन विकास प्राप्त करने, कुछ ही क्षेत्रों में केन्द्रीयकरण की प्रवृत्ति को दूर करने, पर्यटन आकर्षणों की विविधता को बढ़ावा देने और आर्थिक रूप से पिछड़े क्षेत्रों का उद्‌घाटन करने का प्रस्ताव होना भी आवश्यक है। पर्यटन सुविधाओं की सफल सेवाओं और प्रभावी प्रबन्ध सुनिश्चित करने के लिए मानव शक्ति विकास और प्रशिक्षण पर भी उचित बल दिया जाना चाहिए।

पर्यटन को एक उद्योग के रूप में मान्यता देकर तथा कर-प्रोत्साहन, आर्थिक सहायता, राष्ट्रीय और राजकीय वित्तीय संस्थाओं के द्वारा ऋणों की मंजूरी में प्राथमिकता, बिजली तथा पानी की व्यवस्था में प्राथमिकता आदि प्रोत्साहनों और सुविधाओं की व्यवस्था होना जरूरी है।

पर्वतीय पर्यटन विकास के लिए कार्ययोजना—निम्नलिखित बिन्दुओं को ध्यान में रखकर इसका प्रारूप बनाना चाहिए—पर्वतीय पर्यटन संरचना का संधारण विद्यमान संरचना का सर्वोत्तम उपयोग सुनिश्चित करने के लिए गन्तव्यों के विवरण के साथ-साथ एकीकृत वृद्धि के लिए चयनात्मक आधार पर क्षेत्रों का विकास, मानव शक्ति संसाधनों के विकास के लिए संस्थाओं की फिर संरचना करना एवं उन्हें शक्तिशाली बनाना। विदेशी पर्यटकों की आवागमन और विदेशी मुद्रा अर्जन में वृद्धि करने के लिए उपयुक्त नीति तैयार करना।

पर्वतीय पर्यटन विकास के लिये निम्न गतिविधियों पर अधिक जोर देना आवश्यक है—चुनिन्दा पर्यटन क्षेत्रों या स्थलों का विकास पर्यटन की विविधता में अवकाश और सवकाश पर्यटन को समर्पित करना। ट्रैकिंग, हिम-क्रीड़ा, वन्य-जीवन एवं जल क्रीड़ा जैसी साहसिक पर्यटन क्रियाओं का सुसंगठित और सुनियोजित विकास। पर्वतीय संस्कृति के सदृश संस्कृति वाले क्षेत्रों तथा नई स्रोत बाजारों की खोज। क्षेत्रीय विरासत परियोजनाओं की पुनर्स्थापना। क्षेत्रीय छवि का निर्माण कार्य एवं मुख्य बाजारों में विपणन योजनाएं आरम्भ

करना। अलग-अलग पर्यटन केन्द्रों पर सस्ता आवास उपलब्ध कराना। सार्वजनिक क्षेत्रों के नियमों में सेवा-स्तरों में सुधार लाना।

पर्वतीय पर्यटन का समन्वय एवं संयोजन—जिस प्रकार संसाधन पद्धति में कच्चे माल को विभिन्न चरणों में गुजारने के बाद उत्पाद बना दिया जाता है उसी प्रकार पर्यटन सप्लाई के कई घटकों को भी इस तरह सुसंगठित किया जाना चाहिए कि यात्रा की योजना बनाते हुये पर्यटकों की प्रत्याशा उनकी वापसी पर पूर्ण संतोष और चिरस्मरणीय याद में बदल जाय। इसलिए पर्यटन संरचना में सभी घटकों की उपलब्धता एवं सम्पादन एक सही समन्वय एवं संयोजन द्वारा आवश्यक होना चाहिए।

पर्यटन विकास का तात्पर्य केवल पर्यटन सुविधाओं जैसे— होटल व्यवस्था, रेस्तरां, मनोरंजन गतिविधियों से ही नहीं है, इसके अन्दर सड़क मार्ग, पानी, बिजली, सीवरेज, दूर-संचार सुविधाएं आदि भी शामिल हैं।

हरेक पर्यटक अपनी यात्रा पर एक सुखद एवं आनन्दकारी अनुभव पाने की तलाश में रहता है। इसलिए पर्यटन उत्पादन में निम्नांकित तथ्यों का शामिल होना जरूरी है :—सुरक्षा एवं सुनिश्चितता का आश्वासन। व्यावहारिक एवं मेजबान समाज, एक ऐसा उद्योग एवं व्यवस्था जो मुस्कराहट के साथ अपेक्षित सेवाएं उपलब्ध करा सके, पूर्ण क्षेत्र में शान्ति एवं स्थिरता का वातावरण।

स्कीइंग—यह क्रीड़ा सबसे प्राचीन है। स्कीइंग होने की संभावनाओं को ध्यान में रखते हुए गढ़वाल क्षेत्र में औली स्की रिजार्ट को चुना गया है। फलस्वरूप इस परियोजना में सरकार ने करोड़ों रुपये खर्च किए जिसके परिणामस्वरूप आज औली में अत्यधिक टेक्नॉलोजी के साथ-साथ अनुभवी प्रशिक्षक भी उपलब्ध हैं। औली में चियर लिफ्ट, स्की लिफ्ट, आरामदेह लकड़ी के केबिन और रेस्तरां हैं। औली में हर किस्म के स्की ढलान भी उपलब्ध हैं। दुर्भाग्यवश हर तरह की सुविधाओं से सम्पन्न होने के बाद भी औली अधिक लोकप्रिय नहीं हो सका है। इसका प्रमुख कारण निम्नांकित है—

1. कैफटीरिया का अकुशल प्रबन्ध
2. समुचित चिकित्सा की अपर्याप्तता
3. कमरों को गर्म करने के लिए पुराने तरीकों का इस्तेमाल
4. उपकरणों, विशेषकर स्की जूतों की आधुनिकीकरण की आवश्यकता
5. गरम पानी का अभाव।

औली को अधिक लोकप्रिय बनाने के लिये उपरोक्त समस्याओं का हल जरूरी है। निकट की विमान सेवा उपलब्ध कराकर, आवश्यक वस्तुओं की खरीददारी की सुविधाएं और प्रबन्ध व्यवस्था को चुस्त-दुरुस्त बनाकर औली को भविष्य का सबसे अधिक आकर्षक स्कीइंग स्थल बनाया जा सकता है।

हिमालय स्कीइंग गत् कुछ वर्षों से लोगों को अपनी ओर आकर्षित करने में सफल रहा है तथा इस साहसिक खेल की ओर रुचि बढ़ती जा रही है। नये-नये प्रशिक्षु का अलग-अलग ग्रुपों में प्रशिक्षण की व्यवस्था होनी चाहिए ताकि वे कम ढलान वाले और छोटे बर्फीले टीलों पर इस खेल का आनन्द प्राप्त कर सकें। अभ्यस्त तथा प्रशिक्षित खिलाड़ियों के लिये तो यह स्थल बहुत ही अच्छा है। औली में सिर्फ कार द्वारा कई हजार फुट लम्बे बर्फ के ढलानों पर लम्बी दौड़ का आनन्द लिया जा सकता है।

वन्य प्राणी दर्शन—सम्पूर्ण हिमालय क्षेत्र वन्य प्राणी दर्शन के लिए प्रसिद्ध है। पेड़-पौधों, फूल-फल, पशु-पक्षियों और वनस्पति प्रेमियों के लिए यह आकर्षण का केन्द्र है। यहाँ के जंगलों में ऐसे पशु एवं पक्षी रहते हैं जो अत्यन्त ही दुर्लभ जाति के हैं। असंख्य किस्म की वनस्पति, जड़ी-बूटियां आदि केवल इसी क्षेत्र में उपलब्ध हैं। इस संपदा का संरक्षण करके हम वन्य जीव प्रेमियों को पर्वतीय क्षेत्र की ओर आकर्षित करने में सफल हो सकते हैं।

पर्वतारोहण—पर्वतारोहण का आशय उस क्रीड़ा से है जिसमें पर्वत के अति दुर्गम स्थल तक चढ़ाई करके निर्देशित स्थान तक पहुंचने के प्रयास किए जाते हैं। गढ़वाल एवं कुमाऊँ क्षेत्र में इस साहसिक खेल-क्रीड़ा की असीमित संभावनाएं हैं।

पर्वतारोहण को एक क्रीड़ा का रूप देने का श्रेय 1940 में दून स्कूल के दो अध्यापकों श्री आर.एल. होल्डवर्थ एवं जी.ए.के. मार्टिन को है। ये भारतीय विद्यार्थियों को हिमालय में ट्रेकिंग एवं पर्वतारोहण के लिए ले गए थे।

भारत का पर्वतारोहण अभियान सर्वप्रथम सन् 1951 में शुरू हुआ। इस वर्ष दून स्कूल के एक अन्य अध्यापक गुरुदयाल सिंह ने त्रिशूल चोटी के अभियान दल का नेतृत्व करके चोटी पर पहुंचने का साहसिक कार्य सम्पन्न किया। पांच वर्ष बाद श्री एन. डी. नयाल ने श्री जे.जे.एम. गिवसन के साथ मिलकर बन्दरपूंछ अभियान सम्पन्न किया। सन् 1993 में एवरेस्ट पर्वत पर चढ़ने का प्रयास किया गया तथा गढ़वाली बछेन्द्रीपाल ने प्रथम भारतीय महिला पर्वतारोही बनने का गौरव प्राप्त किया।

पर्वतारोहण एक रोमांचकारी एवं साहसपूर्ण क्रिया बन जाने के फलस्वरूप उत्तरकाशी के हिमालय पर्वतारोहण स्टेशन की स्थापना की गयी। यह संस्थान पर्वतारोहण के कई पहलुओं में प्रशिक्षण देने के लिये अति उत्तम कार्य कर रहा है। इसके तहत ऊंचाई पर चढ़ने के प्रशिक्षण, शारीरिक बनावट, पर्वतारोहण का इतिहास, पर्वतीय जीव-जन्तु एवं वनस्पतियां, जियो-मारफोलॉजी, वन्य प्राणी व पर्वतारोहण की विभिन्न प्रणालियां एवं पद्धतियां प्रचलित हैं। यह संस्थान उच्च प्रशिक्षण भी देते हैं। पर्वत चोटियों पर चढ़ाई करना पर्वतारोहण के लिये बहुत जरूरी है एवं यह संस्थान सुप्रसिद्ध चोटियों जैसे कैमेट व त्रियूल के अभियान का प्रशिक्षण भी उपलब्ध कराता है। युवक एवं युवतियों को पर्वत श्रृंखलाओं की चोटी पर चढ़ने के लिए विशेष पाठ्यक्रम भी चलाये जाते हैं।

इस संस्थान की स्थापना के पश्चात् उत्तरकाशी में पर्वतारोहण को एक साहसिक खेल के रूप में बढ़ावा मिला। भारतीय पर्वतारोही संघ की स्थापना के उपरांत इस जोखिम भरी मनोरंजक क्रीड़ा में लोगों की रुचि और भी बढ़ी। इस संघ द्वारा पर्वतारोही को साधन उपलब्ध्‌ा कराने के साथ-साथ वित्तीय सहायता भी दी गयी। फलस्वरूप देश के विभिन्न शहरों में पर्वतारोहण क्लब बनने लगे। पर्वतारोहण को एक खेल के रूप में बढ़ावा देना चाहिये तथा समस्त देश में जगह-जगह क्लब खोला जाना चाहिए।

ट्रैकिंग—पर्वतीय इलाके में घूमने का उत्तम तरीका पैदल यात्रा या ट्रैकिंग है। पैदल यात्रा करने वाले सैलानियों के लिए समस्त हिमालय क्षेत्र स्वर्गमय है। ट्रैकिंग एक कम खर्च करने वाली साहसिक गतिविधि है। इसमें भारी-भरकम उपकरणों की जरूरत नहीं होती है। यदि जरूरत है तो बस कुछ दूर तक चलने-बढ़ने तथा उतरने की क्षमता और प्रकृति के मनोहर दृश्यों को देखने वाली दृष्टि।

ट्रैकिंग करने के लिए बहुत कम अनुभव की आवश्यकता है और शुरू में यह आसान रास्तों से प्रारम्भ की जा सकती है। इसके लिए सबसे कम साज-सामान की आवश्यकता होती है। एक स्लीपिंग बैग तथा रकसैक—ये दो ही मुख्य चीजें हैं। ट्रैकिंग किसी भी वक्त किसी के साथ और किसी भी स्थल से अपनी सुविधानुसार प्रारंभ की जा सकती है। व्यक्ति अपनी ट्रैकिंग की योजना स्वयं बना सकते हैं और यही कारण है, कि सम्पूर्ण हिमालय के लोग ट्रैकिंग के प्रति दिन-प्रतिदिन आकर्षित हो रहे हैं। बुनियादी सेवाओं की कमी में ट्रैकिंग करने वाला वास्तविक मनोरम स्थलों तक पहुंच ही नहीं पाता है। ट्रैकिंग के रास्तों पर सुरक्षित एवं अच्छे आवास सुविधाओं की भी भारी कमी है।

पिंडारी और हर की दून आदि कुछ प्रमुख मार्गों पर तो पी. डब्ल्यू. डी. अथवा वन-विभाग के विश्रामगृह हर आठ से दस कि.मी. की दूरी पर स्थित हैं, लेकिन इनमें 6-8 व्यक्तियों के रहने की सुविधा है। यह बात ध्यान देने योग्य है कि पहाड़ों पर चलने वाले ट्रैकग की इन ट्रैकर हट्स या टेन्टों में रहने की व्यवस्था की जा सकती है। इस साहसिक क्रिया के लिए बड़े टूरिस्ट लॉज की आवश्यकता बिल्कुल नहीं है। एक हाल जैसे कमरे में 10-20 व्यक्तियों के रहने का प्रबन्ध एक के ऊपर एक बंकर बड़े-बड़े बनाकर किया जा सकता है। शौच की व्यवस्था खड्ड के एक सिरे पर की जा सकती है और पानी की कमी की समस्याएं कुछ हद तक टिसू पेपर के इस्तेमाल से सुलझायी जा सकती हैं। इन आवास स्थलों के बाहर कूड़ा डालने के लिए एक बर्तन रखा जा सकता है और समय-समय पर कूड़े को नष्ट करने का कार्य यहाँ नियुक्त निरीक्षक के हवाले किया जा सकता है। स्थानीय लोगों को सही प्रशिक्षण देकर ट्रैकिंग के लिए तैयार किया जा सकता है। आवश्यकता बड़े-बड़े होटलों की नहीं है। बल्कि बहुत से ट्रैकर्स हट्स के निर्माण करने की है, ताकि ट्रैकिंग करनेवाला व्यक्ति केवल एक स्लीपिंग बैग और जेब में कुछ पैसे लेकर अधिक स्वतंत्रता से गढ़वाल क्षेत्र का

भ्रमण कर सके। उसे भारी-भरकम साज-सामान साथ में ले जाने की जरूरत न हो और वह बेरोक-टोक पहाड़ों का आनन्द ले सकता है।

उक्त सुव्यवस्थित कार्यक्रम द्वारा क्षेत्रीय लोगों में बेरोजगारी की समस्या भी बहुत हद तक हल हो सकेगी। साथ ही अधिक-से-अधिक लोग ट्रैकिंग के लिये गढ़वाल हिमालय की ओर आकर्षित होंगे।

सम्पूर्ण गढ़वाल एवं कुमाऊँ को खास क्षेत्र घोषित करके प्रदेश के लिये परमिट देने अथवा प्रतिबन्धित करने में भी लचीला रुख अपनाना चाहिए जिससे अत्यधिक देशी एवं विदेशी पर्यटकों को यहाँ आने के लिये प्रेरित किया जा सके। साथ ही ट्रैकिंग के प्रत्येक मार्ग पर प्रवेश शुल्क लगाया जा सके और पदयात्रियों को वातावरण को साफ रखने की उनकी जिम्मेदारी के विषय में अवगत कराया जा सके है। ट्रैकिंग मार्गों की पूर्ण जानकारी, आवास स्थलों की व्यवस्था और उनके बीच की दूरी आदि बातों की जानकारी भी ट्रैकर्स को दी जा सकती है। यात्रियों को यह भी बतलाना चाहिए कि नदी, झरने, झीलें व तालाब कहां-कहां पर स्थित हैं तथा हिमस्खलन का संकट किन-किन स्थलों पर है। वहां पर जाने की कोशिश नहीं करनी चाहिए। सुरक्षा एवं सूचना के दृष्टिकोण से सभी प्रवेश मार्गों को वायरलैस द्वारा जिला मुख्यालयों से जोड़ा जाना चाहिए जिससे आपातकालीन स्थिति में आवश्यक सहायता कम से कम समय में प्रभावित लोगों को उपलब्ध कराई जा सके।

ट्रैकिंग को आकर्षित बनाना अतिआवश्यक है। आरंभ में कुछ बाधाएं हो सकती हैं इन पर तत्काल ध्यान देना आवश्यक है। ध्यान देने योग्य मुख्य बातें निम्नलिखित हैं—हर की दून, फूलों की घाटी आदि प्रमुख ट्रैकिंग मार्गों पर ठहरने के लिये ट्रैकर्स हट या कॉटेजेज तथा मूलभूत सुविधाओं की उपलब्धि। प्रचलित ट्रैक मार्गों पर कूड़ा-कचरा की सुव्यवस्था। प्रमुख ट्रैकिंग मार्गों को भली-भांति निर्देशित किया जाय। ट्रैकिंग मार्गों पर स्थित पेड़-पौधों, वन सम्पदा, प्राकृतिक आकर्षणों, पशु-पक्षियों, ग्रामीण जीवन आदि के बारे में जानकारियां उपलब्ध हों।

वर्तमान समय में पर्यटकों को रोमांच के लिए जोखिम से परहेज नहीं है। साहसिक पर्वतीय ट्रैकर के लिए कुमाऊं एवं गढ़वाल की प्राकृतिक संपदा तथा संपन्न वातावरण स्वागत द्वार पर खड़ी है। हमें सिर्फ बुनियादी बदलाव करना पड़ेगा।

पैराग्लाइडिंग एवं हैंग ग्लाइडिंग—यह खेल आकाश में चिड़ियों की भांति उड़ने जैसा है। पैरा ग्लाइडिंग के लिए इस्तेमाल किए जानेवाले एयरो फाइल डैन हैंग ग्लाइडिंग साहसिक लोगों के बीच अधिक लोकप्रिय होती जा रही है। जबकि हैंग ग्लाइडिंग केवल प्रतियोगी स्पर्द्धा तक ही सीमित होती जा रही है।

गढ़वाल एवं कुमाऊँ क्षेत्र में साहसिक क्रीड़ाओं के लिए बहुत अधिक संभावना है। लोकप्रियता बढ़ाने के लिये तथा स्थानीय पर्यटकों को उत्साहित करने के लिये इन खेलों का

आयोजन अवकाश के दिनों में आबादी क्षेत्रों में किया जा सकता है। अन्य साहसिक खेलों की तरह इनका विकास प्रशिक्षकों के अभाव एवं उपकरणों के बहुत महंगे होने के कारण बाध ाा हो रही है।

जल-क्रीड़ाएं—पर्वतीय क्षेत्र में जलक्रीड़ा की असीम संभावनाएं होती हैं। गढ़वाल व कुमाऊँ क्षेत्र में अनगिनत झीलों एवं नदियों को देखते हुए यह कहा जा सकता है कि जल क्रीड़ा हेतु यहां नैसर्गिक सुविधाएं उपलब्ध हैं। गंगा, यमुना तथा अन्य नदियों की तरंगों पर नौकायन जैसी जलक्रीड़ाओं का आनन्द लिया जा सकता है। झीलों एवं तालों के किनारों को आकर्षक केन्द्र के रूप में विकसित किया जाना चाहिए। महंगे उपकरण एवं प्रशिक्षित कर्मियों की जरूरत है।

वाटर स्कीइंग भी एक मनोरंजक खेल है। मोटर बोट व चालक सहित स्कीइंग का सामान किराये पर उपलब्ध कराया जाना तथा नये प्रशिक्षुओं को यह खेल सीखाने के लिये प्रशिक्षण की व्यवस्था करना आवश्यक है।

रिवर राफ्टिंग के विकास की हिमालय क्षेत्र में अत्यधिक संभावनाएं हैं। गढ़वाल क्षेत्र में यह खेल केवल ऋषिकेश के निकट गंगा नदी तक ही सीमित है। जिसे और अधिक क्षेत्र में विस्तार करने की जरूरत है। अन्य नदियां भी हैं जहाँ इस खेल की अनुकूल स्थितियां मौजूद हैं। प्रमुख समस्या उपकरणों के महंगे होने की है। सामान्य रूप से इसमें समस्त उपकरणों को आयात करना पड़ता है। इसके अलावा प्रशिक्षकों का उपलब्ध न होना एक बड़ी समस्या है। खेल के लिये पथ-प्रदर्शक या गाइड बाहर से आमंत्रित करने होते हैं। आवश्यक उपकरणों का देश में ही निर्माण करके और प्रशिक्षित गाइडों की संख्या में वृद्धि करके ये समस्याएं हल की जा सकती हैं। भारतीय सैनिक दल ने सिद्ध कर दिया है कि लद्दाख, सिन्धु घाटी से लेकर अरुणाचल में ब्रह्मपुत्र नदी में रिवर राफ्टिंग संभव है। देवप्रयाग से लेकर ऋषिकेश तक कई एजेन्सियों द्वारा नियमित रूप से रिवर राफ्टिग जल क्रीड़ा का आयोजन किया जाता है।

6

पर्यटन : व्यापार एवं अर्थव्यवस्था का विकास

पर्यटन अर्थव्यवस्था को भी प्रभावित करती है। किसी भी देश के राष्ट्रीय आय में किए गए योगदान, विदेशी मुद्रा अर्जन, राजस्व प्राप्ति एवं रोजगार सृजन में किए गये योगदान के आधार पर पर्यटन के आर्थिक मूल्यों का मूल्यांकन किया जाता है। पर्यटन विकास से प्रत्यक्ष व अप्रत्यक्ष रोजगार के अवसर पैदा होते हैं। पर्यटन से सरकार को राजस्व प्राप्त होता है। उसको पर्यटन अर्जन नहीं समझना चाहिए। विदेशी विनिमय प्राप्तियाँ जो पर्यटन क्रिया के कारण उत्पन्न होती हैं एवं भुगतान व्यवस्था को सशक्त बनाती हैं, पर्यटन अर्जन कहलाती है।

पर्यटन आय से आशय आरम्भ में पर्यटन व्यय के माध्यम से राष्ट्रीय आय में गुणित के प्रभावों के योगदान से होता है—पर्यटकों के माध्यम से क्रय अथवा प्रयोग की जाने वाली सामान व सेवाओं पर करारोपण। पर्यटन राजस्व मालूम करते वक्त पर्यटन उद्योग के माध्यम से क्रय की गयी वस्तुओं व सेवाओं पर लगे करों तथा लाभ के भिन्न-भिन्न कारणों को ध्यान में अवश्य रखना चाहिए।

देश का उत्पादन या वित्त प्रबन्ध के कुछ व्यापार में दूसरे देश के पर्यटन से उत्पन्न किये गये प्रत्यक्ष अथवा अप्रत्यक्ष व्यापार का प्रतिशत अनुमान विदेशी पर्यटन के योगदान से लगाया जा सकता है। ऐसा माना जाता है कि पर्यटन रोजगार के गुणित प्रभाव के समान ही पर्यटन आय के गुणित प्रभाव होते हैं। यदि हम अर्थव्यवस्था की रोजगार की प्रबलता में सम्भावित मूल्य और पर्यटन रोजगार के सामान्य अनुपात की दर को माप सकें तो हम औसत रोजगार का अनुमान लगा कर यह प्रदर्शित कर सकते हैं कि कितने रोजगार अवसरों का सृजन कर सकते हैं। इस तरह रोजगार-आय अनुपात के सिद्धान्त के माध्यम से रोजगार उपलब्धि में पर्यटन के योगदान का अनुमान लगाया जा सकता है। क्योंकि हमारे पास अनुमान लगाने व पर्यटन क्षेत्र के रोजगार व आय के विशद आँकड़े एवं पर्यटन क्रियाओं के

उत्पादन के कार्यों के प्रयोग के आंकड़े मौजूद नहीं हैं। पर्यटन के वित्त प्रबन्ध में व्यवसाय का रोजगार उद्भव करने के सम्पूर्ण असर का आंकड़ा उस आमदनी से है जो कि उपभोगी वस्तुओं के उद्योगों में पर्यटन रूप के प्रथम व आगामी व्यय के चक्र द्वारा पैदा होती है। यह एक आम धारणा है कि पर्यटन व्यय द्वारा पैदा वेतन व मजदूरी उस व्यय का 50% होती है।

पर्यटक के एक साल के खर्च से वेतन व मजदूरी का भुगतान हो सकता है। 1000 रुपये के पर्यटन व्यय पर गुणित के प्रभाव का अध्ययन करने पर यह प्रतीत होता है कि इससे एक ऐसी अर्थव्यवस्था पैदा होती है; जिसमें 540 रु. (कुल पर्यटन व्यय का 54%), वेतन व मजदूरी के रूप में भुगतान किये जा सकते हैं। पर्यटन उद्योग से संबंधित लोगों की संख्या का पता किया जा सकता है। भारत में कर्मचारियों तथा होटल कक्षों का अनुपात 2.5:1 स्वीकार किया गया है। यूरोप में यह अनुपात 1:1 व उत्तरी अमेरिका में 008:1 अनुमानित किया गया है। यह ज्ञात करना मुश्किल है कि पर्यटन के विभिन्न उद्यमों जैसे रेस्तरां, अतिथि गृह, विक्रय केन्द्र, परिवहन सेवायें, संग्रहालय आदि जो पर्यटकों की आवश्यकताएं अप्रत्यक्ष रूप में पूर्ण करते हैं, में कितने रोजगार आरोपणीय हैं। इसके अलावा कई प्रोत्साहित रोजगार हैं जो कि पर्यटन स्थलों के विकास, सड़क निर्माण, निर्माण-उद्योग आदि के परिणामस्वरूप होते हैं। भारत में पर्यटन रोजगार के प्रभावों का अभी तक कोई अनुमान नहीं लगाया गया है। कुछ अर्थशास्त्रियों का विचार है कि पर्यटन के माध्यम से सृजित प्रत्यक्ष व अप्रत्यक्ष रोजगारों का राष्ट्र की कुल रोजगार व्यवस्था में लगभग उतना ही अनुपात है जितना कि पर्यटन का राष्ट्रीय आय के योगदान में है।

भारत जैसे उन्नतिशील राष्ट्र में पर्यटन को संवर्धन से वित्त उद्भव तथा व्यवसाय में अत्यधिक बल मिलेगा। 1968 में एँगलिया में किये गये अध्ययन के अनुरूप यह सुझाव दिया गया कि प्रति 2,400 के पर्यटन खर्च के लिये एक नया रोजगार सृजन किया गया है।

श्री जी. एच. ब्लाके व आर. एल. लोलेस के अनुसार, "प्रत्येक छह नयी होटल शयनों हेतु प्रत्यक्ष रूप में एक एवं अप्रत्यक्ष रूप में बहुत से अन्य रोजगारों का सृजन होगा। राष्ट्र के महत्वहीन भागों हेतु यह बहुत ही महत्वपूर्ण तथ्य है। उदाहरणार्थ—दक्षिणी क्षेत्र, जहाँ रोजगार के स्रोत बहुत ही सीमित हैं। इस तरह क्षेत्रीय विकास हेतु विशेषतः कार्य करने के साधन सृजन की दृष्टि से पर्यटन एक महत्वपूर्ण पहलू है।"

पर्यटन और पर्यटक सुविधाएँ

वस्तुतः पर्यटन व्यवसाय में दक्षता देने की वित्त की तीव्र गति व उच्च कोटि को अनुभवी विदेशी क्रमिकों की आवश्यकता होती है। परन्तु साथ-ही साथ यह असंख्य स्थानीय लोगों को रोजगार प्रदान करती है। पर्यटन सेवाओं से कम दक्ष कर्मचारियों का

अनुपात बहुत ही उच्च होता है, भारत जैसे राष्ट्र में जहाँ कि अदक्ष मजदूरों की अधिकता होने से, यह विशेषतया बहुत ही अनमोल है। यात्रा उद्योग में प्रारम्भिक अवस्था में ये सेवायें उच्चस्तरीय निपुण/दक्ष नहीं लगतीं, परन्तु इन सेवाओं में कुछ दक्षता के स्तर की जरूरत होती है। यात्रा-पर्यटक उद्योग में प्राचीन समय से ही कार्य के दौरान प्रशिक्षण आदि की व्यवस्था रही है। ताकि श्रमिकों में पर्यटन से सम्बन्धित दक्षता के विकास हेतु स्थानीय शैक्षणिक व व्यावसायिक प्रशिक्षण स्रोतों पर निर्भर न रहना पड़े। स्थानीय व्यक्तियों को प्रशिक्षण देकर जटिल तथा उच्च कोटि के दक्षतापूर्ण स्थानों में नियुक्त किया जा सकता है। ''रोजगार सृजन में विदेशी पर्यटन के प्रत्यक्ष योगदान का अनुमान अर्थात् प्रारम्भ में खर्च की गयी पर्यटक खर्च की किस्त सृजन किया गया रोजगार का अनुमान लगाना बड़ा ही मुश्किल है एवं समान मापदण्ड भी नहीं लगाया जा सकता है, क्योंकि भारतीय अर्थव्यवस्था में विशद आँकड़ें अथवा पर्यटन व्यय व रोजगार का पर्यटन क्रियाओं में प्रति व्यक्ति आय के वर्गीकरण का बड़ा अभाव है।''

पर्यटन और परिवहन

पर्यटक आगमन से परिवहन साधनों को भी फायदा होता है। बस व मोटरों पर किये गये व्यय का सर्वेक्षण करके उसकी मान्यता को जांचने की प्रणाली एक संतोषजनक पद्धति प्रतीत नहीं होती है, क्योंकि पर्यटकों की यात्रा का यह एक बहुत ही महत्वपूर्ण साधन है। अतएव, एक बड़ी राशि इस साधन अथवा मद पर खर्च की जाती है। इसके अलावा पर्यटन परिवहन से स्वचालित वाहनों, व्यावसायिक व निजी कारें प्रभावित होती हैं। पर्यटकों का समुद्री व वायु यातायात के माध्यम से सैर आन्तरिक भू-परिवहन के लिए लाभदायी है।

विशेष वस्तुओं के लिए नवीन बाजार

पर्यटन विकास से देशी उद्योगों नये बाजारों का निर्माण होता है। हाल ही में यूरोप में किये गये पर्यटन के सर्वेक्षण से ज्ञात होता है कि पर्यटक अपने कुल धन का 33 प्रतिशत स्वदेशी सामग्रियों को खरीदने के लिए जमा रखते हैं। पर्यटकों के माध्यम से क्रय किया गया सामान निर्यात व्यापार का अंश है। इसके निर्यातक को न तो कोई परिवहन का खर्च देना पड़ता है न ही आन्तरिक व्यापार के जैसा इसमें कोई जोखिम उठानी पड़ती है। कुछ वस्तुएं तो अन्तर्राष्ट्रीय स्तर पर प्रसिद्ध होने से पर्यटकों के माध्यम से मांग में रहती हैं। उदाहरण के लिए स्विट्जरलैंड की घड़ियाँ, स्काटलैंड के ऊनी वस्त्र, इटली का रेशम व लाइलॉन, फ्रांस की शराब व फैशन, स्केन्डिनेविया के घरेलू सामान के गैडगेट व पूर्वी देशों के गलीचे व ऊनी सामान।

संनिर्माण प्रक्रिया की आवश्यकता

पर्यटन का अत्यधिक विकास के लिए सामान्य आधारित निर्माण की जरूरत होती है। प्राकृतिक और कृतिम दोनों प्रकार की आधारित संनिर्माण के उन्नति से प्रगति की प्रक्रिया पर थोड़ा-बहुत असर पड़ता है।

पर्यटन मांगों के कारण परिवहन व संचार सुविधाओं, शहरीकरण, मेरीन और समुद्रतट के विकास व उद्यमों के निर्माण की जरूरत पड़ती है। इसके अलावा जनसूचनाओं में सुधार से स्थानीय निवासियों को भी फायदा होता है। परिणामस्वरूप समस्त निवासियों को आर्थिक सुधार से फायदा प्राप्त होते हैं।

वेग वृद्धि का प्रभाव

इसका अर्थ यह है कि जो वित्त सामग्रियों के पैदावार पर निर्भर है। इससे पूर्ति में वृद्धि होगी व मांग में वेग वृद्धि होगी। परिणामस्वरूप बहुत ही तेज गुणक के प्रभाव होंगे। राष्ट्र की अर्थव्यवस्था में धन को पुनः नियोजित किए जाने के परिणामस्वरूप वेग वृद्धि प्रभाव के अतिरक्त गुणक के प्रभाव भी होते हैं।

पर्यटन उत्पाद का स्वरूप

होटल या रिसार्ट पर्यटन उद्योग का एक प्रमुख है। यह उत्पाद पर्यटकों की सेवा के लिए उत्पादित किया जाता है। यह उद्योग पर्यटक सेवा के लिए निर्मित होता है। इस उद्योग के द्वारा कान्फ्रेंस, प्लानिंग आदि की सेवा दी जाती है। त्योहार, मेले, इत्यादि घटनायें हैं जिनका मजा लिया जा सकता है पर ये नश्वर हैं। नृत्य, गायन, वादन आदि देखे जा सकते हैं और मजा लिया जा सकता है। वन्य जीवों का जीवन प्राकृतिक उत्पाद है जो सेवा प्रदान करता है। बीचों, मरुस्थलों आदि का सौन्दर्य कुछ अलग ही होता हैं। यहाँ लोग विश्राम करने व आनन्द मनाने आते हैं। इसे संचय करना संभव नहीं है और न ही इनका स्वामित्व प्राप्त किया जा सकता है।

तीर्थ एवं धार्मिक स्थलों पर पारलौकिक शांति प्राप्त होती है। अतः पर्यटन सेवा उत्पाद है, लेकिन इन स्थानों पर जाकर खरीद की जा सकती है। इसकी विशिष्टता एक उत्पाद की भांति हैं, सेवा की भांति नहीं।

ये उत्पादन लौकिक है एवं उत्पादक कर्ता से अलग किये जा सकते हैं। इसी प्रकार रेस्टोरेंट, पैक एण्ड कैरी संस्थान इत्यादि लौकिक उत्पादन जैसे—भोजन, ड्रिंक्स इत्यादि का उत्पादन करते हैं जिसे कुछ वक्त के लिए ही संचय किया जा सकता है।

इन सभी उत्पादों के उत्पादन के समय ग्राहक का रहना आवश्यक नहीं है। लेकिन उसको क्रय करते वक्त तथा उपयोग में लाते वक्त उसका रहना आवश्यक है। इस प्रकार से पर्यटन उत्पाद को सेवा उत्पाद तथा फिजीकल इन दो भागों में बांटा जा सकता है।

परिभ्रमण उत्पादनों का वर्गीकरण

सामान्य रूप से परिभ्रमण उत्पादों को प्रमुख चार भागों में वर्गीकृत किया गया है जो निम्नलिखित हैं—

1. नैसर्गिक एव मानवजन्य उत्पाद—नैसर्गिक एवं मानवजन्य दोनों उत्पादों का पर्यटकों पर अत्यधिक प्रभाव पड़ता है। नैसर्गिक उत्पाद में पर्वतीय स्थान, जलवायु, वनस्पति युक्त बीच, मरुस्थल, द्वीप इत्यादि को तथा मानवजन्य उत्पादों में मेले, उत्सव, कन्वेंशन, पेंटिंग, आर्कीटेक्चर, बाजार, मनोरंजन गृह आदि को शामिल किया जाता है। मुंबई का एस्सेल वर्ल्ड एवं अमेरिका की डिजनीलैंड मानवकृत पर्यटन उत्पादों में आते हैं। प्राकृतिक उत्पाद मानव के लिए विस्मयकारक होते हैं और ईश्वर की ओर से उपहारस्वरूप मिलते हैं, जबकि मनुष्य द्वारा निर्मित उत्पाद मनोरंजन एवं व्यापारिक उद्देश्यों को पूरा करते हैं।
2. कान्टीनम उत्पादन—कुछ नैसर्गिक एवं मानवजन्य उत्पाद ऐसे होते हैं जिसे किसी भी श्रेणी या वर्ग में बांटना संभव नहीं होता है।
3. प्रतीकात्मक उत्पाद—कुछ उत्पाद ऐसे हैं, जो उक्त दोनों की विशेषताओं के अंतर्गत नहीं आते। प्रतीकात्मक उत्पाद वे होते हैं, जो प्रकृति अथवा मानव दोनों के ही प्रयासों से होते हैं। वन्य जन्तु शरण स्थली, मैरीन पार्क, क्रीड़ाएं पुष्प उत्सव और प्रदर्शनी इसी प्रकार के उत्पाद हैं। प्रकृति ने स्रोत अथवा साधन दिए और मानव ने उसमें कुछ और जोड़कर उसे उत्पाद के रूप में परिवर्तित किया।
4. घटना और स्थान पर आधारित उत्पाद—जहाँ कोई घटना और स्थल आकर्षण का कारण होता है, वह स्थान मूल उत्पाद माना जाता है। घटना प्रधान उत्पादों में कार्नीवाल, गोवा का फूड उत्सव, खजुराहो का नृत्योत्सव, स्पोर्ट्स इत्यादि एवं ताजमहल, स्कीइंग, नेशनल पार्क, मुंबई इत्यादि स्थान मूल उत्पाद माने जाते हैं।
   - **(i)** पैकेज एण्ड प्रोग्राम—यह सुविधा नियोजित एवं नियंत्रित होती है। इस सुविधा में एक निश्चित मूल्य पर पर्यटकों को कई तरह की सुविधाएं मिल जाती हैं। इस प्रकार के पर्यटक कार्यक्रमों में रहना, खाना-पीना, घूमना आदि सभी का मूल्य ले लिया जाता है। इन सुविधाओं के अतिरिक्त परिपूरक कैसिनों कूपन आदि भी मिल जायें तो पर्यटन उत्पाद के आकर्षण बढ़ जाते हैं। इसके कार्यक्रम और ज्यादा आकर्षक तब हो जाते हैं जब उनके साथ केन्द्रीय अथवा

अंतर्तम आकर्षण और जुड़ जायें। इस तरह की स्थिति में पर्यटक कुछ अधिक धन भी व्यय करते हैं। कान्फ्रेंस आर्गनाइजर्स कान्फ्रेंसों को आयोजित करने पैकेज एण्ड प्रोग्राम उत्पाद सर्वाधिक आकर्षक हो सकते हैं।

(ii) स्थान—कुछ स्थान इस प्रकार के होते हैं, जो अपनी प्राचीनता, सांस्कृतिकता, कलात्मकता, वास्तुकला से पूर्ण विशेषताओं के कारण अत्यंत आकर्षक होते हैं, जैसे—खजुराहो का नृत्योत्सव, महाबलीपुरम के मंदिर, पुरी के मंदिर, कन्याकुमारी के बीच, आगरा का ताजमहल, मिस्र के पिरामिड इत्यादि।

(iii) उद्देशीय या गन्तव्य स्थान—कुछ स्थान अथवा स्वयं में पर्यटन आकर्षणों से परिपूर्ण हैं। वहाँ की घटनाओं, शहर, विशिष्ट स्थलों का कोई आकर्षण पर्यटकों को नहीं होता अपितु उस शहर का स्थान ही आकर्षण का पूर्ण केन्द्र होता है, जैसे—दिल्ली, चेन्नई, मुंबई, लंदन, न्यूयार्क, आदि पर्यटकों के लिए विशेष आकर्षण हैं। इन स्थानों पर जाकर पर्यटन तो कर ही लेते हैं साथ अपने दूसरे उद्देश्यों को भी पूर्ण कर लेते हैं।

(iv) पर्यटन—वर्तमान समय में पर्यटन विशिष्ट स्थलों जैसे—धार्मिक या तीर्थ या ऐतिहासिक जगहों पर जाकर मन को हर्षित करने का एक उत्तम साधन है। जिसके द्वारा पर्यटकों को अलग तरह की सुविधाएँ आदि प्रदान की जाती हैं। अलग-अलग पर्यटन स्थल उन्हें विभिन्न प्रकार से आकर्षित करते हैं। उदाहरणार्थ कोई भी ऐसी संस्था अपनी श्रृंखला देश के विभिन्न स्थानों पर बस, ट्रेन, वायुयान या पानी के जहाजों के माध्यम से भ्रमण करा सकती है। यही पर्यटक के रहने, खाने-पीने आदि का भी प्रबन्ध कर देती है। यदि पैकेज टूर के कार्यक्रम एवं सर्किट टूर दोनों मिलाकर पर्यटकों के कार्यक्रम बनाये जायें तो वे बड़े ही आकर्षक एवं फायदेमंद हो सकते हैं। पैलेस आन व्हील्स जो पर्यटन विभाग की अति सुव्यवस्थित एवं सुविधापूर्ण रेलगाड़ी है, जो इसी प्रकार के पैकेज और सर्किट कार्यक्रमों को परिपूर्ण करने वाली है और पर्यटकों की सभी आवश्यकताओं और सुख-सुविधाओं से परिपूर्ण है।

(v) सक्रियता या तीव्रता—जो उत्पाद सक्रियता या तीव्रता प्रधान होते हैं उनमें पर्यटकों को बड़ा सक्रिय रहना पड़ता है, उदाहरण के लिए दुकानदारी, साहसिक स्पोर्ट्स जैसे-ग्लाइडिंग, पेरासलिंग इत्यादि। पर्यटक दुकानों पर सामान अथवा भेंट की वस्तुएँ क्रय करने आते हैं। पर्यटक जब तक स्वयं नहीं चाहेगा तब तक वह साहसिक कार्यों में भाग नहीं ले सकता सक्रिय पर्यटन उद्योग प्रकृति एवं मानव दोनों का ही सहारा ले सकता है।

(vi) घटना—कुछ विशिष्ट घटनाएँ पर्यटन की उन्नति व विकास में प्रमुख भूमिका का निवर्हन करती हैं।

उक्त स्थान तथा घटनाओं के अलावा कुछ ऐसे भी तत्व होते हैं जो पर्यटक को विशष रूप से आकर्षित करते हैं, जैसे—बोट रेस, ओलम्पिक खेल आदि।

पर्यटन उत्पाद की आवश्यकताएँ

पर्यटकों की मूलभूत आवश्यकताओं की पूर्ति पर्यटन उत्पाद से ही की जा सकती है। अब हमें यह देखना है कि पर्यटकों की वे आवश्यकताऐं कौन-सी है? पर्यटकों को ऐसा कौन-सा आकर्षण मिलता है जिसके लिए वे दूर-दूर तक यात्रा करते हैं, आवश्यकता के मुताबिक धन व्यय करते हैं। हम आसानीपूर्वक इन आकर्षणयुक्त आवश्यकताओं को शिक्षा, विश्राम एवं अवकाश, मनोरंजन एवं आनन्द, मित्रों-परिचितों तथा रिश्तेदारों से भेंट, विशिष्ट हित, स्वास्थ्य तथा व्यवसाय इन सात वर्गों में वर्गीकृत किया जा सकता है जिनसे पर्यटकों को प्रोत्साहन व प्रेरणा मिल सकती है—

पर्यटन तत्व एवं प्रेरक तत्व

कुछ इस प्रकार आवश्यकताएँ एवं आकर्षण हैं जिनसे स्वतः ही किसी न किसी रूप में पर्यटन उत्पाद होता रहता है। दोनों ही एक दूसरे के पूरक कहे जा सकते हैं। कुछ विशिष्ट प्रेरक घटक एवं उनसे उत्पादित पर्यटन उत्पाद को निम्न सारणी में स्पष्ट किया गया है—

प्रेरक घटक	*पर्यटन उत्पाद*
1. स्वास्थ्य	साहसिक खेलकूद
2. व्यवसाय	सम्मेलन एवं सभायें
3. शिक्षा-दीक्षा	संस्कृति एवं विशिष्ट परम्परायें।
4. मनोरंजन एवं आनन्द	पर्व, उत्सव, वन्य, जीवन, मेले इत्यादि।
5. विशिष्ट हित	साहसिक कार्य जैसे पर्वतारोहण, तैराकी इत्यादि।
6. मित्रों, परिचितों एवं रिश्तेदारों	खरीदारी करना एवं स्मृति भेंट
7. विश्राम एवं अवकाश	योग, खेल-कूद, समुद्र तटीय बीच

पर्यटन खर्च से राजस्व प्राप्ति

पर्यटन पर सरकार के द्वारा किये गये व्यय से कितनी आमदनी होती है? सरकार को सम्पूर्ण यात्रा उद्योग से कर के रूप में प्राप्त राशि, खान-पान सेवाओं पर सीमा तथा उत्पादन कर जो कि पर्यटकों हेतु क्रय व प्रयोग की जाती है राजस्व आय का एक मुख्य स्रोत है। केन्द्रीय, राज्य व स्थानीय सरकारों के माध्यम से विभिन्न तरह के कर प्राप्त किये जाते हैं।

पर्यटकों के खर्च न करने पर पर्यटन पर निर्भर उद्योग पनप नहीं सकते हैं, परिणामस्वरूप केन्द्रीय, राज्य व स्थानीय सरकार को कर से बहुत ही कम राजस्व प्राप्त होगा।

भारत जैसे विकासशील देश में पर्यटन के व्यय का अनुमान अथवा गुणांक करीब 302 है एवं इस गुणित के परिणामस्वरूप पर्यटकों के माध्यम से किये गये व्यय से राष्ट्रीय आय निर्मित होती है। गुणित के प्रभाव का वर्णन करते वक्त यह स्पष्ट किया गया है कि कुछ रकम कर के रूप में चली जाती है। प्रत्यक्ष व अप्रत्यक्ष करों से केन्द्रीय व राज्य सरकारों को प्राप्त होने वाले कर के अंश का राष्ट्रीय आय में अनुमान लगाने हेतु मूल लागत का एक पुराना तथा प्राचीन तरीका अपनाया जाता है। विदेशी पर्यटन के कारण औसत राष्ट्रीय आय जो उच्च अथवा निम्न गुणित से पैदा होती है; उससे इस अनुपात से गुणा किया जाता है ताकि विदेशी पर्यटन से अर्थव्यवस्था में प्राप्त कर राजस्व आय मालूम हो सके। राष्ट्र को पर्यटन के माध्यम से प्राप्त कुल कर राजस्व आय का अनुमान राष्ट्र की कुल अर्जित आय व कुल अनुमानित राष्ट्रीय आय के परस्पर सम्बन्ध से मालूम की जा सकती है। यह अनुमान लगाया गया है कि यह सम्बन्ध प्रायः 10% है, अतएव कुल राजस्व आय इस तरह होगी–

कुल राजस्व आय=पर्यटकों के माध्यम से किया गया वार्षिक खर्चा×गुणक×व्यापार द्वारा पैदा किये गये कर का प्रतिशत पर्यटन उद्योग के प्राप्त करों से सरकार को मुख्य-मुख्य परियोजनाओं को चलाने में वित्तीय मदद मिलती है। ये कर हवाई अड्डा कर, शराब व तम्बाकू कर, ईंधन कर, एवं देश में आयातित वस्तुओं पर कर आदि के रूप में प्राप्त होता है। पर्यटन से अत्यधिक राशि अर्जित होती है जो सरकार को सड़क, स्कूल, चिकित्सालय आदि के निर्माण एवं अन्य जरूरी सामाजिक सेवाओं की पूर्ति हेतु उपलब्ध हो जाती है।

सरकार के राजस्व प्राप्ति में विदेशी पर्यटक के प्रत्यक्ष योगदान का सही अनुमान लगाना मुश्किल है। पर्यटन से आय की गणना करने हेतु पर्यटन उद्योग में कार्य करने वाले लोगों के माध्यम से द्वितीय व पुनः होने वाले चक्र में क्रय किये गये माल, सामान व सेवाओं के कर को भी ध्यान में रखना होगा। भरत जैसे देश में यह मुश्किल है कि सरकारी आय का अनुमान लगाया जाये, केवल सरकार के माध्यम से अर्जित राजस्व कर, जो पर्यटकों पर लगाया जाता है, का ही अनुमान लगाया जा सकता है। उदाहरण के लिए कई राष्ट्रों में पर्यटकों के माध्यम से प्रस्थान के वक्त भुगतान किया गया प्रति व्यक्ति कर होटल बिलों पर अतिरिक्त चार्ज व हवाई, रेल व सड़क यात्रा-पत्रों पर विक्रय कर। प्रत्यक्ष कर से प्राप्त आय राजस्व का एक छोटा-सा अंश होता है, कुछ अर्थशास्त्रियों का विचार है कि पर्यटन से प्राप्त सरकारी राजस्व का अनुमान उस अनुपात से लगाया जा सकता है जितना कि करों का राष्ट्रीय आय के स्वयं का योगदान है।

पर्यटन से विदेशी मुद्रा अर्जित होती है। यह निर्यात उद्योग पर्यटन को विस्तृत मानने वाले पर्यटन के द्वारा एकत्रित विदेशी धन की ओर संकेत करते हैं। अथवा वे कुछ स्तर पर

प्रत्यक्ष रूप में अथवा गुणित के संचालन से अर्जित मुद्रा का कुछ देश की वस्तुओं पर हुए प्रभावों को वर्णित करते है। सभी देश पर्यटन उद्योग को निर्यात के रूनप में विकसित करना चाहता है जिससे औद्योगिक यंत्र प्राप्त हो सकें व स्वावलम्बी विक्रय के लिये साधारण वातावरण निर्मित किया जा सके। व्यापार के विशद आकार, वस्तुओं की विभिन्नता, अत्यधिक संख्या में होने एवं साथ ही वित्त लाभों के कारण पर्यटन एक बहुत बड़ी आर्थिक क्रिया एवं विदेशी पूंजी के अर्जन का विशिष्ट माध्यम बन गया है।

यह बात सत्य है कि विकसित देशों में पर्यटन वित्त विकास के लिए और विपरीत बिना पर्यटन की स्थिति में सही करने का एक माध्यम है। साथ ही साथ यह भी सत्य है कि जिन राष्ट्रों में रहन-सहन का स्तर अधिक ऊँचा है उनमें पर्यटन विदेशी मुद्रा के असंतुलन को ठीक करने में बड़ा योगदान करता है।

कुछ वर्षों से पर्यटक प्राप्त करने वाले राष्ट्रों में विदेशी मुद्रा की प्राप्ति में बहुत तीव्र गति से वृद्धि हुई है। पर्यटन के माध्यम से बहुत से राष्ट्रों जैसे—जापान, हांगकांग, स्पेन, इटली मौरिसस, यूगोस्लाविया फ्रांस आदि की अर्थव्यवस्था में सुधार आया है। यहाँ तक कि पूर्वी यूरोप के राष्ट्र जो आरम्भ में शर्मीले व इच्छुक न थे—वे भी पर्यटन के आधारभूत सिद्धांतों को मानने लगे हैं एवं पर्यटन यातायात को विदेशों में यूगोस्लाविया प्रवाहित होने हेतु कानून व नियमों में ढील दे रहे हैं। युगोस्लोवाकिया प्रथम राष्ट्र था जिसने प्रवेश-पमर बीजों को समाप्त किया एवं रूस व भारत ने होटलों व अनुपूरक आवास विधाओं का निर्माण करने हेतु बड़े-बड़े कार्यक्रमों का संचालन किया है।

पर्यटन ही एक ऐसा निर्यात व्यापार है; जो बिना राष्ट्रीय स्रोतों का ह्रास किये हुए और वास्तविक तौर पर माल का निर्यात किये बिना एक बहुत बड़ी विदेशी मुद्रा अर्जित करता है। अतएव पर्यटन एक निर्यात व्यापार के रूप में अन्य निर्यात उद्योगों की अपेक्षा अपना एक महत्वपूर्ण स्थान रखता है एवं स्वयं अद्वितीय स्थान स्थापित किए हुए है। विदेशी पर्यटन की सदैव से ही प्रशंसा की गयी है; क्योंकि इससे अन्तर्राष्ट्रीय अर्थव्यवस्था में विदेशी मुद्रा प्रवाहित होती है।

प्राप्त करने वाले राष्ट्र को वरदान स्वरूप मिली हुई क्रय शक्ति उस राष्ट्र की विदेशी सम्पत्तियों में पूर्णतः घुल-मिल जाती है। इससे विदेशों से क्रय करने के वरदान सम्पूर्ण राष्ट्र में बिना किसी भेदभाव के फैल जाते हैं।

क्योंकि इन सम्पत्तियों से परिवहन के यन्त्र व उद्योगों हेतु माल का आयात प्रत्यक्ष रूप में उन वर्गों की उत्पादन शक्ति वृद्धि करने में इस्तेमाल किया जाता है; जिनका पर्यटन से कोई सम्बन्ध नहीं होता है। पर्यटन के उत्तेजित प्रभाव से आय में फायदा होते हैं; क्योंकि इससे बाह्य आय के स्रोतों का विकेन्द्रीकरण होता है, जिससे विशेष गुण वाली निर्यातित वस्तु के भाग्यहीन प्रभाव को जीत लिया जा सकता है।

उदाहरण स्वरूप एक रेस्टोरेन्ट में निर्यात आमदनी उन सामग्रियों से उपलब्ध होती है जो आम तौर पर निर्यात नहीं की जा सकती है जैसे—दूध, अण्डे, मक्खन व अन्य खान-पान की वस्तुएं।

पर्यटन एक अदृश्य निर्यात है। वाणिज्य की दृष्टि से यह व्यापार व उद्योगों से भिन्न है। एक वाणिज्य के आयात व निर्यात व्यापार में सदैव देश से वस्तुओं का अन्दर आने एवं बाहर जाने का क्रम बना रहता है। हर निर्यात करने वाले राष्ट्र भुगतान सन्तुलन की स्थिति पर नजर रखते हुए भाव व वस्तुओं का आन्तरिक उपयोग न करके विदेशों को निर्यात करते हैं। विदेशी मुद्रा की कमी के एकमात्र कारण एवं भुगतान सन्तुलन को अनुकूल बनाने हेतु निर्यात किया जाता है। निर्माणकर्ताओं की स्वयं की असुविधाओं के बल पर माल का निर्यात किया है। पर्यटन के क्षेत्र में ग्राहक, स्वागतकर्ता की तरफ अग्रसर होता है। यह एक बहुत ही लाभदायक स्थिति है। पर्यटन उद्योग में बिना किसी निर्यात के विदेशी मुद्रा प्राप्त होती है। यही एक व्यापार है जिसमें निर्यातक देश बिना किसी बलिदान के फायदा प्राप्त करता है। पर्यटन में न तो किसी माल को जहाज के माध्यम से विश्व भर में भेजा जाता है और न ही किसी किस्म के भाड़े व कर चुकाने की जरूरत होती है। इसका बाजार देश के अंदर ही होता है। खान-पान की वस्तुएं स्मारिकाओं व अन्य विलासितापूर्ण वस्तुओं जैसे गलीचे, जेवरात आदि वस्तुओं हेतु बहुत से नये क्रेता मिलते हैं जो कि अन्यथा कभी भी देश में नहीं आने देते। फुटकर व्यापारियों, हस्तकारों व कृषकों हेतु बहुत धन आ जाता है, हर खर्चीले पर्यटक हेतु योजनाएं बनाई जाती हैं, ताकि उच्च किस्म की विलासितापूर्ण वस्तओं की विक्रय से विदेशी मुद्रा प्राप्त किया जा सके। बढ़ती हुई अत्यधिक जनसंख्या के साथ-साथ हम स्वयं किन्हीं भी वस्तुओं की बचत बलिदान के रूप में करके देश के बाहर भेजने के परिश्रम के बिना, विदेशी मुद्रा अर्जित कर सकते हैं। विदेशी पर्यटक हमारे दरवाजे पर ही विदेशी मार्किट का प्रतिनिधित्व करते हैं। ऋण व मदद से भविष्य की पीढ़ी पर बहुत बड़ा बोझ पड़ता है क्योंकि मूलधन व ब्याज के भुगतानों के अतिरिक्त राष्ट्र के स्वाभिमान व स्वालम्बन की महत्ता पर विपरीत पर्यटक विकसित राष्ट्रों की तरफ से विकासशील व अर्द्ध-विकसित राष्ट्रों हेतु सहायता का स्रोत है एवं उनकी राष्ट्रीय अर्थव्यवस्था का एक बहुत बड़ा स्त्रोत है।

पर्यटन का विदेशी विनियमन पर प्रभाव

अधिकांश विकासशील देश विदेशी मुद्रा प्राप्त करना चाहते हैं। पर्यटन में विनियोजन करने से अर्जन की दर अन्य क्षेत्रों में विनियोजन करने की तुलना में कम होने पर भी फायदा प्रदान करती है। रोजगार के स्तर में तीव्र वृद्धि हेतु यह जरूरी है कि पर्यटन में विनियोजन करते वक्त इनसे पैदा रोजगारों के प्रभावों की तुलना अन्य विनियोजन की सम्भावनाओं को

ध्यान में रखकर की जाए। पर्यटन में विनियोजन के माध्यम से सृजित किया गया कच्चा माल पर्यटन के महत्व को आंकने का द्योतक है। भारत जैसे विकासशील देश में टपकनें (छीजन) व श्रम की अर्धबेरोजगारी के कारण आर्थिक प्रभावों की कमी हो जाती है। किसी भी देश में विदेशी यात्रा के प्रभावों को नापने हेतु गुणित को यदि मापदण्ड समझा जाय तो इसमें व्यय के अतिरिक्त धारा में मांग व इसमें विद्यमान टपकनों (छीजन) के प्रभावों को शामिल किया जाता है।

विदेशीय विनियोजन

उत्पादन फायदे के लिए विदेशीय विनियमन का होना आवश्यक है। यह उपभोक्ता की असीम सीमा तक जाने के लिए विशिष्टः अनिवार्य है। विशेषकर उन सामग्रियों के सम्बन्ध में जो दूसरे राष्ट्रों में विकसित के रूप में मौजूद हैं, जो उनके मंगवाने के अलावा और कोई चारा नहीं है। विकासशील देशों में पर्यटन उद्योग में पूंजी की सामर्थ्यता सम्भवतः कुछ अधिक है; विशेषतः उन अवस्थाओं में जबकि अनिवार्य आधारित संरचनाओं की लागतों को शामिल किया जाता है।

यदि पर्यटन विकसित होता है, तो विदेशी पर्यटक आकर्षित होते हैं, जो कि अपनी पूंजी को लाभकारी विनियोजनों, अच्छे आलीशान होटल, आधुनिक खेल के मैदान व मण्डप स्थल, समुद्र तट आदि की तलाश में लगाते हैं। इसके लिए प्राप्तकर्ता राष्ट्र के पास न तो निर्माणक होते हैं न ही तकनीकी प्रशिक्षित अधिकारी। राष्ट्र के उद्योगों को उत्साहित करने हेतु वे आधुनिकीकरण व नई तकनीकियों को अपनाते हैं, वे पेटेन्ट हेतु प्रार्थना करते हैं एवं विदेशी लाइसेन्स के उपयोग के लिए मजबूर होते हैं। अतएव विदेशी मदद की जरूरत होती है, इसके अतिरिक्त बहुत से अन्य निर्यात पैदा करने वाले उद्योगों की तुलना में यातायात उद्योग विदेशी उद्यमियों के माध्यम से स्वागतकर्ता राष्ट्र की सरकार व निजी उद्यमियों के सहयोग से अधिक अच्छा विकसित हो सकता है।

विदेशी विनिमय के द्वारा ही पर्यटन उद्योग का विकास नहीं हो सकता है। विकासशील प्राप्तकर्ता राष्ट्र को प्रत्येक क्षेत्रों के जरूरी आधारित संरचना का विकास करना है। उदाहरण के लिए—पर्यटकों की सुरक्षा हेतु उचित प्रबन्ध करने होते हैं एवं विकसित पर्यटन केन्द्रों तक पहुंचने हेतु परिवहन के सुविधाजनक प्रबन्ध करने चाहिए। विदेशी उद्यमी लाभ को स्वदेश ले जाना चाहते हैं। ये फायदा व कर की दर, कर-दर उपभोग की आवास वस्तुओं, सामान व पर्यटन सेवाओं पर उत्पादन-कर, दक्षता को इस्तेमाल की स्वतंत्रता, विदेशी कारीगरों को रोजगारों पर लगाने की स्वतंत्रता एवं इन कारीगरों के माध्यम से संचित धन को स्वदेश ले जाने एवं इसी तरह की अन्य सुविधाओं के बारे में सरकारों से दीर्घकालीन मदद की इच्छा रखते हैं।

पर्यटन उद्योग को विदेशी विनियोजन से बढ़ावा मिलता है। असली विनियोजन तकनीकी मदद से परमिट व पेटेन्ट आदि के तकनीकी स्तर में वृद्धि होती है। आयातित पूंजी से प्राप्त आय को परिवर्तित करने हेतु संचित सोने की उपलब्धतापूर्ण गारन्टी प्रदान करती है। विदेशी पूंजी प्रबन्ध की दक्षता के इस्तेमाल करने से जो पर्यटन में विकास होता है वह आर्थिक योगदान की दृष्टि से स्थानीय क्षेत्रों में स्थानीय लोगों के माध्यम से किये गये विनियोजन की अपेक्षा कई मात्रा में श्रेष्ठ होता है।

पर्यटन मे विनियोजन की मांग

पर्यटन उद्योग में अत्यधिक विनियोजन की जरूरत होती है। यह रकम औद्योगिक विकास के लिए, जरूरी रकम की अपेक्षा कम होती है। परन्तु इस सम्बन्ध में नई सड़कों, रेलवे बन्दरगाह, हवाई अड्डों आदि जोखिम के निर्माण के परिणामस्वरूप जन्में आर्थिक प्रभावों को भूलना नहीं चाहिए। इसके अलावा, अच्छे संचालित होटल व कैटरिंग प्रत्येक विदेशी पर्यटन के आधार हैं। इन क्षेत्रों के कार्य को पूर्णतः प्राथमिकता मिलनी चाहिये। यह अतिरिक्त धन तभी आकर्षित होता है जब यह अधिक उत्पादित विनियोजन प्रदान करता है। पर्यटन के क्षेत्र में विनियोजन से आय की प्राप्ति निम्न तरह से हो सकती है–

(1) मध्यकालीन विनियोजन जैसे एक सुन्दर स्थान में स्थित होटल अथवा महासम्मेलन होटल।

(2) दीर्घकालीन विनियोजन जैसे शहरी विकास की दृष्टि से एक वन-मण्डल को राष्ट्रीय उद्यान में परिवर्तित करना।

(3) दीर्घकालीन विनियोजन जैसे रेस्टोरेन्ट का खोलना।

पर्यटन उद्योग की एक विशेषता यह है कि इससे दीर्घकालीन फायदा प्राप्त होते हैं। तुलनात्मक दृष्टि से इस उद्योग में फायदा प्राप्ति का वक्त बहुत ही कम होता है तथा फायदा का अंश अन्य उद्योगों के मुकाबले निश्चित रूप से अधिक होता है। यह उद्योग जल्दी व अधिक फायदा की वजह से बहुत ही प्रिय बनने योग्य है। अतएव विनियोजक अपना धन आय प्राप्ति के पूर्व विचार करके लगाने को तत्पर होते हैं। इसके अतिरिक्त पर्यटन के आर्थिक पहलू का मूल सिद्धांत यह है कि अन्य उद्योगों की तुलना में यह मध्यम तरह का विनियोजन चाहता है। किसी भी राष्ट्र के पर्यटन के तहत वहां की जलवायु, दर्शनीयता, इतिहास, पुरानी इमारतें, कला, रीतिरिवाज, त्योहार एवं वहां के लोग शामिल हैं। पर्यटक जो कि अपनी बचत की गयी आय का इतना अधिक व्यय करतें हैं एवं साथ ही अवकाश व्यतीत करने की धारणा बनाते हैं, वे अवकाश हेतु नये वातावरण के सुहावने बदलाव से कुछ अधिक आकांक्षा रखते हैं। वे अपने साथ केवल स्मरणीय छाप एवं स्मारिकाओं को ही ले जाते हैं।

पर्यटन स्थल का अर्द्धविकसित इलाके में उदय

आर्थिक रूप से कमजोर क्षेत्र में पर्यटन स्थल निश्चित रूप से विद्यमान है। पर्यटन का विकास अधिकतर बिना उद्योग के क्षेत्रों, सामान्यतः ग्रामीण, पर्वतीय एवं समुद्रतटीय क्षेत्रों में होता है। शक्ति के साधनों व कच्चे धातु से भरपूर क्षेत्रों एवं भौगोलिक दृष्टि से अनुकूल स्थान अपनी आर्थिक क्रियाओं औद्योगीकरण से ही आरम्भ करते हैं।

ये स्थान बहुत ही विकसित होते हैं एवं साथ ही बड़े मार्केट नजदीक होने एवं समानान्तर उत्पादन वृद्धि व तृतीय क्षेत्रों में सेवाओं के कारण कृषि उत्पादन भी अधिक होता है। अर्द्धविकसित क्षेत्र की क्रियाशील जनसंख्या विकसित क्षेत्रों की तरफ आकर्षित होती है, जो औद्योगिक दृष्टि से अधिक विकसित नहीं है, हालांकि उनके पास अन्य बहुत से आकर्षण हैं जैसे बर्फ से आच्छादित पहाड़ियां, सुन्दर प्राकृतिक सौन्दर्य, असीमित समुद्र तट व अन्य पर्यटक आकर्षण, उनमें क्षेत्रीय विकास व फैलाव बहुत से तरीकों अथवा सामरिक प्रणाली के माध्यम से किया जा सकता है।

औद्योगिक रूप से विकसित क्षेत्रों में पर्यटन को उद्योग का दर्जा प्राप्त है। यह उस भूमि व वस्तुओं का उपयोग करता है जिसका औद्योगिक व कृषि की दृष्टि से कोई मूल्य नहीं है जैसे बर्फ (शीतकालीन क्रीड़ाओं हेतु उपयोग होती है), रेत (समुद्र तट पर), बंजर भूमि व रेगिस्तान राष्ट्रीय पार्क। ये सभी पर्यटन के लिए सम्पदा साधन हैं। बड़े मण्डल जो कि कृषि के विकास हेतु अनुकूल नहीं हैं विलासिता हेतु उपयोग किए जा सकते हैं। ये क्षेत्र बाह्य मनोरंजन हेतु अति उत्तम स्थान बन सकते हैं एवं इस तरह एक लाभकारी पर्यटन उद्योग के अंग बन जाते हैं। यदि कोई क्षेत्र कृषिविहीन व उद्योगविहीन है तो वहां जरूरी आधिकारिक संरचना व श्रम शक्ति की सम्भावना नहीं होती एवं इस क्षेत्र में पर्यटन विकास हेतु अत्यधिक संरचना लागत व श्रम के पुनः स्थानीयकरण की जरूरत होगी। इसके अतिरिक्त इस तरह के क्षेत्रों में पर्यटन के माध्यम से प्रदान अनुकूल विनियोजन व आय के कारण पड़ोसी क्षेत्र भी विकास की क्रिया से प्रवाहित होंगे।

आमदनी के वितरण में भी पर्यटन मददगार साबित होता है। एक कमर्शियल इलाके से जुड़े प्रतिबंधित इलाकों में वित्त का नियोजितकरण हो जाता है; परन्तु पर्यटन क्षेत्र आय के वितरण द्वारा इस प्रभाव को अन्य क्षेत्रों में अग्रसित करते हैं—जैसा कि बहुत से विकासशील राष्ट्रों में पर्यटन के विस्तार से प्रतीत होता है। इन क्षेत्रों में पर्यटन विस्तार से जनसंख्या का निवासित होने, आय वृद्धि, बिजली के घरेलू यन्त्रों के उपयोग व नये आवास का निर्माण व प्रतिष्ठाओं में वृद्धि होती है। यह महसूस किया गया है कि जिन क्षेत्रों में कृषि की क्रियायें सीमित थीं एवं व्यावहारिक रूप में उद्योग नहीं थे एवं इस तरह के विकास की गति बिल्कुल निम्न स्तर पर थी, वे पर्यटन के बढ़ावे से बहुत बड़ी सार्वजनिक व निजी पूंजी के आकर्षण बन चुके हैं। इन क्षेत्रों में विनियोजन व जनसंख्या के उपभोग में वृद्धि होने से

स्थानीय आय में वृद्धि हुई है। परिणामस्वरूप स्थानीय जनसंख्या के जीवन स्तर में अनुकूल प्रभाव पड़ता है।

पर्यटक आगमन से आय में विकास

पर्यटन की सम्पूर्ण उपलब्धियाँ आगन्तुको की संख्या, आगमन के प्रयोजन, अनेक प्रक्रियाएँ अथवा कई प्रयोजनों के लिए हर पर्यटन व्यय, रुकने का औसत वक्त, खर्चीले व कम खर्चीले पर्यटकों की संख्या की श्रेणी में बदलाव आदि पर निर्भर करता है।

नेशनल काउन्सिल ऑफ एप्लाइड इकोनोमिक्स रिसर्च के अनुसार, "प्रत्येक पर्यटन क्रिया व यात्रा उद्देश्य हेतु गणना की गयी पर्यटकों से कुल प्राप्तियाँ, पर्यटकों की कुल संख्या को उनके औसतन ठहरने के समय (दिनों) और प्रति पर्यटक प्रतिदिन व्यय से गुणा करने की राशि के बराबर होती है।" समय-समय पर पर्यटन से प्राप्त आय के सम्बन्ध में बहुत से अध्ययन किए गए हैं। विदेशी पर्यटकों से कुल प्राप्तियों के अनुमान निम्नलिखित माध्यमों से प्राप्त होते हैं–

(1) परिवहन व उड्डयन मन्त्रालय, भारत सरकार।

(2) भारत में पर्यटन का आर्थिक सर्वेक्षण 1965-66, पर्यटन विभाग की रिपोर्ट।

(3) भारत में विदेशी पर्यटकों का सर्वेक्षण 1968-69 व 1972-73, पर्यटन विभाग के माध्यम से आई. आई. पी. ओ. (1980), नई दिल्ली को स्थापित किया गया।

(4) इन समस्त रिपोर्टों में प्रति पर्यटक व्यय के आकार व अन्य सम्बन्धित पहलुओं के आँकड़े मिलते हैं।

पर्यटकों के खर्च का वर्गीकरण निम्न तरह मान लिया गया है :

1. आन्तरिक परिवहन।
2. खरीददारी।
3. खान-पान, रहन-सहन, रेस्टोरेन्ट व मनोरंजन।
4. अन्य।

इन रिपोर्टों में प्रति पर्यटक व्यय को यात्रा के उद्देश्य के अनुरूप निम्न तरह वर्गीकृत किया गया है :

(1) अवकाश।

(2) अध्ययन व शिक्षा।

(3) व्यापार।

इन रिपोर्टों में दी गई सूचनायें पर्यटन से कुछ प्राप्तियों को मालूम करने के लिए बहुत आवश्यक हैं।

राष्ट्रीय उत्पादन में किए गए शुद्ध योगदान को विदेशी पर्यटक व्यय से प्राप्त शुद्ध आय अथवा प्राप्तियों के माध्यम से प्रदर्शित किया जाता है। कुल प्राप्ति में से पर्यटकों की लागत को घटाने से विदेशी पर्यटकों की शुद्ध प्राप्तियों की गणना संभव है।

पर्यटन में लागत लाभ दर

इस सिद्धांत के अनुसार लाभों को यदि लागत से विभक्त किया जाय तो अनुपात दर की प्राप्ति होती है। परियोजना को लागू करने से जो लाभ मिलने की संभावना बनती है उसे भी लाभ के रूप में परिभाषित किया जाता है। लागत-लाभ में अन्तिम प्राप्ति दर कम-से-कम एक होनी चाहिए अन्यथा वह कुछ भी अर्जित नहीं करेगी। बहुत से विकल्पों का मूल्यांकन करते वक्त उच्च दर वाले विकल्प के सफल होने की अधिक सम्भावना होती है। अतएव लागत-लाभ विश्लेषण को निकालने व अनुमान लगाने में अत्यधिक सावधानी की जरूरत होती है।

लागत-लाभ दर द्वारा यह मालूम किया जाता है कि किये गए व्यय से, सरकार अथवा राष्ट्र को कितनी आय प्राप्त होती है। इसमें राष्ट्र के माध्यम से पर्यटन योजनाओं में संचालन किए गए खर्च व पर्यटकों के माध्यम से उत्पादन व्यापार से अर्जित कर-राजस्व की तुलना की जा सकती है। इससे बजट के समायोजन को स्थिर रखने में मदद मिलती है। कुछ राष्ट्रों में सरकारी पर्यटन संगठनों की लागत का आंशिक भुगतान करने हेतु निजी कोष का भी इस्तेमाल किया जाता है। परन्तु यह अंश प्रायः इतना कम होता है कि आँकड़ों की दृष्टि से यह खास महत्वपूर्ण नहीं होता है। भारत में राष्ट्रीय पर्यटन के विकास में कार्यक्रमों का संचालन का पूर्ण व्यय का भुगतान सरकार के माध्यम से किया जाता है।

लागत लाभ दर की विशेषताएँ

पर्यटन में किये व्यय से फायदा या लागत-लाभ दर की कोई संक्षिप्त सीमा नहीं है बल्कि इसकी सीमा अत्यधिक विस्तृत है। निम्नतम सीमा बहुत ही कम व उच्चतम सीमा बहुत ही ऊँची है। यह सीमा 1 से 5 के बीच होती है। बहुत ही औद्योगिक सम्पन्न व आर्थिक दृष्टि से पर्यटन पर कम निर्भर रहने वाले राष्ट्रों में यह सीमा 30 से 10 के मध्य होती है। उदाहरणार्थ—हम यह कह सकते हैं कि भारत में लागत-लाभ दर 3 : 1 है। इसका अर्थ दूसरे शब्दों में यह है कि पर्यटन योजनाओं पर किए गए प्रति एक रुपये के बदले पर्यटकों के माध्यम से किए गए खर्च से उत्पन्न व्यापार से कर-राजस्व के रूप में सरकार 3 रुपये इकट्ठा करती है।

पर्यटन में सबसे अधिक लगी हुई पूंजी या उच्च लागत लाभ दर आगन्तुओं के रचना के अनुक्रय एक दूसरे से जुड़ी होती है। उच्च लागत-लाभ दर वाले राष्ट्रों में अधिक पर्यटन

होने की सम्भावना होती है। साधारणतया अत्यधिक पर्यटन व्यापार वाले राष्ट्रों का पर्यटन संचालन बजट के तहत ही होता है।

एक लागत-लाभ दर मार्गदर्शक भी हो सकती है। यह वित्त मन्त्री को बता सकती है कि पर्यटन क्रियाओं पर कितना खर्च हो रहा एवं इससे कितना अर्जित हो रहा है। परन्तु एक उच्च लागत-लाभ दर का कारण सरकार के माध्यम से पर्यटन को वित्तीय मदद प्रदान करने की असफलता के कारण हो सकता है। एक निम्न लागत-लाभ-दर पांच वर्षों तक विद्यमान रह सकती है, जब तक कि बढ़ते हुए कार्यक्रम के परिणामस्वरूप पर्यटन में बढ़ोतरी नहीं होती है।

एक निम्न लागत-लाभ-दर पर्यटन बजट को दक्षता से न खर्च करने का द्योतक है। लाभ-लागत विश्लेषण एक कला है जो कि केवल विनियोजन निर्णय से ही सम्बन्धित है। समस्त विकासशील राष्ट्रों में पर्यटक को प्रोत्साहित करने हेतु नई होटल परियोजनाओं हेतु वित्तीय ऋण व अनुदान हेतु सरकारी सहयोग बढ़ता जा रहा है। सरकार अपने बजट में होटलों के लिए धन मुहैया करा रही है।

इन परिस्थितियों में लागत-लाभ विश्लेषण सम्बन्धित है। जब कभी किसी किस्म को सार्वजनिक विनियोजन किया जाय तो यही प्रणाली अपनानी होगी। सार्वजनिक विनियोजन का मुख्य उद्देश्य यह है कि अधिकांश फायदा अधिक से अधिक लोगों हेतु प्राप्त हो सके। लागत-लाभ का विश्लेषण सभी पक्षों के लाभ को ध्यान में रखकर किया जाता है। समुदाय के समस्त लागत-लाभ इस विश्लेषण में अध्ययन किये जाते हैं। इसमें कुछ विशेष कठिनाइयाँ निम्नांकित है–

(i) समुदाय के किसी वर्ग को जो लागत के रूप में है, वही दूसरे समुदाय के लिए फायदा हो सकते हैं।
(ii) कितने ही लागत व लाभों को मापना एवं उनको उनकी सम्बन्धित महत्ता के आधार पर सन्तुलित करना बड़ा ही कठिन कार्य है।
(iii) यह अभी भी एक उभरती हुई कला है जो कि वृहत् विकास की प्रतीक्षा कर रही है।
(iv) समस्त लागत व लाभों की जानकारी हासिल करने हेतु तथा उनको पारस्परिक माप हेतु बहुत से परीक्षणों का पूर्व विचार करने हेतु एक प्रणाली निर्मित की जा सकती है।

लागत लाभ विश्लेषण के तहत देखने योग्य व अनदेखने योग्य दोनों प्रकार की पूंजी को शामिल करते हैं। इसके अन्तर्गत उद्भव व विकास उसी स्थल में मौजूद समान सुविधाओं की पूर्ति के प्रभावों का विश्लेषण किया जाता है। किसी भी क्षेत्र में किसी विशेष परियोजना के विकास के प्रभावों से यातायात में भीड़ अथवा दुर्घटनाओं में वृद्धि होती है एवं सौन्दर्य से परिपूर्ण भूमि में एक सुन्दर इमारत के प्रावधान के परिणामस्वरूप समस्त समुदाय को मनोरंजन उपलब्ध होता है।

पर्यटन के प्रमुख व्यय

1. सरकार का आधारित संरचना पर पूंजी व्यय जो कि विशेषतः पर्यटन के विकास हेतु आवश्यक है।
2. परिवहन सेवाओं में विनियोजन।
3. अन्य सुविधाओं की लागत जैसे सम्मेलन कक्ष, तरण-ताल आदि।
4. संचालित चालू लागतों का वर्गीकरण।
5. विशेष रूप में पर्यटकों द्वारा इस्तेमाल किए गए स्वदेश में उत्पादित माल के आयात किए गए कल-पुर्जे सहित आगन्तुकों द्वारा इस्तेमाल की गयी वस्तुओं व सेवाओं की लागत आय।
6. पर्यटन उद्योग में विदेशी विनियोजन पर अर्जित फायदा को विदेशों में प्रेक्षित होने वाली राशि।
7. विदेशी ऋणों का ब्याज।
8. विदेशी ट्रेवल एजेन्ट्स व टूर ऑपरेटर्स के कमीशन का भुगतान।
9. राष्ट्रीय पर्यटक संगठनों (पर्यटन विभाग व राष्ट्रीय विकास निगम) और ट्रेवल एजेन्सी एवं राज्य व शहरी स्तर के होटलों आदि का प्रशासन, संवर्धन व प्रचार पर किया गया व्यय।
10. सरकार के माध्यम से पर्यटन योजनाओं के विनियोजन पर की गयी धनराशि के ब्याज से हुई हानि अथवा नुकसान जैसे कर रियायतें, सीमा कर से छूट व कम ब्याज दर के ऋण आदि।
11. निश्चित लागत व मरम्मत की चालू लागत में विदेशी पूंजी के अंग। इसके अतिरक्त कमरों की बिक्री, खाद्य बिक्री केन्द्रों अथवा सम्मेलन कक्षों का किराया आदि एवं खाद्य व आवास की बिक्री की अलग-अलग विदेशी विनिमय प्राप्ति सम्बन्धी आय के आँकड़े।
12. होटलों में विनियोजित पूंजी की विदेशी विनिमय लागत।
13. भूमि तथा इमारत की लागत।
14. आवास व्यवस्था में विनियोजन जैसे—होटल, पर्यटक लघु आवास, अतिथिगृह आदि।

पर्यटन संगठन का संवर्धन पर विदेशीय विनियोजन पूंजी अथवा दूसरे देशों में निर्माणित विभागों के दुरुस्तीकरण की पूंजी बहुत ही ज्यादा है। यह अनुमान है कि कुल विदेशी विनिमय लागत पूर्ण प्राप्ति के 5 प्रतिशत से अधिक नहीं है। यह प्रतिशत अन्य विकासशील राष्ट्रों की तुलना में अनुकूल ही है। यह तर्क है कि सार्वजनिक सेवाओं

जैसे—बिजली व पानी पूर्ति, परिवहन व दूर संचार सेवाओं, पर्यटन स्थल के विकास हेतु आयात किए गए यन्त्र आदि के विदशी विनिमय लागत का कुछ अंश पर्यटकों द्वारा इस्तेमाल की गयी सुविधाओं हेतु निश्चित करना चाहिए। आस्ट्रेलिया, बहामा, बरमुडा व हवाई आदि में निवासित जनसंख्या बहुत ही कम है, परन्तु लाखों आगन्तुक वहाँ आते हैं। भारत में हमारे पास करोड़ों जनसंख्या है, परन्तु तुलनात्मक रूप में यहाँ बहुत ही कम आगन्तुक आते हैं। सार्वजनिक सुविधाओं एवं सड़क व रेल परिवहन से सम्बन्धित अधिकांश यन्त्रों का स्वदेश में ही निर्माण होता है। पर्यटकों द्वारा इस्तेमाल की गई सेवाओं में केवल विमान सेवायें ही ऐसी हैं जिनमें बहुमूल्य लागत के विदेशी आयातित यन्त्रों की जरूरत होती है, परन्तु भारत में इण्डियन एअर लाइन्स सेवा के माध्यम से यात्रा करने वाले यात्रियों की संख्या स्वदेशी हवाई यातायात के आकार की तुलना में बहुत ही कम है। भारत में, सरकार के माध्यम से न केवल पर्यटन विकास की आधारित संरचना में बल्कि साथ ही व्यावसायिक योजनाओं जैसे होटल व पर्यटन स्थल में भी पूंजी का विनियोजन किया जा रहा है।

केन्द्र में औद्योगिक वित्त निगम व राज्यों में राजकीय वित्त व विकास निगम होटल परियोजनाओं हेतु ऋण प्रदान करते हैं। पर्यटन उद्योग, होटल व अन्य पर्यटन उद्यमों में विनियोजन का अनुमान नहीं लगाया गया है। केन्द्र में पर्यटन विभाग बजट का व्यय व इसी भांति राज्य सरकारों का व्यय सरकार की महत्वपूर्ण लागतें हैं। कुछ पर्यटन लागतें जो कि ध्यान में रखनी जरूरी हैं निम्न तरह हैं—

रेस्टोरेन्ट व्यवसाय व उद्योग के जरिए रहने हेतु आवस की व्यवस्था, खान-पान की व्यवस्था और मनोरंजन के लिए लाइसेंसों की आवश्यकता होती है। इसके तहत उपभोग के सामान का आयात जैसे पेय पदार्थ, खाद्य सम्बन्धी कच्चे माल की भोजन सामग्री, मछलियां, पनीर, चटनी, कांच का सामान आदि हैं और सम्पत्ति सम्बन्धी सामान व कलपुर्जे आदि पूंजी माल के बारे में प्रतिवर्ष किए गये भुगतानों को हिसाब में लिया जा सकता है। विदेशी पहलुओं को विशेषतः होटल क्षेत्र में सहयोग हेतु विदेशी विनिमय में किए गए भुगतान।

विदेशों में किये गए विज्ञापन व उन्नति सम्बन्धी खर्चे ताकि विदेशी पर्यटक आकर्षित हो सकें एवं पर्यटन क्षेत्र में क्षमता बढ़ाने हेतु विदेशों में कार्मिकों के प्रशिक्षण के खर्चे।

पर्यटन से ऐतिहासिक नगरों का विकास

पर्यटन उद्योग भी निदेशित इलाके या क्षेत्र का निर्माण करता है। पर्यटन कुछ अलग-अलग तरह से अपने संचालन क्षेत्र में बदलाव करता है। कुछ परिस्थितियों में और व्यवसायों की तुलना में यह तथ्य इस व्यवसाय का उद्योग में खरा साबित होता है, सम्बन्धित क्षेत्र की जीवनचर्या, रहन-सहन व संस्कृति ही इस उद्योग के कच्चे माल व निर्मित माल के

प्रतीक हैं। बहुत से ऐतिहासिक महत्व के शहर व स्थान एवं इमारतें व स्मारक हैं जो कि पर्यटन के स्रोत हैं, जिनका और कोई विकल्प नहीं है। ये अपनी साधारण विशेषताओं के कस्बे हैं; जिन्होंने अपनी वास्तुकला की श्रेष्ठता एवं आगन्तुकों को आकर्षित करने की विशेषता को आज भी सुरक्षित रखा है एवं जिनकी वजह से पर्यटक के माध्यम से उनकी पुरानी सम्पदा का नया प्रयोग हुआ है। किले, बड़े-बड़े गिरिजाघर, स्मारक, संग्रहालय, चित्रशाला, पुराने विश्वविद्यालयों के जन्म स्थल, राजमार्ग, चौकोर स्थल आदि इन स्थलों को पर्यटक कर उद्देशित स्थान बना देते हैं। मोटर वाहनों के कारण व्यक्तिगत गतिशीलता में वृद्धि के फलस्वरूप आगन्तुकों हेतु इन कस्बों में आकर्षण में बढ़ोतरी हुई। फलस्वरूप इनकी विशेषताओं को संरक्षित करने का एक उत्तरदायित्व भी हुआ। एक शहर में पर्यटक विशेष रूप से एक पैदल अनुवेषक (पथिक) है। वह शहर उसके स्वागत हेतु लालायित है ताकि उसके लिए अनुवेक्षण करना सम्भव हो सके एवं वह अपना वाहन खड़ा कर सके। प्राचीन इमारतें, जो कि अपनी बुनियादी उद्देश्यों को भूल गयी हैं, का नया उपयोग करके संरक्षित किया जा सकता है। पुराने वातावरण में प्राचीन इमारातों के नमूनों को पुरानी सजावट में एकान्त तथा शान्ति प्रदान की जानी चाहिए। ये विचार श्री माइकल मिडिलटोन, डाइरेक्टर, सिविल टूरिस्ट के माध्यम से ब्रिटेन में 1971 में पर्यटन तथा पर्यावरण के सम्मेलन में भाषण देते वक्त व्यक्त किये गये थे। इनके अनुसार आक्सफोर्ड, स्ट्राटफोर्ड, बिन्दसार व इडिंगबर्ग के अतिरिक्त अन्य बहुत से शहर पहले से अपनाये गये छोटे उद्योगों की भांति पर्यटन को भी अपना सकता है।

स्ट्रेटफोर्ड-आन-अमोन इंग्लैंड में स्थिति एक छोटा कस्बा-बाजार, जो अधिक महत्वपूर्ण नहीं है। विश्वभर के पर्यटकों के माध्यम से इस स्थान की बहुत ही यात्रा की जाती है। प्रति वर्ष हजारों पर्यटक अपने व्यस्त जीवन के बावजूद सम्पूर्ण विश्व से स्ट्रेटफोर्ड विश्वविख्यात साहित्यकार विलियम शेक्सपियर के ख्याल को श्रद्धांजलि पूर्व मृत व्यक्ति की कहानी पर विकसित हो रहे हैं। जहाँ व्यापारी वर्ग फलते-फूलते हैं, वहीं व्यावसायिक व अवकाश प्राप्त व्यक्ति इसे एक तमासे के रूप में देखते हैं। बजाय कि उसे एक तुच्छ व खिलावाड़ आलिंगन को निरर्थक स्थल के रूप में एवं इसे स्वस्थ चिड़चिड़ेपन का आधार मानते हैं।

पर्यटन से प्राचीन नगरों का सुधार

अन्य उद्योगों की तरह पर्यटन एक निदेशित इलाके या क्षेत्र का निर्माण करता है। पर्यटन कुछ पृथक्-पृथक् प्रकार से अपने संचालन इलाके में परिवर्तन करता है। कुछ परिस्थितियों में और व्यवसायों की तुलना में यह तथ्य इस व्यवसाय का उद्योग में खरा साबित होता है, सम्बन्धित क्षेत्र की जीवनचर्या, रहन-सहन व संस्कृति ही इस उद्योग के कच्चे माल

व निर्मित माल के प्रतीक हैं। बहुत से ऐतिहासिक महत्व के शहर व स्थान एवं इमारतें व स्मारक हैं जो कि पर्यटन के स्रोत हैं, जिनका और कोई विकल्प नहीं है। ये अपनी साधारण विशेषताओं के कस्बे हैं; जिन्होंने अपनी वास्तुकला की श्रेष्ठता एवं आगन्तुकों को आकर्षित करने की विशेषता को आज भी सुरक्षित रखा है एवं जिनकी वजह से पर्यटक के माध्यम से उनकी पुरानी सम्पदा का नया प्रयोग हुआ है। किले बड़े-बड़े गिरिजाघर स्मारक, संग्रहालय चित्रशाला, पुराने विश्वविद्यालयों के जन्म स्थल, राजमार्ग, चौकोर स्थल आदि इन स्थलों को पर्यटक कर उद्देशित स्थान बना देते हैं।

मोटर वाहनों के कारण व्यक्तिगत गतिशीलता में वृद्धि के फलस्वरूप पर्यटकों को अपनी तरफ आकर्षित करने के लिए कस्बों का सुंदरीकरण किया जाता है। फलस्वरूप इनकी विशेषताओं को संरक्षित करने का एक उत्तरदायित्व भी हुआ। एक शहर में पर्यटक विशेष रूप से एक पैदल अनुवेषक (पथिक) है। वह शहर उसके स्वागत हेतु लालायित है ताकि उसके लिए अनुवेक्षण करना सम्भव हो सके एवं वह अपना वाहन खड़ा कर सके। प्राचीन इमारतें, जो कि अपनी बुनियादी उद्देश्यों को भूल गयी हैं, का नया उपयोग करके संरक्षित किया जा सकता है। पुराने वातावरण में प्राचीन इमारतों के नमूनों को पुरानी सजावट में एकान्त तथा शान्ति प्रदान की जानी चाहिए। ये विचार श्री माइकल मिडिलटोन, डाइरेक्टर, सिविल टूरिस्ट के माध्यम से ब्रिटेन में 1971 में पर्यटन तथा पर्यावरण के सम्मेलन में भाषण देते वक्त व्यक्त किये गये थे। इनके अनुसार आक्सफोर्ड, स्ट्राट फोर्ड, बिन्दसार व इडिंगबर्ग के अतिरक्त अन्य बहुत से शहर पहले से अपनाये गये छोटे उद्योगों की भांति पर्यटन को भी अपना सकता है।

इंग्लैण्ड स्ट्रेटफोर्ड-आन-अमोन एक छोटा कस्बा बाजार है जो अधिक महत्वपूर्ण नहीं है। विश्वभर के पर्यटकों के माध्यम से इस स्थान की बहुत ही यात्रा की जाती है। प्रति वर्ष हजारों पर्यटक अपने व्यस्त जीवन के बावजूद सम्पूर्ण विश्व से स्ट्रेटफोर्ड विश्वविख्यात साहित्यकार विलियम शेक्सपियर के ख्याल को श्रद्धांजलि पूर्व मृत व्यक्ति की कहानी पर विकसित हो रहे हैं। जहाँ व्यापारी वर्ग फलते-फूलते हैं, वहीं व्यावसायिक व अवकाश प्राप्त व्यक्ति इस जगह का खूब आनंद लेते हैं। उसे एक तुच्छ व खिलवाड़ आलिंगन को निरर्थक स्थल के रूप में एवं इसे स्वस्थ चिड़चिड़ेपन का आधार मानते हैं।

पर्यटन और विविध उद्योग का विकास

पर्यटन विभिन्न उद्योगों को उत्साहित करता है। यदि पर्यटन को उद्योग की संज्ञा देने के अलावा अगर इसे उद्योगों एक समूह की संज्ञा दी जाय तो सबसे अच्छा होगा। पर्यटन उद्योग पर्यटकों की आवश्यकताओं को पूरा करता है। उन कम्पनियों तथा संस्थाओं को भी

इसमें शामिल किया जाता है; जिनका समान उद्देश्य पर्यटकों की आवश्यकताओं की पूर्ति करना होता है। कुछ मूल पर्यटन-उद्योग व कम्पनियां जैसे होटल व रेस्टोरेन्ट, परिवहन, यात्रा अभिकर्ता, यात्रा संचालन आदि पूर्णतः व मुख्यतः व्यवसाय के लिए पूरी तरह पर्यटकों पर ही निर्भर हैं। इन उद्योगों को प्रत्यक्ष व अप्रत्यक्ष की श्रेणी में बांटा जा सकता है। प्रथम श्रेणी के तहत वे उद्योग जो पर्यटकों से सीधी आय प्राप्त करते हैं, जैसे होटल मालिक, परिवहन, मालिक, फुटकर व्यापारी आदि। द्वितीय श्रेणी के तहत वे उद्योग जो पर्यटक व्यय के प्रारम्भिक प्राप्तकर्ताओं के माध्यम से वितरण करने से लाभान्वित होते हैं। बहुत-सी वस्तुओं व सेवाओं की पूर्ति करने वाले पूर्तिकर्ता जो पर्यटकों को प्रत्यक्ष रूप में पूर्ति नहीं करते परन्तु ये अप्रत्यक्ष रूप में पर्यटन स्थानों पर उपलब्ध सार्वजनिक सुविधाएँ हैं।

पर्यटक सभी मूल तथा सहायक उद्योगों का पथ-पदर्शन करता है। इन उद्योगों का विकास व उन्नति अन्य सहयोगी उद्योगों अथवा व्यापार जैसे इमारतें, कपड़ा उद्योग, शृंगार की वस्तुओं व कुटीर उद्योगों आदि पर्यटक से घनिष्ठ रूप से सम्बन्धित हैं। यदि किसी देश में विदेशी पर्यटक अधिक आते हैं तो इससे स्वयं ही अन्य उद्योगों के सम्पूर्ण समूह का विकास होता है। लघु निर्माणकर्ता फर्में, सेवापूरक व्यापार, मूल उद्योगों आदि की भी उन्नति होती हैं, जिससे प्राकृतिक साधनों का पूर्ण उपयोग होता है।

इस तरह के उद्योग के अस्तित्व में आने से पैदावार में सविस्तार एवं स्वराष्ट्रीय उद्योग धन्धों में पैदावार शक्ति की मांग का निर्माण व विकास होता है। पारम्परिक शिल्पकारिक वस्तुओं में कुछ विस्तार होता है। अन्य आयात के वैकल्पिक उद्योग भी विकास की आशा कर सकते हैं ताकि विदेशी पर्यटकों की जरूरत की पूर्ति हो सके। इन नई क्रियाओं की सेवा जैसे उद्योगों में केन्द्रित होना संभव है जो कि यात्रा सेवाओं की पूर्ति में इस्तेमाल किये जाने वाले यंत्रों की मरम्मत के लिए जरूरी है। इस तरह उद्योगों का विकास होने से रोजगार के अवसरों में वृद्धि होती है एवं उच्च रहन-सहन का अवसर प्राप्त होता है। इन समस्त क्रियाओं से लोगों को प्रबन्ध के क्षेत्रों की आधुनिक जानकारी में मदद मिलती है। विदेशियों के माध्यम से स्थानीय वस्तुओं की जानकारी से विदेशों में पारम्परिक वस्तुओं की मांग में वृद्धि होती है।

आगन्तुक देश के माध्यमों या स्रोतों एवं आर्थिक दशा का दूसरे देशों में जानकारी होने से राष्ट्र के अन्तर्गत विदेशी पूंजी विनिमय को बल मिल सकता है। इसलिए निर्यात उद्योग के लिए देश के प्रयोग न करने वाले माध्यमों को निर्मित किया जा सकता है। अर्थव्यवस्था में पर्यटन के प्रभाव व योगदान हेतु कच्चा व निर्मित माल विश्लेषण प्रणाली सबसे उचित है। यह प्रणाली ब्रिटेन व आयरलैंड में सेर्र विश्वविद्यालय के श्री जी. रिचर्ड के माध्यम से विकसित की गयी एवं पर्यटन के क्षेत्र में लागू की गयी। उनके अनुसार अर्थव्यवस्था पर पर्यटन के प्रभाव असंख्य उद्योगों में फैल जाते हैं। विश्व के बहुत से राष्ट्रों में इस बात के उदाहरण हैं, जहाँ कि स्थानीय उद्योगों का विकास पर्यटकों के उस स्थान में आवागमन के

परिणामस्वरूप हुआ है, इस बात का मुख्य कारण यह था कि पर्यटक या तो उत्पादक (निर्माणकर्ता) अथवा उद्योगपति या व्यापारी था और उससे उन स्थानों में अपने व्यापार के अवसर दिखाई दिये जहाँ उसने अपना अवकाश व्यतीत किया।

पर्यटक का आकर्षण नये उद्योगों के उद्‌गम का स्रोत है। आजकल उद्योगों को आकर्षित करने का सबसे उचित ढंग पर्यटकों को आकर्षित करना है। इसका मुख्य कारण यह है कि उद्योगपति यंत्रों व कल-पुर्जों का स्थान ढूंढ़ने से पहले अपने अ़तिथियों हेतु आवास की सुविधाएं, अच्छे सार्वजनिक संस्थाओं व विभिन्न किस्म के मनोरंजक साधनों की तरफ अधिक ध्यान देते हैं। उद्योगों को बाहर से आकर्षित करने के साथ-साथ एक जनसमुदाय जिसने पर्यटन व्यापार को विकसित किया है, वह स्वयं के औद्योगिक विकास को प्रोत्साहित करेगा। साधारणतः एक समाज पर्यटन व्यापार को मदद देने हेतु व्यावसायिक दक्षता को विकसित करके पूंजी एवं प्रबन्ध दक्षता का संचय करता है। परिणामस्वरूप दूसरी ओर औद्योगिक विकास सम्भव हो सकता है, तथ्यों से प्रतीत होता है कि औद्योगिक प्रतिस्पर्द्धा न होकर आपस में सम्बन्धित है। यह भी सत्य है कि जिस समुदाय में उद्योगों को आकर्षित किया गया है वहां पर्यटक स्वयं आकर्षित होते हैं।

पर्यटक की उच्च मांग

वस्तुतः पर्यटन के समय में विभिन्न सामग्रियों की खपत अत्यधिक सीमा पर होती है जैसे—जल व पानी विद्युत, गैस व अन्य सामग्रियों की मांग में वृद्धि हो जाती है। पर्यटकों की मांगें सार्वजनिक सेवाओं में पूँजी नियोजन को आमंत्रित करती हैं। प्रतिष्ठानों को इस तरह आकर्षित किया जाता है कि वे स्थानीय निवासित जनसंख्या से भी अधिक लोगों की आवश्यकताओं की पूर्ति कर सकें। पर्यटक के उच्च मांग के समय में अधिक पानी, गैस व बिजली की पूर्ति करनी होती है। होटलों के अनुसार पर्यटनकालीन मौसम में ही सार्वजनिक सेवाओं का अधिक उपयोग होता है।

पर्यटक विक्रय केन्द्र

पर्यटन के अंतर्गत विभिन्न आर्थिक क्रियाएं शामिल हैं। बहुत से फुटकर व्यापारी व बहुत विशद परिधि के जिन्दगी के व्यवसायी व व्यापारी जैसे वकील, लेखपाल आदि भी पर्यटक से फायदा प्राप्त करते हैं। पर्यटक विक्रय केन्द्रों में एक बहुत बड़ी रकम खर्च करते हैं। इन केन्द्रों की मौजूदगी से क्षेत्र में निवास करने वाले लोगों को बहुतायत फायदा प्राप्त होते है। पर्यटक के फुटकर क्रय के प्रमुख अंग निम्नांकित हैं—

1. जेवरातों तथा हस्त-थैलों आदि पर व्यय।

2. शृंगार-सामान व इत्र पर व्यय।
3. उपहार के रूप में क्रय-सामान जैसे खिलौने।
4. शृंगार-सामान एवं स्मारिकाएँ आदि।
5. कैमरा, फिल्म, फोटोग्राफिक कार्य से सम्बन्धित विस्तारण के खर्चे।
6. कपड़े व जूतों का क्रय।
7. अन्य खरीददारियां जैसे पोस्टकार्ड, डाक-टिकटें आदि।
8. खाद्य-क्रय व मिष्ठान आदि पर व्यय।

पर्यटन से राजस्व प्राप्ति

संसार के अधिकांश विकासशील देश कर्ज में हैं। उनका विकास या तो अन्तर्राष्ट्रीय फण्ड पर आश्रित रहा है अथवा उन्हें भूतपूर्व उपनिवेश राष्ट्रों से ऋण के रूप में सहायता मिलती है। उन राष्ट्रों का घाटे का बजट रहा जिनका विदेशों से प्राप्त आर्थिक मदद से पूर्ण विकास नहीं हो सकता था। विदेशों से प्राप्त मदद व आर्थिक मदद को, पर्यटन के विकास से प्राप्त किए गये करों के माध्यम से आय में वृद्धि करने से कम किया जा सकता है। इस तरह पर्यटन के वित्तीय योगदान का सार्वजनिक राजस्व वित्त के संतुलन को बरकरार रखने में बहुत ही महत्वपूर्ण स्थान है।

पर्यटन प्रदूषणरहित उद्योग

पर्यटन एक बिना दूषित वातावरण उद्योग है। भारत की प्राकृतिक सम्पदा का आधार व संरक्षण, हमारी पर्यटन की वस्तु में योगदान करती है। यदि इसे भली-भांति संगठित किया जाय (अर्थात् यदि पर्यटन का कच्चा माल जैसे प्राकृतिक व सांस्कृतिक आकर्षण को ह्रास व बदलाव नहीं किया जाय) तो राष्ट्रीय सम्पदा का पर्यटन के माध्यम से ह्रास होने का प्रश्न ही नहीं उठता है।

प्राकृतिक दृश्य व स्थानीय संस्कृति आगन्तुकों के मुख्य आकर्षण हैं। पर्यटन का विकास पर्यावरण को अन्य आर्थिक व औद्योगिक विकास की अपेक्षा कम नुकसान पहुंचाता है। भारत राष्ट्र की जनसंख्या व क्षेत्र एवं यहाँ के गहरे सामाजिक रीति-रिवाज को देखते हुए कुछ पर्यटकों का सामाजिक प्रभाव नहीं के बराबर है। साथ ही यह सही है कि कुछ धनी राष्ट्रों में पर्यावरण को दूषित करने, मुख्यतः समुद्र तट व पर्यटन क्षेत्रों को कोलाहित करने का कारण पर्यटन ही रहा है।

यदि बुद्धिमत्ता तथा पसन्द के साथ इसे इस्तेमाल किया जाय तो पर्यटन पर्यावरण में सौन्दर्यता व सुधार लाने का एक माध्यम बन सकता है।

पर्यटन व्यवसाय या उद्योग

पर्यटन संगठनों के बड़े स्तर के सहपाठी, सरकार एवं निजी पर्यटक के हित हैं। जिन संचालनों का भौगोलिक क्षेत्र पर्यटन संगठन के स्तर के अनुसार है, वे भी पर्यटक संगठन के उचित स्तर केन्द्रीय राजकीय स्थानीय संस्था को वित्त प्रदान करते हैं।

यात्रा से प्रमुख वित्तीय लाभ पर्यटन उद्योग को उपलब्ध होते हैं, पर्यटन में सहयोगी कम्पनियां तथा उद्योग अंशदान अथवा दान के रूप में पर्यटक, संगठनों को वित्त प्रदान करने में योगदान करते हैं। वे स्वयं सहयोग, शोध, निजी सम्वर्द्धन की परियोजनाओं में भाग लेते हैं और इन योजनाओं की लागत में भागी होते हैं। इन निजी कम्पनियों एवं उद्योगों का योगदान उनके संचालन के स्तर से निर्धारित किया जाता है। स्थानीय सरकारें जिलों, पर्यटन स्थलों, एवं शहरों में एक महत्वपूर्ण काम करती हैं।

रेस्टोरेन्ट एवं अन्य स्थानीय संचालक स्थानीय पर्यटन संगठनों या स्थानीय संगठनों अथवा दोनों के द्वारा हिस्सेदारी प्रदान करते हैं। इस तरह क्षेत्रीय स्तर पर राज्य सरकारें पर्यटक संगठनों की सहयोगी होती हैं। इन क्षेत्रों में स्थापित होटलों में समूह परिवहन कम्पनियां, बस व कोच जो इस क्षेत्र में संचालित हैं, भी हिस्सेदार होते हैं। राष्ट्रीय स्तर पर केन्द्रीय सरकार इन पर्यटकों के संगठनों को धन मुहैया करने वाली संस्था, इसके अतिरिक्त कई योगदान करने वाली संस्थाएं हैं जैसे-हवाई कम्पनियाँ, राष्ट्रीय स्तर की वित्तीय संस्थाएं आदि।

पर्यटक

पर्यटन के विकास एवं व्यवस्था या प्रबन्ध का सबसे मुख्य प्रयोजन यात्रियों को ज्यादा लाभ पहुंचाना है। ये पर्यटक सेवाओं का लाभ प्राप्त करने वाली प्रमुख इकाइयां हैं, जिन्हें पर्यटन के वित्त में सहभागिता निभानी चाहिए। पर्यटक संगठनों की वित्तीय आवश्यकता का एक अंश पर्यटकों से प्रत्यक्ष रूप में प्राप्त किया जाता है। वे क्रय करने वाली संस्थाओं के लिए भुगतान करते हैं तथा विभिन्न सेवाओं को क्रय करने के साथ-साथ करों का भुगतान करते हैं। इस प्रकार पर्यटन-वित्त देने में इन इकाइयों की प्रमुख भूमिका होती है। विश्व के लगभग सभी राज्यों में विभिन्न प्रकार के कर लगाये जाते हैं यथा स्विट्ज़रलैंड, आस्ट्रिया, जर्मनी इत्यादि में। ये कर पर्यटक संगठनों के लिए आय का एक अच्छा स्रोत हैं। इस प्रकार इकट्ठा किए गए करों को अनेक प्रकार से खर्च किया जा सकता है—जैसे पर्यटकों द्वारा निर्मित लागत की क्षतिपूर्ति के लिए। स्थानीय लोगों एवं सम्बन्धित क्षेत्र में आये पर्यटकों द्वारा उपभोग की गयी सुविधाओं की मरम्मत की लागत को उचित तौर पर करना तथा विदेशी पर्यटकों को कुछ अप्रत्यक्ष कर भी देने पड़ते हैं। विदेशी पर्यटक निवासित जनसंख्या की तुलना में बढ़ी दर से भुगतान करते हैं। इस आकलन का योगदान निवासित लोगों की

अपेक्षा अधिक होती है। आयरलैंड में यह आकलन किया गया है कि कुल पर्यटक प्राप्ति में 10 मिलियन डालर की वृद्धि से जो गुणक द्वारा निर्मित होती है, करों की आय में स्वतः 5 मिलियन डालर की वृद्धि हो जाती है।

आगन्तुक एवं होटल कर

विदेशी पर्यटक तथा आगन्तुकों में भेद स्पष्ट हो जाता है। आगन्तुकों पर कर लगाने का एक दूसरा ढंग यह है कि जो व्यक्ति उद्देशित स्थल के होटलों में कम से कम एक रात बिताते हैं उन पर कर लगाया जाय।

ब्रिटेन तथा अमेरिका में इन करों को पर्यटक कर अथवा आगन्तुक कर, यदि इन्हीं करों को आवास इकाइयों पर लगाया जाता है तो इसे होटल कर की संज्ञा प्रदान की जाती है। होटल या पर्यटन से प्राप्त राशि सरकार द्वारा या तो सामान्य उद्देश्य के लिए रखी जाती है या प्रदान की जाने वाली सुविधाओं के लिए सुधार या मरम्मत व पर्यटकों की सुविधाओं या सामान्य के उद्देश्य से पर्यटक संगठनों को वित्त के रूप में प्रदान की जाती है। इस प्रकार पर्यटन के वित्त में पर्यटक प्रमुख भूमिका का निर्वहन करते हैं। क्योंकि वे स्पष्ट रूप में किसी विशेष उद्देश्य के लिए सुविधाओं के सुधार में योगदान देते हैं।

प्रशासनिक एवं स्थानीय पदाधिकारी भी यात्री सुविधाओं के व्यवसाय पर कई प्रकार के करों को लगाते रहते हैं, ताकि यात्रियों की सुविधाओं और सेवाओं के निर्माण की पूंजी को निकाला जा सके। यह मत कि उपभोग करने वाला अपनी इच्छानुसार भुगतान करे, लगभग समस्त पर्यटन क्षेत्रों में लागू है। इन करों को जरूरी करने की उचित प्रणाली का होना अत्यन्त ही आवश्यक है जो पर्यटकों के लिए सुविधाजनक हो, भेदभाव न करती हो तथा साथ ही एकत्रित किए गए धन को पर्यटन सुविधाओं के विस्तार एवं सुधार में प्रवाहित करें।

वृद्धि कर

यह कर राष्ट्र की आन्तरिक हवाई यात्रा पर लगया जा सकता है। सरकार पूर्व टिकट की लागत का एक नियत प्रतिशत कर लगाती है तथा इस क्रिया द्वारा अत्यधिक राशि एकत्रित करती है जो हवाई अड्डों की संचार व्यवस्था व नाविक सुविधाओं में सुधार करने तथा राष्ट्र के उन क्षेत्रों में जो अच्छी प्रकार सम्बद्ध नहीं हैं, वहाँ हवाई सेवाएँ विस्तारित करके नागरिक उड्डयन की संरचना प्रदान करती है। अनेक राष्ट्र अन्तर्राष्ट्रीय यात्री टिकट के मूल्य का एक निर्धारित प्रतिशत विदेशी यात्रा के रूप में भुगतान करते हैं। इसके अतिरिक्त विदेश यात्रा करने पर एक सीधी दर, हवाई अड्डा टैक्स के रूप में भुगतान की जाती है। भारत में इस कर को लगाने का सुझाव दिया गया ताकि इंडियन एअर लाइन्स की सहयोगी कम्पनियों को वित्त प्रदान करके तृतीयक सेवाओं का संचालन किया जा सके तथा नागरिक उड्डयन की संरचना के सुधार की आवश्यकता को पूरा किया जा सके। नागरिक उड्डयन के

महानिदेशक को उम्मीद है कि 10 प्रतिशत वृद्धि दर लगाने से यह अगले वर्षों में अच्छा धन प्राप्त कर सकते हैं। वे यह अनुभव करते हैं कि विभाग द्वारा प्रदान की गयी सेवाओं का उपभोग करने वाले लोगों से लागत वसूल करने का एक औचित्य है।

पिछले कुछ सालों से इसकी सुविधाओं की दुरुस्तीकरण एवं नवीनीकरण में पूंजी व्यय में बहुत अधिक बढ़ोत्तरी हुई है, परन्तु आनुपातिक रूप में इसमें इतनी वृद्धि नहीं हुई है। नागरिक उड्डयन से सम्बन्धित टाटा आयोग ने सरकार का ध्यान इस पद्धति की ओर आकर्षित किया कि भारत में संचार व्यवस्था तथा नौवाहन सेवाओं की कमी है एवं नागरिक उड्डयन की संरचना के आधुनिकीकरण की शीघ्र ही आवश्यकता है। अन्तर्राष्ट्रीय हवाई यातायात तथा अन्तर्राष्ट्रीय नागरिक उड्डयन संगठन के द्वारा नागरिक उड्डयन विकास पर दबाव डाला गया ताकि भूमि और नौवाहन सहायता को अन्तर्राष्ट्रीय सेवाओं के लिए कुछ प्राप्त किया जाय। अन्तर्राष्ट्रीय व आन्तरिक हवाई कम्पनियाँ भूमि पर उतरने व रास्ते के मध्य नौवाहन व्यय की वृद्धि को तथा कोष की वृद्धि के अतिरिक्त कोई समर्थन नहीं करती। इन व्ययों में वृद्धि करके उन्होंने अपनी वार्षिक आय में वृद्धि की है। अतः महसूस करती है कि इस प्रकार कर लगाने से सुनिश्चित किये गये उद्देश्य हेतु प्राप्त वित्त की व्यवस्था हो जायेगी।

इंडियन एयर लाइंस पर्यटक वृद्धि कर के पक्ष में नही है। इसके अनुसार इस प्रकार के कर से इसकी किराया में वृद्धि करने की योजना सीमित होती है। कुछ वर्ष पूर्व से हवाई कम्पनियाँ तेल में वृद्धि, कल-पुर्जे आयात करने, बिक्री कर, उत्पादन कर व वेतन बिलों में वृद्धि के कारण कुछ वित्तीय समस्याओं में उलझी रही हैं। वे यह दावा करती हैं कि किसी भी विदेशी कम्पनी की अपेक्षा इसका किराया कम है।

हाल ही में भूमि में उतरने एवं रास्ते के मध्य में नौवाहन के व्यय में वृद्धि के कारण इसके ऊपर एक अन्य भार पड़ा है। इण्डियन एयर लाइन्स ने समय-समय पर किराये में वृद्धि की उम्मीद व्यक्त की है। यह अनुभव करती है कि वृद्धि कर लगाने से उसकी वृद्धि की यही क्षमता पर प्रभाव पड़ सकता है।

पर्यटक संगठन

एक पर्यटक संगठन अपने विविध उद्देश्यों की प्राप्ति के लिए अन्य स्रोतों से आय प्राप्त कर सकता है, क्योंकि वह कुछ विशिष्ट सेवाओं के प्रबन्ध द्वारा आय को अर्जन करने की सामर्थ्य रखता है। वित्त प्रदान करने के हेतु प्रमुख रूप से तीन प्रकार के स्रोत व साधन हैं जो निम्नलिखित हैं–

अनुदान–हालांकि किसी भी देश की केन्द्रीय संस्थाओं, प्रदेशीय संस्थाओं पर प्रभाव डालती है तथा प्रदेश संस्था स्थानीय संस्थाओं पर इस उद्देश्य की प्राप्ति के लिए उच्च स्तरीय संस्था किसी विशेष अथवा साधारण उद्देश्य की प्राप्ति के लिए या किसी दूसरे अथवा पूर्ति हेतु वित्त अनुदान के रूप में प्रदान करती है।

ये उच्च संस्था के निर्देशों को कार्यान्वित करने के लिए बहुत ज्यादा असर डालते हैं। कतिपय परिस्थितियों में यह वित्तीय मदद तब तक जारी रहती है जब तक कि निम्न स्तरीय संगठन पूर्ण तौर पर स्थापित नहीं हो जाते हैं।

कर—कर का माध्यम वित्त जुटाने की एक और विधि है जिसमें निम्न स्तरीय संस्था, उच्चस्तरीय संस्था को अर्थ प्रदान करता है। जिससे एक शक्तिशाली एवं उच्चस्तरीय संगठन का निर्माण किया जा सके। जो राष्ट्र पर्यटन विकास के उच्च स्तर पर हैं उनमें खड़े ढाँचे पर निम्न स्तरीय संगठन से उच्च स्तरीय संगठन को कर के तौर पर योगदान की प्रक्रिया होती है।

आय अर्जित—कई देशों में बहुत सी यात्री संस्था हैं जो अपनी-अपनी प्रक्रियाओं के माध्यम से आमदनी अर्जित करते हैं। जैसे—

पर्यटकों को सूचना सम्बन्धी सामग्री की बिक्री, निजी कम्पनियों व उद्योगों को जो कि पर्यटन में निःशुल्क सहयोगी हैं, सलाहकारी सेवा प्रदान करना, संचालकों तथा अन्य इच्छुक वर्गों को शोध एवं अन्य सामग्री मुहैया करना, तथा अपने प्रकाशनों में विज्ञापनों को विज्ञापित करने के लिए जगह प्रदान करना।

सार्वजनिक एवं निजी कोष का निर्माण

पर्यटन में इस प्रकार के वित्त की एक मिश्रित व्यवस्था है। अगर सार्वजनिक एवं निजी कोष का निर्माण एक तर्क-संगत नीति द्वारा निर्धारित किया जाए तो मिश्रित व्यवस्था सर्वोत्तम समझी जाती है। पर्यटन कार्यक्रमों का आधार सरकार व निजी व्यापार के निकटतम सहयोग पर निर्भर करता है। निजी जैसे होटल, सामान वाहन संघ, ट्रेवेल एजेन्ट, टूर ऑपरेटर, देश में प्रसिद्ध व्यापार संस्थाएं सक्रिय निजी योगदान करेंगे। पर्यटन में सार्वजनिक निजी वित्त की दरों का निर्धारण राष्ट्र की आर्थिक और राजनैतिक व्यवस्था, राष्ट्रीय अर्थव्यवस्था में पर्यटन की महत्ता, राष्ट्र के विकास की सीमा, ऐतिहासिक एवं इसके दूसरे प्रभावों पर आश्रित करती है। सार्वजनिक कोष संवर्धन एवं प्रबन्ध के लिए तथा निजी उद्यमों द्वारा विकास के लिए प्रदान किए गए वित्त पर खर्च किये जाते हैं। सम्वर्धन एवं अन्य उद्देश्यों के लिए प्राप्त सार्वजनिक कोषों के लिए निजी कोष पूर्ण होते हैं। सार्वजनिक वित्त पर्यटक संगठनों के केन्द्रीय स्तर पर एकमात्र वित्त का स्रोत है एवं निजी कोष क्षेत्रीय एवं स्थानीय स्तर पर प्रयोग किए जाते हैं।

बाह्य और आन्तरिक कोष

बाह्य एवं आंतरिक दोनों प्रकार के वित्त की व्यवस्था हो तो पर्यटन संगठन अन्य स्तर के संगठनों अथवा स्वयं के क्षेत्र के बाहर के संगठनों से आर्थिक सहायता प्राप्त करते हैं। संगठन उन परिवहन उद्योगों जो उद्देशित स्थानों का यातायात संचालित करते हैं, उनकी

प्रगति के लिए आय प्राप्त करते हैं। भारत जैसे विकासशील राष्ट्र में स्थानीय पूंजी अत्यधिक अल्प होती है एवं विदेशी पूंजी का पर्यटन उद्योग को निर्मित करने में बहुत बड़ा योग रहा है। पर्यटन की वैदेशिक विशेषता अन्तर्राष्ट्रीय स्वामित्व एवं निजी क्षेत्र में पर्यटन उद्योग के संचालन में परिदर्शित होती है। निजी सुविधाओं के लिए तो विदेशी पूंजी की पर्याप्त अंश प्राप्त है। विशेष रूप में जबकि हमारे क्षेत्रों ने पर्यटन प्रगति को संतोषजनक एवं विदेशी टूर संचालक होटल विकास के लिए बढ़ते हुए कोष के स्रोतों के प्रतिनिधि हैं, विदेशी वित्त के मूल स्रोत हैं। अंतर्राष्ट्रीय एजेन्सियां तथा विदेशी टूर संचालक तथा विदेशी विनियोजक एक होटल परियोजना को अपना सकते हैं। किसी स्थानीय पूंजी, निजी या सार्वजनिक से साझेदारी कर सकते हैं। विदेशी विनियोजन की सरंचना का एक प्रधान स्रोत विश्व बैंक एवं उससे सम्बन्धित विकास बैंक हैं।

अंतर्राष्ट्रीय संबंधा

अंतर्राष्ट्रीय संबंध से ही पर्यटन के प्रत्यक्ष क्षेत्रों में स्थिर कोष का विकास सम्भव है। राज्य स्तरीय अधिकारियों को मिल-जुलकर कार्य करना चाहिये ताकि अन्तर्राष्ट्रीय उड्डयन के लिए एक समान नीति का ढांचा बनाया जा सके।

उत्तरदायी राज्य अधिकारी एवं उपभोक्ता संरक्षण संगठन को यात्रियों की यात्रा के अन्य अंगों की लागत के लिए वही दृष्टिकोण अपनाना चाहिए जो आजकल पर्यटन के हवाई परिवहन क्षेत्र के लिए अपनाए गए हैं। राज्य उद्योग तथा प्रशासनिकों को अवकाशकाल को हरेक वर्ष में विस्तारित करने के लिए सामंजस्य स्थापित करना चाहिए ताकि पर्यटक संरचना एवं हवाई परिवहन यंत्र उपयोग किया जा सके। इससे व्यय की कमी पर असर पड़ेगा। राज्य एवं सरकारी संस्थाओं को नीति एवं सुविधाओं में यात्रियों के व्यवहारों में सुविधाएं प्रदान करके पर्यटन को बढ़ावा देने के लिए आन्दोलन शुरू करने में अग्रगण्य होना चाहिए।

अधिकारियों को धन मुहैया कराने के उद्देश्य लगभग प्रत्येक क्षेत्र एवं कार्य में कुछ न कुछ अस्थायी कटौतियां की जानी चाहिएं, जो उन्होंने हवाई अड्डों एवं संरचना के सुधार के लिए एकत्रित किया है। पर्यटन के उद्योग क्षेत्र में संस्थाकर्ता के गुण को पूर्ण रूप से नियमित करना चाहिए जिससे पर्यटन उद्योग का चौतरफा विकास हो सके और जनहित को सुरक्षात्मक संरक्षण हासिल हो सके। पर्यटन से सम्बद्ध कंपनियों को पहले से निर्धारित मापदण्ड के अनुसार मान्यता दी जानी चाहिए। यह सर्वोत्तम मत होगा कि संगठन एवं परिवहन के मध्य एक अनुबंध की व्यवस्था की जाय एवं इसके साथ ही साथ एक निर्धारित संधि हो तथा संगठन करने वाले के द्वारा निर्धारित दरों पर नियंत्रण रखा जा सके।

7

भारत में सांस्कृतिक पर्यटन का विकास

सांस्कृतिक पर्यटन

इसके अन्तर्गत यात्रा के वे सभी पहलू सम्मिलित किया जाता है जो मनुष्य को एक-दूसरे के रहन-सहन व विचारों से अवगत कराते हैं। दूसरे देशों की संस्कृतियों के विचारों को फैलाने में निजी एवं अन्तर्राष्ट्रीय सम्पर्क एक महत्त्वपूर्ण साधन है। सांस्कृतिक सम्बन्धों तथा अन्तर्राष्ट्रीय सहयोग के विकास में पर्यटन एक महत्त्वपूर्ण स्थान रखता है। किसी भी देश के अन्दर सांस्कृतिक पहलुओं के विकास को पर्यटन सम्बन्धी स्रोतों में बढ़ोत्तरी के रूप में समझा जा सकता है। एक देश द्वारा स्वयं को पर्यटकों के समक्ष प्रस्तुत करने के तरीकों को ही सांस्कृतिक पहलू समझा जा सकता है। खान-पान, अतिथि-सत्कार, आचार-व्यवहार, निर्मित व कला की वस्तुओं देश के अन्य पहलू यात्रियों अथवा सैलानियों के आकर्षण हैं। किसी भी पर्यटन की सफलता परिवहन एवं होटल सुविधा के साथ ही इस बात पर भी निर्भर करती है कि पारम्परिक रहन-सहन व्यवस्था में राष्ट्रीयता का तत्व झलकता हो एव साथ ही माल व सेवाओं के लाभों की प्रतिमा को उचित प्रकार से प्रदर्शित किया जाए।

सांस्कृतिक पर्यटन सेवा-भाव से प्रेरित होना चाहिए। जैसे कि एक प्रसिद्ध रहन-सहन व शिक्षण केन्द्र में अध्ययन व जानकारी प्राप्त करने की इच्छा, विदेशी लोगों के रहन-सहन के संस्थान एवं आकार का अध्ययन, ऐतिहासिक महत्व की इमारतें, भूतपूर्व सभ्यता के अवशेषों आधुनिक प्राप्तियाँ, ललितकला कक्ष, प्रसिद्ध धार्मिक स्थानों के दर्शन एवं कला, पर्वों व समारोहों में सम्मिलित होना, गायन, नृत्य, थियेटर लोकगीत मेलों आदि में सक्रिय हिस्सा लेना आदि।

भारत एक काफी विस्तृत एवं लोकप्रिय देश है। जिसका अपना एक इतिहास है व अपनी महान परम्परा है। यह पिछले चार सौ वर्षों के सभ्य जीवन का गौरव रखता है इसीलिए यह विश्व की एक महान सभ्यता के तौर पर गिना जाता है। यह एक जीती-जागती सभ्यता है जो कि स्पष्ट तौर पर प्राचीन सभ्यता से विकसित हुई है। इन्हीं कारणों से किसी भी विदेशी को भारत यात्रा से एक अत्यन्त सांस्कृतिक प्रभाव पड़ता है। अतएव सर्वप्रथम एवं विस्तृत अर्थ में भारत में हर दृष्टि से पर्यटन का सांस्कृतिक सम्पर्क होता है, एवं इस पर्यटन को सांस्कृतिक पर्यटन के नाम से पुकारा जाता है। रंगशाला, पुस्तकालय, संग्रहालय व अन्य राष्ट्रीय स्तरीय संस्थान, यात्रियों को आकर्षित करने हेतु बहुत ही बड़ी सम्पत्ति हैं। संग्रहालय व स्मारक तो हर किस्म के पर्यटन यात्रावृत्त में एक जरूरी स्थान रखते हैं।

हमारी योजनाओं में सांस्कृतिक पर्यटन एक प्रमुख लक्षण है। यह भी प्रस्ताव है कि मास्टर प्लान के तहत कुछ निर्धारित पुरातात्विक केन्द्रों के चारों ओर के क्षेत्रों हेतु विशेष योजनाएँ बनाई जाएँ ताकि इन केन्द्रों के पर्यावरण व प्राकृतिक व्यवस्था को सुरक्षित रखा जा सके। यह भी सुझाव है कि यूनेस्को व यू एन डी पी के तहत सांस्कृतिक पर्यटन के विशेषज्ञों की सेवाएँ प्राप्त करके इन योजनाओं को बनाने में मदद प्राप्त की जाय। इस प्रस्ताव में कुछ स्मारक सम्मिलित किए जा सकते हैं :

1. खजुराहो, भुवनेश्वर, पुरी व कोणार्क।
2. बीजापुर, ऐहोल, बदामी, पट्टादरखाल एवं हम्पी।
3. सारनाथ, गया, नालन्दा राजगीर, कुशीनगर, श्रावस्ती व सांची के बौद्ध केन्द्र।
4. एलीफेंटा, अजन्ता एवं एलोरा के गुफा मन्दिर।

सामाजिक-सांस्कृतिक प्रभाव एवं विकास

विविध संस्कृतियों, जीवन शैलियों, अथवा सामाजिक ढांचों के लोग जब एक साथ रहते हैं तो वे स्वाभाविक रूप से एक दूसरे से प्रभावित होते हैं। पर्यटन में यह व्यापक धरातल पर होता है। पर्यटन स्थल पर पर्यटक नये सामाजिक जीवन के संपर्क में आता है और दूसरी तरफ मेजबान जनता पर्यटकों की जीवन शैली की नकल करती है। इसे सामान्य स्तर पर पर्यटन का सकारात्मक प्रभाव माना जाता है जिसे निम्नांकित शब्दों में व्यक्त किया जा सकता है–

1. उनका सामाजिक विकास।
2. लोगों के मध्य बेहतर समझदारी।
3. एक दूसरे से सीखना।
4. दोस्ती।

इसके अतिरिक्त कुछ परिणामों को नकारात्मक माना जाता है। इसमें प्रदर्शनात्मक प्रभाव, संघर्षात्मक प्रभाव आदि पैदा है। उनके लक्षण तो तुरंत स्पष्ट होने लगते हैं, परंतु उनका प्रभाव विलम्ब से ज्ञान होता है।

पर्यटक एवं इस उद्योग का स्थानीय जनता के समाज और संस्कृति पर पड़ने वाला प्रभाव तीसरी दुनिया के पर्यटन में आज बहस का मुख्य मुद्दा है। एक आम धारणा यह है कि पर्यटन से अंतर्राष्ट्रीय समझ और सौहार्द बढ़ता है। दूसरी तरफ अनेक मामलों में यह क्षेत्र विशेष, स्थान विशेष या देशी रीति-रिवाजों और जीवन शैली को बुरी तरह से क्षति भी पहुंचाता है।

ऐसे बहुत कम पर्यटक हैं जो भिन्न विदेशी सांस्कृतिक वातावरण से परिचित होना चाहते हैं। उनके सामने आकर्षक भ्रमण, सूचना पुस्तिकाओं, सिनेमाओं में एवं इसी तरह के अन्य साधनों के द्वारा स्थल विशेष की चमकदार छवि होती है। वे मलेरिया और डाइरिया से बचने का हर उपाय कर लेते हैं। वातानुकूलित बसों में यात्राएं करते हैं एवं कीटाणु रहित पांच सितारा होटलों में रहते हैं। इससे वह मेजबान समुदाय से मैत्रीपूर्ण व्यवहार नहीं बना पाते। इसी कारण पृथक् प्रकार के लोगों में आपसी समझ उत्पन्न करना बहुत मुश्किल होता है। मात्र पर्यटकों की सेवा करने वाले लोगों का ही संपर्क स्थानीय जनता के साथ होता है, मसलन भिखारी, बिचौलिया, दलाल, वेश्या, नशीली दवाएं बेचने वाले एवं ऐसे ही लोग। इस तरह के पर्यटन अनुभव से मेजबान और पर्यटक दोनों कृत्रिम बन जाते हैं और उनमें दुश्मनी और आक्रामकता की भावना आ जाती है।

पर्यटक अपने पर्यटन के दौरान उस देश के ऐतिहासिक, धार्मिक, सांस्कृतिक एवं सामाजिक संस्कृति की एक झलक पाना चाहता है। अधिकतर समाज में सैलानियों का परंपरागत रूप से स्वागत किया जाता है। उन्हें अपने उत्सवों तथा पर्वों में शामिल होने का मौका दिया जाता है। अब पर्यटकों की संख्या बढ़ रही है और हर पर्यटक अब इस तरह की मांग अधिकार समझकर करने लगा है। तीसरी दुनिया के देश सांस्कृतिक प्रदर्शन करने लगे हैं, जिसमें कोई आत्मीयता, जीवंतता नहीं होती। जैसे, टी-शर्ट पहने, कानों में वॉकमैन लगाए और कंधे पर कैमरा लटकाए कोई व्यक्ति आपके घर के बाहर खड़ा है आप तुरंत समझ जाएंगे कि यह कोई पर्यटक है। अतः आज यही पर्यटक की वेशभूषा बन गई है। परन्तु यह आवश्यक नहीं कि सभी पर्यटक एक वेशभूषा धारण करें। उनके पास डॉलर, मार्क और येन, पौण्ड आदि पर्याप्त मात्रा में हों परंतु वर्तमान उपभोक्ता वस्तुओं का दिखावा विश्व के शक्तिशाली अल्पसंख्यकों के वैभव को ही प्रदर्शित करता है। पर्यटकों के इस वैभव प्रदर्शन से क्षेत्रीय जनता प्रभावित होती है। उनके मन में उन पदार्थों को प्राप्त करने की चाहत पैदा होती है और इससे अनावश्यक तनाव पैदा होता है। इसे पर्यटन का प्रदर्शनात्मक प्रभाव कहते हैं।

इस तरह प्रदर्शनात्मक प्रभाव से पर्यटक और मेजबान के व्यक्ति की यथार्थपरक और बनावटी खाई और चौड़ी होती चली जाती है। इससे स्थानीय व्यक्ति सैलानियों की कॉपी करने लगे हैं और उनके खर्च करने के तरीके अपनाने लगे हैं और तथा ऐसा न होने पर अपनी असमर्थता पर झुंझलाते हैं। कई स्थलों पर सामाजिक तनाव निम्नाकित रूपों से उभरता है—

1. नशाखोरी,
2. ठगी,
3. पर्यटकों से छीन-झपटी,
4. वेश्यावृत्ति, एवं
5. भीख मांगने की प्रवृत्ति में बढ़ोतरी।

अनेक बार पर्यटकों के बारे में भ्रामक धारणा गढ़ ली जाती है जिनका वास्तविकता, से दूर-दूर तक नाता नहीं होता। यथा—समस्त पर्यटक नशा करते हैं, जुआ खेलते हैं और वेश्यागमन करते हैं आदि। इसी तरह कई पर्यटक यह समझ लेते हैं कि पर्यटक क्षेत्र में काम करने वाली हर औरत बदचलन होती है। यह माना जाता है कि सैलानी के सामाजिक-सांस्कृतिक प्रभावों को आसानी से आधुनिकीकरण की प्रक्रिया से पृथक् नहीं किया जा सकता। तथापि पर्यटन का समाज में स्पष्ट हस्तक्षेप होता है और उसकी भूमिका होती है।

पर्यटकों के अगमन से भौतिक यथार्थ यथा संगीत नृत्य कला, स्थापत्य आदि पर तो पड़ता है परंतु सबसे गहरा प्रभाव अवधारणात्मक होता है। वे एक मनुष्य से दूसरे व्यक्ति के संबंधों, प्रकृति, स्थान विशेष से संबंधों को देखने का एक नया नजरिया पा जाते हैं।

पर्यटकों पर भी स्थान का प्रभाव पड़ता है, उदाहरणस्वरूप प्रत्येक वर्ष शिमला में 50 से 200 सैलानी अस्पताल में भर्ती किए जाते हैं। उन पर येरूशलम का दौर चढ़ता है और वे पागलों सा व्यवहार करने लगते हैं। एक मनोचिकित्सक यैर बारल-येल (Yair Bar El) के अनुसार जेरूशलम लोगों को पागल बना सकता है। कई मर्तबा पर्यटक अपने को राजा डेविंड, मसीहा या जॉन द बैपटिस्ट मानने लगता है। कई सैलानी आध्यात्मिकता के बोझ तले दम तोड़ देते हैं। चिकित्सकों द्वारा इसे एक तरह का हिस्टीरिया कहा जाता है जो सिर्फ तीर्थयात्रियों को ही दबोचता है और इसे 'येरूशलम में तोड़-मरोड़ कारागृह' कहते हैं। हिन्दुस्तान टाइम्स (जुलाई 28, 1994) के अनुसार अब इजराइल के सैनिक जान गए हैं कि अगर कोई विदेशी विस्फारित नेत्रों से इधर-उधर देखता हुआ नंग-धड़ग या पशु चर्म लपेटे हुए मिले तो उस जॉन द बैपटिस्ट को सीधे सरकारी मानसिक रोगी संस्थान की राह दिखानी चाहिए। जैसे, फ्लोरेंस उत्तेजक चित्रकारी के समक्ष पर्यटक बेकाबू हो जाते हैं। लंदन के हीथ्रो अड्डे अथवा न्यूयार्क के केनेडी हवाई अड्डे पर कई पर्यटक अपने परिवार से अलग होकर अकेले पड़ जाते हैं और एक टर्मिनल से दूसरे टर्मिनल तक भागते फिरते हैं। न तो अपना

ख्याल होता है न यह ख्याल होता है कि वे कहां जा रहे हैं। इसे घुमंतू खानाबदोश संलक्षण एयरपोर्ट सिंड्रोम कहते हैं।

पर्यटन उद्योग के कारण इन्डोनेशिया, थाईलैंड, फिलीपींस, पूर्वी अफ्रीकी राष्ट्रों और कैरेबियन द्वीप समूह के देशों में वेश्यावृत्ति चिन्तनीय स्तर तक पहुंच गयी है। यौन पर्यटन के तौर पर जानी वाली यह प्रवृत्ति हाल की परिघटना है। तृतीय विश्व की कुछ सरकारों के अंतर्निहित समर्थन एवं अतंर्राष्ट्रीय अपराध जगत् की सक्रियता के इसमें संगठित उद्योग का रूप धारण कर लिया है। पश्चिमी देशों में बाल वेश्यावृत्ति के धधों में 4 से 15 वर्ष के बच्चे शिकार हो रहे हैं। यद्यपि सभी देशों में बाल वेश्यावृत्ति का अनुपात भिन्न-भिन्न है पर अब यह समस्या इतना विकराल रूप धारण कर चुकी है कि इसे नजरअंदाज नहीं किया जा सकता है। एशियाई पर्यटन में बाल वेश्यावृत्ति को समाप्त करने के अभियान ने इस कटु यथार्थ को दुनिया के सामने रखा है जिससे कुछ पश्चिमी सरकारें इस संबंध में कठोर कदम उठा रही हैं। इसके अतिरिक्त इसने दासता पर संयुक्त राष्ट्र के कार्य दल का भी ध्यान खींचा है।

दक्षिण-पूर्व एशिया में आराम एवं मनोरंजन केंद्रों से यौन पर्यटन का प्रारंभ हुआ है। यह प्रवृत्ति वियतनाम युद्ध के दौरान उजागर हुई जब अमेरिकी सैनिकों को युद्ध के माहौल से राहत दिलाने हेतु अवकाश देने का चलन शुरू हुआ। इसमें शराबखाना, वेश्यागृह और अन्य प्रकार के विलासिता के स्थल एवं साधन सामने आए। युद्ध समाप्त होने और सैनिकों की वापसी के बाद बार गर्ल के पास कुछ करने को रह नहीं गया। मात्र फिलिपीन्स में स्यूविक और क्लार्क अड्डों में इनका धंधा चलता रहा। परिभ्रमण उद्योग के कतिपय हिस्सों ने इस प्रवृत्ति का फायदा उठाया और वेश्यावृत्ति को पर्यटन का हिस्सा बना दिया। 1970 के दशक के अंतिम वर्षों में दक्षिण पूर्व एशिया में सैलानियों की सेवा हेतु वेश्यावृत्ति ने कई रूप धारण कर लिए। 'मसाज पारलर', यौन प्रदर्शन, योग गृह, काकटेल, लाउज हैल्थ क्लब सभी पुरुष या यदा-कदा स्त्रियों की यौन इच्छाओं की पूर्ति के केन्द्र बन गए। इन स्थलों पर महिलाएं एक वस्तु मात्र या भोग्या से अधिक कुछ नहीं है। वे शीशे के पीछे बैठी रहती हैं उन पर संख्या आंकी गई रहती है। यही संख्या उनकी पहचान होती है। ग्राहक को सिर्फ स्थान संख्या बतानी होती है जैसे वह बाजार से सब्जी-भाजी खरीद रहा हो।

इसी के समानान्तर दुल्हन खरीदने की प्रथा भी चल पड़ी है जिसके अंतर्गत यूरोप के ग्राहक अपनी मनपसंद की औसत को खरीद सकते हैं। वे सूचना पुस्तिका, वीडियो के जरिए औरत की खूबसूरती और अन्य गुणवत्ताओं, योग्यता, घरेलूपन, नम्रता, मोहकता आदि की जानकारी प्राप्त कर अपना आदेश विक्रेता के पास भेज सकते हैं। विक्रेता भी अपना जाल फेंकते हैं और अपने ग्राहक को पसंद की गई दुल्हन के साथ समय बिताने हेतु आमंत्रित करते हैं और वह औरत ग्राहक को पसंद न आई तो उसे खारिज भी किया जा सकता है। यद्यपि वेश्यावृत्ति पर्यटन का कोई प्रकार नहीं है। परंतु पर्यटन के कारण ही एशियाई औरतों

का बाजार स्थापित हुआ है। यौन पर्यटन में बंधक बनाने, दासता, अत्याचार, हिंसा, भय आदि की दारुण कथा छिपी होती है।

यौन पर्यटन भारत में अभी अधिक प्रचलित नहीं हुआ है लेकिन समुद्र तटीय क्षेत्रों में इसके कतिपय लक्षण परिलक्षित होने लगे हैं। भारत में पर्यटन विकास के इस दौर में इस दिशा में सावधानियां बरतनी बहुत आवश्यक हैं। हो सकता है कि एड्स जैसी बीमारियों का खौफ यौन पर्यटन को दूर रखने में मददगार हो लेकिन फिर भी इस दिशा में जागरूकता बढ़ाना बहुत जरूरी है।

किले और महल का पर्यटन में योगदान एवं विकास

आगरा

यह उत्तर प्रदेश राज्य में स्थित है। आगरा नगर का प्रमुख उद्योग चमड़ा है यह एक ऐतिहासिक नगर जिसे देखने के लिए देश-विदेश से अनेक पर्यटक आते है। मुगलकाल में यह नगर मुगलों की राजधानी था। यह नगर अमर प्रेम का प्रतीक है। यह ताजमहल के लिए विश्वविख्यात है। यहां ताजमहल के अतिरिक्त अनेक शानदार स्मारक है जो मुगल स्थापत्यकला की उच्चता के प्रतीक हैं।

दिल्ली जो कि हजार वर्ष से भी अधिक समय तक राजाओं और सम्राटों की कर्मभूमि रही है। वहां भी वास्तुकला और सांस्कृतिक विरासत की इतनी समृद्धि नहीं है, जितनी कि आगरा में मौजूद है। ताज का निर्माणा महान बादशाह शाहजहां ने अपनी बेगम मुमताज महल की याद में सफेद संगमरमर में एक ख्वाब के रूप में किया। सुंदरता के मामले में और कोई भी इमारत ताज की तुलना में नहीं ठहर सकती। कीमती और अर्द्धकीमती पत्थरों पर नक्काशी और सफेद संगमरमर पर बेलबूटे बनाने की कला आगरा में ही विकसित हुई। ताजमहल के अलावा यहां का लाल किला एत्मादौला का मकबरा, मोती मस्जिद आदि ऐतिहासिक इमारतों के लिए यह विश्व प्रसिद्ध है। बहुत कम लोग जानते होंगे कि उर्दू को जाने-माने शायर और दार्शनिक मिर्जा गालिब का जन्म 27 दिसंबर 1797 में आगरा में हुआ था।

दर्शनीय स्थान—ताजमहज, आगरा का लाल किला, रामबाग, सिकन्दरा में अकबर का मकबरा, इतमादुदौला का मकबरा, चीनी का रौज़ा, फतेहपुर सीकरी, दयाल बाग।

परिवहन व्यवस्था—यहां वायु, रेल, व सड़क मार्ग से पहुंचा जा सकता है। यहां छोटे-छोटे वहन से भी पहुंचा जा सकता है।

आवास व्यवस्था—यहां महंगे और सस्ते होटल उपलब्ध हैं, जहां आरामदायक सुविधाएं उपलब्ध हैं।

परिधान—इस क्षेत्र में रहने वाले लोग गर्मियों में हल्के सामान्य और सर्दियों में भारी ऊनी वस्त्र पहनना पसन्द करते हैं।

जयपुर

राजा राजपूत सवाई जयसिंह द्वारा जयपुर नगर की स्थापना 1727 ई. की गयी यह नगर लम्बे समय तक कच्छवाहा वंश की राजधानी रहा। इस नगर की रचना का प्रारूप उस समय के प्रसिद्ध वास्तुकार विद्याधर द्वारा तैयार किया गया था इस नगर की इमारतों एवं किलों में गुलाबी रंग के पत्थरों का प्रयोग बहुतायात में किया गया है। जिसकी वजह से इस नगर को "गुलाबी नगर" की संज्ञा दी गयी है। यहां पर विशाल किले, शानदार महल, सुंदर मंदिर तथा मनोहारी उद्यान हैं। यहां की सड़कें एकदम सीधी हैं तथा चौक बहुत सुविधाजनक हैं। हवामहल को देखकर रेगिस्तान में बने हवा में महल का आभास होता है। इसके निकट ही सिटी पैलेस संग्रहालय (जहां हथियार और कलात्मक वस्तुएँ रखी गई हैं) और जंतर मंतर (वेध शाला) मौजूद हैं। आमेर के दुर्ग तक हाथी पर बैठकर पहुंचना राजसी अनुभव से कम नहीं। इस किले के भीतर भारतीय और मुगल कला के संगम के दर्शन होते हैं। निकट की पहाड़ी से कुछ आगे 'सिसोदिया रानी का बाग' नाम का उद्यान तथा महल दिखाई देता है। पहाड़ियों की परतों के बीच बना यह महल अपनी सुंदरता से लोगों का मन मोह लेता है।

दर्शनीय स्थान—किले और महलः आमेर किला, जयगढ़ लिया, नाहरगढ़ किला, हवामहल, जल महल, सिटी पैलेस। इसके अलावा कुछ अन्य दर्शनीय स्थल हैं जैसे—गल्ताजी, सिसोदिया रानी का बाग, गैतोर, सांगानेर, बागरू, अल्बर्ट संग्रहालय, जंतर मंतर, बिरला मंदिर आदि।

यातायात व्यवस्था—जयपुर, वायु, रेल और सड़क दोनों मार्गों से अच्छी तरह जुड़ा है।

आवास सुविधा—यहां महंगे और सस्ते होटल हैं, जहां आरामदायक आवास सुविधाएं उपलब्ध हैं।

वेशभूषा—यहां के निवासी गर्मियों में हल्के सामान्य वस्त्र तथा सर्दियों में ऊनी वस्त्र पहनते हैं।

मांडू

मांडू को आनंद नगरी भी कहा जाता है। प्राचीन काल में परमार शासकों ने मांडू को अपनी राजधानी बनाई थी मांडू एक तरह से पत्थरों में जीवन और आनंद का उत्सव है। यह नगर प्रेम नगरी है। कवि और शहजादे बाग बहादुर तथा उनकी सुंदर प्रेमिका रानी रूपमती के प्रेम की कहानी यहां कण-कण में विराजमान है। मालवा के घाट आज भी इस अमर प्रेम

के गीत गाते हैं। मुगल शासकों के काल में मांडू मौजमस्ती का केंद्र बन गया। महान इतिहासकार परसी ब्राउन ने मांडू के संबंध में लिखा—वृक्षों की छाया वाले टेढ़े मेढ़े रास्तों और विशाल झीलों तथा घाटियों के बीच बने धूप में चमकते सरोवरों, चट्टानी बीहड़ों और ढलानदार घास के मैदानों से सजा यह स्थान अपनी सुंदरता में बेजोड़ है। मांडू के खंडहर यहां के गौरवपूर्ण अतीत तथा समृद्धि की कहानी कहते दिखाई देते हैं। भारतीय इतिहास में ऐसे कम ही राजा हुए हैं जो कवि ने रूप में जाने गये हों परन्तु मांडू का शासक बाज बहादुर अपने शासन के लिये कम और कविता और गीत के लिये ज्यादा प्रसिद्ध है।

दर्शनीय स्थान—होशंगशाह का संगमरमरी मकबरा, जामा मस्जिद, जहाज महल, हिंडोला महल, हिंडोला किला।

परिवहन व्यवस्था—निकटतम रेलवे स्टेशन इंदौर है जहां सभी मेल और एक्सप्रैस गाड़ियां रूकती हैं। मांडू सड़क मार्ग द्वारा इंदौर से 99 कि.मी. दूर है। यहाँ कोई हवाई अडडा नहीं है। सबसे निकटतम हवाई अड्डा इंदौर है।

आवास व्यवस्था—यहाँ कई महंगे और सस्ते होटल हैं, जहाँ आरामदायक आवास सुविधाएँ उपलब्ध हैं।

परिधान : यहां के लोग गर्मियों में हल्के सामान्य वस्त्र तथा सर्दियों में हल्के ऊनी वस्त्र पहनना पसन्द करते हैं।

चित्तौड़गढ़

राजपूत के गौरवमय इतिहास की गाथा कहता यह नगर पर्यटकों के आकर्षण का प्रमुख केन्द्र रहा है। महान राजपूत राजा के स्वाभिमान और वीरता का साक्षी शहर के प्राचीन इतिहास के संबंध में कहना काफी मुश्किल है। ऐसा विश्वास किया जाता है कि महाभारत के पांडव भीम अमर रहने का रहस्य सीखने के लिए इस स्थान पर आये और सोगा गुरु के शिष्य बने।

किंतु सभी अनुष्ठानों को जल्दी-जल्दी पुरा करने की प्रवृत्ति के कारण अपनी इच्छा पूरी नहीं कर पाये। क्रुद्ध होकर उन्होंने जमीन पर अपने पांव पटके और उस स्थान पर सरोवर बन गया जिसे अब भीमलात कहा जाता है। बाद में चित्तौड़गढ़ पर मुरी राजपूतों का शासन हो गया और यह स्थान 1568 ई. तक मेवाड़ की राजधानी रहा। चित्तौड़ की पहाड़ी पर बने ये दुर्ग यहां के उन वीर योद्धाओं की कहानी कहते प्रतीत होते है जिन्होंने अपनी आन और शान के अनेक रक्त रंजित युद्ध लड़े यहां कि स्त्रियों ने भी आतातियों से स्वयं के सतीत्व की रक्षा के जौहर कर लिया। चित्तौड़गढ़ के लोग आज भी वीर गाथाएं गाते हैं। कृष्ण भक्त मीरा बाई के पद सबसे पहले चित्तौड़गढ़ के दुर्ग में बने मंदिर में ही मीरा बाई द्वारा गाए गए थे।

दर्शनीय स्थान—किला, कीर्ति स्तंभ, जयमल और पट्टा महल, राणा कुंभ का महल, विजय स्तंभ, कुंभ श्याम मंदिर, महासती स्मारक, कालिका माता मंदिर, राजकीय संग्रहालय, गोमुख सरोवर, मोहर नगरी।

भ्रमण स्थल—नगरी (20 कि.मी.), बारोली (130 कि.मी.), बस्सी गांव (25 कि.मी), बस्सी वन्य जीव अभयारण्य, सांवरियाजी मंदिर (40 कि.मी.), भैंसरोरगढ़ वन्यजीव अभयारण्य (90 कि.मी.), बीजापुर (40 कि.मी.), सीतामाता अभयारण्य, देवगढ़ (125 कि.मी) मेनल (90 कि.मी.)।

परिवहन व्यवस्था—चित्तौडगढ़ में रेलवे स्टेशन है और यहां सड़क मार्ग द्वारा भी पहुंचा जा सकता है। यहाँ कोई हवाई अड्डा नहीं है। सबसे निकटतम हवाई अड्डा उदयपुर है।

आवास व्यवस्था—यहाँ कई महंगे और सस्ते होटल हैं, जहाँ आरामदायक आवास सेवाएँ उपलब्ध है।

वेशभूषा : इस क्षेत्र के रहने वाले लोग गर्मियों में हल्के सामान्य वस्त्र तथा सर्दियों में भारी ऊनी वस्त्र पहनते हैं।

मैसूर

मैसूर को सुगंधमयी शहर भी कहा जाता है। प्राचीन काल में वाडियार शासकों की राजधानी रहा यह नगर अपने प्राकृतिक सौन्दर्य के कारण पर्यटकों के आकर्षण का केन्द्र है यहां के प्रसिद्ध महल, संग्रहालय पर्यटकों के मन को मोह लेते हैं। यहां सबसे सुन्दर और महत्वपूर्ण स्थल मैसूर महल है।

महल का रखरखाव बड़ी सावधानी से किया गया है। और ऐसा लगता है कि कोई सुंदर राजकुमारी कभी भी साथ वाले दरवाजे से निकल कर बाहर आ सकती है। महल के विशाल कक्षों के स्तंभों से अब भी शाही षड़यत्रों की गंध का अनुभव होता है। यहां चंदन और अगबत्तियों की खुशबू, ताजी भूनी हुई काफी की पत्तियों से उठती सुगंध और मैसूर मैलिगे तथा हजारों खिले हुए गुलाबों से उठती महक मिल कर मैसूर को सुगंधित क्षेत्र बना देती है। दशहरा यहां का मुख्य पर्व है जो हर वर्ष अक्टूबर-नवंबर में मनाया जाता है।

दर्शनीय स्थल—मैसूर महल, सेंट फ्लिोमेना गिरजाघर, चामुंडी हिल्स, जयचामराजेंद्र कला दीर्घा, लोक कला संग्रहालय, ओरियेंटल रिसर्च इंस्टीट्यूट, रेलवे संग्रहालय, मैसूर चिड़ियाघर वृंदावन गार्डन।

यातायात व्यवस्था—मैसूर में रेलवे स्टेशन है और बंगलौर से सड़क मार्ग द्वारा भी पहुंचा जा सकता है। यहां कोई हवाई अड्डा नहीं है। निकटतम हवाई अड्डा बंगलौर है। यहां छोटे-छोटे वाहनों से भी पहुँचा जा सकता है।

आवास व्यवस्था—यहाँ कई महंगे और सस्ते होटल हैं, जहाँ आरामदायक आवास सेवाएँ उपलब्ध हैं।

वस्त्र : इस क्षेत्र में रहने वाले लोग गर्मियों में हल्के ऊनी वस्त्र तथा सर्दियों में भारी ऊनी वस्त्र पहनना पसन्द करते हैं।

ओरछा

ओरछा एक मध्यकालीन नगर है वर्तमान समय में भी इस शहर में मध्य काल के राजाओं के शासन काल की झलक दिखाई देती है। यहां के राजा ने बादशाह जहांगीर के थोड़े समय के विश्राम के लिए यहां एक महल का निर्माण कराया।

एक राजा ने स्वप्न में देवता के आदेश का पालन करते हुए उस देवता का विशाल भव्य मंदिर बनवाया। इस चट्टानी क्षेत्र में बेतवा नदी बहती है जिसके किनारे भूतपूर्व राजाओं की बहुत सी छत्तरियां बनी हुई हैं।

स्वतंत्रता आंदोलन के दौरान महान क्रांतिकारी चन्द्रशेखर आजाद यहां छिप कर रहे। यहां के महल और किलों के चारों तरफ घने वन हैं। यहां के महलों में उच्च कोटि की नक्काशी और वास्तुकला के दर्शन होते हैं। राम राजा की प्रतिमा की स्थापना के बारे में यहां कई कहानियाँ प्रचलित हैं।

दर्शनीय स्थान—जहांगीर महल, राज महल, राय प्रवीण महल, राम राजा मंदिर, सुंदर महल, सिद्ध बाबा का स्थान, जुगल किशोर, जानकी मंदिर, हनुमान मंदिर, छतरी (यहां ओरछा शासकों की याद में 14 छतरियां या स्मारक बेतवा नदी के कंचन घाट पर बने हैं।

यातायात व्यवस्था—निकटतम रेलवे स्टोशन झांसी है। झांसी में सभी मुख्य मेल और एक्सप्रेस गाड़ियां रूकती हैं। झांसी से ओरछा बस-मार्ग से 16 कि.मी. दूर है। (झांसी-खजुराहो मार्ग पर नियमित बस सेवा उपलब्ध है।) यहाँ कोई हवाई अड्डा नहीं है। सबसे निकटतम हवाई अड्डा ग्वालियर है।

आवास व्यवस्था—यहां कई महंगे और सस्ते होटल उपलब्ध हैं, जहाँ आरामदायक आवास सेवाएँ उपलब्ध हैं।

वेशभूषा : यहां के लोग गर्मियों में हल्के सामान्य वस्त्र तथा सर्दियों में हल्के ऊनी वस्त्र पहनते हैं।

ऐतिहासिक परम्परा एंव सभ्यता दर्शन भारत में आज भी यहां के विभिन्न स्थलों एवं स्मारकों द्वारा हो जाता है। यह सब अपने आप में विशेष विशेष महत्व रखते हैं। परन्तु एकजुट होकर अनेकता में एकता का संदेश देते हैं। यह देश में ही नहीं विदेशों में भी प्रसिद्ध है।

लोग विश्व के कोने-कोने से यहां भ्रमण हेतु आते हैं और यहां की संस्कृति से प्रभावित होते हैं।

जोधपुर

सन् 1459 में राव जोधा के द्वारा स्थापित यह शहर थार रेगिस्तान के किनारे पर स्थित है। यह मारवाड़ की भूतपूर्व राजधानी थी। सोलहवीं क्षेत्र व्यवसाय के लिये बहुत ही महत्वपूर्ण हो गया। इस समय भी जोधपुर लकड़ी, मवेशियों, ऊंटों और नमक के व्यापार तथा कृषि फसलों का मुख्य केंद्र है।

जोधपुर का इतिहास से नजदीकी रिश्ता है और यहां ऐसे अनेक स्मारक हैं जो इसके वैभवशाली अतीत की याद दिलाते हैं। एक समय था जब मारवाड़ का क्षेत्र मृत्यु भूमि के नाम से जाना जाता था। किंतु राठौर समुदाय की अजेय ऊर्जा को यह दुर्गम क्षेत्र पराजित नहीं कर पाया और उन्होंने इस चट्टानी और कठिन इलाके में बसने का निश्चय किया। उन्होंने अपनी वीरता के कार्यों, गौरव के गीतों, गरिमा के दुर्ग तथा बोलते पथरों के महल से जीवन को इतने उत्साह से जिया कि मृत्यु का भय जीवन की इस जीवंत चेतना के सामने नहीं टिक पाया। गर्वोन्नत जोधपुर दुर्ग का दृश्य मन में उमंग और उत्साह दोनों का संचार करता है। दुर्ग की तरह ही मारवाड़ के योद्धा सुदृढ़ और स्वतंत्र थे। दुर्ग के अन्दर सुन्दर व सुसज्जित पालकियां तथा हौदे आज भी विद्यमान हैं जिन्हें राजा और रानियों द्वारा प्रयोग किया जाता था। इन सभी चीजों से अतीत की जानकारी प्राप्त होती है। इसके साथ ही एक सरोवर के किनारे राजा की स्मृति में बनाया गया संगमरमर का स्मारक जसवंत थड़ा पर्यटकों ध्यान आकृष्ट करता है। यह शहर सचमुच अनूठा और अदभुत है।

दर्शनीय स्थान

दर्शनीय स्थलः मेहरानगढ़ किला, जसवंत थड़ा, उमेद भवन पैलेस, संग्रहालय। बालसमंद झील और बाग, मंडोर, महामंदिर, कैलाना झील, रोहित किला और लूनी किला।

परिवहन व्यवस्था—यहां वायु, रेल व सड़क मार्ग से पहुंचा जा सकता है।

आवास व्यवस्था—यहां महंगे और सस्ते होटल हैं जहां आराम दायक आवास सुविधाएँ उपलब्ध हैं।

वेशभूषा—यहां निवास करने वाले लोग गर्मियों में हल्के सामान्य वस्त्र तथा सर्दियों में भारी ऊनी वस्त्र पहनते हैं।

ग्वालियर

मध्य प्रदेश में स्थित ग्वालियर विभिन्न प्रकार के महल मन्दिर और स्मारकों के लिये प्रसिद्ध है। इस शहर को सिंधिया राजाओं ने अपनी राजधानी बनाई था। यहां के प्रमुख ऐतिहासिक वस्तुओं पर राजपूत राजवंशों (प्रतिहार, तोमर, कच्छवाहा आदि) के शासन काल की झलक दिखाई देती है। अनेक राजपूत राजवंशों, प्रतिहार, कच्छवाहा और तोमर राजाओं

ने महलों, मंदिरों और स्मारकों के इस शहर पर अपने शासन की अमिट छाप छोड़ी है। ग्वालियर का इतिहास आठवीं शताब्दी की एक किवंदंती में वर्णित है जिसके अनुसार सूरजसेन नाम का एक मुखिया किसी जानलेवा बीमारी से पीड़ित हो गया। उसका उपचार एक सन्यासी ग्वालिप ने किया और अपनी कृतज्ञता दर्शित करने के लिए उन्होंने एक नगर बसाया जिसका नाम उस सन्यासी के नाम पर रखा जिन्होंने उन्हें नया जीवन दिया। सिंधिया राजाओं की राजधानी के रूप में ग्वालियर को विशेष प्रसिद्धि मिली। यहां पर उनकी वीरता के प्रतीक के रूप में एक दुर्ग विद्यमान है। मुगल काल में देशव्यापी प्रसिद्धि प्राप्त करने वाले महान संगीतज्ञ तानसेन की समाधि भी यहीं बनी हुई है। ग्वालियर अब पूरी तरह एक आधुनिक भारतीय नगर का रूप ले चुका है जहां सब तरह की गतिविधियां और चहल-पहल देखी जा सकती है।

दर्शनीय स्थान—किला, गूजरी महल, मन मंदिर महल, सूरज कुंड, तेली का मंदिर और सास—बहू का मंदिर, गुरुद्वारा दाता बंधी छोड़, जय विलास महल और संग्रहालय, तानसेन का मकबरा, गौस मोहम्मद का मकबरा, स्मारक कला वीथिका, नगर पालिका संग्रहालय, सरोद घर, सूर्य मंदिर।

यातायात व्यवस्था—यहां वायु, रेल, व सड़क मार्ग से पहुंचा जा सकता है।

आवास व्यवस्था—यहां सस्ते और मंहगे होटल हैं, जहां आरामदायक आवास सुविधाएं उपलब्ध हैं।

परिधान—नगरीय लोग गर्मियों में हल्के सामान्य वस्त्र, सर्दियों में भारी ऊनी वस्त्र पहनते हैं।

उदयपुर

उदयपुर को महलों एवं झीलों का नगर तथा मेवाड़ का रत्न कहा जाता है। यहां पर कवियों और चित्रकारों प्रेरणा प्रदान करने वाले अनेक सुन्दर व आकर्षक दृश्य सुगधुर ध्वनि तथा सुख की अनुभूति परस्पर मिले हुए हैं। ऐतिहासिक दृष्टि से यह क्षेत्र पर्यटकों के लिये अपनी ओर खींचता है। महलों, झीलों, मंदिरों, उद्यानों और तंग गलियों को समेटे यहां का समूचा क्षेत्र सहज ही लोगों को आकर्षित करता है। पिचोला झील पर रत्न की तरह चमकता मनोहारी लेक पैलेस सुन्दरता का जीता-जागता उदाहरण है। रानियों के एकांत के लिए बने मनोरम उद्यान—'सहेलियों की बाड़ी' में पर्दा-प्रथा तथा आमोद-प्रमोद दोनों आवश्यकताएं पूरी होती दिखाई देती हैं। शिव निवास पैलेस के भीतर बने संग्रहालय में आपको राजपुतानी चेतना और वीरता के दर्शन होते हैं जो विभिन्न शस्त्रों, चित्रकारी और कलात्मक वस्तुओं में से झलकती है। इसी नगर में प्रसिद्ध जेम्मबांड फिल्म आक्टोपसी का फिल्मांकन हुआ था। उदयपुर राजस्थान का सुंदरतम नगर है।

दर्शनीय स्थान—लेक पैलेस, सिटी पैलेस, जगदीश मंदिर, भारतीय लोक कला संग्रहालय, सहेलियों की बाड़ी, प्रताप मैमोरियल, एकलिंगजी, फतेह सागर, पिचोला झील, सज्जन गढ़, आहार, गुलाब बाग।

परिवहन व्यवस्था—उदयपुर वायु, रेल व सड़क मार्ग से पहुंचा जा सकता है।

आवास व्यवस्था—यहां महुंगे और सस्ते होटल हैं, जहां आरामदायक आवास सुविधाएं उपलब्ध हैं।

परिधान—यहां के लोग गर्मियों हल्के सामान्य वस्त्र तथा सर्दियों में भारी ऊनी वस्त्र पहनना पसन्द करते हैं।

डीग

पक्षियों और महलों का शहर कहा जाने वाला डीग पर्यटकों के आकर्षण का केन्द्र है। पर्यटकों को आकर्षित करने वाली चीजों में यहां के उद्यान और जल महल प्रमुख हैं। इस शहर पर 18वीं सदी में जाट शासकों का आधिपत्य रहा। एक ऊंचे स्थान पर राजा सूरजमल द्वारा बनाया गया डीग दुर्ग गर्व के साथ आपका स्वागत करता है। किले के चारों ओर खाइयां, प्राचीर और द्वार बने हुए हैं। जाट शासक उच्च कोटि के योद्धा थे और एक मुगल दुर्ग से हथियाया गया एक झूला यहां रखा है जो उनकी वीरता की व्याख्या करता है। इसके निकट ही केवलादेव पक्षी अभयारण्य है जहां पर हज़ारों पक्षी दर्शकों का मन मोह लेते हैं। साइबेरिया के सारस भी सर्दियों में मौसम में यहां आकर शरण लेते हैं।

दर्शनीय स्थल—गोपाल भवन, सावन-भादों मंडप, वाच टावर—(इसके ऊपर आगरा किले से जीती गई एक तोप रखी है)

यातायात व्यवस्था—यहां कोई हवाई अड्डा नहीं है। सबसे निकटतम हवाई अड्डा दिल्ली हैं।

वस्त्र—यहां के लोग गर्मियों में हल्के सामान्य वस्त्र तथा सर्दियों में हल्के ऊनी वस्त्र करते हैं।

भोपाल

मध्य प्रदेश में स्थित भोपाल नवाबों के शहर के नाम से प्रसिद्ध है। वर्तमान समय में इस शहर का स्वरूप बहुआयामी हो गया है। इस शहर के बड़े-बड़े बाजार, प्राचीन मस्जिदें और भवन आज भी यहा के पूर्व शासकों तथा नवाबों के जीवन से परिचय कराते हैं। इन शासकों में वे शक्तिशाली बेगमें भी शामिल हैं, जिन्होंने 1879 से 1926 तक भोपाल पर राज्य किया। भोपाल के नवाबों ने यहां शाही परम्परा को स्थापित करने की दृष्टि से अनेक शानदार भवनों का निर्माण करवाया। यहां की जीवन शैली में अभी भी शाही रीति देखने को

मिलती है। यह शहर भी कम आकर्षक नहीं, यहां अच्छे ढंग से निर्मित उद्यान विस्तृत रिहायशी इलाके और आधुनिक इमारतें आपका स्वागत करती हैं। भोपाल एक मनोहारी शहर है जहां मध्यकालीन वास्तुकला की झलक देने वाली कई इमारतें मौजूद हैं। शहर के बीच में एक झील है जो इस क्षेत्र के इतिहास के उत्थान और पतन की मौन साक्षी रही है। भोपाल में आयोजित होने वाले संगीत सम्मेलन भारतीय एकता में वृद्धि कर रहे हैं।

दर्शनीय स्थान—ताज-उल मस्जिद, शौकत महल, सदर मंजिल, भारत भवन, जमा मस्जिद, गौहर महल, ट्राइबल हैबिटैट, मोती मस्जिद, लक्ष्मी नारायण मंदिर, वन विहार, क्षेत्रीय विज्ञान केन्द्र, ऊपरी और निचली झीलें।

यातायात व्यवस्था—यहाँ वायु, रेल, सड़क मार्ग से पहुँचा जा सकता है।

आवास व्यवस्था—यहाँ कई सस्ते और महँगे होटल हैं, जहाँ आरामदायक आवास सुविधाएँ उपलब्ध हैं।

वेशभूषा : यहाँ के लोग गर्मियों में हल्के सामान्य वस्त्र तथा सर्दियों में हल्के ऊनी वस्त्र पहनना पसन्द करते हैं।

जैसलमेर

जैसलमेर को राजस्थान के मरुस्थलीय पृथ्वी का स्वर्ण नगरी कहा जाता है। जिसे सन् 1156 में यादव वंश के शासक रावल जैसवाल ने स्थापित किया था। इस शहर को देखकर ऐसा महसूस होता है कि मानो थार के रेगिस्तान में कोई सुन्दर फूल खिला है। ऐसी कथा प्रचलित है कि भगवान कृष्ण इस स्थान पर पधारे थे और उन्होंने कहा कि यादव वंश का कोई वंशज इस स्थान पर राजधानी का निर्माण करेगा। इस समय यह मरु नगर सुंदर हवेलियों और जैन मंदिरों की छटा से चमक रहा है। जैसलमेर किले की मजबूत और ऊंची दीवारों ने कई आक्रांताओं के इरादों को नाकाम किया है। किंतु आज भी दर्शनीय वस्तु बनी हुई है जहां आम लोग चित्र लेकर अपना मनोरंजन करते हैं। यहां की भौगोलिक स्थिति अत्यंत आकर्षक है और दूर-दूर तक फैली रेत के सागर ने इसे देश का एक मत्त्वपूर्ण पर्यटन स्थल बना दिया है।

मुख्य आर्कषण—किला, मानक चौक और हवेली, जैन मंदिर, गदी सागर झील, पटवों की हवेली, सलीम सिंह की हवेली।

भ्रमण स्थल—लाडरूवा (16 कि.मी.) , वुड फासिल पार्क (17 कि.मी.), सैम रेत के टिब्बे (42 कि.मी.), मरु राष्ट्रीय उद्यान (45 कि.मी.)।

परिवहन व्यवस्था—जैसलमेर रेल और सड़क दोनों मार्गो से अच्छी तरह जुड़ा है। यहां कोई हवाई अड्डा नहीं है। निकटतम हवाई अड्डा जोधपुर है।

आवास व्यवस्था—यहां मंहगे और सस्ते होटल हैं, जहां आरामदायक आवास सुविधाएं उपलब्ध है।

परिधान—यहां के लोग गर्मियों में हल्के सामान्य वस्त्र तथा सर्दियों में ऊनी वस्त्र पहनना पसन्द करते हैं।

भारत की प्रमुख कलाकृतियाँ

किसी भी देश की ललित कला उसके मूल विषय हैं जैसे कि चित्रकारी, मूर्तिकला, भवन निर्माण कला, चित्रकला, पानी के रंग, रेखाचित्र के वृत्त, प्राकृतिक शिल्पकला आदि यात्रा करने के प्रमुख आकर्षण हैं। भारत देश में आने वाले यात्रियों हेतु कला के आकर्षणों की संतुष्टि बहुत ही प्रमुख है, इसीलिए इसे सांस्कृतिक खरीददारी कहा जा सकता है। खरीद की वस्तुएँ पर्यटन द्वारा स्वयं के देश को स्मारिकाओं के तौर पर ले ले जाई जाती हैं। अतः इन वस्तुओं की बिक्री एक प्रमुख स्थान रखती है।

कला एवं कृति सांस्कृतिक पर्यटन के हिस्से हैं क्योंकि कुछ यात्री पारंपरिक कला और कृतियों के केन्द्रों को देखना चाहते हैं। उदाहरणार्थ—नवम्बर 1976 में 89 होटल उद्योगपति केटरिंग टाइम्स आफ लंदन द्वारा प्रायोजित करने पर भारत की यात्रा पर आये, वे इतने प्रभावित हुए कि उसमें से कतिपय भारतीय आभूषणों का कुछ और अध्ययन करने हेतु भारत में रूक गये। भारतीय हस्तशिल्पकारों ने विभिन्न तरह के हस्तनिर्मित काम में महारत हासिल कर ली है। कुम्हार, बढ़ई, लोहार, जुलाहे (बुनकर) आदि में ज्यादातर कार्य कौशलता अपने पारिवारिक परंपरा पर आधारित व्यवसाय पर निर्भर होने के कारण है।

भारत में विभिन्न क्षेत्रों में भिन्न-भिन्न तरह के मिट्टी के बर्तनों को बनाया जाता है। पंजाब एवं सिंध की चमकीली मिट्टी के बर्तन प्रसिद्ध हैं। मथुरा के मिट्टी के बर्तन तो अपनी बनावट एवं सुन्दरता के लिए काफी विख्यात व प्रसिद्ध हैं। ग्वालियर के मिट्टी के बर्तन तो यूरोप में बहुत ही प्रचलित हैं।

कला एवं कृतियों के क्षेत्र में भारत बहुत समृद्ध है। सेनेगर जयपुर में रंगाने के गृह, औरंगाबाद के 'हेमरू' जुलाहा, वाराणसी एवं काँचीपुरम के रेशमी जुलाहा, स्वामीलाई के तांबा धातु की खोज करने वाले, महाबलीपुरम के पत्थर की इमारत बनाने वाले शिल्पी मैसूर, दिल्ली एवं राजस्थान के हाथीदाँत की नक्काशी करने वाले, आगरा के संगमरमर के कारीगर, मैसूर व बंगलौर के चन्दन की लकड़ी को खोदकर मूर्ति बनाने वाले/नक्काशी करने वालों के हस्त से कढ़े हुए दुशाले, मुर्शिदाबाद एवं बनारस की जरीदारी, जयुपर व दिल्ली के आभूषण, हैदराबाद वे मुरादाबाद के आन्तरिक तरीके से लगाये हुए धातु की कृतियाँ, फिरोजाबाद की कांच की चूड़ियाँ हमारे देश में प्रसिद्ध हैं। जिन स्थानों में ये चीजें निर्मित की जाती हैं, उनके दर्शन यात्रियों के मनोविनोद के आकर्षण हैं। पर्यटक इन जगहों पर खरीददारी करने को आकर्षित होते हैं। होटलों अथवा इनके समीपवर्ती स्थानों में भी स्थानीय कला-कृतियाँ व

हस्तकारिक वस्तुएँ प्रदर्शित की जा सकती हैं ताकि पर्यटक स्थानीय लोगों द्वारा निर्मित कलाकृतियों से वाकिफ हो सकें, ललित कला एवं कलाकृतियाँ कला वस्तुओं, संगीत, पारम्परिक सामरिक सेना सम्बन्धी सामग्रियाँ, सांस्कृतिक आकर्षणों की कला प्रदर्शनियाँ लगाकर सांस्कृतिक अनुभवों को प्रदर्शित किया जा सकता है।

संगीत कला—यह मनोरंजन की उच्चतम श्रेणी में शामिल है। राष्ट्र के संगीत की अभिव्यक्ति एवं स्रोत आकर्षण एवं आनन्द प्राप्ति के पहलू हैं। एक सैलानी किसी भी देश की यात्रा के दौरान उस राष्ट्र बाबत ज्यादा से ज्यादा जानकारी की करना चाहता है। संगीत भारतीय संस्कृति का एक महान अंग है। पर्यटकों हेतु भारतीय संस्कृति विशेषतः शाम के समय एक सांस्कृतिक एवं सामान्य मनोविनोद का साधन है। होटल में मेहमानों के लिए स्थानीय संगीत मनोविनोद का माध्यम बनाया जा सकता है। सायंकालीन मनोविनोद के कार्यक्रम, संगीतशाला, प्रमाण, संरक्षित किले एवं ध्वनि निर्माण आदि सभी ये किसी भी देश की इस विशेष कला में योगदान देते हैं। परेड व स्वागत समारोह, संगीत समूहों के साथ स्थानीय संगीतों के स्रोतों के मनोविनोद में मदद करते हैं। इसी तरह टेपरिकार्डिंग के फोटोग्राफ जो कि पर्यटक प्रयोग के लिए स्वदेश में खरीद सकते हैं। वे भी सांस्कृतिक स्मृतियों हेतु व उस देश की संगीत की सुन्दरता व खुशी को पुनः स्मरण करने के साधन हैं।

नृत्य—किसी भी देश के नृत्य उस देश की संस्कृति के आकर्षण एवं उत्तेजना के पहलू हैं। नृत्य अपनी प्रकृति एवं सौन्दर्यता व आकार को प्रदर्शित करता है एवं पर्यटकों को प्रेरित करता है। रंग, वेशभूषा, संगीत ढांचा व कार्यान्वयन की प्रवीणता व प्रदर्शन का ढंग आकर्षण को प्रभावित करते हैं। भारतीय प्रवृत्ति एवं नृत्य मौलिक हैं। नृत्य एवं मौलिक संगीत भारतीय संस्कृति के अभिन्न हिस्सा हैं एवं पर्यटको के मनोरंजन के साधनों में शामिल किए जाने चाहिएँ। नृत्य एवं मनोविनोद होटल कार्यक्रमों के अंग होने चाहिए।

रूसी रंगमंच नृत्य, पूर्वी यूरोपियन देशों के लोक नृत्य, मैक्सिको के लोक नृत्य, थाई, नृत्य, जापान के कबूकी नृत्य, अफ्रीका के बहुत से देशों के नृत्य, उन देशों की संस्कृति के परिचायक हैं।

भारतीय नृत्य व संगीत हालांकि ये स्वयं प्राथमिक आकर्षण नहीं हैं किन्तु ये एक सहायक मनोविनोद के रूप में उपयोग किए जाने चाहिएँ। संगीतकार, गायक व नृतकों को पर्यटन उद्योग द्वारा प्रोत्साहन देने से एक उपयोगी उद्देश्य प्राप्त किया जा सकता है।

कृषि—किसी भी क्षेत्र की कृषि उस स्थान की संस्कृति की एक आकर्षक एवं रोमांचक पहलू की द्योतक है। काफी पर्यटक खेती, पालतू जानवर, मुर्गीपालन, दुग्ध उद्योग, फसलें, ताजे फल व सब्जियाँ, शहद, पेय आदि में रुचि रखते हैं एवं खेती में उत्पादित अन्य वस्तुओं का शीघ्र आनन्द लेते हैं, इस तरह कृषि एवं सम्बन्धित सेवाओं का विकास स्थानीय यात्राओं का एक रोमांचकारी पहलू है।

खान-पान—भारत में विभिन्न तरह के क्षेत्रीय खान-पान एवं स्वास्थ्यवर्द्धक व प्राकृतिक पेय पदार्थ हैं जो कि पर्यटकों हेतु महत्त्वपूर्ण साबित हो सकते हैं।

पर्यटक स्थानीय खान-पान की वस्तुओं जो कि स्थानीय/मौलिक किस्म की हैं को पसन्द करते हैं। खान-पान उद्योग द्वारा सैलानियों पर एक अमिट छाप छोड़ी जा सकती है। संरक्षित खान एवं पेय पदार्थ शराब व बीयर, उपभोग हेतु ताजा खाना आदि खान व पेय पदार्थों में सांस्कृतिक आकर्षण की पहचान है।

उद्योग—औद्योगिक रूप से विकसित क्षेत्र की तरफ पर्यटक अधिक आकर्षित होते हैं। बहुत से अन्तर्राष्ट्रीय यात्री क्षेत्रीय अर्थव्यवस्था में रुचि रखते हैं। ये यात्राकृत देश के उद्योग, वाणिज्य एवं उत्पादित वस्तुओं को देखना चाहते हैं। विदेशी पर्यटकों द्वारा उद्योगों का दर्शन करने से स्थानीय संस्कृति में रुचि जागृत होती है एवं उन्हें स्थानीय वस्तुएँ एक स्मारिका के रूप में खरीददारी हेतु लालायित करेंगी। वे स्वदेश लौटने के बाद भी उन वस्तुओं को खरीद सकते हैं।

व्यवसाय—खरीददारी पर्यटन उद्योग का एक महत्त्वपूर्ण पहलू है। यदि इसे उचित तौर पर संगठित किया जाय तो व्यापार व खरीददारी हमारे आगन्तुकों का एक महत्त्वपूर्ण अनुभव हो सकता है।

ऐतिहासिक स्मारक

भारतीय कला एवं भवन निर्माण कला इसके अन्तर्गत आती हैं। यूरोप एवं अमेरिका के काफी पर्यटक इसके दर्शनाभिलाषी हैं। विरासती-स्मारकों को प्रमुख रूप से, हिन्दूकालीन स्मारक, बौद्धकालीन स्मारक, यूरोप व ब्रिटिश एसोसिएशन से सम्बन्धित स्मारक तथा भारत मुस्लिम स्मारक आदि भागों विभाजित किया गया है।

इन समस्त स्मारकों का प्रयोग सांस्कृतिक पर्यटन के लिए किया जा सकता है। इस तरह के पर्यटन की बहुत सम्भावनाएँ है तथा आने वाले समय में इसके उपयोग करने की संभावनाएँ बहुत अधिक हैं।

प्राकृतिक सुन्दरता—लगभग 50 प्रतिशत पर्यटक महसूस करते हैं कि उनकी भारत यात्रा की इच्छा का महत्त्वपूर्ण कारण यहाँ की सुन्दरता एवं प्राकृतिक सौन्दर्यता है।

वन्य जीव-जन्तु—भारत के वन, सरोवर व नदियाँ बहुत से जीव-जन्तुओं के आवास गृह हैं यथा—शेर, बाघ, एक सींग वाला रेण्डियर, बर्फीला बाघ, जंगली गधा व अनेक किस्म के परदेशी पक्षियों को यहाँ बहुत से वन्य प्राणी शरण स्थलों में सुरक्षित किया जा रहा है जिनमें कि प्रकृति प्रेमी पर्यटक पशु एवं पक्षियों की उनकी प्राकृतिक कार्यकलापों व आदतों में देखने के मौके प्राप्त कर सकते हैं।

लोक उत्सव तथा शिल्प कला

भारत में लोकउत्सव का सम्बन्ध गृह उद्योग के उत्पादन खपत और उपभोग से है। यहां पर औरतें परम्परागत सामग्रियों का निर्माण करती हैं तथा उस शिल्प में अपने आपको अभिव्यक्त करती हैं। पारंपरिक शिल्पकला द्वारा निर्मित वस्तु से ही अनेक अनुष्ठान संपन्न होते हैं। कुछ ऐसी भी शिल्प वस्तुएँ हैं जो किसी त्योहार विशेष पर ही बनाई जाती हैं जैसे महासंक्रांति पर पतंगें, मौली धागे, रक्षाबंधन पर राखियाँ तथा दीपावली पर दीये-खिलौने, पटाखे और मिट्टी के खिलौने आदि का निर्माण किया जाता है।

वर्तमान समय की पर्यटन नीति में इन त्योहारों का ध्यान रखा गया है और विशेष उत्सवों का आयोजन किसी प्राकृतिक, धार्मिक या ऐतिहासिक स्थान के पास संपन्न होता है।

भारत में कुछ विशेष उत्सवों में बहुत अधिक श्रद्धालु शामिल होते हैं जैसे, पुरी की विश्वविख्यात रथयात्रा, त्रिचुर का पूरम उत्सव, लेह-लद्दाख की हेमिज बौद्ध मठ का उत्सव आदि। ये सभी एक धार्मिक स्थान पर केंद्रित हैं। कुछ उत्सव मौसम पर आधारित होते हैं, यथा– चन्द्रमा की स्थिति या फसल काटने के उत्सव। कुछ उत्सव पौराणिक कथा पर आधारित होते हैं, जैसे–रक्षाबंधन, बैसाखी, दीवाली, गणेश चतुर्थी, क्रिसमस, ईद, पोंगल, ओणम आदि। ऐसे अवसरों पर लोकशिल्प को बढ़ावा मिलता है।

पटरियों पर लगी दुकानें इन त्योहारों में प्रयुक्त होने वाले सामानों की पूर्ति करती हैं। वाणिज्य और भक्ति, तीर्थयात्रा और उत्सव वास्तविक रूप से जुड़े हुए और एकता में अनेकता को प्रस्तुत करता है और इसके भागीदार बनकर अपनी आवश्यकताओं और खुशियों का आनन्द लेते हैं। यह एक अचेतन और वास्तविक भाव का चित्रण होता है जो भारत का वास्तविक चित्र उपस्थित करता है।

यदि इन घटनाओं के साथ किसी भी प्रकार के पर्यटन उत्सव को आयोजित करना है तो यह स्मरण रहे कि ऐसा वातावरण निर्मित करना चाहिए जो कि स्थानीय संस्कृति से मेलजोल रख सकें एवं पर्यटकों को अप्राकृतिक भी न लगे। इस अप्राकृतिकता के खतरे से सुरक्षा जरूरी है।

सम्प्रति एक नई शैली के 'पर्यटक त्योहारों' का चलन बढ़ रहा है, स्थानीय जनता के लिए पराये हैं। इस परायेपन के लिए उत्तरदायी कारण निम्नलिखित हैं–

(क) स्थानीय समुदायों को उनके पारंपरिक पहनावे और शिल्प के साथ प्रदर्शन अथवा उत्सुकता का विषय बनाकर और चित्र खींचकर।

(ख) भिन्न भाषा के उपयोग की वजह से।

(ग) परायी संस्कृति जैसे कैबरे, जुआघर व शराब को बढ़ावा देकर।

(घ) विदेशी सैलानियों के सामने अपने विशेष आदमियों को समर्थन देकर।

(ङ) यह दिखाकर कि पर्यटन के लिए संस्थागत विकास, स्थानीय जरूरतों से अधिक महत्वपूर्ण है।

विभिन्न पर्यटन परिपत्रों पर राज्य सरकारों द्वारा मेलों का आयोजन किया जाता है, ताकि पारंपरिक तथा मेले के वातावरण को पुनः जीवित करके पर्यटन को प्रोत्साहित किया जा रहा है। यह मेले किसी धार्मिक उत्सव अथवा स्थल से नहीं जुड़े होते, बल्कि किसी ऐतिहासिक स्मारक, प्राकृतिक दृश्य, खेल-कूद या आधुनिक मनोरंजन के साधनों से जुड़े होते हैं। सामान्य रूप से अवसरों पर शिल्पकारों को अपनी शिल्प वस्तुओं की बिक्री के लिए बुलाया जाता है जो अपनी कला हेतु राष्ट्रीय अथवा राज्य स्तर का पुरस्कार प्राप्त कर चुके होते हैं।

इस प्रकार के आयोजित होने वाले शिल्प मेले से उस स्थान के पास-पड़ोस में अत्यन्त ही चहल-पहल व कौतूहल रहता है। यह पर्यटक, एजेंट कार्यालयों, दूतावासों, विद्यालयों और प्रचुर माध्यमों की मदद से देश-विदेश में बहुत प्रचारित है तथा इसमें भारतीय संस्कृति के प्रोत्साहन में शिल्प की विपुल सम्पदा का व्यापक प्रयोग किया जाता है। कुछ राज्य केरल, उड़ीसा, कर्नाटक, मध्य प्रदेश और हरियाणा को तो पहले ही प्रचारित किया जा चुका है। सम्प्रति एक नया राज्य भारत की संस्कृति की एक नई छटा को प्रचारित करता है।

स्थापत्य कला एवं चित्रकला से संबंधात पर्यटन

विश्व के किसी भी राष्ट्र का इतिहास जानने में उस देश की चित्रकला का प्रमुख योगदान होता है। भारतीय संस्कृत के इतिहास की जानकारी भारत के प्राचीन संस्कृत साहित्य में उपलब्ध है। प्राचीन, मध्यकालीन एवं आधुनिक भारत के विविध कलाओं का प्रभाव एशिया एवं यूरोप के कलाओं पर साफ नजर आता है। इसी प्रकार भारतीय कला भी वहां की कला से प्रभावित हुई है।

विश्व के विभिन्न देशों में भारतीय कला की अत्यधिक सराहना होती है। अजन्ता की गुफाओं की चित्रकला को विश्व प्रसिद्ध माना जाता है। भारत की संस्कृति, परम्परा व कला अपनी वास्तविकता को लिये हुए हैं। भारतीय कला एवं परम्परा एक विशाल सागर की भांति है। उस पर चिन्तन करने पर आभास होता है कि यहाँ की कला और परम्परा का स्वरूप कितना विशाल है।

किसी भी देश का नाम सामने आने पर उस देश की परम्पराओं की तरफ हमारा ध्यान आकृष्ट होता है। यह जुगुप्सा होती है कि उसकी प्राचीन परंपरा में कौन-कौन सी मान्यताएँ रही हैं। प्राचीनता इस बात का प्रतीक है कि उसकी प्रामाणिकता को साबित कर सकती है। परम्पराओं का निर्वाह कला में हमेशा होती आयी है। कुछ महत्वपूर्ण परम्पराएँ हैं जो विशेष

परिस्थितियों में क्रियान्वित होती रहती हैं। रचना सामग्री के द्वारा कलाकार कभी-कभी नये आयाम सृजित करता है जिनका सम्बन्ध परम्परा से है। कलाकार जिस निर्माण सामग्री का उपयोग करता है, वह परम्परागत तौर पर प्रचलित होती है। शैलीबद्ध ढंग से रचित कलाकृति विशेष परम्परा की पहचान होती है। कला वह आत्मा है जिसकी भव्यता कभी कम नहीं हो सकती। इस भव्यता में सृजनात्मक भाव परम्परा को जीवित बनाते हैं। कला की जीवित परम्परा समाज की संस्कृति है।

पुरातन काल में चित्रकला में राष्ट्रकाल एवं वातावरण की झलक मिलती थी। सौन्दर्य के प्रति कलाकार की जिज्ञासा इस बात का प्रमाण है कि कलाकार सृजन प्रवृत्ति के द्वारा अपने जीवन दर्शन को कला के लिए समर्पित करता है। कलाकार की कल्पनाओं में कलात्मक सृजन हमेशा इस बात के लिए प्रेरित रहता है, जिसमें उसे सौन्दर्य की सुख की अनुभूति हो। वह जिस वातावरण या समाज में रहता है उसे उसी समाज की वेदना कलाकृति में उजागर करने की धुन रहती है। समाज की परम्पराओं की मर्यादा में रहकर कलाकर अपने जीवन के सृजनशील पक्ष को एक मजबूत आयाम देने के लिए प्रयत्नशील रहता है। वह समाज की संस्कृति, लोक गाथाओं का चित्रण, रंग एवं रेखाओं से सजीवता प्रदान करता है। कलाकार की प्रेरणा परम्पराओं के वशीभूत होती है। इन सभी भावनात्मक परिदृश्य को ध्यान में रखकर वह उन शुभ मौकों का चित्रांकन योजनाबद्ध ढंग से करता है। मानवीय गुणों के मूल्य को सरलतापूर्वक व्यक्त करने में कलाकार के योगदान को कभी भुलाया नहीं जा सकता।

हमारे देश में मुक्त रूप से पारम्परिक चित्रकला का ही बोलबाला रहा है। जिसकी झलक हमें प्राचीन समय से लेकर वर्तमान समय तक दिखाई दे रही है। चित्र-संयोजन में आकृतियों का गठन और समन्वय समय के अनुसार अंकित किया गया है। उन चित्रों में परम्परा की स्पष्ट झलक दिखायी देती है। जैसे—प्रागैतिहासिक काल के चित्रों में उत्सवों के दृश्य मिलते हैं। रेखाचित्रों के द्वारा प्रतीकात्मक अंकन में प्रागैतिहासिक कालीन चित्रकारों ने अपनी परम्परा का पालन किया है।

सिन्धु घाटी सभ्यता के कलावशेषों में उस समय की कला की विकसित अवस्था के उदाहरण हैं। सिन्धु सभ्यता का कलात्मक विकास उस समय की परम्परा का प्रतीक है। अजन्ता की गुफाओं के चित्रों में भगवान बुद्ध के बौद्ध धर्म प्रचार की परम्परा गुफाओं में जीवित है। उस समय के वस्त्राभूषण तथा रहन-सहन इसका प्रमाण देते हैं कि उस समय की परम्परा कैसी रही है? अपभ्रंश शैली के चित्रों में अपभ्रंश (विकृत) आकृतियों का अंकन स्पष्ट तौर पर दृष्टिगोचर होता है। जैन शैली का चित्रण परम्परा से भी स्पष्ट होता है कि पश्चिम हिन्दू शैली अपनी तकनीक में प्रसिद्ध रही है। राजपूत (राजस्थान) शैली में राजपूत राजाओं के रण-कौशल की परम्परा तथा राजमहलों में रनिवास का चित्रण उस समय की विषयवस्तु को दर्शाता है। मुगल शैली में मुगल शासकों का ईरानी शैली के माध्यम से भारतीय शैली में

चित्रण कार्य राजदरबार तक सीमित चित्र शैली की परम्परा दृष्टिगोचर होती है। मुगल शैली का अन्त हो जाने के पश्चात् कलाकारों में पहाड़ी शैली में चित्रकला का विकास हुआ। ईस्ट इंडिया शैली में कम्पनी स्कूल के कलाकारों के माध्यम से भारतीय आधार की गरीबी तथा कृषक जीवन को परिहास की दृष्टि से चित्रित करना ब्रिटिश शासन की परम्परा बन गयी थी। भारत के पुनरोत्थान काल में चित्रकारों ने उन चित्र शैलियों को अपनाया जिनसे जनांदोलन भड़क सके। इस परम्परा का पालन भारतीय कलाकार समाज की कठिनाइयों को अपने कैनवास पर सृजित करके उजागर कर सकता है, जिससे दर्शक के मन में एक प्रेरणा उजागर होगी।

भारत में चित्रण काम पुरातन व्याख्यानों पर आधारित है। धार्मिक ग्रन्थों, उपनिषदों, काव्य-खण्डों, महाकाव्यों पर भी आधारित चित्रण कार्य की परम्परा काफी पुराने समय से चली आ रही है। इन धार्मिक ग्रन्थों पर भारतीय कला परम्परा टिकी हुई है। कला का सृजनात्मक भाव धर्म से प्रेरित तो है ही साथ में उसके गूढ़ रहस्य को समाज में एक आदर्श के रूप में स्थापित किया है। समाज उस आदर्श पर अपना विश्वास और श्रद्धा रखता है। सृजन कार्य कला में लोक कलाकार की अहम् भूमिका रहती है। समाज की परम्परा को साकार करने में कलाकार मददगार होता है। कलाकार का जीवन कला परम्परा को जीवित रखने के लिए विशिष्ट होता है। समाज की परंपरा एवं समकालीन मान्यता को वह अपने सृजन में प्रदर्शित करता है। कला परम्परा पर चिंतन करने से सौन्दर्य की अनुपम सुख की प्राप्ति होती है।

भारत में कला पर हुए चिन्तन में मन की सात्विक भावना पर अधिक बल दिया गया है। भारतीय दृष्टि में मन अन्तर्मुखी होकर सत्य और आत्मा के प्रत्यक्षीकरण से शान्ति का अनुभव करता है जो सत्य, शिव और सुन्दर है। मन की रजोगुण और तमोगुण वृत्तियाँ सत्य में लीन होकर आत्मप्रत्यक्ष करती हैं जिससे मन अखण्ड हो जाता है, इसीलिए भारतीय महर्षियों ने कहा है, "अखण्ड बुद्धि समास्वाद्यं काव्यम्।" यह अखण्ड रूप में प्रतिरूपित होती है।

रूप सृजन की अनुभूति कला की अनुभूति है। कलाकार स्थूल रूप माध्यमों से लयात्मक चित्रों का सृजन करता है जिसके उत्तम उदाहरण नटराज, कोणार्क की मूर्तियाँ एवं अजन्ता, एलोरा की कला में मिलते हैं, जहाँ जड़ता कहीं भी नजर नहीं आती है।

वात्स्यायन ने चित्रकारी का उल्लेख अपनी कृति 'कामसूत्र' में चौंसठ कलाओं में से चौथा स्थान मानकर किया है जो कि 200-300 ईसा के बाद में लिखी गयी है। उपसंहार के समय वात्स्यायन ने एक श्लोक लिखा; जो पर्याप्त रूप से स्पष्ट करता है कि उस समय चित्रकारी पूर्ण रूप से विकसित हुई थी एवं चित्रकारी की छह शाखायें कामसूत्र में वर्णित तथा चलन में थीं, ये निम्न हैं—

1. रूप भेद—आकृति या नमूने का ज्ञान।
2. परिणाम—अनुपात, भाग, अंश।
3. लावण्य योजना—सौंदर्य (ललित कला), शास्त्र योजना।
4. भावन—वर्णन या कथन।
5. सादृश्य समानता।
6. वर्णिका—रंग योजना।

ये छह शाखायें बाद वाले समय से भी सफलतापूर्वक अनुसरित की गयी हैं जिन्होंने भारतीय चित्रकला की परम्परा की नींव डाली।

अजन्ता की गुफा

अजन्ता की गुफा महाराष्ट्र के बाधोरा नदी के तट पर स्थित है जो औरंगाबाद से लगभग 106 किमी. दूर है। यह कला, वास्तुकला, चित्रकला और नक्काशी के लिए अत्यधिक प्रसिद्ध है। अजन्ता की गुफाएँ पहाड़ियों में बनी हैं जो मनोहर प्राकृतिक अवस्था लिए हैं। अजन्ता की गुफायें अर्द्धवृत्ताकार रूप में स्थित हैं।

ऐतिहासिक स्थिति—यह अज्ञात है कि, आकर्षक रूप देने के लिए छेनी से काट-काटकर इसे मनोरम रूप प्रदान किया और दूसरी सदी ईसा पूर्व के समय यह प्रथमतः प्रकाश में आने लगी थी। सबसे बाद की गुफायें 8वीं सदी ईसा पूर्व के साथ प्रकाश में आयीं मानी जाती हैं। स्पष्ट है कि अजन्ता के कार्य का समय तकरीबन 1000 वर्ष तक फैला हुआ है। कई सदियों तक यह निरुधोगी (बिना कार्य रुके हुए) भी रही। अजन्ता में कार्य का शक्तिशाली प्रवाह मगध में गुप्तों के उदय के साथ शुरू हुआ। इसी काल में (5वीं सदी ईसा) अजन्ता की कला दैदीप्यमान हुई।

नामकरण—इस गुफा के समीप ही 'अजन्ता' नामक गांव बसा है जो अजन्ता शब्द का जनक है। इन गुफाओं की चित्रकलायें 'अजन्ता लेनी' अजन्ता गांव के आभूषण कहलाती हैं। अजन्ता में करीब 30 गुफायें हैं।

कथ्य—अजन्ता की चित्रकला का सम्बन्ध बौद्ध धर्म से लगता है। इसको देखने पर यह महसूस होता है कि इन कलाकृतियों का निर्माण बौद्ध भिक्षुओं द्वारा बनाये गये वानप्रस्थ (अलगाव या पृथकत्व) युग में किया गया हो। अधिकांशतः सारी चित्रकारी जातक कथाओं पर निर्मित हैं। ये कहानियाँ बुद्ध के विभिन्न अवतारों की कहानियाँ है। सभी चित्रकारी में बुद्ध मुख्य नाम है सिवाय कुछ के जो कि अलौकिक जीव और दिव्य शरीर में हैं जैसे—अप्सरायें, गन्धर्व तथा राक्षस। अधिकांश चित्रकारी शाक्यमुनि और बोधिसत्व से सम्बन्धित हैं। बुद्ध के जीवन की महान घटनायें जैसे—उनका जन्म, परित्याग, ज्ञान प्राप्ति प्रथम, व्याख्यान का उपदेश और उनका मृत्यु के दृश्यों को सावधानीपूर्वक अंकित किया गया है। चित्रकारी न

केवल धार्मिक उद्देश्यों वरन् पृथ्वी, भूमि, पानी, चट्टान, वनस्पति, पक्षी, जीव व मानव से भी संबद्ध है। इनमें काल्पनिक जीव व शैतान जिन्होंने बुद्ध को पथभ्रष्ट करने की कोशिश आदि भी हैं।

इन चित्रों में तात्कालिक सामाजिक जीवन के विभिन्न पहलुओं से प्यार और घृणा, दया और अन्याय, घर और महल, जीवन सुधार के तरीके, परिधान, धात्विक व आध्यात्मिक लालसाओं आदि का उपयोगी अभिलेख मिलता है। इनमें समाज के सभी वर्ग के व्यक्तियों के जीवन का चित्रण भी प्राप्त होता है। तस्वीरों व चिन्ताओं में चिंतित लोगों से कोई भी उनके कुलवंश के बारे में परिचय प्राप्त कर सकता है। उनके परिधान आकर्षक बुनाई के नमूने प्रस्तुत तथा साबित करते हैं कि बुनाई की कला, रंगाई और चित्रकारी उस समय अत्यन्त विकसित थी। जिससे अजन्ता चित्रकला संसार में अद्वितीय बन गयी है। विश्व की कोई अन्य चित्रकला अजन्ता चित्रकला के समक्ष नहीं टिक सकती।

अजन्ता चित्रकला की विशेषता—अजन्ता के अनेक गुफाओं में रंगीन सजावटें की गई हैं, जिसके संयोजन पर ही इन गुफाओं की वास्तविक बनावट निर्भर है। गुफाएँ भीतर से अंधेरी हैं एवं चित्रकारी तेल के दीपों में धुंधले प्रकाश में की गयी है। तकरीबन सभी गुफायें रंगों से भरी थीं किन्तु अब सिर्फ गुफा सं. 1, 2, 9, 10, 11, 16 व 17 में ही चित्रकारी उपलब्ध है। कुछ चित्रकलायें पूरी तरह सजाने योग्य हैं। कतिपय चित्रकलायें मात्र कहानियाँ चित्रित करती हैं। सजाने योग्य चित्रकलाओं में ज्यामितीय आकार, चक्राकार तिरछी-टेढ़ी लकीरें, भूल-भुलैया आदि सम्मिलित हैं। यहाँ प्रमुख्यतः छतों की चौकोर चित्रकारी के किनारों पर उद्धृत हैं। सजाने योग्य चित्रकारी में जानवरों, पक्षियों तथा पौधों के आकार प्रयोग में लाये जाते हैं।

रेखीय और प्राकृतिक प्रारूप में अजन्ता चित्रकला इस रूप में अपनी पकड़ प्रदर्शित करती है। साथ ही निश्चित तथा अशुद्धि रहित हाथों के माध्यम से उत्पादन को प्रदर्शित करती हैं। अधिकांश चित्रकलाओं में पक्षियों एवं जानवरों का चित्रण हुआ है। 10 नम्बर की गुफा में हाथियों के झुण्ड नहाने में शक्ति परीक्षण का चित्र इसको स्पष्ट करता है। इस चित्रकथाओं में मानव शरीर की विशेषकर स्त्रियों की भावुक सुन्दरता पर अधिक जोर डाला गया है।

प्रमुख एवं अत्यधिक प्रसिद्ध चित्र—बोधिसत्व, पदमपाणि, अवलोकितेश्वर (गुफा नं. 1) का चित्र रूप चित्रकारी में भारतीय सचित्र कला की महान विद्या का प्रदर्शन करता है। 16 नं. की गुफा में मृत राजकुमारी का चित्र है। इस चित्र के विषय में सर्वमान्य राय है कि भावुकता, करुणा और मानवीयता यहां जीवंत रूप में अभिव्यक्त हुई है। फ्लोरेंस निवासी अच्छा चित्र बना सके होंगे। वेनिस लोग भी उचित रंगों का उपयोग कर चुके होंगे परन्तु इस तरह के भावों का प्रयोग नहीं कर सके हैं।

अजन्ता की गुफा नं. 17 में माता और पुत्र का चित्र दिया गया है, जिसमें बुद्ध को उनकी पत्नी अपना पुत्र देते हुए दिखाई देती हैं। यह दृश्य अत्यन्त ही आकर्षक है। नं. 1 गुफा के चित्रों में सम्भवतः एक भारतीय नरेश के दरबार में कुछ विदेशियों को प्रदर्शित करते हैं। इसी गुफा में पियक्कड़ों का समूह तथा उनका व्यवसाय करने वाला और अनेक तत्त्व ईरानी प्रभाव का स्पष्ट दृश्य प्रस्तुत करते हैं।

निष्कर्ष—अजन्ता की चित्रकला के जरिए एक पृथक् परम्परा प्रारम्भ हुई जो इसकी महान् का प्रतीक है। कालान्तर में इसका प्रभाव विश्वव्यापी हुआ।

अफगानिस्तान की बामियान पर फंडूकिस्तान में दीवालों में तथा मध्य एशिया की दीवाल पेंटिंग्स के विभिन्न दृश्यों पर इसका प्रभाव देखा जा सकता है। अजन्ता कला बौद्ध प्रसार की दृष्टि से महत्वपूर्ण और सम्पूर्ण कला है तथा प्रतीत होता है कि जहाँ कहीं ये गयीं, बौद्धत्व लेकर गयी हैं।

डेनमार्क के एक कलाकार ने अजन्ता की चित्रकला की आलोचना प्रकाशित की है जिससे यह स्पष्ट होता है कि यह उन उत्कर्ष शिष्यों को प्रस्तुत करती हैं जिसको शुद्ध भारतीय चित्रकला ने प्राप्त किया है तथा इन तस्वीरों की हर वस्तु इस महान काल से जुड़ी ज्ञान की गहराई को प्रमाणित करती है। अजन्ता की गुफा चित्रकला चित्र बनाने की कला में निपुणता और श्रेष्ठता को प्रदर्शित करती है। अजन्ता, चित्रकारों ने पृथ्वी और दैवीय यथार्थता के सुन्दर और उत्तेजक एवं दयामय विश्व का व्यवहार किया।

मुगल चित्रकला

परिचय—मुगलशैली की चित्रकलाओं में भारतीय व ईरानी कलाओं का मिलन है जिसकी नींव भारत में मुगल बादशाह बाबर ने रखी थी। मुगल भारतीय और ईरानी चित्रकला, भारतीय एवं ईरानी चित्रकला के सुखद संयोग को प्रस्तुत करती है। भारतीय बौद्ध, ईरानियन, हेलेनिक और मंगोलियन कलाओं के तत्त्वों का मिश्रण चीनी प्रांतीय कला थी, इसकी नींव 13वीं सदी में मंगोल आक्रमणकारियों के द्वारा रखी गयी थी। मुगल पर्सियन दरबार के पास से सम्बन्ध होने के कारण इस चित्रकारी की कला को भारत लाये।

मुगल चित्रकला की प्रसिद्धि में अभाव राजपूत कला के कारण रहा। भारतीय और ईरानी शैली का मिश्रण, जो कि मुगल दरबार के दरबारी शैली के रूप में प्रचलित थे, ने कुछ सर्वोत्कृष्ट रचनायें निर्मित कीं। यह अल्पावधि के लिये विकसित हुई परन्तु अपना प्रभाव भारतीयों के हृदय पर छोड़ गयी।

काल—मुगलों का प्रवेश भारत में 16वीं शताब्दी में हुआ था। परन्तु इन कलाओं का विकास बाबर के शासनकाल में हुआ। मुगल भारत में 16वीं सदी में आये थे, किन्तु मुगल चित्रकला शैली बाबर के हमले के बाद ही प्रकाश में आ गई थी। यह अपने चरमोत्कर्ष पर

मुगल शहंशाहों अकबर, जहांगीर और शाहजहाँ के शासन में पहुंची। 1526 से 1627 के काल में मुगल चित्रकला सफलता की चोटी पर थी।

विशेषताएँ—मुगल चित्रकला निम्नलिखित विशेषताओं से भरी थी—

1. यह महान भावों एवं शुद्धता के साथ चित्रित की गयी थी।
2. इसने रंग संयोजन में श्रेष्ठता प्राप्त की थी जोकि सामान्यतया लाल, नीला और स्वर्ण रंग से चित्रित थी।
3. कला को प्रभावशाली बनाने के लिये स्वर्ण तथा रजत का प्रयोग अधिक किया गया था और कभी-कभी विभिन्न पत्थरों का भी उपयोग किया गया।
4. राजसी, ऊंचा व्यक्तित्व एवं आध्यात्मिकता दिखाने वाले प्रभाव को भी प्रस्तुत किया गया था।
5. मुगल चित्रकला आकार में मुख्यतः सूक्ष्म चित्रकला थी।
6. यह न तो भारतीय भावों को और न ही भारतीय जीवन दृश्यों को प्रस्तुत करती है।
7. इसने चित्रकारी में दो रंगों को प्रस्तुत किया।
8. इसमें किनारों की सजावट को भी प्रस्तुत किया गया।
9. इसने जीवित वस्तुओं की चित्रकला का बड़ी तेजी से विकास किया।

कथ्य—चित्रों के वर्ण्य विषय प्रमुख रूप से यथार्थ जीवन से सम्बन्धित होते हैं। जैसे—शिकार, लड़ाई, युद्ध और जब्ती, राजसी दरबार ऐतिहासिक अध्याय, हिन्दुओं की पौराणिक कहानियों की प्रकृति के विभिन्न कारकों जैसे—पक्षी, पेड़, पौधों, पुष्प आदि। लेकिन इसमें न तो आध्यात्मिकता थी और न ही घरेलू जीवन का वास्तविक चित्रण।

चित्रकला दरबारी और राजसी थी तथा लोगों की भावनाओं और उस समय की जनता के जीवन से बहुत दूर थी। प्राकृतिक सुन्दरता का उपयोग किया गया था, किन्तु स्त्री की सुन्दरता का नहीं जिसका कारण था मुस्लिमों की विरोधात्मक शैली।

बाबर एवं हुमायूं काल की चित्रकला—मुगल शासक बाबर को सौन्दर्य और कला से अत्यधिक लगाव था। वह इन चित्रकलाओं को संरक्षण भी देता था। बाबर के दरबार में अनेक चित्रकार थे। बाबर की याद में पर्सिन अनुवाद की अलवार हस्तलिपि की चित्रकला उसके माध्यम से निर्मित कार्यों का प्रदर्शन करती है।

हुमायूं ने अपने ईरान जाने के दौरान पेंटिंग के लिए रुचि विकसित की। भारत वापस लौटते समय वह अपने साथ ईरान के दो कुशल चित्रकार लेकर आया था। सैयद अली तबरैजी और ख्वाजा अब्दुल समद।

अकबर काल की वैभवशाली चित्रकला—अकबर के काल में मुगल शैली की चित्रकला का बहुत विकास हुआ। अकबर खुद चित्रकला का इतना प्रेमी था कि उसने अपनी राजधानी की दीवारों को अपने पसंदीदा चित्रों से सजाया। उसने चित्रकला को सभी सहज

तरीकों से प्रोत्साहित किया एवं उत्तम चित्रकारों को विख्यात साहित्यिक कृत्यों (रचनाओं) के वर्णन (चिबांका) में लगाया जैसे—चंगेज नामा, जगरनामा, रामायण, अयार्दनिश और कालिया दमन।

जहांगीर काल की चित्रकला—जहांगीर को भी प्रकृति और चित्रकला से अत्यन्त लगाव था। वह चित्रकला के शास्त्रीय रूप के विषय में उत्तम जानकारी रखता था। उसकी कला के प्रति व्यग्रता ने मुगल चित्रकारी की कला को ईरानी प्रभाव से मुक्त कराया। प्राकृतिक दृश्य, शिकार के दृश्य एवं चित्र उस काल की चित्रकला के मुख्य शीर्षक थे। उस समय चित्रों पर तारीख अंकित करने का प्रचलन था। यूरोपियन प्रभाव के कारण चित्रकारी में छाया का प्रयोग किया जाने लगा।

औरंगजेब ने कला को इस्लामी नियम का उल्लंघन मानते हुए बीजापुर की चित्रकारी को समाप्त कर दिया। उसने सिकंदरा में बने अकबर के मकबरे पर बनी आकृति को सफेद रंग से पुतवा दिया।

निष्कर्ष—भारत में मुगल चित्रकला के माध्यम से ईरानी कला प्रचलित हुई। भारत, ईरान और चीन की चित्रकला के मूल रूपों को एक में मिला दिया गया और इसे तत्कालीन भारतीय चित्रकला के विद्यालयों के माध्यम से नई शैली के जन्म की तरफ अग्रसर होते हुए मान लिया गया एवं भारतीय ईरानी स्कूल आफ पेंटिंग के नाम से प्रस्तुत किया गया। मुगलकाल ने भारत में स्थान अवश्य बनाया पर कभी भारतीय जीवन को अपने चित्रों में स्थान नहीं दिया। मुगल पोर्ट्रेट (जीवित व्यक्तियों के चित्र बनाने की कला), पेंटर रंगों की गहराई, मर्मभेदी किनारी सजावट की कला, सजावटी आचरण तथा वास्तविक स्वरूप के कारण प्रसिद्ध थे। वे अपने प्रयोगों में गहराई और सूक्ष्मता हेतु सजावटी रचना और उत्कृष्ट सुन्दर व छोटी किनारी के लिए परिधानों और पृष्ठभूमि में सजावट हेतु स्वर्ण एवं रजत तथा विभिन्न प्रकार के पत्थर का प्रयोग करते थे। पंक्तियों से सजी चौड़े किनारे वाली डिजाइन और जंगल के दृश्यों में भू-दृश्यों के चित्रण में महान मापन तथा शुद्धता मुगल चित्रकला में सामान्य थी।

यह चित्रकला अपने से पूर्व प्रचलित कलाओं से भिन्न होने के कारण आकर्षण का केन्द्र थी। अपनी सुन्दरता और भाव प्रवणता के कारण यह आज भी ख्याति प्राप्त है।

विश्वविख्यात भारतीय चित्रकलाएँ

रागमल चित्रकला—रागमल चित्रकला में वास्तविक रूप से भारत के उत्तरी क्षेत्र में क्षत्रियों के अधिकार और संरक्षण की झलक दिखाई देती है। इन चित्रों पर 1605 ई. में नासुद्दीन नामक चित्रकार का नाम उल्लेखित है। यह चित्रकलायें मनोभाव पैदा करने वाले मनोभावों एवं अनुभवों के साथ स्वीकारी गयी है। गीत गोविन्द जैसे ग्रन्थों के दृष्टान्तों जैसे

ही चित्रकारों के काव्यात्मक प्रतीकों—स्रोतों में तैरते कमल के फूल, पेड़ों के तनों से लिपटी बेलें, पेड़ों का युवावस्था में फलना-फूलना, प्रेमियों के आत्मीय भावों को बताने के लिए उपयोग किया गया है। बादल, बिजली, वर्षा, नदी की चाल आदि सीधे स्पष्ट अर्थों में बताये हैं। किशनगढ़ राज्य से प्राप्त चित्रकलाओं में राजपूतों के शूरवीरात्मक भावों का चित्रण किया गया है। इनमें शिकार के दृश्य और चित्र भी सम्मिलित हैं।

सजी एवं बनी-ठनी—भारतीय मोनालिसा के नाम से मशहूर सबसे ज्यादा विख्यात सजी एवं बनी ठनी चित्रकला का सम्बन्ध भी इसी समय से है। बसौली, कांगड़ा, चम्बा, गूलर तथा कुल्लू राजपूत शैली की मुख्य धरोहर है। किन्तु बसौली और कांगड़ा ज्यादा महत्वपूर्ण हैं।

राजपूत शैली की चित्रकला का संबंध उस समय के काव्य, नाटक और संगीत से भी स्थापित हो सकता है। न सिर्फ शासकों ने इसे संरक्षण दिया वरन् पर्यावरण ने भी लहरदार प्रदेशों द्वारा, पहाड़ियों तथा झाड़ियों द्वारा, रेगिस्तानों, जंगलों और बगीचों के द्वारा इसे सींचा जिनमें चित्रकला का रूप परदेशी और सुगंधित फूल की भांति विकसित हुआ। राजस्थान के चित्रकारों ने समर्पित भावनात्मक कला को प्यार में तथा प्यार को कला में जोड़ा।

राजपूत शैली की ललित कलाएँ

पुरातन काल में देवी-देवताओं की मूर्ति बनायी जाती थी। बौद्ध, जैन आदि भारत के धर्मों की छवियों का रंगीन व सुन्दर चित्र बनाया जाता था। इसमें लाल, पीला और हरा के मिश्रण को ही प्रस्तुत करते थे। अर्थात् धार्मिक चित्रकलाओं एवं मूर्तियों के ललित कला की राजपूत शैली कहते हैं।

राजस्थान के राजपूत शासकों ने चित्रकला को संरक्षण दिया और मुगल दरबार से औरंगजेब के माध्यम से निकाले गये चित्रकारों को जगह दी अतः राजपूत चित्रकला में इसलिए ईरानी एवं राजस्थानी चित्रकारी का मिश्रण दृष्टिगत होता है।

राजस्थान के शासकों के दरबार में 16वीं शताब्दी में एक असाधारण विषय शैली पुष्पित और पल्लवित हुई तथा यह तथ्य प्रकाश में आया कि यह शैली राजपूत शैली के नाम से जानी जाती है। इस शैली की चित्रकारी अजन्ता चित्रकला से बहुत भिन्न थी और ज्यादातर महलों में ही बनायी गयी थी।

राजपूत शैली का वर्गीकरण—राजस्थान के राजपूतों में 20 जागीरें शामिल थीं जिसमें सिर्फ 7 जागीरों ने ही मध्यकालीन चित्रकारी के विकास में प्रमुख योगदान किया। ये राज्य थे—मेवाड, बूंदी, कोटा, मारवाड़, बीकानेर, जयपुर, जोधपुर और किशनगढ़। प्रत्येक राज्य ने भिन्न-भिन्न शैलियों का विकास किया लेकिन हर शैली में कुछ-न-कुछ समानता थी। उनमें से एक यह भी थी कि हर एक ने इस तरह की चित्रकला को 'राजस्थानी शैली' का विशेष

नाम दिया। जबकि शैलियों में भिन्नता थी किन्तु सभी प्रसंग, विषय, परिधान व रंगों के चयन में एकता एवं समानता थी। कालान्तर में राजस्थानी शैली के कुछ कलाकार हिमाचल प्रदेश एवं जम्मू-कश्मीर में जाकर बस गये और वहां की स्थानीय चित्रकला से प्रेरित होकर नई शैलियों का विकास किया, इसे चित्रकला की पहाड़ी शैली कहते हैं। इसके कलाकारों को किसी का संरक्षण नहीं मिलने से इसके कौशल में परिवर्तन आ गया। वह राजसी दरबारों से निकलकर महलों को त्याग समाज में आ गयी। पहाड़ी चित्रकला 19वीं सदी के प्रारम्भ में अपनी शिखर की चोटी पर पहुंच गयी और यह चित्रकला विश्व की सबसे अच्छी रचना मानी गयी।

राजपूत चित्रकला को भी दो भागों में विभाजित किया गया है, पहला पूर्व और दूसरा परवर्ती समय की चित्रकला। ये दोनों ही चित्रकलायें राजपूत चित्रकला के नाम से प्रसिद्ध हैं। ये चित्रकलायें राजा के सुख के लिए ही महलों एवं मंदिरों में बनायी जाती थी किन्तु इसके पश्चात् सूक्ष्म रूप में बदलाव हुआ और ये सूक्ष्म रूप से बड़े आकार, बड़ी संख्या में फैल गयीं।

राजपूत शैली की विशेषता—राजस्थान चित्रकला का सम्बन्ध प्रचलित साहित्यिक शब्दों से है। इस शैली में धार्मिक एवं आध्यात्मिक संदेश दिये गये हैं। अतः इस चित्रकला के रंग प्रतीकात्मक हैं, उदाहरणार्थ—लाल रंग क्रोध को, पीला रंग आश्चर्य को, सफेद रंग शान्ति को अभिव्यक्त करता है।

कथ्य—राजस्थान चित्रकला बहुत ज्यादा सूक्ष्म रूप में है। यह चित्रकलायें उस समय के साहित्यिक कार्यों पर आधारित हैं। इसके सभी विषय प्रतीकात्मक और आध्यात्मिक और धार्मिक सन्देश सजाते हैं। इस चित्रकला का मुख्य उद्देश्य मानव और भगवान के सम्बन्धों को पेश करना था। हर एक हिस्से से आदर्श और कल्पना की झलक दिखाई देती है। साथ ही रंगों का प्रतीकात्मक प्रयोग है। ये चित्रकलायें प्रधानतः राधा और कृष्ण से सम्बन्धित हैं। इनमें चित्रकारों ने अपनी गहन भावना का चित्रण किया है। इन चित्रों में राधा आत्मा को तथा कृष्ण परमात्मा को प्रस्तुत करते हैं। ये दोनों साथ-साथ मानव की आत्मा तथा परमात्मा के सौन्दर्य के पुनर्मिलन को प्रस्तुत करते हैं।

मुगलों का प्रभाव—राजपूत चित्रकला सूक्ष्म शैली का निश्चायक प्रमाण प्रस्तुत करती है जो कि 16वीं सदी के पूर्व में मुगल चित्रशालाओं की स्थापना से पहले सफलतापूर्वक रही। महलों की दीवारों में गुम्बदाकार शिखर रचना, गहन तारों के प्रकाश वाले रात का दृश्य, घोड़ों की काठी पर योद्धाओं के माध्यम से सजावट का व्यय, साधारण रंग योजना, पेड़, पर्दे, गलीचे, फव्वारे आदि मुगल प्रभाव राजपूत शैली पर, के बड़े भाग थे। सामान्य लोगों का जीवन, नाई, किसान, धोबी, लकड़हारा, पौराणिक लोग एवं महात्म्य की कहानियाँ आदि भी मुगलों के उदय के समय चित्रित किये गये। राजपूत शैली में कुछ प्रमुख विशिष्टताएँ पाई जाती हैं जो अग्रांकित हैं—

1. यह कला जनसाधारण के सामाजिक, आर्थिक तथा घरेलू जिन्दगी का प्रदर्शन करती है।
2. इसमें चटक रंगों का उपयोग किया गया है।
3. कलाकार बूंदी के भौतिक पर्यावरण से प्रेरित थे—जैसे, फूल, पेड़ तथा अन्य प्राकृतिक कारक जैसे नदियाँ व पहाड़।
4. चेहरा और परिधानों में कौड़ियों की संरचना।
5. युद्ध संबंधी चित्रकला अधिक है। चौरोला महल राम-रावण के मध्य युद्ध की चित्रकला से भरा हुआ है।
6. यह चित्रकला राजसी-दरबारी जीवन, इसकी औपचारिकता एवं शिष्टाचार, शिकार के दृश्यों के साथ ही साथ महाकाव्य तथा पुरानी कथाएँ आदि का प्रदर्शन करती है।

खजुराहो की मूर्तिकला

शृंगारिक मूर्ति-शिल्प की स्थली खजुराहो संसार को भारत का एक अद्धितीय तोहफा या उपहार है। ये मंदिर जीवंत प्रेम और आनंद के उत्सव के प्रतीक हैं। इनका निर्माण 950 से 1050 ई. में केवल एक सौ वर्ष के अल्पकाल में हुआ। मूल रूप से 85 मंदिर बनाए गए थे, जिनमें से केवल 22 मंदिर शेष हैं। इनकी गणना विश्व के प्रसिद्ध कलात्मक आश्चर्यों में हुई है। यहां पर मूर्तिशिल्प का सौन्दर्य मानवीय प्रतीत होता है। दर्पण निहारती सुंदरी या ढोल बजाती सुंदरी की मूर्तियां मंदिर की दीवारों पर सजीव प्रतीत होती हैं। यहां पर स्त्री—पुरुष के मिलन का उत्सव सैकड़ों शैलियों में मनाया गया है। अप्राकृतिक क्रियाएँ भी प्राकृतिक प्रतीत होती हैं। खजुराहो के मंदिर जीवन शिक्षा, सौन्दर्य तथा मनोरंजन का केन्द्र हैं। ये दिल को छू लेते हैं। प्रतिवर्ष यहां के मन्दिरों में एक नृत्य समारोह का आयोजन किया जाता है। खजुराहो की मूर्तिकला पर्यटकों को भारत यात्रा के लिए प्रेरित करती है।

दर्शनीय स्थल—खजुराहो के मंदिर—कांदरीय महादेव, चौसठ योगिनी, चित्रगुप्त मंदिर, विश्वनाथ मंदिर, लक्ष्मण मंदिर, मतंगेश्वर मंदिर, पार्श्वनाथ मंदिर, घटई मंदिर, आदिनाथ मंदिर, दुलादेव मंदिर, चतुर्भुज मंदिर।

पर्यटन स्थान—पन्ना राष्ट्रीय उद्यान (30 कि.मी.)

यातायात—खजुराहो में यातायात की दोनों सेवाएँ उपलब्ध हैं। थल या वायु द्वारा वहां पहुँचा जा सकता है। खजुराहो विमान सेवा से अच्छी तरह जुड़ा है। निकटतम रेलवे स्टेशन झांसी है। सभी प्रमुख मेल और एक्सप्रेस गाड़ियाँ झांसी में ठहरती हैं। झांसी से खजुराहो 175 कि.मी. लंबे झांसी—खजुराहो मार्ग पर बस/टैक्सी से पहुंचा जा सकता है। झांसी और खजुराहो के बीच नियमित बस सेवा उपलब्ध है।

आवास व्यवस्था—यहां दो सितारा, तीन सितारा, चार सितारा और अन्य सामान्य होटल उपलब्ध हैं।

श्रेष्ठ मौसम—यहां वर्ष भर मौसम भ्रमण के अनुकूल होता है।

परिधान—इस क्षेत्र में रहने वाले लोग गर्मियों में हल्के सामान्य और सर्दियों में हल्के ऊनी वस्त्र पहनते हैं।

ताबो

मधुर सम्मोहन का आंचल या दुपट्टा ताबो में एक अचम्भा व आश्चर्य है जो उन पहाड़ों में एक बहुमूल्य रत्नों की तरह जड़ा हुआ है। धर्म यहां का अमर सत्य है जो नदी की धारा की भांति बहता हुआ सभी सांसारिक वस्तुओं को अपने साथ बहा ले जाता है। ताबो बौद्ध विहार, स्पीति घाटी में आकर्षण का मुख्य केंद्र है। इस गुफा का निर्माण 996 ई. में किया गया।

भित्ति चित्रकला और गजकारी इस गुफा की विशिष्टता है। यह 'हिमालय की अजंता' के नाम से भी प्रसिद्ध है। इस परिसर में 9 मंदिर, 23 चोर्टन, एक भिक्षु आवास तथा एक भिक्षुणी आवास है। इसके साथ कुछ और गुफाएँ भी हैं जिन्हें पहले भिक्षुओं द्वारा आवास के रूप में प्रयोग किया जाता था। साथ ही एक सभाकक्ष है, जिसे मिलाकर यह स्पीति का सबसे बड़ा बौद्ध विहार परिसर है। यह स्थान अपनी प्राकृतिक छटा के कारण धार्मिक भाव जगाता है।

देखने योग्य स्थान—प्रबुद्ध देवों का मंदिर (सुंगलहा-खांग), स्वर्ग मंदिर (सेर-खांग), माया मंडल मंदिर (कील-खांग), बोधिसत्व मैत्रेय मंदिर (ब्याम्स-पा-चेन-पो-लहा-खांग), ड्रोमटोन मंदिर (ब्रोम स्टोन-लहा-खांग), चित्रावली कक्ष (ज़-अल-मा), ड्रोम टोन का विशाल मंदिर (ब्रोम स्टोन-लहा-खांग), महाकला वज्र भैरव मंदिर (गान-खांग), श्वेत मंदिर (डकार-अब्यूम-लहा-खांग)

पर्यटन स्थल स्पीति के बौद्धविहार—माने गोगमा, धनकर, गुंगरी, मुद, लहा-लुंग, लिडांग, रांग्रिक, की, लोसार, हिकिम।

किन्नौर के बौद्ध विहारः सांग-ला, रिब्बा, मोरांग, कानुम, नाको, लियो, चांगो, शलखर।

लाहौल के बौद्धविहारः लब्रांग, शाशीन, गोंधला, तेलिंग, लपचांग, दलांग, तुकचिलिंग, केलांग, गालांग, कदांग, पियुकर, तयूल, गेमूर, दार्चा, जिस्पा, मार्कुला।

परिवहन व्यवस्था—निकटतम हवाई अड्डा शिमला है। निकटतम रेलवे स्टेशन शिमला है और शिमला से ताबो सड़क मार्ग पर 365 कि.मी. दूर है।

आवास व्यवस्था—यहां उच्च श्रेणी के साथ-साथ कई सामान्य होटल उपलबध हैं।

सुहावना मौसम—यहां अप्रैल से अक्टूबर तक का मौसम भ्रमण के अनुकूल होता है।

परिधानः गर्मियों में—ऊनी, सर्दियों में—भारी ऊनी।

कोणार्क का सूर्य मंदिर

कोणार्क का सूर्य मन्दिर 13वीं शती में निर्मित उड़िया वास्तुकला और मूर्तिशिल्प की विचित्र रचना पारस पर दर्शायी गयी, जो कविता के समान है। यह अनोखा सूर्य मन्दिर विश्व धरोहर की सूचीबद्धता में भी सम्मिलित है। मुखशाला अर्थात् प्रवेश कक्ष श्रद्धालुओं तथा पर्यटकों दोनों को आकर्षित करता है। मंदिर की दीवारों पर जीवन के सभी पक्षों को दर्शाती सुंदर मूर्तियां यहां आने वाले का मन मोह लेती हैं। इनमें प्रेम और युद्ध, व्यापार तथा न्यायालय, शिकार, हाथियों को पकड़ने, उपदेश देते हुए ऋषि, शिशु जन्म, कामक्रीड़ाओं, नृत्य और पौराणिक पात्रों के दृश्य अंकित हैं, जो कला की अमर कृतियों के रूप में दर्शकों का ध्यान खींचने में एक दूसरे से होड़ करती दिखाई देती हैं। इसके अलावा सुरा-सुंदरियों, परियों तथा करताल और ढोल, बांसुरी और सुरभि बजाती सुंदर नारियों की विशाल मूर्तियाँ मंदिर के ऊपरी हिस्से की शोभा बढ़ रही हैं। विभिन्न प्रकार की काम क्रीड़ाओं में संलिप्त सुंदर युगलों के मनोहारी चित्र केवल कलाप्रेमियों के बल्कि सामान्य दर्शकों के आकर्षण का केंद्र हैं।

देखने योग्य स्थान—कोणार्क उड़िया कला का चमकदार रत्न है। यहां की सुंदरता शब्दों में बखान नहीं की जा सकती। इसका आनंद एक बार नहीं, बार-बार देख कर ही अनुभव किया जा सकता है। यह सचमुख सुंदरता का प्रतिरूप है और इसका आनंद अनंत है।

पर्यटन स्थान : रमाचंडी (8 कि.मी.)—देवी रमाचंडी का मंदिर, कुशाभद्रा नदी का समुद्र में विलय स्थल और एक सुंदर पिकनिक स्थल। अन्य स्थल हैं—बेलेश्वर, बालिघई, कुरूमा, ककटपुर, चौपासी, पिपली।

परिवहन सुविधा

यातायात व्यवस्था—निकटतम हवाई अड्डा भुवनेश्वर में है। (65 किमी) कोणार्क रेल और सड़क व्यवस्था सुलभ है।

आवास व्यवस्था—यहां पर्यटकों की सेवा हेतु उच्च वर्ग व सामान्य वर्ग के होटल हैं।

श्रेष्ठ मौसम—यहां का मौसम वर्ष भर अच्छा रहता है। यही कारण है कि यहां वर्ष भर पर्यटकों का आना-जाना लगा रहता है।

परिधान—इस क्षेत्र में रहने वाले लोग गर्मियों में हल्के सामान्य तथा सर्दियों में हल्के ऊनी वस्त्र पहनते हैं।

बेलूर, श्रवणबेलगोला, हालेबिड

हसन—यहां की जलवायु अच्छी है मौसम सुहावना रहता है। इसी कारण अधिकांश

पर्यटक यहीं ठहरते हैं। इस स्थान से बेलूर, श्रवणबेलगोला और हालेबिड की यात्रा करना अत्यधिक सहज है। यों तो इन स्थानों पर बंगलौर और मैसूर से भी जाया जा सकता है।

श्रवणबेलगोला—यह हसन से 51 कि.मी. दक्षिण-पूर्व में दो चट्टानी पहाड़ियों के बीच स्थित जैन धर्म का प्रमुख तीर्थ स्थल है। जैन मुनि भगवान गोमतेश्वर की 17 मीटर ऊंची एकाश्म प्रतिमा इन्द्रगिरि पहाड़ी की चोटी पर निर्मित है। यह प्रतिमा अपनी तरह की विश्व की सबसे ऊंची प्रतिमा है। इसका निर्माण 983 ई. के आस-पास राजा रचामट्ट के एक मंत्री चामुंडराय ने किया। यहां पर 12 वर्ष में एक बार महामस्तकाभिषेक उत्सव मनाया जाता है। कई दिनों तक चलने वाला यह धार्मिक पर्व पिछली बार 1993 में हुआ था। इसके एकदम सामने एक छोटी पहाड़ी चन्द्रगिरि पर कुछ जैन मंदिर हैं। यहां जैन धर्म के प्रमुख संरक्षक चन्द्रगुप्त मौर्य की समाधि है।

बेलूर—बेलूर स्थल हसन से 34 किमी. की दूरी पर बसा है। बेलूर में सुन्दर व आकर्षित करने वाले मन्दिरों का निर्माण हुआ है, जिसकी वजह से यह बेलूरा पर्यटन प्रसिद्ध है। इसे दक्षिणी वाराणसी भी कहा जाता है। बेलूर का महत्व चन्द्रकेशव मंदिर के कारण अधिक है जिसका निर्माण 1117 ई. में होयसल राजा विष्णुवर्द्धन ने किया।

हालेबिड—हालेबिड होयसल राजाओं की प्राच्य राजधानी है जो बेलूर से 27 किमी. की दूरी पर पूरब की दिशा में स्थित है। उस समय इसका नाम द्वारसमुद्रम यानी समुद्र का द्वार था। यहां का होयसलेश्वर मंदिर वास्तुकला और मूर्तिकला की समृद्धि का प्रतीक है। मंदिर की रक्षा के लिए नंदी बैल विद्यमान है। इस भव्य मंदिर का निर्माण कार्य 86 वर्षों तक चला, किंतु फिर भी इसे पूरा नहीं किया जा सका।

परिवहन व्यवस्था—निकटतम हवाई अड्डा बंगलौर है। हसन से बंगलौर तक सड़क और रेल दोनों मार्गों की अच्छी सुविधाएँ हैं। यहां सड़क मार्ग से बस, टैक्सी द्वारा भी यात्रा की जा सकती है।

आवास व्यवस्था—यहां भी हर तरह के पर्यटकों के लिए आवास के लिए आवास की व्यवस्था की गई है। यहां तीन सितारा व अन्य कई सामान्य होटल पर्यटकों की सेवा के लिए मौजूद हैं। तीन सितारा के रूप में हसन अशोक (268731-36) है।

सुहावना मौसम—यहां का मौसम वर्ष भर अनुकूल रहता है।

परिधान—इस क्षेत्र में रहने वाले लोग गर्मियों में हल्के सामान्य वस्त्र तथा सर्दियों में हल्के ऊनी वस्त्र पहनना पसन्द करते हैं।

औरंगाबाद: चित्रकला मूर्तिकला का सौन्दर्य स्थल

औरंगजेब नामक शासक ने, रजतादोक, किरकी फतेह नगर नाम से प्रसिद्ध नगर का नाम परिवर्तित करके इसका नया नाम औरंगाबाद रखा। औरंगजेब ने अपने पिता शाहजहां

की नकल उतारते हुए इस नगर में विश्व विख्यात ताज जैसा स्मारक का निर्माण करवाया जो नकली ताज के नाम से प्रसिद्ध हुआ। यद्यपि असली ताज से इसकी तुलना नहीं की जा सकती। लोग भ्रमण एवं मनोरंजन हेतु यहां आते हैं।

रानी का मकबरा—औरंगजेब की पत्नी रबिया दुरानी का मकबरा।

पान चक्की—औरंगाबाद गुफाएँ (छठीं शताब्दी के समय की ये गुफाएँ उस समय के जीवन का सुंदर उदाहरण हैं)।

पर्यटन स्थान : दौलताबाद (13 कि.मी.)—यह यहां के किले के लिए प्रसिद्ध है। 12वीं शताब्दी में राजा भिलासा ने यह किला बनवाया था। किसी समय इस किले को अजेय समझा जाता था।

घृश्नेश्वर मंदिर—एलोरा से करीब आधा किलोमीटर दूर भगवान शिव के 12 ज्योर्तिलिंग में से एक ज्योर्तिलिंग है।

पीठलकोरा—औरंगाबाद से 78 कि.मी. दूर 13 गुफाएँ, अभयारण्यों, चैत्यों एवं विहारों का समूह पीठलकोरा है। ये गुफाएँ ईसा पूर्व दूसरी शताब्दी की हैं।

खुलदाबाद—दौलताबाद से कुछ किलोमीटर दूर स्थित इस स्थान पर औरंगजेब का मकबरा है। खुलदाबाद भद्र हनुमान के लिए भी मशहूर है, जहां हनुमान की निद्रामुद्रा में मूर्ति स्थापित है।

एलोरा—एलोरा एक बहुत सुन्दर पर्यटन स्थल है जो पर्यटकों के मन को मोह लेता है। यह औरंगाबाद से 30 किमी. दूरी पर स्थित है और 350 ई. और 700 ई. के समय निर्मित इन शैल मंदिरों और विहारों में तीन धर्मों—हिंदू, बौद्ध और जैन का प्रतिनिधित्व है। बौद्धों की विश्वकर्मा गुफा, हिंदुओं के कैलाश मंदिर और जैन इन्द्रसभा में बहुत ही सुंदर कला देखने को मिलती है। ये सभी गुफाएँ बौद्ध भिक्षुओं को एकांत का स्थान प्रदान करने के लिए चट्टान को काट कर बनाई गई थीं।

अजंता—अजंता में भी अनेक गुफाएँ हैं जहां विशेष चित्रकारी के दर्शन होते हैं। अजंता, औरंगाबाद से 106 किमी. दूरी पर बसा है। प्राचीन भारत के जनजीवन की कथाएँ, संस्कृति, राजनीति और महलों को दर्शाती हैं। ये गुफाएँ बौद्ध भिक्षुओं को एकांतवास प्रदान करने के लिए बनाई गई थीं। वे इसी तरह के चैलयों और विहारों में ठहरते थे, उपदेश देते थे और पूजा-पाठ करते थे। ये चैत्य और विहार शिक्षा तथा सांस्कृतिक आंदोलन के केंद्र बने। पहाड़ी के मध्य बनी इन गुफाओं में दिन में कुछ समय के लिए सूर्य का प्रकाश पहुँचता है।

परिवहन व्यवस्था—औरंगाबाद विमान सेवा से अच्छी तरह जुड़ा है। औरंगाबाद रेल और सड़क दोनों मार्गों से अच्छी तरह जुड़ा है।

आवास व्यवस्था—यहां पर्यटकों की सेवा के लिए पांच सितारा, चार सितारा, तीन सितारा, एक सितारा के साथ-साथ कई सामान्य होटल उपलब्ध है। पांच सितारा के रूप में

एम्बेसेडर अजंता ताज रेजीड़ेंसी, वैलकम ग्रुप रामा इंटरनेशनल जाने जाते हैं, जबकि चार सितारा, तीन सितारा तथा एक सितारा में क्रमशः प्रैसीडैंट पार्क, रविराज तथा खेमी इन में आते हैं।

सबसे अच्छा मौमस—वर्ष भर यहां का मौसम पर्यटन के अनुकूल रहता है।

परिधान—गर्मियों में—इस क्षेत्र में रहने वाले लोग गर्मियों में हल्के सामान्य वस्त्र तथा सर्दियों में हल्के ऊनी वस्त्र पहनना पसन्द करते हैं।

मेलों एवं त्योहारों का योगदान

भारत के विविध क्षेत्रों में भिन्न-भिन्न प्रकार की फसलें उगायी जाती हैं। ये तमाम प्रकार की फसलें पकने और कटने का समय भी भिन्न-भिन्न होता है। यह सब कुछ जलवायु और मौसम पर निर्भर करता है। खेती के पश्चात् आराम का वक्त आता है जिसे हम भारतीय उल्लास और आनन्द में बदल देते हैं। इस तरह भारतीय सामाजिक जीवन में अनेक पर्वों और मेलों का जन्म हुआ। तमिलनाडु का पोंगल, शान्ति निकेतन का पौष मेला, मेघालय का नोंमकेम और केरल का ओणम पर्व ऐसे ही कुछ पर्व हैं। इसके अतिरक्त देश के विभिन्न हिस्सों में ऐतिहासिक और धार्मिक महत्व के कई पर्व भी मनाए जाते हैं। वस्तुतः भारत मेलों और पर्वों का देश है जहां श्रद्धा, उत्साह और आनन्द के साथ प्रत्येक साल सैकड़ों पर्व मनाए जाते हैं। यह पर्व अपने आप में अनूठे हैं। उनमें रंग हैं, रूप हैं और सौन्दर्य का अपार भण्डार है। यह देश की एकता का प्रतीक है।

हाल के वर्षों में यह मेले पर्यटकों को अपनी ओर आकृष्ट करते हैं। अतः इनमें से कई पर्व नियोजित ढंग से मनाए जाते हैं। ये पर्व हमारी सभ्यता एवं संस्कृति की व्याख्या करते हैं। इनमें से कुछ पर्व पूरे अथवा देश के अधिकांश भाग में और कुछ देश के खास हिस्सों में मनाए जाते हैं। जैसे होली देश के विभिन्न हिस्सों में मनाई जाती है। पर मथुरा और वृंदावन की होली का अपना रंग है और पर्यटकों को भी आकर्षित करती है। मैसूर अथवा कुल्लू का दशहरा भी पर्यटकों के मन को लुभाता है।

शिल्प तथा लोक कला और पर्यटन

सैलानियों को शिल्प और मौलिक कला अपने नैसर्गिक रूप में कभी-कभार दिखाई देती है। स्थानीय लोक कला जितनी मौलिक एवं अछूती होगी उतनी ही कम पर्यटक स्थल के रूप में विकसित होगी। विश्व की सात फीसदी जनसंख्या ग्रामों में वास करती हैं एवं उनके रीति-रिवाज और परंपराएँ ही लोककला और शिल्प का घटक बनते हैं। यह सब स्थानीय

संस्कृति का प्रतिबिम्ब होता है। इन लोककलाओं और शिल्प की उत्पत्ति लोक कहावतों, विज्ञान, अंधविश्वास, मिथक विज्ञान, धर्म और जीवनोपयोगी अनुभवों में दृष्टिगोचर होती है। यह सम्भव है कि विदेशी सैलानियों को अब अजीब लगे लेकिन यह ग्रामीण जीवन में घुला-मिला हुआ है। इन सबका 'व्यवसायीकरण' या संग्रहालयों में संकलन इनको नष्ट करने की दिशा में पहला कदम होता है। सबसे महत्वपूर्ण सवाल यह है कि पर्यटक सिर्फ भारत की संस्कृति के मूल्यों को इन पर थोपें न ही और स्थानीय संस्कृति के संरक्षण में सहायता करें। नीति निर्धारक तथा पर्यटक गाइड इस बात के महत्व को पर्यटकों तक पहुंचाएँ।

लुप्तप्राय कला

अधिकांश लोककला और शिल्प अपने नैसर्गिक स्थानों के बजाय बाजारों या संग्रहालयों में उपलब्ध होते हैं। इन दोनों जगहों पर मूलरुप से तीन प्रकार की लोककलाएं तथा शिल्प पाए जाते हैं। पहली है 'जीवित' कला। जीवितकला में वे वस्तुएँ शामिल हैं जो अभी परंपरागत शिल्पियों द्वारा अपने-अपने क्षेत्रों में स्थानीय एवं निजी प्रयोग तथा बिक्री के उद्देश्य से निर्मित की जाती हैं। आधुनिक तकनीक के विकास के कारण कला शिल्प का पतन हुआ। सम्प्रति में लुप्त प्राय है तथा इनमें मुख्य रूप से उन कलाओं तथा शिल्प को जाना जाता है जो अभी भी बचे हुए हैं तथा अभी भी प्रयोग के लिए विशेष अभिकल्प, तकनीकी और विपणन निवेश जरूरी है और ऐसा कुछ जगहों पर किया जा रहा है। बहुत सी हस्तनिर्मित वस्तएुँ अब राष्ट्रीय संग्रहालय, नई दिल्ली प्रांतीय संग्रहालयों तथा खास शिल्प संग्रहालयों एवं व्यक्तिगत संग्रहालयों में देश के विभिन्न भागों में दृष्टिगत होती हैं। लेकिन लुप्तप्राय या संगृहीत कला और वस्तुओं से आशय यह है कि इनका निर्माण तथा उपयोग भले ही बन्द हो गया हो, लेकिन इनके निर्माण की प्रक्रिया की जानकारी अब भी दस्तकारों को है, क्योंकि यह जानकारी पीढ़ी दर पीढ़ी चलती ही रहती है। इनमें हर कला जीवन-पद्धति के एक महत्वपूर्ण पहलू को स्पष्ट करती है। इसलिए पर्यटक भिन्न-भिन्न संस्कृतियों को उनके पहनावे, घर के सामान, आभूषणों, कृषि तथा शिकार के औजार, संगीत के सामान, टोकरी, फर्नीचर आदि से पहचाना जा सकता है।

लोक कला द्वारा गृह सज्जा

लोककला के द्वारा घर को सजाया जाता है। ग्रामीण क्षेत्रों के मकानों के प्राचीर पर अधिकांशतः देखा गया है कि लोग चावल के घोल अथवा लेई से पशुओं और फूलों के चित्र बनाते हैं। शादी पर, जन्म पर, फसल कटाई के समय या धार्मिक अवसर पर भगवान की कृपा प्राप्त करने के लिए भी ऐसा किया जाता है। चित्र बनाने की यह क्रिया अपने आप में धार्मिक है। सैलानियों की दृष्टि से महाराष्ट्र के थाणे जिले की वली चित्रकारी, गुजरात के

छोटा उदयपुर की अथवा जनजाति की पिथौरा पर हुई चित्रकारी और दरवाजों और इमारतों पर हुई मिथिला चित्रकारी जो महाकाव्य और राजपूतों की वीरकथा पर आधारित होती है, इनमें प्रमुख हैं। गुजरात में सबारी लोक के नाम से प्रसिद्ध लोककला में दीवार पर शीशे से चित्रकारी की जाती है। कच्ची मिट्टी के घर शीशे के काम में अधिक चमकते हैं, जो कि ज्यामितीय और फूलों के आकार में बने होते हैं। घरों में फर्श भी ऐसी है सजावट विशेष मौकों पर एवं घर को पवित्र रखने के लिए की जाती है। यह तमिलनाडु तथा केरल में 'कोमल', बंगाल में 'अल्पना', राजस्थान में 'मन्दन', गुजरात तथा महाराष्ट्र में 'रंगोली', उत्तर प्रदेश में 'चौकपूरन' तथा उत्तराखंड में चौकी के नाम से प्रसिद्ध है। उड़ीसा की ताड़ की पत्तियों पर चित्रकारी, राजस्थान और बंगाल की नक्काशीवाली चित्रकारी जो 'फाड' और पटचित्र के नाम से प्रसिद्ध है। उड़ीसा और कर्नाटक ताश के पत्ते जो गंजिका कहलाते हैं, लोक कला के विभिन्न उदाहरण हैं।

नैसर्गिक परिवेश में शिल्प कला

पर्यटन के तत्त्व के रूप में शिल्प गुजरात, राजस्थान, उड़ीसा के कुछ हिस्सों, उत्तर-पूर्वी राज्यों तथा जम्मू-कश्मीर में देखने को मिलता है। छोटे कस्बों तथा गांवों में आवास, कपड़े, बर्तन तथा रोजमर्रा के उपयोग की चीजें अभी भी स्थानीय स्तर पर कारीगरों अथवा नागरिकों द्वारा खुद बनाई जाती हैं। यहाँ पर सदैव गांव के गांव एक ही शिल्प बुनकरों, खिलौना बनाने वाले अथवा कुम्हार के होते हैं। पश्चिम के देशों के महानगरों में रहने वाले पर्यटक आज भी भारत के ग्रामों को देश के रूप में देखते हैं जैसा कि चित्रों एवं पर्यटनों के पोस्टरों में राजस्थान तथा गुजरात के मरुस्थलीय क्षेत्रों का चित्रण होता है। वर्तमान समय में लोग ग्रामीण क्षेत्रों के साथ-साथ प्राचीन भारत की विविधता को भी प्रदर्शित करते हैं।

मुख्य शहर भुज के क्षेत्रों में अर्द्धशुष्क मरुस्थल में स्थित, परन्तु आसानी पोशाकों तथा अनोखे ग्रामीण घरों के सौन्दर्य सैलानियों का मन मोह लेते हैं। यहाँ पर स्थित हड़का, घारवली, धोरदो तथा बिरिन्दरा आदि गांवों को पर्यटक डेढ़ घण्टे में बस अथवा टैक्सी के द्वारा घूम सकते हैं। गांव की औरतें मर्दों के सामने घर से बाहर आती हैं लेकिन महिला अतिथि हेतु उनके घर जाकर मुलाकात करना तथा उनके घरेलू कढ़ाई के काम को देखना सरल है। रेडियो, खपरैल, टाइलों की छतें, कृत्रिम कपड़े का अंगोछा आदि को छोड़कर शेष वस्तुएँ जैसे लकड़ी के पट्टे, तांबे के बर्तन, चोली के कढ़ाई के कपड़े कुढ़े हुए लंहगे, कम्बल आदि पारंपरिक रूप से तैयार किये जाते हैं।

गुजरात के पश्चिमी-उत्तरी क्षेत्र के दूर-दराज में किसी भी प्रकार की आधुनिक सुविधा मौजूद नहीं है फिर भी यहां की लोक कला को पर्यटक अत्यधिक पसन्द करते हैं। यहां बड़ी संख्या में पर्यटन भ्रमण करने के लिए जाते हैं।

शिल्प व लोक कला का संरक्षण

सार्वजनिक एवं व्यक्तिगत संगठन भिन्न-भिन्न तरह की जीवित संस्कृतियों का संरक्षण और विकास करते हैं। कुछ ऐसे भी संग्रहालय हैं, जहाँ पर कलाओं का प्रदर्शन किया जाता है एवं कतिपय ऐसे सांस्कृतिक केन्द्र भी हैं, जहाँ पर नाट्य कला के कार्यक्रम तथा दूसरी तरह के प्रदर्शन होते रहते हैं। भारत अनेकता में एकता के लिए जाना जाता है। यहां कुछ प्रमुख संगठनों व संग्रहालयों का विवरण प्रस्तुत किया जा रहा है, जो शिल्प व लोक कला संरक्षण व विस्तार में सहायक हैं।

प्रादेशिक सांस्कृतिक केन्द्र

भारत में विभिन्न तरह की संस्कृति विद्यमान है। इन संस्कृतियों में सामंजस्य बनाने, संरक्षण और विस्तार करने की दृष्टि से केन्द्र सरकार ने प्रादेशिक सांस्कृतिक केन्द्र को स्थापित किया है। इसकी स्थापना समय, स्थान तथा क्षेत्रीयता से उठकर एक समन्वित सांस्कृतिक सम्बन्ध बताने के लिए हुई है। प्रत्येक इलाके की अपनी लोककला, प्राचीन कला और शिल्प स्थापत्य कला, चित्रकला तथा पहनावा है। इन क्षेत्रों में ऐतिहासिक मस्जिद, मंदिर, चर्च, महल आकर्षित करते हैं। इसलिए यह सांस्कृतिक क्षेत्र, लोगों को भारतीय, धरोहर तथा परम्परा के प्रति जागरूक बनाकर एक दूसरे के करीब लाना तथा विदेशी संस्कृति के अतिक्रमण को रोकने की क्षमता का विकास, लोककला और जनजातीय कलाओं के प्रोत्साहन हेतु विशेष कदम तथा लुप्त होती हुई कला के संरक्षण एवं मजबूत करने कोशिश, तथा नवयुवकों को रचनात्मक सांस्कृतिक संप्रेषणों के प्रति सेमिनार, सांस्कृतिक आगत-निर्गत तथा क्रियाकलापों द्वारा जागृत करना आदि उद्देश्यों को पूरा करते हैं।

शिल्प ग्राम का विकास आदर्श और पारम्परिक गांव के रूप में किया गया है। इस स्वावलम्बी गांव में बुनकर, लुहार, बढ़ई, कुम्हार, और किसान आदि सभी एक-दूसरे से सम्बन्धित रहते हैं। शिल्पग्राम की इस आंतरिक गतिशीलता को देखते हुए झोंपड़ियों का निर्माण अलग-अलग धंधों के संगठन के रूप में किया गया है। इस तरह की चक्रीय व्यवस्था को अपनाने के लिए प्रत्येक झोंपड़ी की स्वतंत्र सत्ता भी बनी रहती है। जो शिल्पग्राम का आवश्यक अंग बन जाती है।

इस एकीकरण व्यवस्था में राजस्थान की पांच झोंपड़ियाँ स्थित हैं। राजस्थान मरुस्थल इलाके का प्रतिनिधित्व मारवाड़ की बुनकर जाति द्वारा होता है, जिनकी झोपड़ियां बालू के टीलों के गांव, राम (Ram) और सम (Sum) पर आधारित है। मेवाड़ के पर्वतीय इलाके के कुम्हार की झोंपड़ी का नाम गांव धल है, जो कि उदयपुर से 70 मिलोमीटर पश्चिम में स्थित है। उदयपुर के भीलों तथा कोटा की सहरिया नाम की दो जनजातीय कृषक समुदाय शेष दो

झोपड़ियों का नेतृत्व करते हैं। इसी तरह गुजरात की सात प्रतिनिधित्व बन्नी हैं। बन्नी इलाके की छः झोंपड़ियों का एक समूह एवं सातवीं कच्छ के बुनकर के एक गांव भुजोदी का नेतृत्व करती हैं। इस समूह का निर्माण हरिजन, मालाधार और रबारी समुदायों से दो-दो झोंपड़ियों को मिलाकर हुआ है। जो बुनाई का कार्य करने के लिए अत्यधिक प्रसिद्ध हैं। सजावटी घोड़ों हेतु उतने ही मशहूर उत्तर गुजरात के पोशीना के समीप स्थित लम्बाडिया गांव का नेतृत्व जुलाहे की झोंपड़ियाँ करती हैं।

गोवा प्रान्त की पारंपरिक लोकशिल्प का नेतृत्व बिचोलिम (Bicholim) के कुम्हार की झोंपड़ी, खुम्बा के जनजातीय कृषक की एक झोंपड़ी, मंडोवी नदी के तट पर स्थित मछुआरों की झोंपड़ी के माध्यम से होता है।

महाराष्ट्र के रायगढ़ जिले के समुद्रतटीय स्थित गांव कोली झोंपड़ी है। कोल्हापुर के शिल्पकार का एक मकान एवं उत्तरी महाराष्ट्र के थाणे जिले के वार्ली रानजाति की चित्रकारी की हुई झोंपड़ी भी है।

पश्चिम गुजरात के छोटा उदयपुर के वसेदी गांव के बुनकर की एक झोंपड़ी तथा दक्षिणी गुजरात के जनजातीय किसान समुदाय के दांग एवं राथवा गांव की दो झोंपड़ियाँ हैं। इनके साथ ही साथ गांधीनगर के पास जेठापुर के इलाके का कापरी सज्जित लकड़ी का मकान भी है।

शिल्पकला का एक मुख्य आकर्षण शिल्प बाजार है। यह पारंपरिक हाट की तर्ज पर निश्चित समय अंतराल पर आयोजित होता रहता है। कारीगरों को शिल्पग्राम के सैलानियों के सामने अपनी कला के प्रदर्शन और बिक्री के लिए बुलाया जाता है।

सैलानियों और छात्रों के लिए शिल्पकला एक जीवंत मानव जाति के संग्रहालय के रूप में दृष्टिगोचर होती है तथा साथ-ही-साथ लुप्तप्राय लोक कला और शिल्प के नूमने एक संग्रहालय तथा दीर्घा में सुरक्षित हैं। पक्की मिट्टी की बड़ी मूर्तियाँ, मुखौटे, सुसज्जित लकड़ी तथा धातु के काम वस्तुएँ प्रदर्शन के लिए रखी हैं। इनके साथ शिल्पग्राम के दर्शनीय प्राकृतिक दृश्य में अभयारण्य, लोक मूर्तियाँ, जनजातीय चिन्ह, प्रमाण के तौर पर सजाकर रखे गये है।

धार्मिक पर्यटन के विकास के सरकारी प्रयास

भारत में केवल विदेशी पर्यटन के महत्व को समझा जाता था। धार्मिक तथा घरेलू पर्यटन पर किसी का ध्यान नहीं था। भारतीय ट्रेविल एजेन्सियां, टूर आपरेटर, राज्यों तथा भारत सरकार के पर्यटन विभाग विदेशी पर्यटन को आकर्षण का केन्द्र बना रहे हैं। भारतीय पर्यटन में 90 प्रतिशत भागीदारी घरेलू पर्यटकों की देखकर पर्यटन क्षेत्र से जुड़ी संस्थाओं ने

ऐसा अनुभव किया कि उनको घरेलू पर्यटन पर विशेष ध्यान देना चाहिए कि 70% घरेलू पर्यटक धार्मिक यात्रा करना चाहते हैं। घरेलू पर्यटन पर ध्यान न देने के कारण इसमें सबसे अधिक भाग मध्यम वर्गीय एवं निम्नवर्गीय लोगों का लेना है। यह धार्मिक स्थानों पर भ्रमण करते हैं। यहां लोग केवल अपनी भक्ति एवं श्रृद्धा के कारण आते हैं तथा दर्शन करके या प्रथापूर्ण करके वापस आ जाते हैं जिस कारण पर्यटन स्थल पर सेवाओं का अभाव रहता है, जिनकी पर्यटन के विकास में बहुत जरूरी भारतीय पर्यटन संस्थान इन सब कारणों से भी ऐसे धार्मिक पर्यटन स्थलों के विकास पर ज्यादा ध्यान नहीं देते। इनसे उन्हें लाभ भी कम प्राप्त होता है। विदेशी मुद्रा का अर्जन न होने के सरकार भी कारण इनके विकास पर ध्यान नहीं देती है।

ऐसा प्रमाण मिला है कि पहले धनी तथा समर्थ लोग धार्मिक भावनाओं एवं श्रद्धावश ऐसे स्थानों पर धर्मशालाओं का निर्माण कराते थे, एवं ज्यादातर लंगर का भी आयोजन करते थे। इन धर्मशालाओं के साथ तालाब, कुएं, रास्ते आराम घर आदि की सुविधा भी उपलब्ध कराई जाती थी। लेकिन आज समय के साथ लोगों के विचार परिवर्तित हुए हैं। आज का पर्यटक धर्मशालाओं से अधिक होटलों को पसन्द करता है, क्योंकि वह सुविधाओं का आदि हो चुका है। अच्छे भोजनालयों में भोजन की अपेक्षा रखता है। ऐसे स्थलों पर परिवहन की स्थानीय सुविधा के साथ उसके निवास स्थान से जोड़ने वाले मार्ग पर उत्तम तथा तीव्र परिवहन सुविधा की अपेक्षा रखता है। सम्प्रति धर्मशालाओं का निर्माण तो छोड़ उनका रखरखाव भी कठिन हो गया है। यद्यपि कई धार्मिक पर्यटन स्थल इसके अपवाद हैं। कुछ निजी संस्थाएं आज भी इस दिशा में कार्यरत जैसे—काली कमली ट्रस्ट।

1970-80 के दशक में भारत सरकार के पर्यटन विभाग, ने यात्री निवास और यात्रिका का निर्माण तीर्थ स्थानों पर करने के लिए धनराशि स्वीकृत की। यात्री निवास का निर्माण तीर्थ यात्रियों के लिए उपयोगी साबित हुआ। इन निवासों के प्रबन्ध तथा रखरखाव में सुधार की बहुत जरूरत है। 1991 में पर्यटन के लिए राष्ट्रीय क्रियान्वन प्लान में धार्मिक पर्यटन के महत्व को स्वीकार किया गया, तथा इन पर्यटन स्थलों पर आधारभूत सुविधाओं में सुधार करने के लिए योजना बनाई गई एवं बजट में इनके लिए धनराशि की व्यवस्था की गई। ऐसे स्थानों पर पर्याप्त आवासीय सुविधा, पोषणयुक्त भोजन, अच्छी सड़कें, पीने के पानी की सुविधा, विद्युत आपूर्ति, सार्वजनिक सुविधाओं की उपलब्धता पर ध्यान दिया गया।

भारत की धार्मिक तथा सांस्कृतिक विभिन्नता का फायदा धार्मिक पर्यटन के विकास में उठाया जा सकता है। यह रोजगार के मौकों में वृद्धि तथा अप्रत्यक्ष रूप से विदेशी मुद्रा की आय में बढ़ोतरी कर सकता है। सांस्कृतिक एवं धार्मिक समारोहों का सुन्दर ढंग से आयोजन विदेशी पर्यटकों के आकर्षण का केन्द्र बन सकता है। महाराष्ट्र का गणेश उत्सव, पश्चिम बंगाल की दुर्गा पूजा, केरल का पोंगल, गुजरात का नवरात्र उत्सव, तमिलनाडु का

ओणम, गुजरात का नवरात्र उत्सव, पंजाब का वैसाखी पर्यटकों को बहुत अधिक आकर्षित कर सकते हैं।

धार्मिक पर्यटन को महत्व दिये जाने के कारण अनेक स्थानों की अर्थव्यवस्था में व्यापक परिवर्तन हुए हैं। उदाहरण के लिए वैष्णो देवी यात्रा ने उस स्थान की अर्थव्यवस्था को पूर्ण रूप से बदल दिया है। 1986 में वैष्णो देवी ट्रस्ट की स्थापना के कारण वैष्णो देवी मार्ग पर तीर्थ यात्रियों के लिए अनेक सुविधाएं उपलब्ध करायी हैं इससे भगवती के भक्तों की संख्या में भारी वृद्धि हो गई है। इसी तरह की स्थिति हरिद्वार, ऋषिकेश, मथुरा, वृन्दावन, अजमेर के आसपास दिखाई पड़ती है। इन तीर्थ नगरों के चारों ओर फैले ग्रामों में उन कृषि उत्पादों का उत्पादन किया जाता है, जो तीर्थ यात्रियों की जरूरतों को पूरा कर सकें। इससे ग्रामीण अर्थव्यवस्था को भी आधार मिला है। इन स्थानों पर दूरस्थ क्षेत्रों से मारवाड़ी लोग आकर बस गए है, और उन्होंने मारवाड़ी भोजन की उपलब्धता कराकर हिन्दू धर्मावलम्बियों को आकर्षित करने में योगदान किया है।

धार्मिक तीर्थस्थल तथा पर्यटन

प्राचीन काल से ही शांति की खोज में भारतीय तीर्थयात्रा करते रहे हैं। व्यापारी वर्ग भी व्यापार के लिए एक स्थान से दूसरे स्थान पर घूमते रहे हैं। हिन्दू लोग देशों के चारों कोनों में स्थित धर्म स्थल की यात्रा किया करते थे। उत्तर में बद्रीनाथ पहाड़ों पर, पूर्व में पुरी समुद्र के किनारे, पश्चिम में द्वारिका समुद्र के किनारे एवं दक्षिण में रामेश्वरम् समुद्रतट तीर्थयात्रा मुख्य रूप से नदियों के किनारे और संगम के साथ-साथ फैली हुई थी। पवित्र नदियां गंगा व यमुना पुरी जाती हैं, और आर्यों द्वारा बड़ी संख्यों में श्लोक गंगा की प्रशंसा में लिखे गये हैं। पहले, तीर्थ मन एवं विचारों की पवित्रता से जुड़ा था। आज के युग में गंगा स्नान भी पापमुक्ति के लिये किया जाता है। पुराने लोगों की धारणा थी कि यात्रा में जितना संघर्ष करना पड़ेगा यात्रा उतनी ही सफल होगी। इसी कारण उस समय आधुनिक सुविधा का अभाव था।

तीर्थ पर्यटन पर्यटन उद्योग का विशेष अंग है आज इसमें विकास हेतु तीर्थ स्थलों पर भी आधुनिक सुविधाओं का विकास हुआ है। इसमें राज्य सरकार एवं पर्यटन विभाग का विशेष योगदान है। इसके लिए हम वैष्णोदेवी का उदाहरण दे सकते हैं। प्राचीन समय में यहां की यात्रा बहुत ही कठिन थी। यद्यपि हाल में, सड़कें नये सिरे से बन गई हैं तथा यातायात के साधन अब आसानी से उपलब्ध हैं। सम्प्रति जम्मू, रेल और वायु दोनों से ही पूरी तरह जुड़ा है। इस तरह की यात्रा का प्रोत्साहन किसी खास स्थान में तीर्थयात्रा को बढ़ाता है, साथ ही इसका आर्थिक-सामाजिक प्रभाव भी है। बहुत अधिक संख्या में तीर्थयात्री एवं भक्त जो

तीर्थस्थल की यात्रा करते हैं आमदनी का एक बड़ा स्रोत भी हैं। यह असंख्य लोगों के जीवनयापन का स्रोत हैं।

कितने ही छोटे-छोटे तीर्थस्थल अपनी धार्मिक महत्ता के कारण आज बहुत विस्तृत हो गये हैं। उदाहरण के लिए कटरा जो कि जम्मू का एक छोटा कस्बा है, अब वहाँ कई छोटे होटल बन गये हैं। इसी तरह एक बहुत छोटा गांव शिरडी साईं बाबा का मंदिर होने के कारण अब तेजी से बड़े शहर के रूप में विकसित हो रहा है। आधुनिक सुविधाओं का वहां तीव्र विकास हो रहा है।

तीर्थस्थल एक बड़े क्रय केन्द्र के रूप में भी विकसित हो रहे हैं। जैसे द्वारिका कपड़े पर पेंन्टिग में विशिष्टता रखता है। इसी तरह लोग जम्मू से बड़ी मात्रा में अखरोट खरीदना पसन्द करते हैं। इसके साथ ही इन तीर्थस्थलों में उपभोक्ता वस्तुओं की बाढ़-सी आ गयी है उदाहरण के लिए चूडियां, नकली गहने, स्थानीय हस्तकला, लकड़ी, जूट, केन, पत्थर पर नक्काशी, देवी-देवताओं की मूर्तियाँ एवं सजावट की वस्तुएं इत्यादि।

कई ऐसे स्थल हैं जो कि एक तीर्थस्थल होने के विशेष उद्देश्य ही पूरा करते हैं। जैसे—प्रयाग, हरिद्वार, तिरूपति, नगरकोट, शिरडी, अजमेर शरीफ, अमृतसर, नांदेड़ एवं पुराना गोवा इत्यादि।

इससे यह कहा जा सकता है कि तीर्थ में पर्यटन के विकास की संभावनाएं सीमित हैं। यदि कोई व्यक्ति किसी एक विशेष सम्प्रदाय, धर्म, दरगाह, मन्दिर आदि का अनुआयी या भक्त है तो वह बार-बार उन्हीं विशेष स्थानों की यात्रा करेगा जहाँ उसके आराध्य देव बसते हैं। अगर कोई और प्रेरक शक्ति नहीं है तो कुछ समय पश्चात् किसी अन्य उत्साह के अभाव में उसका आकर्षण घट सकता है। यह तथ्य इस ओर संकेत करती है कि तीर्थ पर्यटन के विकास का कार्यक्षेत्र सीमित है।

इसके बावजूद भी तीर्थ पर्यटन में स्वदेशी पर्यटन के विकास के लिए पर्याप्त संभावनाएं हैं। यदि कोई परम्परागत तीर्थ पर्यटन स्थलों की स्थिति की विवेचना करें तो हम पाते हैं कि हमारे पूर्वजों के पास तीर्थस्थलों को भौगोलिक दृष्टिकोण से पहचानने की अनोखी अनुभूति थी। उन्होंने इसके लिए उन स्थलों का चुनाव किया जो नदियों, झरनों, उनके संगमों, समुद्रीय तटों पर पहाड़ों से सम्बन्धित हैं। उन्होंने तीर्थस्थलों को भौगोलिक पवित्रता से जोड़ा। तीर्थयात्रा उन लोगों के लिए एक ऐसा मौका था जो सांसारिक परेशानियों व चिन्ताओं से मुक्त रहना चाहते थे। इस तरह यह तीर्थ और साहसिक अभियान का दोहरा उद्देश्य पूरा करती थी।

8

पर्यटन और पर्यावरण

पर्यटन एवं पर्यावरण एक दूसरे के गहरे मित्र हैं। राष्ट्रीय या अन्तर्राष्ट्रीय किसी भी स्तर के पर्यटन हेतु एक उत्तम पर्यावरण की आवश्यकता होती है। पर्यावरण जितना अच्छा होगा पर्यटन उतना ही बढ़ेगा। इसमें सामाजिक-आर्थिक परिवेश की जरूरत होती है क्योंकि आर्थिक वातावरण तो निश्चित तौर पर नियमित पर्यटन से ही संभव है। पर्यावरण के स्तर में गिरावट के परिणाम से पर्यटन में कमी हो सकती है जबकि अनियंत्रित पर्यटन का परिणाम पर्यावरण का ह्रास एवं स्तरहीनता है। अतः स्पष्ट है कि यह एक दूसरे के समानुपाती हैं। जैव भौगोलिक में समस्त भौतिक, रासायनिक एवं जैविक स्थितियां जो किसी भी जीव द्वारा अनुभव की जाती हैं, उसके तहत मौसम, मिट्टी, पानी, प्रकाश, समीपस्थ, वनस्पतियां एवं अन्य प्रजातियों के प्राणी ही मिलकर सम्पूर्ण पर्यावरण बनाते हैं। पर्यावरण गतिशील भी होता है। पर्यावरण की स्थितियां, दिन, मौसम, ऋतुओं एवं अन्य कारकों की दृष्टि से परिवर्तित होती हैं। स्थितियों को सरल बनाने एवं पर्यटन के संदर्भ में पर्यावरण को दो मुख्य अवयवों में बांटा जा सकता है। प्रथम भौतिक पर्यावरण एवं दूसरा सामाजिक परिवेश सैर तो हमेशा से हो रहा है, पर्यटन का एक लम्बा एवं पुराना इतिहास है, परन्तु पर्यावरण के संरक्षण की की समस्या दिन-प्रतिदिन बढ़ती जा रही है। जिसका मुख्य कारण है औद्योगीकरण, शहरीकरण तकनीकी, विकास है। परन्तु मनुष्य जीवन इस क्षेत्र में बहुत तेजी से अग्रसर हो रहा है। इसके अतिरिक्त यातायात के दूसरे द्रुत गति के साधनों के विकास के कारण विकसित हो रही अति आधुनिक संचार व्यवस्था ने पर्यटकों का यहां आना-जाना सहज एवं सुविधाजनक बना दिया है। प्राचीन काल से वर्तमान समय तालिका में परिवहन की गति का विवरण है इन सब कारकों का स्वाभाविक परिणाम अन्तर्राष्ट्रीय तथा पर्यटन गतिविधियों में तेजी से उभरकर सामने आया है। एक तरफ जहां विदेशी सैलानी व्यवसाय, आमोद-प्रमोद, लोग बाग तथा संस्कृति, इतिहास, पुरातत्त्व तथा पूर्ण विश्व की जानकारियां महत्वपूर्ण प्रभाव डालने

वाले कारक होते हैं। पर्यटन स्थल तथा यात्री के स्थान भिन्न-भिन्न होते हैं जिसमें पहाड़ नदियां, घाटियां, ऐतिहासिक स्मारक मरुस्थल, मंदिर, चर्च, द्वीप तथा समुद्री तट इसके अन्तर्गत आते हैं। जैसे—अंडमान एवं लक्षद्वीप समूह मुख्यतः बड़े महाद्वीपों के पृथक् हुए हिस्से हैं जो भारत की भौगोलिक सीमा पर निर्मित हैं। उसी तरह भारतीय प्राकृतिक भौगोलिक सीमा पर पश्चिमी, दक्षिणी तथा पूर्वी सीमा पर कोई 7500 कि॰ मी॰ लम्बी समुद्री सीमा फैली हुई है। एक तरफ पर्यटकों की भारी भीड़ किसी भी स्थान की क्षमता से ज्यादा जमा होकर वहाँ बची हुई सामग्रियों को अनुत्तरदायी तरीकों से छोड़कर समुद्री तटों तथा द्वीपों को प्रभावित करती हैं, वहीं दूसरी तरफ पर्यटन उद्योग अनावश्यक अतिनिर्माण तथा अधिसंरचना संबंधी निर्माण कार्यों के द्वारा दूरगामी दुष्परिणाम देते हैं।

जिससे द्वीपों समुद्री तटों का आकार बिगड़ जाता है एवं उससे वहां सुलभ पर्यावरण, जैव विविधता तथा पारिस्थितिकी तंत्र प्रभावित होता है। भारत की भौगोलिक विविधता के कारण खेल शौकीनों हेतु यहां ढेर सारी संभावनाएं हैं। यहाँ के पहाड़, नदियाँ, मनोहर दृश्यवलियां क्रमशः पर्वतारोहण, ट्रैकिंग, गोल्फ तथा रोमांचक जलक्रीड़ाओं में रुचि रखने वाले अपना शौक पूरा कर सकते हैं परंतु अनियंत्रित पर्यटन के कारण ही पर्यावरण पर दुष्प्रभाव पड़े हैं। अतः इन दुष्प्रभावों को रोकना अनिवार्य है ताकि पर्यावरण एवं पर्यटन में साम्य बना रहे।

पर्यटन उच्च्व संरचना सुविधाएँ

खान-पान	:	रेस्टोरेन्ट भुनने के कक्ष, मुख्य मेज सेवाएँ, भोजनालय, हस्पताल, दूध एवं अन्य भोजन कक्ष, रेलवे खान-पान व्यवस्था, सामुदायिक खान-पान व्यवस्था, तत्त्व-वृत्ताकार नृत्यकक्ष क्लब, रात्रि क्लब, मधुशाला, चाय कक्ष, कॉफी कक्ष।
पर्यटक संगठन	:	शिक्षा एवं प्रशिक्षण, श्रमिक संगठन, व्यापारिक संगठन, व्यक्तिगत व्यावसायिक कम्पनी संगठन।
होटल	:	अन्तर्राष्ट्रीय होटल, विहारस्थल होटल, निवासयुक्त होटल, वाणिज्य होटल, सराय, काफिला, स्थल, क्लब, यात्री आराम स्थल, होस्टल, अल्पकालीन स्थिति के होटल भुगतान शुदा मेहमान आवास, मध्यस्तरीय आवास, अनुपूरक आवास।
क्रीड़ा एवं खेलकूद	:	जल-क्रीड़ा, चढ़ने की क्रियायें, तरण-ताल क्रिया बन्दरगाह/ताल/ नालिका विहार सुविधायें, चमड़े से गोता मारना अलांकेन। टहलना, आखेट, पर्वतारोहण, लहरों पर तैरना, केलिपोत में यात्रा, समुद्र के ऊपरी भाग की यात्रा, नाविक दौड़, शीतकालीन क्रीड़ायें बर्फ में चढ़ने का यंत्र, उठने की कुर्सी, टेलीफोन, रेलवे, स्केटिंग रिंक

मनोरंजन स्थल	:	धार्मिक भवन, सैनिक एवं नागरिक भवन कला शिल्पकला, पुरातत्वकालीन अवशेष, रणभूमि संग्रहालय, पुरातत्वकालीन ग्रन्थ, स्मरण स्थल, पुस्तकालय, स्मारक, स्मारिकाएं।
बर्फ की कक्षाएं भूतल की क्रीड़ायें खेलकूद	:	गोल्फ, फुटबाल, बालीबाल, बैंडमिन्टन, टेनिस, हैन्डबाल पिग पोंग कक्ष, उबलते जल के या गर्म उद्यान पथ, सवारी करना, पशु सवारी, विद्यालयों के सवारी के पथ।
खरीददारी केन्द्र	:	कर मुक्त विक्रय स्थल, भारतीय हस्तकला, वाणिज्य केन्द्र खुले बाजार।
वित्तीय संस्थायें	:	बैंक, डाक-घर, डाक, दूरभाष, टेलेक्स, बीमा कम्पनियां, अन्य वित्तीय संस्थायें।
प्रेस एवं माध्यम	:	प्रेस, आकाशवाणी, दूरदर्शन, यात्रा मार्गदर्शक प्रकाशन आदि।

होटल तथा रिसोर्ट, किसी भी परिभ्रमण अधिसंरचना के महत्वपूर्ण अंग हैं एवं वे अपने आप में भी एक पृथक् उद्योग बन गए हैं। परिवर्तित होने वाले आर्थिक परिवेश, व्यापार में वृद्धि, मनोरंजन, पर्यटन और अवकाश का प्रजातंत्रीकरण और अधिक संख्या में व्यक्तियों द्वारा पर्यटन का इस्तेमाल करने की बढ़ती प्रवृत्ति ने पर्यटन के विकास में महत्वपूर्ण अंशदान दिया है। होटल की परिकल्पना मुख्यतः पश्चिमी देशों की है। भरत में होटल एवं रिसॉर्ट का विकास कमजोरियों से भरा हुआ है। होटलों के अनियोजित, अनियंत्रित निर्माण से ही पर्यावरण प्रभावित होता है। ऐसी स्थिति लाने में सैलानियों का भी हाथ है। पर्यावरण के गिरावट के प्रति संचार माध्यमों एवं गैर सरकारी संस्थाओं की बढ़ती हुई सक्रिय भूमिका के कारण इस गिरावट को रोकने हेतु जरूरत संस्थाओं की भूमिका एवं योगदान की जरूरत है।

पर्यटन का पर्यावरण पर प्रभाव

विकसित देशों में पर्यावरण काफी प्रदूषित हो चुका है। विकसित देशों की ही नकल विकासशील देश औद्योगीकरण में करने लगे हैं। अतः विकसित देशों के साथ-साथ विकासशील देशों में पर्यावरण को सुरक्षित करने की आवश्यकता है। जैसे ही पर्यटकों की संख्या में बढ़ोतरी होती है, इससे भीड़ का भय होता है, आवाज, प्रदूषण तथा लोगों की स्वयं की बातों से उस स्थान विशेष की वह शान्ति एवं निश्चलता खत्म हो जाती है, जिसकी खोज में वे निकलते हैं। विश्व की सरकारों को इनकी संरक्षण में महत्वपूर्ण अंशदान करना है जो कि प्रकृति ने एक दान के रूप में, हमारे पूर्वजों ने एक कला की महानता के रूप में हमें विरासत मुहैया की है, इसकी हमें प्रशंसा करनी है तथा भविष्य हेतु संरक्षित करना है।

सरकार पर्यटन में बहुत से कारणों से सामने आती है। पर्यटन एक क्रिया है जिसको एक मिश्रण के रूप में लाना है। यह कार्य सिर्फ ट्रेवल एजेन्टों, होटलों एवं हवाई कम्पनियों का ही नहीं है परन्तु इसमें बहुत किस्म की एजेन्सियों, सेवाओं और प्राधिकरणों के अतिरिक्त नागरिक उड्डयन प्रशासन, रेलवे, सामुद्रिक, बैंकिंग व वित्तीय संस्थाएं भी शामिल हैं जो कि विदेशी सम्बन्धों, कानून व व्यवस्था संस्कृति परिस्थिति परिवर्तनशीलता तथा सीमा सुविधाओं के अधिकारी भी संभालते है। पर्यटन सिर्फ तभी सफल हो सकता है जब पर्यटक हमारे देश की बाबत एक अमिट व साथ-साथ पर्यटन स्थलों के वातावरण व बाह्य स्थिति की सुन्दरता एवं स्वच्छता सड़क की स्थिति तथा शहरों एवं कस्बों की स्वच्छता हेतु भी हम उत्तरदायी है।

इन अन्वेषणों की दृष्टि से सरकार पर्यटन का अनियमित विस्तार रोकने के लिए अथक प्रयास कर रही है। वर्तमान समय में पर्यटन का सुख उच्चवर्गी लोगों के साथ-साथ सभी वर्ग के लोग भी लेने लगे हैं।

पर्यटक कई उद्देश्यों से यात्रा करते हैं एवं भिन्न-भिन्न के पर्यटन स्थल इन उद्देश्यों की पूर्ति में मददगार होते हैं। सभी पर्यटन स्थल की पर्यावरण संबंधी भिन्न-भिन्न विशेषताएं होती हैं, जैसे–

1. पर्वत और बीहड़ क्षेत्र
2. अन्तर्देशीय ग्रामीण क्षेत्र, नगरीय क्षेत्र और
3. छोटे-छोटे द्वीप
4. समुद्र का तटीय क्षेत्र एवं बीच
5. नौका विहार क्षेत्र एवं आर्द्र भूमि

पारिस्थितिक पर्यटक (जिनकी मुख्य रुचि प्राकृतिक पर्यावरण में होती है) प्रायः विश्व के मोहक और दूरवर्ती शांत क्षेत्रों की तरफ आकृष्ट होते जाते हैं। दूसरे देशों के ज्यादा विविधता वाले लोग सहयात्री बनकर पूर्व नियोजित पारिस्थितिक पर्यटन में सम्मिलित होकर यात्रा करते हैं, हालांकि संयुक्त राज्य से शुरू होने वाले पारिस्थितिक पर्यटन में अवकाश प्राप्त एकांतप्रिय एवं कई अकेली महिलाएं भी इसमें सम्मिलित होती हैं 30 और 40 वर्ष की उम्र के जोड़े अधिकतर स्वतंत्र पारिस्थितिक पर्यटन हेतु निकलते हैं। विद्यालयों में विद्यार्थियों का समूह एवं वैज्ञानिकों का दल भी विकासशील देशों के सैर हेतु निकलते हैं और ये जनसांख्यिकीय (जैसे आयु, आय, जन्म स्थान) विशेष रुचि पर्यटन प्राथमिकताओं के अनुसार मौके उत्पन्न किया जाता है।

पर्यावरण विदों और स्वैच्छिक संगठनों के अभियान से अपने देश भारत में भी पारिस्थितिकी एवं पर्यावरण के प्रति जागरूकता बढ़ी है। पर्यटन उद्योग रोजगार उपलब्ध कराता है, विदेशी पूंजी अर्जित करता है पूंजी निवेश को प्रेरित करता है, छोटे व्यापार के मौके

उत्पन्न करता है और सार्वभौमिक, आर्थिक व राजनीतिक संयोजन को प्रोत्साहन देता है। पर्यटन तेल ओर मोटर गाड़ियों सहित तीन अंतर्राष्ट्रीय व्यापार के वर्गों में से एक है। अतएव यह कोई आश्चर्य की बात नहीं, अगर प्रति-वर्ष अधिकाधिक राष्ट्र और समुदाय पर्यटन को विकसित करने हेतु उत्सुक हैं और इस उद्योग द्वारा प्रदत्त संभावित सम्पन्नता से लाभान्वित होना चाहते हैं।

जैसा कि संवैधानिक धाराओं, पर्यावरणीय कानूनों और योजना उद्देश्यों से स्पष्ट है कि विकास और उन्नति के साथ-साथ पर्यावरणीय सुरक्षा बनाए रखने के सचेत प्रयत्न किए गए हैं। फिर भी वर्षों से पर्यावरण और प्राकृतिक संसाधनों पर बढ़ते हुए दबाव और उसे चौंका देने वाले नतीजे बढ़ते हुए अनुपात में स्पष्ट तौर पर सामने आते जा रहे हैं। यह नतीजे, विकास के लाभ को कम करके, उन गरीबों, के जीवन स्तर को जो अप्रत्यक्ष रूप से संसाधनों पर निर्भर हैं, बदतर बना रहे हैं।

पर्यावरण ह्रास में कई कारक सहायक होते हैं। कई कारक पर्यटन के विकास के साथ-साथ जमा होते चले जाते हैं। हर कारक द्वारा पहुंचाई गई हानि को पृथ्वी की वहन क्षमता की सीमा पार कर गया है, अतएव इस वहन क्षमता को बढ़ाने हेतु जरूरी कार्रवाई करनी होनी और ज्यादा से ज्यादा समर्थन प्राप्त करने होंगे।

भिन्न-भिन्न प्रकार के पर्यटन प्राकृतिक और बने-बनाए पर्यावरण के बीच एक जटिल अन्तःसंबंध है। कई अध्ययनों से यह साबित हो चुका है कि भौतिक पर्यावरण पर पर्यटन का गहरा प्रभाव पड़ता है और पारिस्थितिकी पर होने वाले प्रहारों को नियंत्रित करने उनमें सुधार करने का बहुत कम प्रयत्न किया गया है।

यह कथ्य इस कारण और भी गंभीर हो जाता है कि पर्यटन अधिकांशतः प्रकृति पर ही आश्रित है : पहाड़ समुद्र तट, मरु भूमि, जंगल, वन्य जीवन, जल-प्रदेश आदि पर्यटन हो पर्यटन को नष्ट कर रहे हैं। योजना बनाते समय नियोजक एवं विकास एजेन्सियां इस पर कम ही विचार करती हैं।

विविध प्रकार के परिभ्रमण का पर्यावरण पर भिन्न-भिन्न तरीके से असर पड़ता है। इस संदर्भ में पर्यटकों हेतु राष्ट्रीय उद्यानों और वन क्षेत्रों के विकास के अनुभव का अध्ययन करना लाभकारी होगा।

अभयारण्य, राष्ट्रीय उद्यान के आरक्षित स्थलों में पर्यटन से वन्य जीवन पर गंभीर प्रभाव पड़ता है जिससे वन्य प्राणियों का जीवन बाधित होने के साथ-साथ, इस प्रकार के स्थलों के संरक्षण को काफी बल मिलता है। हालांकि जैसा पूर्व में बताया जा चुका है अनियोजित पर्यटन से उस क्षेत्र की वहन क्षमता पर अत्यधिक दबाव पड़ता है जिससे वन्य जीवन भी बुरी तरह प्रभावित होता है। पर्यटन संरक्षण में सहायता भी पहुंचा सकता है क्योंकि जब आम आदमी वन्य जीवन को समझने एवं अनुभव करने लगता है तो वह प्रकृति की सुरक्षा में प्रमुख भूमिका अदा करने लगता है।

पर्यटन, संरक्षित क्षेत्रों का सक्रिय प्रवर्तक है। पर्यटन की आमदनी अर्जन की क्षमता के कारण इसे इन इलाकों में प्रशासित किया जाता है। परंतु यह बात साफ नहीं है कि इनसे प्राप्त आमदनी को वानिकों, वन्य जीवन के संरक्षण उद्यान रख-रखाव आदि में पुनर्निवेशित किया जाता है अथवा नहीं।

सामान्यतः अभयारण्यों को परिभ्रमण आकर्षण का केंद्र बनाने से इसके संरक्षण में सहायता मिलती है। हालांकि कारबेट राष्ट्रीय उद्यान एक ऐसा उदाहरण है जहां पर्यटकों की भीड़-भाड़ आवश्यकता से अधिक है। पर्यटकों की बढ़ती संख्याओं के अनुपात में सड़कों की संख्या में वृद्धि नहीं हुई है। पर्यटकों को एक खास स्थान तक जाने की ही छूट है। चूंकि पर्यटकों की जरूरत के अनुरूप उद्यान परिवर्तन संभव नहीं है, सड़कों एवं अन्य अधिसंरचात्मक साधन उपलब्ध कराना मुश्किल है अतः भीड़-भाड़ कम करने एवं मनुष्य-पशु टकराव को कम करने हेतु पर्यटन पद्धति परिवर्तित करनी पड़ेगी।

दिन-रात तीव-गति से चलती गाड़ियों के कारण वन्य जीवन अस्त-व्यस्त हो गया है। वनों में बने आवासीय स्थलों और कैंप स्थलों के आस-पास अनियंत्रित और अनियोजित ढंग से पानी बहाने और खाने-पीने का सामान फेंकने से पशु इसकी तरफ आकृष्ट होते हैं एवं उनकी जीवन पद्धति बाधित होती है। इन स्थलों पर सिगरेट के पैकेट, शराब की बोतल, कार्टून, पोलिथिन बैग और दूसरे प्रकार से कूड़ा-करकट वन्य जीवन पर दुष्प्रभाव डालते हैं।

जंगली जीवों से बनी वस्तुओं की मांग बढ़ने से व्यापार हेतु पशुओं को पकड़ने एवं मारने का सिलसिला बढ़ गया है। कलाकृतियों की मुख्य दुकानों में खुले आम निर्लज्जता से हाथीदांत, जेबरा की खाल, हिरण के सींग, और सिर, शेर के पंजे का हार, बंदर की खाल का पायदान, शुतुरमुर्ग के पैर का लैंप, चिंकारा के खुर की चाभी का छल्ला, घड़ियाल की चमड़ी और कई पशु-पक्षियों की खालें प्रदर्शित की जाती हैं, जो वन्य जीवन का समापन है।

पर्यटन एक ओर अमानवीय प्रथा को जन्म दे रहा है और वह है चिपांजी, बाघ, शेर, तेंदुए के बच्चों के साथ फोटो खिंचवाना। इसके कारण कई जानवरों की मृत्यु हो जाती है। पेड़-पौधों और पशु-पक्षियों के अतिरिक्त अन्य जीवन पर्यन्त से जंगलों में रहन वाले व्यक्तियों का अस्तित्त्व भी खतरे में पड़ जाता है। पर्यटन को प्रसारित करने वाली परियोजना में आदिवासियों के बारे में अधिक नहीं सोचा जाता। पर्यटन और वन विभाग के अधिकारी सिर्फ मुनाफा कमाना ही जानते हैं तथा वन-संतुलन, पशु-मनुष्य संतुलन और पेड़-पौधों की सुरक्षा का ख्याल नहीं रखते।

समुद्र तटीय पर्यटन को तूफान से खतरा

21वीं सदी में पर्यटन उद्योग का अन्य उद्योगों की तुलना में अधिक तीव्रता से विकास की संभावना बलवती हुई है। अब पर्यटन के क्षेत्र में हेल्थ टूरिज्म और इकोटूरिज्म जैसे क्षेत्र

भी शामिल हो गये हैं। मुख्यतः उद्योग का तटीय परिभ्रमण काफी विकसित हुआ है। परन्तु सूनामी जैसी बड़ी एवं तेज गति की लहरें तटवर्ती भागों को उथल-पुथल कर देती हैं। जिस कारण पूर्वी एशियाई देशों के तटीय भागों में पर्यटन उद्योग को काफी खतरा है। 26 दिसम्बर, 2004 का दिन इस बात का प्रमाण है कि भविष्य में सूनामी से पर्यटन को मुख्यतः तटीय भागों का काफी खतरा उत्पन्न हो सकता है तथा पर्यटक भी तटीय भागों पर कम जाना पसन्द करेंगे।

भारतीय अर्थव्यवस्था विकसित अर्थव्यवस्था नहीं है। अतः भारतीय अर्थव्यवस्था को पर्यटन उद्योग का विकास करके गतिमान बनाया जा सकता है। भारत की भौतिक भू आकृति में ज्यादातर दक्षिण में अरब सागर एवं बंगाल की खाड़ी पड़ती है, जहाँ पर भविष्य में सूनामी के आने की सम्भावनायें हैं। सूनामी शब्द जापान देश में अत्यधिक लोकप्रिय है, क्योंकि इस देश के आस-पास इस तरह की लहरें पैदा होती रहती हैं। लेकिन बड़े आकार को सूनामी लहरें 26 दिसम्बर, 2004 तथा हाल ही में भारतीय तटों पर तबाही मचाकार चली गयीं। जो कि पर्यटन को सीधा खतरा है। यदि हमें तटीय पर्यटन को विकसित तथा बचाए रखना है तो भारत सरकार को प्राकृतिक आपदाओं से बचने एवं नियंत्रण पाने हेतु तैयार रहना पड़ेगा। उच्च्य तकनीक के विकास की भरपूर सहायता लेनी होगी। अण्डमान-निकोबार द्वीप जो कि देश तथा विदेशी पर्यटकों हेतु मुख्य आकर्षण केन्द्र है जहां पर सागरीय भूकम्प के द्वारा पैदा सूनामी लहरें काफी स्थानों को तबाह कर गईं।

स्थानीय लोगों को आपदाओं की जानकारी तथा सुरक्षा का उपाय का ज्ञान होना चाहिए। जिसे सरकार को विभिन्न साधनों द्वारा देनी चाहिए। तटीय हिस्सों पर निर्मित बहुमंजिली होटलों, रेस्टोरेंटों की संरचना में भी बदलावा करने की जरूरत है। जिससे यहां का पर्यटन जीवित रह सके।

पर्यटन के कारण विश्व के सभी पर्यावरणीय विशेषज्ञों को चिन्तित कर रखा है। पर्यटक भिन्न-भिन्न स्थानों पर अपनी अवधि को ध्यान में रखकर अवकाश और मनोरंजन हेतु भ्रमण करते हैं और बुनियादी तौर पर वह उत्तम समय व्यतीत करने आते हैं, उनका यह व्यवहार अनुचित नहीं है। ये उस समय अप्रिय हो जाता है जब वे ऐसे स्तर की सुविधाएं लेने हेतु आग्रह करते हैं जो स्थानीय संसाधनों को क्षतिग्रस्त करती हैं और वह ये आग्रह इस तरह करते हैं कि या तो स्थानीय लोग उदासीन होकर दूर हो जाते हैं अथवा इस हद तक पूरा करते हैं कि फलस्वरूप स्थानीय सांस्कृतिक प्रारूप रूपान्तरित अथवा विकृत हो जाता है। ये बात विशेष तौर पर जनजातीय देशों में अथवा ऐसे क्षेत्रों में जहां के स्थानीय समुदाय भाषाई सांस्कृतिक दृष्टि से बहुत अल्प संख्या में हैं।

पर्यटन भूगोल में भूगोलिक एवं वातावरणीय विशेषज्ञ इस बात का पता लगाने की कोशिश करते हैं कि पर्यटन का विकास पर्यावरण को प्रभावित कर रहा है। लेकिन इन

पर्यावरणीय मुश्किलों को समझने से पूर्व पर्यटन के सकारात्मक तथा नकारात्मक प्रभाव को समझना जरूरी है।

पर्यावरण संबंधी समस्याएं

सम्पूर्ण विश्व पर्यावरण संबंधित संकटों को झेल रहा है। जिसका कारण यह पद्धति है जिसके अनुसार विश्व में औद्योगिक एवं प्रौद्योगिक विकास हुआ है। लेकिन प्रश्न है कि मानवीय उर्वरता असीम है जबकि मानवीय जीवन का भरण-पोषण करने वाली धरती के संसाधन सीमित हैं। संबद्ध समस्या यहाँ मनोवृत्ति की है। जहां जरूरतें जीवन शैली को अपेक्षा बहुत अधिक हैं। संसाधनों में अधिक जरूरतों की इच्छा पर्यावरण हेतु समस्या कर सकती है, अगर मनुष्यों की आबादी हो और अपने पूर्वजों की अपेक्षा अधिक उच्चतर स्तर पर जीवन निर्वाह करने की अभिलाषा रखती हो।

इस स्थिति में प्रौद्योगिकी आधारित विकास को वर्तमान सभ्यता की इस चुनौती का सामना करना पड़ेगा कि समाज हेतु उपलब्ध अपार शक्ति का उपयोग कैसे किया जाए। इसके लिए एक अथवा कई निर्णय करने पड़ेंगे। प्रौद्योगिक विकास को रचनात्मक सामाजिक लक्ष्यों की दृष्टि से उपयोग करने हेतु व्यवस्थित करना आज अतीत की तुलना में अधिक जरूरी है जिससे लक्ष्यों को व्याख्यायित किया जा सके और प्रौद्योगिकी पर आधारित पर्यावरण तथा विकास के बीच वर्तमान संबंधों को संशोधित किया जा सके।

इन समस्याओं और इनसे जुड़े सामाजिक लक्ष्यों का निम्नलिखित तीन प्रत्यक्ष शीर्षकों के अन्तर्गत अध्ययन किया जा सकता है–

पारिस्थितिक समस्याएं–समाज में वर्तमान प्रौद्योगिकी विकास की तीसरी सबसे प्रमुख समस्या पर्यावरणीय संतुलन को सुरक्षित रखने की पारिस्थिति कठिनाई है। हालांकि मानव ने शताब्दियों से प्राकृतिक संसाधनों का प्रयोग किया है किंतु औद्योगिक युग के प्रारंभ से पहले पर्यावरण को कोई खतरा नहीं था।

साम्राज्यवाद, उपनिवेशवाद, आधिपत्य संघर्ष, बाजारी अर्थव्यवस्था, लाभ के लिए संघर्ष लाभ के लिए पागलपन की दौड़, विश्वयुद्ध आदि ने अपने ढंग से पर्यावरण को खतरे में डाला है। आज फिर वर्तमान प्रौद्योगिकी की मदद से बड़े पैमाने पर औद्योगिक उत्पादन हेतु प्रकृति के शोषण ने संपूर्ण विश्व में पर्यावरणीय संकट उत्पन्न कर दिया है। हालांकि कई दशकों से ऐसे संरक्षात्मक उपाय किए जा रहे हैं, यथा प्राकृतिक वनों और वन्य प्राणियों हेतु सुरक्षित वनों की स्थापना की जा रही है किन्तु पैदा की अत्यधिक बढ़ोतरी और औद्योकीकरण के स्तर में विकास ने सार्वजनिक संकट पैदा कर दिया है। विकसित राष्ट्रों में प्रदूषण की समस्या अत्यधिक चिन्तन का विषय है। यह बात पूर्णतः स्पष्ट है कि इस विकास के कारण

होने वालों क्षति के कुप्रभाव का उत्तरदायी स्वयं मानव है न कि उसके द्वारा उपयोग की गई प्रौद्योगिकी। मानव अपनी समझदारी के बावजूद अपने-अपने समुदायों में पर्यावरण के विषय में बगैर सोचे आचरण करता है जो अत्यंत घातक साबित हो सकता है। अतः ये विवादास्पद है कि विकास आधारित प्रौद्योगिकी वरदान है अथवा विनाश का कारण।

जनसंख्या—अगर आने वाली शताब्दी में इस पृथ्वी पर जीवन को संतोषजनक बनाना है तो विश्व को इस सदी के अंत तक जनसंख्या को विकराल समस्या से पाने हेतु सभी संभव उपाय करने चाहियें। इस समस्या से दो तरह से निपटा जा सकता है। दोनों ही विधियां वर्तमान प्रौद्योगिक संसाधनों पर ही आधारित हैं। एक ओर तो बढ़ोतरी दर को सीमित करने का प्रयास किया जाना चाहिए। यहाँ भी प्रौद्योगिकी एक ऐसा साधन है जो अपने ही प्रयोग के संदर्भ में नैतिक मुद्दों के प्रति निष्पक्ष है। जनसंख्या समस्या से संबंधित दूसरी विधि यह है कि विश्व के खाद्यान्न उत्पादन को बढ़ाने का व्यापक रूप से प्रयत्न करना चाहिए। प्रौद्योगिकी को दोनों ही विधियों में सक्रिय भूमिका निभानी पड़ेगी। चाहे सुलभ खाद्यान्नों के संसाधनों की आपूर्ति को बड़े पैमाने पर बढ़ाना हो अथवा विश्व की जनन क्षमता को नियंत्रित करना अथवा घटाना हो। हमारी प्रौद्योगिकी दोनों हेतु समर्थ है।

सामाजिक कठिनाइयाँ—विकसित औद्योगिक देशों में ये कठिनाइयां स्पष्ट रूप से दिखाई देती हैं। किन्तु इसका प्रभाव दूसरे समाजों पर भी पड़ सकता है। बहुत से औद्योगिक राष्ट्रों के कई शहरी विनाश से पीड़ित हो चुके हैं। परंपरागत शहरी केंद्रों में मध्यवर्गीय आबादी है जबकि शेष भाग में सामाजिक दृष्टि से उपेक्षित एवं गरीब वर्ग पाया जाता है। एक दूसरे स्तर पर शिक्षा के दबाव के कारण प्रौद्योगिकी अव्यवस्था में बढ़ोतरी कर रही है। एक दूसरा परिणाम यह हुआ है कि महानगरों, शहरों के आसपास नगर का विस्तार हुआ जिसके कारण आस-पास के ग्रामीण क्षेत्र समाप्त होने लगे।

अतः पर्यटन का नियन्त्रण आवश्यक है, ताकि वह कोई गंभीर पर्यावरणीय या सामाजिक-सांस्कृतिक समस्या उत्पन्न न करे और उसे पर्यावरणीय एवं सांस्कृतिक संरक्षण हेतु उपयोग किया जाता रहे। पर्यटन विकास को राष्ट्र के किसी क्षेत्र विशेष के विशिष्ट अभिलक्षणों के अनुकूल होना चाहिए। इस विकास प्रक्रिया में क्षेत्रीय निवासियों की सबसे ज्यादा भागीदारी होनी चाहिए तथा उन्हें इससे होने वाला लाभ भी प्राप्त हो। पर्यटन विकास को देश की समग्र विकास योजना में जोड़ देना चाहिए एवं इसे अन्य आर्थिक क्षेत्रों से संयोजित कर देना चाहिए। इस स्थिति में ज्यादा से ज्यादा संभव संतुलित अर्थव्यवस्था की स्थापना हो सकेगी। मनोरंजन एवं परिभ्रमण के लक्ष्यों की प्राप्ति के अलावा देशीय पर्यटन का राष्ट्रीय आय के विशेषतः शहर एवं समृद्ध क्षेत्रों से ग्रामीण एवं अल्प विकसित इलाकों में पुनर्वितरण हेतु उपयोग करना चाहिए। देश में रहने वाले विभिन्न लोगों की मैत्रीपूर्ण संबंध बनाने के लिए पर्यटन एक महत्वपूर्ण कारक है।

एक ओर तो पर्यटन से ढेर सारे आर्थिक और सामाजिक लाभ प्रत्यक्ष रूप से दिखाई पड़ते हैं वहीं दूसरी ओर पर्यटन के बढ़ते चलन से उसके दुष्परिणाम भी सामने आ रहे हैं। हरिद्वार, ऋषिकेश, गंगोत्री, यमुनोत्री सहित कई पर्यटन स्थलों में कचरों के कारण प्रदूषण बढ़ता जा रहा है। पर्यटन के क्षेत्र में जिम्मेदारी का बोध उत्पन्न करके दुष्प्रभावों का स्तम्भन किया जा सकता है। हम ऐसे पर्यटन को विश्ववस्त या वैकल्पिक परिभ्रमण का नाम दे सकते हैं। वैकल्पिक पर्यटन एक ऐसा पर्यटन है जो लोगों के मध्य आपसी समझ को बढ़ाता है, पर्यावणीय एवं सांस्कृतिक ह्रास और इन से भी अधिक स्थानीय जनसंख्या के शोषण और मानवीय मूल्यों के ह्रास को रोकता है। इन्हीं विशिष्टताओं के कारण इसे उत्तरदायी पर्यटन भी कहते हैं। वैकल्पिक पर्यटन को विश्वसनीय अनुभव का बोध भी करा सकता है किन्तु ये उसका विपरीत कार्य नहीं है। वास्तव में ये 'रोमानी' चाहने वाले और रोमांचक संस्कृति पर विपरीत प्रभाव डालने वाले पर्यटकों का आलोचक है जो अतिथेय स्थानीय परिवेश पर नकारात्मक प्रभाव डाल सकते हैं।

इस प्रकार वैकल्पिक पर्यटन उत्तरदायी पर्यटन का पर्याय है। यह तर्क प्रस्तुत किया जाता है कि वैकल्पिक पर्यटन की मदद से हम पर्यटन उद्योग द्वारा प्रस्तुत समस्याओं को नियन्त्रित कर सकते हैं। उत्तरदायी पर्यटन की परिभाषा ऐसे व्यापक शब्द के रूप में की जा सकती है जो सभी पक्षों का ज्यादा ध्यान रखने वाले और जागरूक प्रकार के पर्यटन को अपने अंदर शामिल रखता है। इसके उपसर्गों में वैकल्पिक, उपयुक्त, टिकाऊ, कोमल, हरित आदि आते हैं। उत्तरदायी पर्यटन में स्थानीय समुदाय शामिल पर्यावरण के विषय में निर्णय लेने में और पर्यटन विकास में असरदार भूमिका निभाता है। स्थानीय समुदाय विकास की गति को भी नियन्त्रित करते हैं जो आवश्यक है। अपनी मंजिल तक पहुंचने से पूर्व ही पर्यटक की जागरूकता बढ़ाना और उन्हें स्थानीय पर्यावरण के प्रति संवेदनशील बनाना अत्यन्त महत्वपूर्ण है। अतएव इस तरह के पर्यटन में शिक्षा मुख्य भूमिका निभाती है।

इस तरह के पर्यटन में उन लोगों के अलावा जो केवल पर्यटन सेवाएं उपलब्ध करवाने में लगे हैं अन्य व्यक्तियों से भी मिलने और लेन-देन करने का अवसर ठीक वैसे ही मिलेगा जैसे—परम्परागत पर्यटन में होता है। ऐसे पर्यटन में विकास कार्यकर्ता, विश्वविद्यालय, बुद्धिजीवी, पर्यावरण विशेषज्ञों और प्रकृति, प्रेमी आदि होते हैं। स्थानीय लोगों को भी बाहर से आए मित्रों से मिलने का मौका मिलता है जो सामाजिक बाधाओं को दूर करने की इच्छा व्यक्त करते हैं एवं पर्यटन के परम्परागत ढांचे से भी आगे निकल जाना चाहते हैं।

पर्यटन के द्वारा विभिन्न लोगों के मध्य जानकारियों का आदान-प्रदान होता है। इस तरह वैकल्पिक पर्यटन पर्यावरण के समीप होने का काफी अवसर प्रदान करता है।

ये विविध वर्गों की मूलभूत सांस्कृतिक मान्यताओं को भी सुरक्षित रखने में सहायक हैं। जहां इस तरह की यात्राएं होती हैं वहीं ये सहयोग संभव है। पर्यटन वैश्विक एवं राष्ट्रीय

भ्रातृभाव, शांतिपूर्ण सहअस्तित्त्व और सद्भावपूर्ण वास्तविक साधन की तरह काम करता है।

इसी प्रकार पर्यटक अतिथियों और मेजबानों के मध्य विचारों, भावनाओं का परस्पर आदान-प्रदान और प्रत्यक्ष अनुभव नकारात्मक सामाजिक, सांस्कृतिक प्रभावों की संभावनाओं को अल्प नहीं करता। स्थानीय समुदायों के देशों के लोग पर्यटकों का स्वागत करते हैं एवं इस प्रक्रिया के दौरान मूल बातों में पश्चिमी तौर-तरीकों को अपनाते हैं।

रॉबिन्सन ने कहा है कि पर्यटन से सम्बद्ध क्षेत्र ऐसी पर्यावरणीय समस्याएं प्रस्तुत करते हैं जिनमें वनों का विनाश, भंगुर धरातल पर भूमि उपयोग को लेकर प्रतिस्पर्धा और मलबे का निपटारा सम्मिलित है। आर्थिक प्रवर्धक प्रभाव ने स्थानीय लोगों को अमीर बनाया है। वे स्वयं ही संसाधनों का शोषण कर रहे हैं, जैसे—जंगल में नई कुटीरों अथवा धनी परिवारों हेतु बड़े घरों के निर्माण के लिए जंगल काटना, पैदल यात्रा पर कूड़ा-कचरा फेंकना, इधर-उधर मल-मूल का विसर्जन आदि गन्तव्य के लिए खतरा पैदा करते हैं और ये समस्त पर्यावरणीय विनाश एक ऐसे गन्तव्य में हो रहा है जिसे वैकल्पिक पर्यटन हेतु प्रोत्साहित किया जाता है और जो ऐसे ही पर्यटन के लिए जाना-पहचाना जाता है।

वैकल्पिक पर्यटन का सिद्धांत परम्परागत पर्यटन से असहमत है। वह इसके स्थान पर सम्पूर्ण रूप से विकसित विकल्प हेतु संघर्ष करता है। इस कारण यह पर्यटक संस्थाओं एवं सामूहिक पर्यटन के लिए इसके अन्दर के सुधार के लिए किसी प्रयत्न में पर्यटन उद्योग के हिस्से के तौर पर सम्मिलित नहीं हो पाता है। वर्षों से पर्यटन उद्योग पर्यटन लॉबी के समर्थकों ने योजना की नीतियों का स्वागत किया है। किन्तु विडम्बना ये है कि स्वयं उत्तरदायी पर्यटन की निष्फलता एक ऐसे उद्योग द्वारा सार्वभौम पर्यटन नीति की प्रत्यक्ष स्वीकृति देखने की संभावना है जो एक बेहतर प्रतिरूप तथा अभिनव स्वरूप में देखे जाने के लिए उत्सुक हैं। दूसरे उद्योगों की भांति पर्यटन उद्योग स्पष्ट रूप से स्वच्छ पर्यावरण के निर्माण में अधिक लाभ देख सकता है।

उत्तरदायी पर्यटन के विचार को सफल बनाने के संबंध में सरकार पर भी भारी उत्तरदायित्व है। इस तरह पर्यटन उद्योग की समस्याओं को घटाने में सरकारी नीतियों की महत्वपूर्ण भूमिका है। इसके अलावा पर्यावरणीय समस्या का हल भी इन्हीं राजकीय नीतियों से निकलेगा। राजकीय नीतियों के बिना कोई पर्यावरण को बचा नहीं सकता क्योंकि सरकार के पास ही विस्तृत अधिकार एवं नियमों को लागू करने का तंत्र होता है।

1. अपराधियों को कठोर सजा मिलनी चाहिए और कानून तथा नियमों की अवज्ञा हेतु कोई राजनीतिक दबाव नहीं होना चाहिए, बल्कि कानूनों को लागू करने वाले व्यक्ति और संस्थाओं को इस तरह का अधिकार होना चाहिए कि वह अपना कर्तव्य अर्थपूर्ण ढंग से निभा सके। पर्यावरण जागरूकता पैदा करने के लिए हर तरह के प्रचार माध्यमों का उपयोग करना चाहिए। पर्यटन में विश्व बहुत तीव्रगति से अग्रसर होता है। ये

संदेश एक बार जैसे ही उद्योगों एवं पर्यटकों को स्पष्ट रूप में समझ में आ जाएगा कि सरकार अथवा स्थानीय अधिकारी जहां तक पर्यावरणीय सुरक्षा का सम्बन्ध है गंभीर हैं और विधि या कानून औपचारिकता मात्र नहीं हैं इन्हें कठोरता से लागू किया जाता है तो परिणाम जरूर ही सामने आएंगे।

2. प्रत्येक गन्तव्य की निर्वहन क्षमता को व्याख्यायित करना चाहिए और इस संदर्भ में विशिष्ट प्रयास करना पड़ेगा।
3. यह सुनिश्चित कर लेना चाहिए कि गन्तव्य पर पर्यटन हेतु भूमि उपयोग योजना का अभिन्न हिस्सा समझा जाए और वहां पर्यावरण निर्माण कार्यों हेतु दिशा निर्देश पर्यावरण के हितों को देखते हुए बनाए जाएं।

पर्यटन के प्रभावों का विश्लेषण—अनियोजित या अनुकूल तौर पर आयोजित पर्यटन से उत्पन्न होने वाली कुछ समस्याओं का वर्णन संक्षिप्त रूप में निम्नवत् किया गया है—

1. भूमि अपरदन एवं तटीय अपरदन
2. भूमि अपकर्ष, जल प्रदूषण एवं कूड़ा-कचरा।
3. झुग्गी-झोंपड़ियों का विकास
4. देश के अत्यन्त निर्धन क्षेत्रों में सामाजिक सम्बन्धों की समस्या
5. सड़क निर्माण तथा बस्तियों और भूमि उपयोग के बदलावों का प्रभाव कम संख्या वाले निर्धन किसानों के जनसमूहों को स्थानान्तरण और बाहरी एजेन्सियों का आगमन।
6. नगरीकरण एवं पानी-बिजली ढांचागत सुविधा सुलभ कराने को सहवरी समस्या।
7. निवर्तनीकरण।
8. कुछ स्पीशीज पर विशेष ध्यान और कई स्पीशीज का ह्रास।
9. ईंधन एवं जलाऊ लकड़ी हेतु प्राकृतिक संसाधनों का ह्रास।

वैकल्पिक पर्यटन एक बहुत जटिल पर्यटन है किन्तु इसके साथ ही यह अपनी कार्य योजना के प्रतिपादन के विषय में बहुत से प्रश्न उठाता है जो सैद्धान्तिक एवं व्यावहारिक स्तरों पर भिन्न-भिन्न निष्कर्ष निकालता है। सरकार, पर्यटन उद्योग और स्थानीय लोगों के बीच विचारों के आदान-प्रदान और क्रियाओं के द्वारा किए गए प्रयत्नों से ही उत्तरदायी पर्यटन को सफलता मिल सकती है, जिससे पर्यटन की पर्यावरणीय समस्याएं समाप्त हो सकती हैं।

पर्यटन का प्राकृतिक पर्यावरण पर प्रभाव

वर्तमान समय में पर्यटन स्थलों पर पर्यटकों की संख्या में भारी वृद्धि देखने में आती है, लेकिन इन स्थलों पर पर्यटकों हेतु आवश्यक सुविधाओं में कोई उल्लेखनीय वृद्धि नहीं हुई

है। इन सुविधाओं का यहां विकास तो हुआ, लेकिन पर्यटकों की बढ़ती संख्या के अनुपात में कम है। इसका सबसे बड़ा विपरीत प्रभाव प्राकृतिक पर्यावरण पर पड़ा है। यहां प्राकृतिक पर्यावरण से आशय समुद्री तट, पर्वत, वन, घाटी, मैदानी भू-भाग से है, जबकि मानव निर्मित पर्यावरण के गांव, कस्बे तथा ऐतिहासिक इमारतें, आदि को सम्मिलित किया जाता है। वह लोग, जो इन स्थानों में रहते हैं, भी पर्यावरण के अंग हैं।

इन सब अव्यवस्थाओं में पर्यटक एक अजनबी अर्थात् बाहरी व्यक्ति के रूप में प्रवेश करता है। अगर इन स्थानों पर पर्यटकों की संख्या कम रहती है, जो पर्यटन क्षेत्र पर उसका प्रभाव कम पड़ता है एवं पर्यावरण की भी कम हानि होती है। पर्यटक अधिक संख्या में आने के साथ-साथ एक लम्बी अवधि हेतु पर्यटन स्थल पर ठहरते हैं तो वह स्थानीय समाज तथा पर्यावरण को पूर्ण रूप से बदल देते हैं।

उनके माध्यम से छोड़ा गया काठ, कबाड़ तथा कचरा का निष्पादन प्रभावी ढंग से न होने पर पर्यटन स्थल की नदियों, जल प्रवाह व्यवस्था को प्रदूषित कर देती हैं। उसके माध्यम से फेंके गये प्लास्टिक के थैले तथा टिन बाक्स आसानी से नष्ट नहीं हो पाते हैं, अतः वह प्रदूषण के प्रमुख कारक बन जाते हैं। बेकार पदार्थों का विघटन इन स्थलों पर मंद गति से हो पाता है। वास्तव में पर्यटन पारिस्थितिक तंत्र के हर अवयव को प्रभावित करता है। इस तन्त्र के कुछ अवयवों को इस तरह रखा जा सकता है–

वन–पर्यटकों को लुभाने में वनों का महत्वपूर्ण स्थान है। वन प्रादेशिक संस्कृति के साथ-साथ धार्मिक तथा सामाजिक धरोहर के प्रतीक तथा अंग हैं। पर्यटकों की लापरवाही इन वनों को नुकसान पहुंचाती है। उनमें आग लगने का भय रहता है। कहीं-कहीं पर्यटकों हेतु सुविधाएं जुटाने के रूप में वनों को काटकर इमारतों का निर्माण किया जाता है। वनों का कटाव भूस्खलन, भूमि का अपरदन, नदी घाटियों में भारी अवसाद के कारण बाढ़ों की आवृत्ति को बढ़ावा देता है। मानसरोवर मार्ग पर पर्यटकों की आवाजाही ने वनों को इसी तरह का नुकसान पहुंचाया है।

वन्य जीवन–अभयारण्यों में पर्यटकों के माध्यम से पशुओं का शिकार किया जाना, फोटोग्राफी करना, उनके प्राकृतिक आवास क्षेत्रों के अतिक्रमण से वन्य जीव-जन्तुओं को नुकसान पहुंचता है। पर्यटकों में जीव-जन्तुओं के फर, खाल, हाथी दांत के आभूषण, सींग, पूँछ, चाबी के गुच्छे स्मृति चिह्न की मांग बढ़ रही है। उनकी मांग को पूरा करने हेतु इन जीवों का वध किया जा रहा है एवं कहीं-कहीं उनके मांस की जरूरत को पूरा किया जा रहा है। अतः जीवों का संरक्षण अनिवार्य है।

भीड़भाड़–पर्यटकों ने ऐतिहासिक नगरों की सड़कों, गलियों को जाम कर दिया जाता है। पर्वतीय स्थलों पर भीड़-भाड़ बढ़ने के कारण परिस्थितिकीय समस्याएं जन्म ले रही हैं। इन स्थलों पर कैम्पों का निर्माण (अस्थायी तम्बू) अनेक गलत प्रभाव छोड़ रहा है। पर्यटक

इन कैम्पों में रहकर वहां अपशिष्ट पदार्थ छोड़कर पारिस्थितिकी व्यवस्था को प्रभावित कर देते हैं।

जल-प्रदूषण—यह सर्वमान्य है कि जहां पर ज्यादा आवाजाही होगी वहां पर प्रदूषण फैलेगा। यहां हम पर्यटन स्थल की नदियों, झीलों, समुद्री तटीय क्षेत्रों के प्रदूषण के बारे में जानकारी दे रहे हैं। जैसे कश्मीर की डल झील में नावों पर बने धार झील के पानी को प्रदूषित कर रहे हैं। पर्यटकों का मलमूत्र, गंदगी झील में ही रह जाती है। यह भविष्य में स्वास्थ्य हेतु खतरा बन रहा है। नैनीताल झील भी इसी तरह का एक उदाहरण है। नगर के गंदे पानी का झील में आकर गिरना, नौका परिवहन करते समय पर्यटकों के माध्यम से बेकार पदार्थों का झील में गिरना, झील के पानी को प्रदूषित कर रहा है, जो इन जल की मछलियों को भी नुकसाान पहुंचा रहा है। यह झील नैनीताल के लोगों हेतु जल के स्त्रोत के रूप में है। इसके दूषित होने पर पर्यटकों पर भी बुरा प्रभाव पड़ेगा।

वायु का प्रदूषण—पर्यटन को परिवहन की सुविधा के लिये मोटर वाहनों, का बढ़ता प्रयोग वायु में विषैली गैसें छोड़ता जा रहा है। वनों की आग, लकड़ी का ईंधन के रूप में प्रयोग, कोयला, तेल व गैस का बढ़ता प्रयोग, रेल तथा सड़क यातायात कुछ न कुछ मात्रा में वायु को प्रदूषित कर रहे हैं जिससे मानव तथा उससे सम्बन्धित जीवधारी को हानि पहुँचेगी।

ध्वनि प्रदूषण—ऐसा देखने में आता है कि पर्यटन स्थल पर पर्यटकों की निरन्तर आवाजाही के कारण शोर प्रदूषण को बल मिलता है। उनके माध्यम से प्रयोग किये जाने वाले वाहनों के विभिन्न तरह के हॉर्न की आवाज, विभिन्न तरह की मशीनों के प्रयोग, से ध्वनि प्रदूषण होता है।

पर्वतीय क्षेत्रों में नई सड़कों का निर्माण—पर्वतीय क्षेत्रों में सड़कों के निर्माण से भूस्खलन बढ़ता है, साथ-साथ उनकी हरियाली को कम करता है। कभी-कभी इनसे सड़कों का कटाव भी होने लगता है। उत्तराखंड व हिमाचल प्रदेश में पर्वतीय पर्यटन स्थलों को विकसित करने हेतु नई सड़कों के निर्माण व पुरानी सड़कों में सुधार से पर्यटकों को काफी सुविधा हो गयी है, वहीं पर्वतीय पर्यावरण को हानि पहुंचाई है। पहाड़ों का टूटकर गिरना, बादलों का फटना, नदियों का भारी मात्रा में कटाव करना व अपरदित सामग्री बहाकर ले जाना, आदि घटनाएं पर्यटन में बाधा डालती हैं। अतः जरूरी है कि सड़कों के निर्माण में इस बात का ध्यान रखा जाए कि वह पर्वतीय क्षेत्रों के पर्यावरण को नुकसान न पहुंचाए एवं साथ-साथ पर्यटन स्थलों को सीधे उच्च गुणवत्ता की सड़कों से जोड़ा जाए।

वन क्षेत्रों का कटाव—पर्यटकों की आवश्यकताओं को पूरा करने हेतु वनों को धीरे-धीरे काटा जा रहा है। उपग्रहों से प्राप्त चित्र बताते हैं कि हमारे देश में वनों का क्षेत्र असाधारण तरीके से घट रहा है। इस तरह के वनारोपण क्षेत्र एवं वनों के काटे जाने के क्षेत्र

के बीच अंतर बढ़ता जा रहा है। वनों के विनाश ने ऋतु चक्र व मौसम तत्वों को प्रभावित किया है। कहीं वर्षा की कमी तो कहीं-कहीं वर्षा का कहर, कहीं तापमान में तेजी से गिरावट तो कहीं तापमान में तीव्र वृद्धि आदि बातें पर्यटन स्थलों के मौसम में बदलाव ला रही हैं। पर्यटक जिस सुखद मौसम हेतु पर्यटन स्थल पर जाना पसंद करते हैं, वह मौसम, विपरीत बदलाव की ओर बढ़ रहा है। हाल ही में मानसरोवर तीर्थ यात्रा में प्राकृतिक प्रकोप अमरनाथ की यात्रा पर मौसम की मार ऐसे उदाहरण हैं, जो मौसमी परिवर्तनों के शिकार हैं।

अनियंत्रित तथा अनियोजित पर्यटन—इस प्रकार की घटनाओं ने पर्यटन क्षेत्र के परिस्थितिकी संतुलन को नष्ट कर दिया है अथवा उसे बिगाड़ दिया है। इसे रोकना आज भी प्राथमिक जरूरत है। उदाहरण के लिये पर्यटक को अगर वनों में शिकार करने देना है, तो उसकी यह जिम्मेदारी भी होनी चाहिए कि वह वन्य जीवन के संतुलन को आघात न पहुंचाए।

आर्थिक तथा सांस्कृतिक प्रदूषण—पर्यटक के कारण पर्यटन स्थल पर जरूरी वस्तुओं के दाम बढ़ जाते हैं एवं उनका अभाव भी हो जाता है। स्थानीय लोगों को इसमें बड़ी तकलीफ उठानी पड़ती है। इसी तरह पर्यटक लोग स्थानीय संस्कृति व सामाजिक मूल्यों को भी प्रदूषित कर देते हैं। उन्हें अपने सामाजिक रीति-रिवाजों व परम्पराओं को बनाए रखना कठिन हो जाता है। अतः जरूरी है कि यह सर्तकता बरती जाए कि स्थानीय संस्कृति अपनी पहचान बनाए रखे व उसका आर्थिक विकास मे कोई अवरुद्धता न पैदा हो।

भारत में हिमालय की क्षेत्रीय स्थिति

हिमालय के लोग वहाँ की प्रकृति द्वारा प्राप्त विरासत में जुड़े होते हैं। प्रकृति तथा वहाँ के लोग एक-दूसरे पर आधरित हैं, लेकिन पर्यटन के कारण जब लोगों की संख्या बढ़ जाती है तब अनेक समस्याएं भी असंतुलन पैदा होने के कारण उत्पन्न हो जाती हैं। सामान्यतः यहां पर लोगों को आवास की, ईंधन और चारा प्राप्त करने में समस्याएं आने लगी हैं। आज हमारे पर्वतों के संसाधनों का टिकाऊ प्रयोग एवं इको टूरिज्म को प्रोत्साहन देना ही पहाड़ों की समस्याओं का एकमात्र हल है।

उत्तराखंड 29.5 उत्तरी अक्षांश से 77.45-81 पूर्वी देशातंर के बीच स्थित है। इसका भौगोलिक क्षेत्रफल 52,458 वर्ग किलोमीटर है। टेम्स नदी उत्तराखंड को उत्तर पश्चिम में हिमाचल प्रदेश से अलग करती है और काली नदी पूर्व में इसे नेपाल से अलग करती है।

हिमालय क्षेत्र दुनिया के सबसे ज्यादा नाजुक और संवेदनशील क्षेत्रों में गिना जाता है। हिमालय भारत के ताज की तरह है एवं प्रकृति की महानता का बेजोड़ उदाहरण है। लेकिन समय के साथ-साथ आबादी के दबाव, सकल क्षेत्रीय उत्पाद में बढ़ते हुए अंतर, लोगों की उम्मीदों, घरेलू, आधुनिकीकरण की विश्वव्यापी प्रक्रिया के कारण हिमालय का वैभव क्षीण

होता जा रहा है। हिमालयी समाज को घरेलू संसाधनों के भण्डार के खत्म होने एवं प्रति व्यक्ति खर्च में वृद्धि के कारण प्रति व्यक्ति आय में गिरावट की समस्या का सामना करना पड़ रहा है। इसके अलावा उत्तराखंड क्षेत्र बेमौसमी सब्जियों, शीतोष्ण जलवायु के फलों, वन उपज, एवं मानव संसाधन सहित कई अन्य संसाधन उपलब्ध कराने में प्रमुख भूमिका अदा करता आया है। इसके प्राकृतिक जल स्रोतों, जैसे झरनों और बारहमासी नदियों आदि के पानी का उपयोग पनबिजली के उत्पादन एवं सिंचाई तथा पेयजल उपलब्ध कराने में किया जाता है। जहाँ तक खनिज संसाधनों का प्रश्न है, यह क्षेत्र चूना, मैग्नेसाइट, जिप्सम, बलुआ पत्थर, रॉक फास्फेट, एस्बेस्टस, ग्रेफाइट, तांबा और सीसा सुलभ कराता है। केदारनाथ, बद्रीनाथ, गंगोत्री, यमुनोत्री जैसे कई धार्मिक स्थल हैं जहाँ धार्मिक पर्यटन के साथ-साथ साहसिक पर्यटन को प्रोत्साहित करने के लिये पर्याप्त अवसर हैं। हिमालय पर अनेक धार्मिक स्थान होने के कारण पर्यटकों को अपनी ओर आकर्षित करता है तथा इससे आधारित उद्योगों को प्रोत्साहन दिया जा रहा है। इन स्थलों पर राष्ट्रीय जनसंख्या वृद्धि के औसत के बराबर भी इनकी जनसंख्या बढ़ रही है। यहाँ प्रौद्योगिकी और बुनियादी ढांचे के विकास की रफ्तार तेज कर आवश्यक संसाधनों का उत्पादन बढ़ाया जा सकता है। यह क्षेत्र अभी भी आधुनिक सुविधाओं के अभाव से जूझ रहा है। इस क्षेत्र में भी अंतर्राष्ट्रीय सीमा से लगे जिले आधुनिक सुविधाओं एवं शिक्षा की दृष्टि से सबसे अधिक पिछड़े हुए हैं।

मध्य हिमालय में स्थित उत्तराखंड की विशेषता वहाँ के बीहड़ पर्वतों वाला क्षेत्र है। यहाँ की ऊँचाई 300 मीटर से 7817 मीटर नंदा देवी चोटी के बीच घटती-बढ़ती रहती है। ऊँचाई में अचानक होने वाले इस उतार-चढाव से यहाँ भू-आकृति, मौसम विज्ञान, पेड़-पौधों एवं वनस्पतियों संबधी बड़ी जटिल और दिलचस्प विविधता दिखाई देती है। भारत की दो महान नदियों का उद्गम मध्य हिमालय में हुआ है अतः यह साधु-संतों, ऋषियों-मुनियों की क्रीड़ा स्थली रही है। इस क्षेत्र में विभिन्न संस्कृति एवं सभ्यताओं के नमूने देखने को मिलते हैं। और यहाँ तीर्थों की स्थापना की जिससे कि श्रद्धालु उनमें जाकर अपने देवी-देवताओं की आराधना कर सकें। अध्ययनों से पता चलता है कि हिमालय क्षेत्र के आधे से अधिक क्षेत्र में रिक्टर पैमाने पर 7-8 अंक से अधिक क्षमता वाले भूकम्प आने का संकट है। यह पूर्वानुमान लगाना तो सम्भव नहीं है कि यह भूकम्प कब और कहाँ आयेगा, लेकिन इसके लिये पश्चिमी नेपाल, कुमाऊँ एवं पश्चिमी भूटान क्षेत्रों को चिह्नित किया गया है। इसका कारण यह है कि भारतीय प्लेट यूरेशिया प्लेट को बल दे रही है जिससे तनाव उत्पन्न हो रहा है। यह तनाव भूकम्प के रूप में समय-समय बाहर आता रहता है।

इंडियन इंस्टीट्यूट ऑफ एस्ट्रोफिजिक्स द्वारा किये गये जीपीएस भौगोलिक स्थिति का आंकलन करने वाले सर्वेक्षण से पता चला है कि हिमालय के कम से कम आधे क्षेत्र में इतना दबाव पैदा हो गया है कि इससे आठ अंक तक की तीव्रता का भूकंप आ सकता

है। यह क्षेत्र हिमालय से तुलनात्मक रूप में कम पुराना इलाका है जिस कारण यहाँ की पारिस्थितिकीय प्रणाली अत्यधिक संवेदनशील और नाजुक है। यदि यहाँ की प्रकृति के साथ थोड़ी-सी भी छेड़छाड़ की गयी और बिना समुचित योजना बनाकर कार्रवाई नहीं की गयी तो इसके घातक परिणाम सामने आ सकते हैं।

हिमालय बहुत विशाल पर्वतीय क्षेत्र है। इसका विस्तार दक्षिण एशिया के आठ विकासशील देशों अफगानिस्तान, बांग्लादेश, भूटान, चीन, भारत, म्यांमार, बर्मा, नेपाल और पाकिस्तान तक है। भारत की गिनती विस्तृत जैव विविधता वाले दुनिया के 12 क्षेत्रों में होती है। इस विभिन्नता का मुख्य कारण हिमालय ही है। हालांकि देश का केवल 18 प्रतिशत भौगोलिक क्षेत्र हिमालय के अंतर्गत आता है लेकिन देश के कुल वनाच्छादित क्षेत्र का 50 प्रतिशत से अधिक इसके अन्तर्गत आता है। भारतीय उपमहाद्वीप में पायी जाने वाली करीब 40 प्रतिशत वनस्पति प्रजातियां हिमालय क्षेत्र के वनों में पायी जाती हैं। वनाच्छादित क्षेत्र एवं जैव-विविधता का नष्ट होना, कृषि संबंधी उत्पादकता में कमी तथा पारिस्थितिकी प्रणाली संबंधी सेवाओं में गिरावट जैसी समस्याएं इस क्षेत्र की मुख्य समस्याएं हैं और ये आपस में जुड़ी हुई हैं। इनकी कारण से पर्वतीय क्षेत्रों के 1.15 करोड़ व्यक्तियों की स्थायी, आजीविका हेतु तो खतरा पैदा हुआ ही है, हिमालय से लगे सिंधु-गंगा मैदान में रहने वाली काफी बड़ी जनसंख्या भी सकंट में पड़ी हुई है।

1970 के दशक तक पर्यावरण, खाद्य-सुरक्षा एवं ग्रामीण क्षेत्रों के आर्थिक विकास के कार्य को अनुसंधान और विकास का काफी हद तक स्वतंत्र क्षेत्र माना जाता था। इन क्षेत्रों से संबंधित समस्याओं पर ध्यान देना आवश्यक हो गया तथा विषम परिस्थिति दूर करने हेतु अनेक कदम भी उठाए गये। इस नीति में आमतौर पर प्राकृतिक संसाधनों पर अनुसंधान या उनके प्रबंधन या विकास पर बल दिया गया है। इसमें मूलतः परम्परा से चले आ रहे विज्ञान के पारिस्थितिकीय और सामाजिक-आर्थिक अनुसंधान के साथ-साथ इसके कारकों तथा लाभार्थियों को जोड़ने पर ध्यान भी दिया जा रहा है। इसमें पर्यावरण के आर्थिक विकास के लिए दीर्घकालीन से लेकर अल्पकालीन और स्थानीय से लेकर विश्वस्तरीय सभी तरह के तथ्यों को ध्यान में रखकर विचार-विमर्श करना चाहिए। भारतीय हिमालय के 40 फीसदी क्षेत्र की जमीन खराब हो चुकी है। इसको ठीक करने हेतु स्थानीय समुदायों को प्राकृतिक संसाधनों के संरक्षण के कार्य से जोड़ना तथा उनके सामाजिक विकास एवं पुनर्वास की व्यवस्था करने में मदद देनी चाहिए। इस बड़े इलाके की जमीन को फिर से हरा-भरा करने, जल वैज्ञानिक संतुलन कायम करने एवं मृदा संरक्षण का लाभ स्थानीय लोगों को हो नहीं, अपितु विश्व समुदाय को मिलेगा। अगर इस ओर ध्यान दिया गया तथा कार्य किए गए तो बाढ़ का खतरा तो कम होगा, साथ ही जैव विविधता के संरक्षण पदार्थों पर लगाम लगाने में सहायता मिलेगी।

हिमालय पर्वतीय क्षेत्र की प्रमुख समस्या वहां की मृदा में उर्वरा-शक्ति में गिरावट आ गयी है। भारतीय हिमालय के तहत 590 लाख हेक्टेयर क्षेत्र आता है जिसमें से 220 हेक्टेयर क्षेत्र खराब हो चुका है। खराब पड़ चुकी भूमि में वृक्षारोपण से कुछ महत्वपूर्ण ठोस नतीजों जैसे खाद्य पदार्थों, जलावन लकड़ी चारे, इमारती लकड़ी और अन्य उत्पादों के उत्पादन में सुधार के साथ-साथ अप्रत्यक्ष लाभ जैसे, कार्बन नियंत्रण, जल वैज्ञानिक संतुलन भूमि की उर्वराशक्ति में वृद्धि और ढलानों का स्थिरीकरण प्राप्त हो सकते हैं जिनसे स्थानीय व्यक्तियों को लाभ ही होगा। विश्व समुदाय भी इससे लाभान्वित होगा। हालांकि पेड़-पौधों की बहुउद्देशीय प्रजातियां हिमालय के सीढ़ीनुमा ढलान में बसे इलाकों की विशेषता है, परन्तु इनके महत्व पर विशेष ध्यान नहीं दिया जाता है।

1998 तक भारत में 521 से ज्यादा संरक्षित क्षेत्र थे। जिनमें अभ्यारण्य, राष्ट्रीय पार्क और संरक्षित जीवमण्डल शामिल थे। ये संरक्षित क्षेत्र 1.48 लाख वर्ग किलोमीटर में फैले हैं एवं वन क्षेत्र का 12 प्रतिशत तथा देश के कुल भू-भाग को 4.5 प्रतिशत है। लेकिन हिमालय में संरक्षित क्षेत्र के तहत आने वाले इलाके में तीन जीवमण्डल संरक्षित क्षेत्र, 18 राष्ट्रीय पार्क और 71 वन्य जीव अभयारण सम्मिलित हैं जो भारतीय हिमालय के 9.2 प्रतिशत भाग पर फैले हुए हैं किसी क्षेत्र को संरक्षित करने के लिए कानूनी अधिसूचना दी जाती है तथा उस पर प्रवर्तन की प्रक्रिया शुरू हो जाती है। जिससे वहां संसाधनों के प्रयोग तथा पर्यटन संबंधी कुछ नियमों का पालन करना पड़ता है। इसका असर स्थानीय समुदायों की सामाजिक-सांस्कृतिक मूल्य प्रणाली पर भी पड़ता है जिससे लोगों तथा संरक्षित क्षेत्र के मध्य संघर्ष उत्पन्न हो जाता है। इस तरह के विवाद विकासशील देश में जैव विविधता के संरक्षण में सबसे बड़ी रुकावट है और इनकी वजह से सरंक्षण संबंधी योजना बनाने और प्रबंधन में बदलाव जरूरी हो जाता है।

हिमालय क्षेत्र सामान्यतः गढ़वाल हिमालय प्रकृति प्रेमियो, ट्रैकिंग करने वालों, पर्वतारोहियों और साधु-संतों हेतु प्राचीन काल से ही स्वर्ग माना जाता है। उत्तराखंड में नंदादेवी संरक्षित जीवमण्डल ऐसे ही अद्वितीय क्षेत्रों में से एक है। पारिस्थितिकी की दृष्टि से इसका बड़ा हो महत्व है और जैव-विविधता की दृष्टि से इसका खास महत्व है और जैव-विविधता की दृष्टि से भी यह काफी समृद्ध है। यह नैसर्गिक सौन्दर्य वाला क्षेत्र है। यहाँ ऊँचे-ऊँचे पहाड़ एवं निचली घाटियाँ, हिमाच्छादित चोटियां, सुंदर प्राकृतिक वन, ऊँचाई वाले सदाबहार चरागाह, अद्वितीय पेड़-पौधे एवं जीव-जंतु, सांस्कृतिक विभिन्नता और जलवायु संबंधी भिन्नताएं पायी जाती हैं जिसके कारण प्रकृति प्रेमी अथवा इको टूरिस्ट यहाँ खिंचे चले आते हैं।

1982 में जब से जहाँ राष्ट्रीय उद्यान की स्थापना हुई है एवं 1988 में इसे यूनेस्को के मानव और जीवमण्डल कार्यक्रम के अन्तर्गत संरक्षित जीव मंडल घोषित किया गया है। यहाँ ट्रैकिंग करने एवं पर्वतारोहण अभियान चलाने, आम लोगों पर नंदादेवी संरक्षित जीवमण्डल के भीतरी क्षेत्रों में इस तरह की गतिविधियों पर मनाही हो गयी है। ये पर्वतारोहण और

ट्रैकिंग अभियान स्थानीय अर्थव्यवस्था हेतु महत्वपूर्ण थे। नंदादेवी संरक्षित जीवमण्डल अपनी ऊँची-ऊँची पर्वत शृंखलाओं, उतुंग चोटियों और बड़ी संख्या में ट्रैकिंग वाले रास्तों के लिए प्रसिद्ध है। पर्वतारोहण पर प्रतिबंध के कारण यहाँ की अर्थव्यवस्था पर गहरा प्रभाव पड़ा है जिस कारण स्थानीय लोगों तथा अधिकारियों के बीच टकराव की स्थिति पैदा हो गई है। इसे देखते हुए ऐसी गतिविधियों को जारी करने की जरूरत है जिससे अर्थव्यवस्था में विविधता लाने, स्थानीय लोगों को आजीविका के वैकल्पिक अवसर उपलब्ध कराने, पारिस्थितिकीय संरक्षण को बढ़ावा देने एवं जीवमण्डल की दो समस्याओं पर एक साथ ध्यान देने में बल मिले। ये समस्याएं हैंः लोगों के साथ टकराव तथा जैव-विविधता का ह्रास। जीव मण्डल के समीपवर्ती क्षेत्रों में इको-टूरिज्म एक ऐसी गतिविधि है पर जिसमें व्यापक संभावनाएं हैं। अतएव निम्नांकित पर विचार किया जाना चाहिए–

1. टकराव का अन्त करने एवं स्थानीय अर्थव्यवस्था में सुधार हेतु टिकाऊ इको टूरिज्म को उत्साहित करने वाले उपयुक्त नीति अथवा कार्य योजना का निर्माण।
2. अभियान एवं स्थानीय अर्थव्यवस्था पर संरक्षण सबंधी नीतियों का प्रभाव।
3. इको ट्रैकिंग या इको एक्सपीडिशन पर संरक्षण नीतियों का प्रभाव।

वन्य जीव एवं पर्यटन

भारत में कुल भूमि के 30 प्रतिशत हिस्सों में वन फैला हुआ है। इनमें से 90,000 वर्ग किमी. क्षेत्र वन्य जीवों की विलुप्त होती जा रही प्रजातियों के लिये सुरक्षित रखा गया है। ये क्षेत्र पर्यटकों के लिए आकर्षण का केन्द्र हैं। विभिन्न वन्य जीवों को देखने के लिये बड़ी संख्या में सैलानी इस ओर आते हैं। भारत में छोटे बड़े तकरीबन 53 राष्ट्रीय पार्क तथा 247 वन्य जीव सेन्चुरी हैं। इनमें से कई प्रोजेक्ट टाइगर के अन्तर्गत आते हैं। इन राष्ट्रीय पार्कों तथा वन्य जीव सेन्चुरी के अंतर्गत 350 से अधिक जानवर तथा लगभग 1,200 किस्म के पक्षी हैं। भारत वर्ष में लगभग 65000 प्रकार के जानवर, 13,000 तरह के पौधे तथा 2,000 तरह की मछलियां पायी जाती हैं।

भारत का विदेशों से आने वाले पर्यटकों को इस बात का सन्देश जरूरी है, कि वह अफ्रीका से पूर्णतः अलग हैं। अगर हम इसमें असफल रहे और इसके प्रतिकूल यदि हम अपने वन्य जीवों पर भारी प्रवेश शुल्क लगाकर यह कहकर आकर्षित करें कि हमारे यहाँ भी अफ्रीका के समान अपितु कहीं अधिक सुन्दर वन्य जीव आकर्षण है, तो निश्चित तौर पर हमें गर्म हवा के गुब्बारों की सैर, शैम्पेनयुक्त, नाश्ते, वातानुकूलित लेण्ड रोवर्स तथा अत्याधुनिक पाश्चात्य शैली के प्रसाधनों से युक्त तम्बुओं की सुविधायें प्रदान करनी होगी। और यह सब सुलभ कराना हमारी क्षमता में है परन्तु सिर्फ कुछ लोगों के लिये यह सुविधा उपलब्ध कराना वन्य जीवन के लिये हानिकारक है। इसकी जगह यदि हम पूर्णरूपेण समर्पित हो पर्यटकों को उनके द्वारा खर्च किये जाने वाले धन की पूरी कीमत अदा करने वाला तथा

अर्थपूर्ण पर्यटन की सुविधायें सुलभ करायें और एक भारतीय होने का अनुभव विदेशी पर्यटकों को करा सकें तो हमारे यहां पर्यटक लम्बे समय तक ठहर सकते हैं। अगर हम अपने आपको अफ्रीका के समतुल्य रखने का कोशिश करेंगे तो हिंसक वन्य पशुओं के अनुभव में हमारा उदाहरणार्थ अपनी शक्तिशाली दूरबीन से वन के परिवेश में 2 कि॰ मी॰ पर खड़े सिंहों की टोली, जंगली जानवरों के झुण्ड अथवा जिराफों को देख सकता है एवं फिर पांच मिनट से भी कम समय में ही उत्सुक रोमांचित पर्यटक उन वन्य जीवों के समीप भी पहुंच सकता है, परन्तु हमारे देश में आप शेर को 10 फीट की दूरी पर भी देख सकते हैं अथवा कभी सभी संरक्षित वन क्षेत्र में आपको एक भी जानवर देखने को न मिले।

भारतीय वन्य जीवन में उपस्थित रंग-बिरंगी प्राकृतिक छटा को हम बिल्कुल अलग और आकर्षक ढंग से पर्यटकों के लिए उपलब्ध करा सकते हैं। परन्तु इसके लिये बेचने वालों को वन्य जीवन के प्रति जागरूकता और कल्पना शक्ति की पर्याप्त जानकारी होनी चाहिये। इसी तरह ऐसे व्यक्ति जिन्हें वन्य जीवन का पर्याप्त ज्ञान है, उन्हें सैलानियों को दिग्दर्शिता व शिक्षित करने के कार्यक्रम में अधिकाधिक हिस्सेदारी व प्रतिनिधित्व देना चाहिये। निःसंदेह रूडयार्ड किपलिंग की चाहत के अनुसार पेड़ से सजे हुए वातावरण तथा हमारे देश के व्यक्तियों का मित्रतापूर्ण सौहार्द ही इन स्थानों को लोकप्रिय बनाने के व्यक्तियों के अवयव हैं। यथार्थतः किसी भी स्थिति में भारतीय वन कहीं अधिक सघन हैं और इसी कारण वन्य जीव का इन जंगलों में दर्शन अफ्रीका की अपेक्षा कहीं ज्यादा दुष्कर है। ऐसे व्यक्ति जो शेर व हाथी दिखाने का पूरा यकीन दिलाते हैं, वे निश्चित तौर पर अपने ग्राहकों को संतुष्ट करने हेतु बने बनाये नियमों को तोड़े बिना ऐसा नहीं कर पायेंगे या फिर अपने ऐसे ग्राहकों से हमेशा के लिये हाथ धो बैठेंगे। सर्वमान्य नीति तो यह होगी कि वे सैलानियों को सही रूप से वर्तमान सच्चाई से अभिप्रेरित करें या उन्हें सब्ज बाग दिखाने के मिथ्या वायदे या उन अति विलासितापूर्ण सुविधाओं को सैलानियों के वायदे से दूर रखें जो प्रदान नहीं की जा सकती हैं।

ईमानदारी का सम्मान करते हैं और जब वे इन वनस्थ अंचलों की यात्रा करके अपने घरों को लौटते हैं तो वे अपने साथ सुन्दर वनों के शाश्वत वातावरण की अूमल्य निधि लेकर वापस लौटते हैं न कि टाइल्स एवं बाथरूम की रंगीनियों अथवा टेलीविजन पर दिखाये जाने वाले बहुरंगी कार्यक्रम की यादें। यदि पर्यटन का विकास करना है तो हमें पर्यावरण को ध्यान में रखकर कार्यक्रम बनाने होंगे और वैसी संस्थाओं से सुझाव लेने होंगे जो पर्यावरण के ऊपर काम करती रही हैं।

पर्यटकों की सोच में भारतीय वनों के प्रति सम्मान एवं जागरूकता पैदा करने के लिये यह आवश्यक है कि इस तरह की यात्रायें नियोजित करने वाले टूर आपरेटर्स में भी वन के प्रति श्रद्धा एव सम्मान हो। जब प्रथम वर्षा जंगल की विशाल फैली हरीतिमा पर उतरती है

तो उदाहरण के लिये, वर्षा की ये बूंदें वन क्षेत्र के धरातल तक पहुंचने में कई घण्टे का समय ले सकती हैं। छातों की कई सतहों जैसी फैली हुई वनस्पतियां सबसे पहले वर्षा की बूंदों को अपनी कैद में करती हैं, उसे संभालती हैं, उसका आनन्द उठाती हैं और फिर तब कहीं जाकर उसे नीचे जाने देती हैं। तब कहीं जाकर उनको भूमि का स्पर्श होता है और उसी में समा जाती हैं, जो हमारी झीलों एवं नदियों का जल स्तर बढ़ाती हैं। हर कदम पर पानी अद्भुत विभिन्नता लिये जीवन के शामिल आयामों को एक नयी स्फूर्ति प्रदान करती है, जिसमें शामिल हैं कीट-पतंगे, पानी में रहने वाले जीव, रेंगने वाले जीव, पक्षी एवं स्तनधारी प्राणी जगत इन पौधों को सुरक्षित रखते हैं और उनकी हरीतिमा को बनाये रखते है। पानी और वन के मध्य यह सम्बन्ध हमारे पूर्वजों को अच्छी तरह से मालूम था। परन्तु वर्तमान समय में मनुष्य का सारा ज्ञान वनस्पतियों तथा उनके संरक्षण से अलग हट गया है। अब हम हिमालय की तराई में फैले हुये इतने व्यापक स्तर पर जंगलों को पुनस्थपित करने में, यहाँ तक कि राजस्थान में सूखी कंटीली झाड़ियों तक को स्थापित करने में सबल नहीं हैं।

पर्यटकों को विविध प्रकार की प्राकृतिक क्रियाओं के प्रति जागरूक करके पर्यटन विकास पर्यावरण को ध्यान में रखते हुए करना चाहियें। ताकि ये प्रकृति के महत्व को समझें। आइये देखें किस तरह यह प्रचुर वन सम्पदा आयी? इन राष्ट्रीय उद्यानों तथा अभ्यारणों में आने वाले वन्य प्रेमी सैलानियों को ज्ञान देने हेतु एक छोटा सा वीडियो कार्यक्रम बनाया जा सकता है जिसके द्वारा उन्हें समझाया जा सकता है कि आज से 4 करोड़ 35 लाख वर्ष पहले समुद्र में जीवों की उत्पति हुई थी एवं भारी उथल-पुथल व बदलाव के बाद यही पानी में रहने वाले जीव पृथ्वी पर खिसक आये। पृथ्वी पर सबसे पहले जब वनस्पतियाँ उगनी शुरू हुईं सम्भवतः तब पहाड़, भूमि, आकाश और पानी के अलावा पृथ्वी पर चारों तरफ सिर्फ एक ही रंग था हरा। शुरुआत में अचानक ही अव्यवस्थित रूप से बीजों के जहाँ-तहाँ गिरने से पेड़-पौधे पनपने लगे। इन पेड़-पौधों, फल, नल्लरियों को बहुगुणित करना बहुत कठिन तथा मूल्यवान था। उस वक्त धरती पर कोई फूल नहीं खिलता था।

ऐसा विश्वास है कि सबसे पहले जलीय पौधों का विकास हुआ फिर कालान्तर में स्थलीय जीवों की उत्पत्ति हुई। जैविकीय विकास की दैविक इच्छाओं ने ही स्थल जाति को पहली बार यह ज्ञान कराया कि यह उड़ने वाले पक्षी एक स्थल से दूसरे स्थल तक बीजों को लाने, ले जाने के अच्छे माध्यम हो सकते हैं। पौधों ने अचानक तलाश की कि पानी एवं हवा के द्वारा, हजारों-लाखों बीजों को छितराने की क्या आवश्यकता है जिसमें सफलता के अवसर बहुत कम हैं। उसकी जगह अगर उड़ने वाले कीट-पतंगों को दूसरे स्थानों पर स्थित पौधों पर सुव्यवस्थित रूप से बीजारोपण हेतु उत्प्रेरित किया जा सके। कीट-पतंगों की इस उड़ान के कारण ही पोलीनेशन की प्रकृति में अभूतपूर्व वृद्धि हुई और पृथ्वी करोड़ों रंगों से इन्द्रधनुषी हो उठी। जीव विज्ञान की कक्षाओं से कहीं ज्यादा ये मधुमक्खियां और फूल हमें उत्तरदायित्व तथा

विकासीय प्रक्रियाओं का व्यावहारिक पाठ पढ़ाते हैं। जरा सोचिये हमारी इस धरती की हालत क्या होगी अगर मधुमक्खियों द्वारा फूलों का रस पीने के एक सप्ताह की अवधि में वह फूल भूमि पर झड़कर गिर जायें। संयोगवश ये पतंगे उड़ने वाले सूक्ष्म जीव वह विनाशीय कार्य करने में असमर्थ हैं। उनके पास पृथ्वी के संसाधन के आधार को बर्बाद करने की तकनीक नहीं है केवल मानव जाति के पास ही यह घातक अस्त्र है।

प्रमुख भारतीय पर्यटन स्थल एवं मौसम

अक्सर लोगों को यह बोलते और सुनते देखा जा सकता है कि अरे यह तो परिभ्रमण का समय है। इसका आशय क्या है? असल में सारी दुनिया में पर्यटक बिखरे पड़े हैं और तदनुसार उनकी गतिविधियां और सेवाएं चलती रहती हैं। आपने किसी होटल के मालिक को यह कहते सुना होगा कि इस बार का मौसम खराब था। यहां वह जलवायु के बारे में नहीं अपितु अपने व्यापार के बारे में बात कर रहा है कि एक निर्धारित अवधि में उसे आशा के अनुरूप मुनाफा नहीं हुआ।

इस इकाई में हमने पर्यटन के विद्यार्थियों को यह बताने की कोशिश की है कि पर्यटन में मौसम मौसमीयता का क्या मतलब है? शुरुआत में जलवायु और मौसम सम्बन्धी परिस्थितियों का जिक्र करते हुए बताया गया है कि इससे लोगों का एक स्थान से दूसरी स्थान जाना किस हद तक प्रभावित होता है। इसके पश्चात् इसे विभिन्न प्रकार की मौसमीयता, इसके माप और स्थल पर पड़ने वाले प्रभाव की चर्चा की गई है। पर्यटन स्थल की कतिपय विशेषताओं का भी उल्लेख किया गया है। इस प्रकार की सूचनाओं से युक्त पर्यटन पेशेवर अपने ग्राहकों की शंकाओं का समाधान कर सकते हैं। आम जागरूकता कतिपय करने में मदद कर सकते हैं।

मौसम का पर्यटन पर प्रभाव

जलवायु में मौसम परिवर्तन की यात्रा द्वारा पर्यटन पर काफी प्रभाव पड़ता है। इसका स्पष्ट परिणाम यह हुआ कि जलवायु परिवर्तन के कारण मौसम की उत्पत्ति होती है। गर्मियों के मौसम में लोग समुद्रतट और इलाकों की तरफ आते-जाते हैं एवं जाड़े के दिनों में गर्म स्थलों की तरफ रवाना होते हैं। इसी कारण से भारत में हिल स्टेशनों का विकास हुआ। गर्मी के दिनों में जब भारत के मैदानी क्षेत्रों में तापमान बढ़ जाता है तब पहाड़ियों पर ठंड होती है एवं आनन्ददायक मौसम होता है। इसी ब्रिटिश शासन के दौरान शासकों ने अपने आराम हेतु हिल स्टेशनों का निर्माण और विकास किया। गर्मी से बचने के लिए वे हिल स्टेशनों की शरण लेते थे। भारत के मुख्य हिल स्टेशनों में सम्मिलित हैं : श्रीनगर, गुलमर्ग, पहलगाम, शिमला, कुल्लू, मनाली, मसूरी, शिलांग, माउट आबू, कोडइकनाल और ऊटी। गर्मी के मौसम में लाखों अंतर्राष्ट्रीय एवं घरेलू पर्यटक इन पहाड़ियों झीलों पर जाते हैं। वस्तुतः यहां गर्मी से

राहत मिलती है इसमें से कतिपय स्थान जाड़े के दिनों में शीतकालीन खेल खेलने के लिए भी लोकप्रिय हैं।

भारत में 5,700 कि. मी. लम्बा समुद्रतट है जो गर्मी के दिनों में तुलनात्मक ठंडा और जाड़े के दिनों में अपेक्षाकृत गर्म रहता है। गोवा, कोवलम, मसल्लपुरम, पुरी कोणार्क, गोपालपुर, समुद्रतट आदि बीच अंतर्राष्ट्रीय स्तर के हैं और इन बीचों के विकास से सामुद्रिक परिभ्रमण को काफी प्रोत्साहन मिला है। भारत की जलवायु में विभिन्नता होने के कारण यहां समुद्रतटीय और पहाड़ पर्यटन अत्यधिक विकसित है।

विश्व में जलवायु की भिन्नता पर्यटकों को पूर्णतः प्रभावित करती है। पर्यटक अच्छे मौसम में घूमना पसन्द करते हैं। जैसे, पर्यटन की दृष्टि से गर्मी का मौसम पहाड़ी क्षेत्रों हेतु सर्वश्रेष्ठ मौसम होता है। ग्रीष्म ऋतु में लाखों पर्यटन यूरोप में भूमध्य सागर पर बने तटों एवं संयुक्त राज्य के पश्चिमी तटों की ओर भागते हैं। शरद ऋतु में सैलानी ग्रीष्म प्रदेशों की ओर भ्रमण के लिए जाते हैं। इनमें भारत भी शामिल है। भारत में ग्रीष्म ऋतु में अतिशय गर्मी पड़ती है और शरद ऋतु में अत्यधिक ठंड। अतः लोग ठण्ड में गर्म स्थानों पर तथा गर्मी में पहाड़ी क्षेत्रों में भ्रमण हेतु जाते हैं।

भारत की विभिन्न ऋतुएं एवं पर्यटन स्थल की जलवायु

उत्तरी अक्षांश में मौसम के अनुसार एक वर्ष को चार मुख्य समयावधि में विभाजित किया जा सकता है।

बसन्त (21 मार्च से 20 जून)
ग्रीष्म (21 जून से 22 सितम्बर)
शरद् (23 सितम्बर से 21 दिसम्बर)
शीत (22 दिसम्बर से 20 मार्च)।

किसी भी स्थान की जलवायु जब परिवर्तित होती है तो वहां का मौसम भी परिवर्तित होता है जो मानव जीवन को प्रभावित करता है। किसी क्षेत्र में विगत वर्षों से जो मौसम बना होता है। वही उस क्षेत्र की जलवायु होती है। क्षेत्र की जलवायु निम्न कारकों पर आधारित होती है—

तापमान
हवा की आर्द्रता
घटा का आकार और प्रकार
बरसात का आकार और प्रकार
वायुमंडलीय दबाव
हवा की गति और दिशा।

इनके मापन के आधार पर वहां की जलवायु का अथवा मौसम की जानकारी प्राप्त की जा सकती है। कालखंड एवं स्थान के बदलाव से मौसम का निर्धारण में परिवर्तन होता रहता

है। परन्तु सामान्य रूप में एक स्थान वर्षों तक समान मौसम बना रहता है। विगत वर्षों के औसत मौसम को ही उस स्थल विशेष की जलवायु की संज्ञा दी जा सकती है।

पृथ्वी अपनी धुरी पर घुमने के साथ-साथ सूर्य की भी परिक्रमा करती है और 23。27。 पर झुकी है भूमध्य रेखा का झुकाव भी इस तरफ है। अतः मौसम पर इन तत्वों के अतिरिक्त अन्य तत्वों पर भी प्रभाव पड़ता है।

भारत के विभिन्न पर्यटन स्थलों के विभिन्न मौसम

भारत के भिन्न-भिन्न प्रांतों में भिन्न-भिन्न प्रकार की फसलें उपजाई जाती हैं और उनके कटने का समय भी पृथक् होता है। यह सब कुछ जलवायु और मौसम पर निर्भर करता है। खेती के पश्चात् कृषक आराम करते हैं। वह विभिन्न पर्वों को हर्ष-उल्लास के साथ मनाते हैं। जैसे, तमिलनाडू का पोंगल, शान्ति निकेतन का पौष मेला, मेघालय का नोंमकेम तथा केरल का ओणम पर्व ऐसे ही कुछ पर्व हैं। इसके अतिरिक्त देश के विविध हिस्सों में ऐतिहासिक और धार्मिक महत्व के कई पर्व भी मनाए जाते हैं। वस्तुतः भारत मेलों तथा पर्वों का देश है जहां श्रद्धा, उत्साह और आनन्द के साथ प्रत्येक वर्ष अनेकों उत्सव मनाए जाते हैं। यह पर्व एकता तथा भारतय संस्कृति की सौन्दर्यता को बखान करते हैं। ये पर्व पर्यटकों को भी अत्यधिक आकर्षित करते हैं। इनमें से कुछ पर्व पूरे अथवा देश के अधिकांश भाग में और कुछ देश के खास हिस्सों में मनाए जाते हैं। उदाहरणार्थ होली देश के विभिन्न हिस्सों में मनाई जाती है, पर मथुरा और वृंदावन की होली का अपना रंग है और परिभ्रमण भी इसी होली की तरफ आकृष्ट होते हैं। इसी तरह मैसूर या कुल्लू का दशहरा प्रसिद्ध है।

भारत का मौसम

भारत में सभी वर्ग के अनुयायी नये साल की शुरुआत अति उल्लास के साथ करते है। इसी महीने में तमिलनाडु, कर्नाटक और आंध्र प्रदेश में सफल कटाई का त्योहार पोंगल, मनाया जाता है। इस दिन नूतन धान का भात बनाकर सूर्य भगवान को भोग लगाया जाता है। शान्ति निकेतन में पशुओं को सजाकर पशु मेले में ले जाया जाता है। उत्तर भारत में इसी महीने की 14 तारीख को मकर संक्रान्ति मनाई जाती है। अहमदाबाद की पतंगबाजी काफी प्रसिद्ध है और इस दिन सारा आकाश रंग-बिरगी पतंगों से भर जाता है। इस त्योहार के दौरान पतंगबाजी होती है, सांस्कृतिक कार्यक्रम आयोजित किए जाते हैं, भू जनोत्सव होता है एवं खूबसूरत, कलाकृतियों की प्रदर्शनी लगाई जाती है।

भारतीय समाज में पर्व-त्योहार का विशिष्ट स्थान है। इनमें लोक-कलाओं का सहज प्रदर्शन दिखाई देता है। बहुत से लोकनृत्यों का आयोजन विशेष पर्वों तथा मेलों में होता है। उतराखंड के लोग बड़ी कुशलता से पर्व-त्योहार की प्रतीक्षा करते हैं। जीवन की समस्याओं और चुनौतियों को वे हंसकर झेलते हैं। उत्तराखंड प्रकृति की अनुपम सौगात है। उस पर मेले,

पर्व त्योहारों का आयोजन इसे स्वर्ग बना देता है। जहां तक पर्वों की बात है उतराखंड में सभी त्यौहार विधिपूर्वक मनाये जाते हैं। हम कह सकते हैं कि उतराखंड के पर्वों, मेलों में यहां के लोक जीवन की प्राचीन आत्मा के दर्शन होते हैं। ये मेले हमारी सभ्यता, संस्कृति तथा धार्मिक भावनाओं, के प्रेरणास्रोत हैं तथा इससे सामाजिक सौहार्द बढ़ता है।

26 जनवरी 1950 ई. को भारत गणतांत्रिक देश घोषित हुआ इसलिए इस दिन को राष्ट्रीय पर्व के रूप में मनाते हैं। इस दिन हर राज्य की राजधानियों में राष्ट्रीय ध्वज फहराया जाता है और परेड आयोजित किए जाते हैं। दिल्ली में भव्य आयोजन होता है। यहां सभी राज्यों के प्रतिनिधि अपनी कला का प्रदर्शन करते हैं। जनवरी के महीने में हाथियों का जुलूस सैलानियों के आकर्षण का मुख्य केन्द्र है। इस दिन त्रिचुर में 100 से भी ज्यादा हाथियों को सजाकर उनकी दौड़ आयोजित की जाती है।

जनवरी के अन्त एवं फरवरी के प्रारंभ में पश्चिम बंगाल में गंगा के मुहाने पर गंगा सागर नामक मेला लगता है। जहां लाखों तीर्थयात्री स्नान करने आते हैं।

फरवरी का महीना भी पर्वों तथा त्योहारों के रंग से रंगा हुआ है। हर वर्ष फरवरी-मार्च के महीने में थार मरुस्थल में स्थित नागौर में एक अनूठा पशु मेला लगता है। इस मेले में हजारों घोड़े, ऊंट एवं अन्य जानवर लाये और खरीदे-बेचे जाते हैं। आगंतुकों के आमोद-प्रमोद के लिए इस मेले में लोकसंगीत, नृत्य और सांस्कृतिक कार्यक्रमों का आयोजन किया जाता है। इसी महीने में जैसलमेर का मरुभूमि मेला और कोटा का हाड़ौती उत्सव राजस्थान मेला लगता है, जहां गांव के माहौल में देश से आए हस्तशिल्पों की प्रदर्शनी लगाईं जाती है। यहां ग्रामीण भारत की झलक दिखाई पड़ती है और इसी से जुड़े सांस्कृतिक कार्यक्रम आयोजित किए जाते हैं तथा विविध तरह के खाद्य पदार्थों की दुकानें लगाई जाती हैं। यहां सूरजकांड में ग्रामीण भारत की छटा दिखाई पड़ती है और वहीं खजुराहो के मंदिरों में सप्ताह भर का नृत्य समारोह आयोजित किया जाता है।

यहां देश भर के शास्त्रीय नृत्य का आयोजन होता है। इस उत्सव के समय शास्त्रीय नृत्य एवं मंदिर के गहरे सम्बन्ध को प्रदर्शित किया जाता है। दक्षिण के प्रत्येक राज्यों को छोड़कर सम्पूर्ण भारत में रंगों का त्योहार होली मनाई जाती है। प्रत्येक उम्र के लोग रंग के इस त्योहार में हिस्सा लेते हैं और एक-दूसरे पर रंग, अबीर उंड़लते हैं। इस पर्व के ठीक पूर्व बसंत पंचमी का त्योहार आता है जिस दिन विद्या की देवी सरस्वती की पूजा अर्चना की जाती है। मार्च का महीना भी कम रंगीला नही होता है। शिवरात्रि के दिन परमपिता शिव की पूजा की जाती है। इस दिन मंदिर में भक्तों की भीड़ लग जाती है एवं पूरे दिन और रात लोग शिवरात्रि का त्योहार मनाते हैं।

अप्रैल के महीने में बैशाखी का त्योहार आता है। पूरे भारत में हिन्दुओं के नववर्ष का आरम्भ इसी दिन से माना जाता है और इसी उपलक्ष्य में यह पर्व मनाया जाता है। पंजाब में यह पर्व पूरे जोश-खरोश एवं उत्साह के साथ मनाया जाता है। और हर ग्राम में लोग भांगड़ा नृत्य करते हैं।

जयपुर में एक महीने का उत्सव मनाया जाता है जिसमें उत्सव के अन्तिम दिन गौरी देवी की पूजा अर्चना की जाती है, एवं रथ यात्रा निकाली जाती है। इसमें नृत्य, संगीत के साथ-साथ सजे हुए ऊंटों, घोड़ों तथा हाथियों पर गौरी देवी की मूर्ति रखकर पूरे शहर में शोभायात्रा घुमायी जाती है। दक्षिण भारत के मदुरई में प्रत्येक वर्ष चित्रई पर्व मनाया जाता है। इस पर्व के अन्त में रथों पर देवी-देवताओं की एक शोभायात्रा निकाली जाती है। इस तरह केरल के त्रिचूर में पुरम नाम से एक ऐसा ही मंदिर उत्सव मनाया जाता है और हाथियों पर देवी-देवताओं की शोभा यात्रा निकाली जाती है और मंदिर के ढोल बजाए जाते हैं।

मुस्लिम समुदाय चांद के हिसाब से प्रत्येक वर्ष ईद-उल-फितर मनाते हैं। रमजान, उपवास के महीने के अन्तिम दिन नमाज अदा की जाती है, परिवार के लोग एक-दूसरे से गले मिलते हैं और विभिन्न व्यंजनों का लुत्फ उठाते हैं। सूफी संत ख्वाजा मोइनुदीन चिश्ती के ईश्वर से प्रतीकात्मक मिलन के उपलक्ष्य में राजस्थान में अजमेर की दरगाह पर उर्स मनाया जाता है। इस माह में गंगटोक में आयोजित किया जाने वाला अंतर्राष्ट्रीय फूल मेला अपने आप में अनुपम है। इसमें 500 से अधिक फूलों के किस्मों की प्रदर्शनी लगाई जाती है। भारत में जून महीने में लेह में हेमिस पर्व महोत्सव मनाया जाता है। इस दिन हेमिस मठ के आंगान में मुखौटा नाच पेश किया जाता है। जगन्नाथपुरी (उड़ीसा) में जून-जुलाई के महीने में 14 मीटर ऊँचे प्राचीन एवं विशाल रथ भगवान की शोभा यात्रा निकाली जाती है। इसके अलावा इस शोभा यात्रा में और भी कई रथ सम्मिलित होते हैं। इन सभी रथों को भक्तगण खींचते हैं और भगवान जगन्नाथ के प्रति अपनी आस्था व विश्वास व्यक्त करते हैं।

भारत में मुस्लिम समुदाय जुलाई के महीने में बकरीद पर्व मनाता है। इसी दिन अल्लाह के आदेश का पालन करते हुए पैगम्बर इब्राहिम ने अपने पुत्र की बलि चढ़ाई थी। इसी की याद में यह पर्व मनाया जाता है।

15 अगस्त, 1947 को भारत अंग्रेजों की पराधीनता से मुक्त हुआ था इसलिए प्रत्येक साल 15 अगस्त को भारत में स्वतंत्रता दिवस मनाया जाता है। इसकी स्मृति में हम इसे स्मरण करते हैं। ध्वजारोहण, परेड, सांस्कृतिक कार्यक्रम इस दिन के मुख्य आकर्षण होते हैं। इस दिन प्रधानमंत्री राष्ट्रीय ध्वज तिरंगे को फहराते हैं तथा लालकिले की प्राचीर से देश संबोधित करते हैं। अगस्त-सितम्बर के माह में भगवान कृष्ण के जन्म की खुशी में पूरे भारतवर्ष में जन्माष्टमी का त्योहार मनाया जाता है। इस दिन कृष्ण लीलाएं होती हैं एवं मंदिरों में पूजा अर्चना की जाती है। माणिपुर में 'रास-लीला' नृत्य का आयोजन किया जाता है। मथुरा और वृंदावन, जहां कृष्ण ने अपना बालपन और जवानी बिताई थी, में यह उत्सव अत्यधिक धूमधाम के साथ मनाया जाता है।

केरल में फसल कटाई का त्योहार ओणम उत्सव एवं उमंग से भरा पर्व है। इस छोटे से राज्य के सभी लोग आयु, लिंग, जाति और धर्म, का भेदभाव भूलकर प्रिय राजा महाबलि की वापसी का स्वागत करते हैं तथा इस उपलक्ष्य में अपने घरों को साफ-सुथरा कर खूब सजाते हैं। एल्लेच्पे और अरनमुला में आयोजित होने वाली नेहरू नौका दौड़ इस उत्सव का

प्रधान आकर्षण होती है। महाराष्ट्र तमिलनाडु, आंध्र प्रदेश एवं कर्नाटक में सितम्बर महीने में गणेश चतुर्थी मनाई जाती है। सात दिनों तक गणेश भगवान की पूजा अर्चना की जाती है। और फिर इसकी शोभायात्रा निकाल समुद्र, नदी अथवा झील में इन्हें विसर्जित किया जाता है। शोभायात्रा के दौरान लोग गीत गाते एवं झूमते नजर आते हैं।

2 अक्टूबर को राष्ट्रपिता महात्मा गांधी का जन्म दिन है। इसे गांधी जयंती के रूप में मनाया जाता है। इस दिन पूरे देश में प्रार्थना सभाएं आयोजित की जाती हैं। दीपावली भारत का एक प्रमुख त्योहार है। इस दिन सम्पूर्ण देश दीपों से जगमगा उठता है। लोग एक-दूसरे को मिठाइयां खिलाते हैं। ईसाई धर्म के मुख्य त्योहार क्रिसमस के साथ साल का समापन होता है। हर वर्ष यह 25 दिसम्बर को आयोजित किया जाता है। इस दिन गिरजाघरों में पूजा अर्चना की जाती है और सांताक्लॉज बच्चों को खाद्य सामग्रियां बांटते हैं।

वातावरण एवं पर्यटन के मध्य संबंध

वर्तमान समय में पर्यटन एक व्यापार बन गया है और आने वाले समय में इसका रूप बहुत ही व्यापक हो जायेगा लेकिन इसका पर्यावरण पर प्रतिकूल प्रभाव पड़ेगा। पारिस्थितिकीय तौर पर एक उचित और विश्वस्त योजना तथा प्रबन्ध की जरूरत है जो ऐसे मामलों का निपटारा कर सके। पर्यटन उद्योग से संबंधित व्यक्ति को सुग्राहित बनाकर पर्यटन उद्योग के हर चरण पर समाविष्ट करना कार्यविधि का महत्वपूर्ण विषय होगा। अगर अब पर्यटक, और पर्यटन अधिकारी इस बात स्वीकार करें कि इससे पर्यावरण को नुकसान पहुँचेगा तो इसकी रोकथाम के उपाय स्वतः ही शुरू हो जायेंगे। इस दिशा में कोई भी शुरुआत चाहे वह कितना ही छोटा क्यों न हो, व्याप्त होकर सारे विश्व में फैल जाएगा।

इधर आर्थिक पर्यटन आज दुनियाभर में पर्यटकों का विशेषतः निजी क्षेत्रों के निवेशकों की रुचि के अत्यंत महत्वपूर्ण क्षेत्र के तौर पर उभरकर सामने आ रहा है। चूंकि यह एक ऐसा क्षेत्र है जिसमें भारत की स्थिति स्वाभाविक रूप से सशक्त है। पर्यटन के क्षेत्र में उत्पन्न विषम परिस्थिति को खत्म करना चाहिए तथा पर्यटन क्षेत्रों के संरक्षण हेतु उचित कदम उठाने चाहिएं। भारत के प्राकृतिक संसाधनों और समृद्ध सांस्कृतिक विरासत को स्मरण रखते हुए यहाँ पर्यटन आर्थिक विकास और रोजगार उपलब्ध कराने वाले महत्वपूर्ण साधन के रूप में उभर कर सामने आ सकता है। असल में वर्ल्ड ट्रैवल एण्ड टूरिज्म काउन्सिल की रिपोर्ट के अनुसार भारत 2012 तक पर्यटन क्षेत्र में रोजगार के 2.5 करोड़ अलावा अवसर उत्पन्न कर सकता है। जहाँ तक पूरी दुनिया का सवाल है विश्व में हर बारहवें में से एक रोजगार यात्रा और पर्यटन से पैदा होने वाली गतिविधियों से जुड़ा है और 2011 तक इसे और बढ़ाकर हर ग्यारहवें में से एक मौके को पर्यटन से जोड़ा जा सकता है। यह अनुमान निजी और व्यावसायिक उपभोग, सरकारी व्यय, पर्यटन में पूंजीगत निवेश, यात्रा एवं पर्यटन हेतु कुल

मांग और सकल घरेलू उत्पाद में इसके तहत गणनाओं आदि पर आधारित है। समृद्ध प्राकृतिक संसाधनों और जैव एवं सांस्कृतिक विभिन्नता के अलावा भारत को पर्यटन से 1.8 अरब अमरीकी डॉलर के लगभग आमदनी होती है जबकि छोटे से देश सिंगापुर को इससे 3.4 अरब डॉलर एवं थाईलैण्ड को 6.8 अरब डॉलर की आय होती है। इस तरह मुख्यतः विकास, पासपोर्ट माने जाने वाले पर्यटन उद्योग को हमारे देश में बढ़ावा देने की बहुत आवश्यकता है। ज्यों-ज्यों आमदनी बढ़ेगी और परिवहन प्रणाली में सुधार होगा, अंतर्राष्ट्रीय एवं राष्ट्रीय पर्यटन में संख्या की दृष्टि से वृद्धि होना एक तरह से तय है। आज अधिकतर पर्यटक समुद्र तटवर्ती सैरगाहों या पर्यटन स्थल के रूप में विख्यात शहरों की सैर करने की बजाय आकर्षक प्राकृतिक वातावरण में अथवा संरक्षण को ध्यान में रखकर हिफाजत में रखे गये स्थानों की यात्रा पर जाना अधिक पसंद करते हैं। इस प्रकार का पर्यटन एक तरह का वैकल्पिक पर्यटन है जिसे प्राकृतिक पर्यटन या इको टूरिज्म, पारिस्थितिकीय पर्यटन, के नाम से भी जाना जाता है।

प्राकृतिक पर्यटन में विशेष प्राकृतिक स्थान की यात्रा की जाती है एवं इसका लक्ष्य के रूप में सैर संपाटा आर्थिक पर्यटन मनोरंजन होता है। इको टूरिज्म सोसाइटी द्वारा की परिभाषा जिम्मेदारी की भावना से प्राकृतिक स्थानों की यात्रा जिससे पर्यावरण का संरक्षण हो एवं स्थानीय लोगों के कल्याण को सबसे बड़े आर्थिक क्षेत्र का निर्माण होता है। विश्व पर्यटन संगठन के आंकड़ों को देखें तो पता चलता है कि सकल घरेलू उत्पाद में पर्यटन का 4% योगदान है और विश्व के सकल घरेलू उत्पाद में इनका प्रत्यक्ष एवं अप्रत्यक्ष योगदान संयुक्त रूप से 11 फीसदी से अधिक है। वर्तमान समय में पर्यटन से 20 करोड़ लोगों को रोजगार प्राप्त हो रहे हैं। पर्यटन के क्षेत्र में रोजगार के सम्मिलित केवल होटलों, विमान सेवाओं आदि से संबधित नौकरियां ही आपूर्ति नहीं है, जबकि खाद्य पदार्थो संबधी समूची उत्पादन और वितरण प्रणाली, हस्तशिल्प उत्पादों की आपूर्ति एवं उनका विपणन, मनोरंजन, खेल-कूद, पर्यटन से सम्बद्ध खान-पान संबधी गतिविधियाँ एवं अर्थव्यवस्था के राजमार्ग निर्माण, हवाई अड्डों में निवेश जैसे क्षेत्र भी इसमें शामिल हैं। इस तरह आज पर्यटन को देश की नियोजन संबंधी प्राथमिकताओं को प्रोत्साहन मिल रहा है।

वर्तमान समय में पर्यटन आर्थिक विकास का साधन बन गया है। मानवीय प्रतिनिधित्व भी उभर कर सामने आया है। मानवीय गतिविधियों का शायद ही कोई ऐसा क्षेत्र होगा जिससे इतने अधिक लाभ हो। रोजगार के मौके सुलभ कराने हों एवं विदेशी मुद्रा अर्जित करने, पर्यावरण में सुधार, संस्कृति-आर्थिक पर्यटन परम्पराओं के संरक्षण और इसी प्रकार की अन्य गतिविधियों के द्वारा सारी वित्तीय व्यवस्था को गति प्रदान करने का कार्य पर्यटन कर रहा है। इसके अलावा पर्यटन वर्तमान समय में एक विकसित उद्योग के रूप में उभर रहा है। और आर्थिक पर्यटन तो विकासमान अंतर्राष्ट्रीय पर्यटन उद्योग का सबसे तेजी से विकसित

होने वाला क्षेत्र है। सन् 2001 के अंत के कुछ महीनों की अस्थिरता पैदा करने वाली कुछ घटनाओं के परिणामस्वरूप उत्पन्न अनिश्चितता के बावजूद विश्व पर्यटन संगठन को अनुमान है कि न सिर्फ अंतर्राष्ट्रीय पर्यटकों की संख्या में जिसके 2010 तक 1 अरब को पार कर जाने की संभावना है, बल्कि इको टूरिज्म गतिविधियों में भाग लेने वाले सैलानियों के प्रतिशत में भी भारी बढ़ोतरी होगी। इको टूरिज्म को आर्थिक दृष्टिकोण से और ज्यादा महत्वपूर्ण और स्थाई बनाने हेतु पर्यटन उद्योग, सरकारी विभागों, स्थानीय लोगों और खुद पर्यटकों के बीच सहयोग और सामंजस्य की जरूरत होती है। सन् 2000 में दुनियाभर में अंतर्राष्ट्रीय मध्य की संख्या 69.9 करोड़ रही थी जो कि इससे पहले के वर्ष की तुलना में 7. 4 प्रतिशत अधिक है। अंतराष्ट्रीय पर्यटकों से होने वाली आय 476 अरब अमरीकी डॉलर के लगभग पहुंच गयी जो कि 1999 की तुलना में 4.5 करीब अधिक है। आज विकासशील देशों को इस क्षेत्र में आर्थिक लाभ बहुत अधिक हो रहा है क्योंकि विदेशी पर्यटन काफी मात्रा में इन देशों का भ्रमण करने आ रहे हैं। यह स्थिति निरंतर विकासित हो रही है।

विश्व पर्यटन संगठन ने आकलन लगाया कि प्राकृतिक पर्यटन से 1997 में अंतर्राष्ट्रीय स्तर के खर्च के रूप में 7 फीसदी की आमदनी हुई। वर्ल्ड रिसोर्सेज इंस्टीट्यूट विश्व संसाधन संस्थान के अनुसार 1990 के दशक के शुरुआती वर्षो में पर्यटन में विस्तृत रूप में 4 % वृद्धि और प्राकृतिक पर्यटन में 10-30 प्रतिशत की दर से वृद्धि हो रही थी। 1997 में एशिया प्रशांत क्षेत्र में टूर-ऑपरेटरों के सर्वेक्षण से भी इन आंकड़ों की पुष्टि हो जाती है। इस क्षेत्र के राष्ट्रों में 10-25 फीसदी की वर्णित विकास दर देखी गयी है। इसके अलावा विश्व पर्यटन संगठन के अनुमानों से पता चलता है कि दुनिया में इको टूरिज्म पर होने वाला व्यय 20 प्रतिशत वार्षिक की दर से बढ़ रहा है जो कि पर्यटन उद्योग की समग्र औसत विकास देर के पांच गुने के समतुल्य है।

भूमण्डलीकरण ग्लोबलाइजेशन के दौर में आर्थिक विविधीकरण और प्रौद्योगिकी में सुधार से पर्यटन के विकास हेतु अनुकूल वातावरण बना है। पर्यटन क्षेत्र में आर्थिक विकास तथा अन्य अनेक लाभकारी कारणों के कारण भारत तथा अन्य विकासशील देशों ने इस क्षेत्र को विकसित करने का बोझ उठा लिया है। भारत का भौगोलिक क्षेत्र काफी विस्तृत है और यहाँ की सांस्कृतिक और ऐतिहासिक विरासत भी बहुत महान है। यह पर्यटन क्षेत्र के विकास हेतु आदर्श स्थिति है।

भारत में पर्यटन : मौसम और स्थल

पर्यटन का परिभ्रमण के लिये विशेष मौसम होता है जो उसके लिये प्रेरित करता है। किसी पर्यटन केन्द्र में भ्रमण के लिए शीत ऋतु उचित मौसम है तो कई पर्यटन केन्द्रों में ग्रीष्म

ऋतु में जाना स्वास्थ्य तथा मौसम के अनुकूल होता है। इस इकाई में हमने पर्यटन के विद्यार्थियों को यह बताने की कोशिश की है कि पर्यटन में मौसम और मौसमीयता का क्या सम्बन्ध है? आरम्भ में जलवायु और मौसम सम्बन्धी परिस्थितियों का जिक्र करते हुए बताया गया है कि इससे लोगों का एक जगह से दूसरी जगह जाना जिस हद तक प्रभावित होता है। इसके पश्चात इसे विभिन्न तरह की मौसमीयता, इसके माप और स्थल पर पड़ने वाले प्रभाव की चर्चा की गई है। पर्यटन स्थल की कुछ विशेषताओं का भी उल्लेख किया गया है। इस तरह की सूचनाओं से युक्त पर्यटन अपने पर्यटकों के सवालों का जवाब दे सकते हैं और आम जागरूकता उत्पन्न करने में सहायता कर सकते हैं।

भारत में मौसम और जलवायु

उत्तरी अक्षांश में मौसम के अनुरूप एक वर्ष को चार मुख्य कालों में विभाजित किया जा सकता है।

वसन्त (21 मार्च से 20 जून)

ग्रीष्म (21 जून से 22 सितम्बर)

शरद (23 सितम्बर से 21 दितम्बर)

शीत (22 दिसम्बर से 20 मार्च)।

गर्मी के दिनों में लाखों पर्यटक यूरोप में भूमध्य सागर पर बने तटों और संयुक्त राज्य के पश्चिमी तटों की ओर भागते हैं। शीतकाल में पर्यटक गर्म प्रदेशों की ओर जाते हैं। इनमें भारत भी सम्मिलित है। हमारे देश में गर्मी की तुलना में जाड़े के दिनों में ज्यादा पर्यटक आते हैं। अक्टूबर से लेकर मार्च का मौसम सबसे अच्छा होता है। दिसम्बर के महीने में सबसे अधिक पर्यटक घूमते हैं। अप्रैल से जून तक का मौसम पर्यटन के लिहाज से कमजोर मौसम होता है। सबसे कम आगमन मई के महीने में होता है।

भारत में मौसम की इतनी अधिक विविधता है कि लोग प्रत्येक मौसम में एक जगह से दूसरी जगह आते-जाते रहते हैं। उत्तर में आसमान में उमस है तो राजस्थान में सूखापन। इसी तरह उत्तर में पंजाब में महादेशीय मौसम है जहां गर्मी भी अधिक पड़ती है और ठंड भी, जबकि केरल में उष्णकटिबंधीय समुद्री जलवायु है जहां गर्मी होती है और हवा में नमी। जलवायु में इस विभिन्नता के कारण लाखों लोग विभिन्न मौसम में एक जगह से दूसरी आते-जाते हैं। सामान्यतया गर्मी के दिनों में उत्तर से दक्षिण की ओर उत्तर-पूर्व मानसून में दक्षिण से उत्तर की ओर पर्यटकों का प्रस्थान होता है।